HEINO
FALCKE

mit JÖRG RÖMER

ZWISCHEN URKNALL UND APOKALYPSE

DIE GROSSE GESCHICHTE UNSERES PLANETEN

Klett-Cotta

Die digitalen Zusatzmaterialien (Anmerkungen mit allen Endnoten) haben wir zum Download auf www.klett-cotta.de bereitgestellt. Geben Sie im Suchfeld auf unserer Homepage den folgenden Such-Code ein: **OM96655**

MIX
Papier | Fördert gute Waldnutzung
FSC® C014496
www.fsc.org

Klett-Cotta
www.klett-cotta.de
J. G. Cotta'sche Buchhandlung Nachfolger GmbH
Rotebühlstraße 77, 70178 Stuttgart
Fragen zur Produktsicherheit: produktsicherheit@klett-cotta.de

Cover: Rothfos & Gabler, Hamburg,
unter Verwendung einer Fotografie von © Evgeni Tcherkasski
Lektorat: Eckard Schuster, München
Gesetzt von Dörlemann Satz, Lemförde
Gedruckt und gebunden von Friedrich Pustet GmbH & Co. KG, Regensburg
ISBN 978-3-608-96655-8
E-Book ISBN 978-3-608-12372-2

Fünfte Auflage, 2026

Bibliografische Information der Deutschen Nationalbibliothek
Die Deutsche Nationalbibliothek verzeichnet diese Publikation in der Deutschen Nationalbibliografie; detaillierte bibliografische Daten sind im Internet über http://dnb.d-nb.de abrufbar.

INHALT

KAPITEL 10

Apokalypse und Hoffnung 345

Für Elea
und für alle Kinder, die uns Barmherzigkeit,
Liebe und Lebensmut lehren

VORWORT

Unser Anfang liegt im Dunkel des Himmels verborgen – buchstäblich und sprichwörtlich. Seit Jahrtausenden erzählen prophetische Geschichten von unserem Ursprung wie auch von unserem Untergang, und sie faszinieren Menschen bis heute. Die europäische Kulturgeschichte ist dabei stark durch die Erzählungen der biblischen Genesis und der Apokalypse geprägt. Sie sind Türen zur Gedanken- und Erfahrungswelt unserer Vorfahren, ein leises Echo aus frühen Zeiten. Wie haben sie sich die Entstehung der Welt vorgestellt? Der Evolutionsbiologe Carel van Schaik und der Historiker Kai Michel nennen die Genesis sogar ein Tagebuch der Menschheit.[1]

Heute gibt es neue wissenschaftliche Erzählungen und neue Propheten, die uns mit wissenschaftlicher Akribie zurück in die Vergangenheit, aber auch vorwärts in die Zukunft schauen lassen. Propheten der neuen Zeit, die mit ihren Fernrohren und Teleskopen zurückschauen und horchen, versuchen die ersten Worte der Schöpfung, die wir Naturgesetze nennen und die heute noch nachhallen, zu ergründen. Aber auch für sie liegt der wahre Anfang hinter einem undurchdringlichen glimmenden Vorhang verborgen.

Dass es einen Anfang gab, aus dem Menschen entstanden sind, die fragen, rechnen und sehen können, ist eine der beeindruckendsten Tatsachen unseres Universums. Bis wir in der Lage waren, zu dieser Erkenntnis zu kommen, bis wir zu denen geworden sind, die wir heute sind, war es ein langer, gewundener und wundersamer Weg.

In diesem Buch nehme ich Sie mit auf eine persönliche Entdeckungsreise durch die Zeit, von der Geburt unseres Universums über die Entstehung unserer Erde bis zur Entwicklung des Lebens und des Menschen und ein Stück darüber hinaus. Wir sind Kinder des Kosmos, der unser Denken und unser Sein bis heute beeinflusst. Viele neue Aspekte dieser Geschichte haben wir dank moderner Forschung in den letzten Jahrzehnten neu oder zumindest besser entschlüsseln können. Das Schreiben dieses Buches wurde so auch für mich zu einer packenden Reise. Vieles durfte ich dabei selber neu entdecken, aber manch großes Rätsel wartet noch immer auf seine Lösung. Als aktiver Wissenschaftler habe ich das große Privileg, mein Leben lang ein neugieriges Kind sein zu dürfen und meine vielen Fragen herausragenden Experten zu stellen, die ich mal gezielt, mal zufällig treffe und die mich mit ihrem Wissen und ihrer Weisheit immer wieder in neue Welten entführen. In der Wissenschaft geht es nicht nur darum, Artikel zu schreiben, man muss auch miteinander im Gespräch sein. Auch diese Begegnungen fließen in dieses Buch ein, und ich bin dankbar all den Kollegen gegenüber, die mich in den letzten Jahren immer wieder haben staunen lassen.

Es ist somit ein Reiseführer durch Raum und Zeit geworden. Dabei können wir weder alle Epochen und Regionen ausführlich besuchen, noch immer die chronologische Reihenfolge der Weltgeschichte streng einhalten. Auf der Suche nach wichtigen Entwicklungsschritten der Menschheit verweilen wir hier und da etwas länger, wenn es mich besonders interessiert; manchmal ist es nur eine kurze Stippvisite, und an vielem eilen wir auch schnellen Schrittes vorbei. Die Endnoten im Onlineteil sollen helfen, tiefer einzusteigen, wenn man möchte. Am Rand sind manchmal Zeitangaben zu finden, um die Orientierung zu erleichtern. Dabei bedeutet »Ga« Milliarden Jahre und »Ma« Millionen Jahre.

Machen wir uns also nun gemeinsam auf eine besondere Zeitreise und lauschen den alten und neuen Propheten. Vielleicht verstehen wir ein wenig besser, wer wir sind und wohin wir gehen, wenn wir begreifen, woher wir kommen.

Kapitel 1

DER URSPRUNG

»Was war am Anfang?«, fragte das Kind. »Am Anfang war das Wort«, sagte der Prophet.

»Am Anfang war kein Mensch, keine Materie, kein Licht und keine Zeit. Nur das Wort schwebte brütend über dem Tohuwabohu. Und doch war schon alles da. Jeder Gedanke, der jemals gedacht wurde; jede Geschichte, die jemals geschrieben wurde; jeder Traum, der jemals geträumt wurde, war schon da, ohne dass sie schon gedacht, geschrieben oder geträumt waren. Denn alles, was jetzt ist, entstand aus dem, was damals noch nicht war – mithilfe des Wortes, das so ist, wie es ist und das Innere unserer Welt zusammenhält. Es sind die ungeschriebenen Regeln, nach denen sich alles entwickelt. Aus diesem mächtigen Wort des Anfangs entstanden Licht, Zeit, Materie, Erde, Mond und Sterne, Pflanzen, Tiere und letztlich der Mensch.

Der Anfang des Wortes aber liegt hinter einem undurchdringlichen Vorhang verborgen. Was vor dem Anfang war, weiß kein Mensch. Was nach dem Anfang kam, können wir ahnen und danach schauen mit unserem Geist und unserem Gerät. Das Wort, das den Kosmos schuf, schuf auch dich, mein Kind.«

Auge in Auge mit dem Urknall

Im Oktober 2021 führte mich Thomas Hertog, einer der letzten Studenten des berühmten Physikers Stephen Hawking, in der belgischen Stadt Leuven (Löwen) durch eine Ausstellung, die Teil eines großen Events mit dem passenden Namen »Knallfestival« war – ein Stadtfestival über den Urknall. Die Ausstellung in der ehrwürdigen Universitätsbibliothek aus dem 17. Jahrhundert hatte er selbst mit zusammengestellt. Sie enthielt Kunstwerke sowie Memorabilia aus der Wissenschaft. In einem Raum hingen ein paar unscheinbare Bleistiftzeichnungen auf vergilbtem Millimeterpapier an der Wand, bei denen jemand fein säuberlich geschwungene Linien gezogen hatte. Alle Linien fangen links unten in einem Punkt an, streben nach oben und gehen dann fächerförmig auseinander. Einige Kurven beschreiben einen weiten Bogen und fallen wieder zu Boden, andere verharren erst, um sich dann immer schneller nach oben zu schrauben und scheinbar im Unendlichen zu verschwinden.

»Das sind Originalzeichnungen von Georges Lemaître«, sagte Thomas fast beiläufig. Mir stockte der Atem. Normalerweise bin ich nicht leicht zu beeindrucken, und als Protestant bin ich auch kein Freund von Heiligen- oder Reliquienverehrung, aber ich hatte plötzlich das Gefühl, mich auf heiligem Boden zu befinden. Wie Moses vor dem brennenden Dornbusch stand ich vor diesem Stückchen Papier. Zum Glück zog es mir nur im übertragenen Sinne die Schuhe aus, in denen ich schon den ganzen Tag unterwegs war.

Diese Grafik erkennt jede Astronomiestudentin, die jemals eine Vorlesung über Kosmologie gehört oder auch nur ein entsprechendes Lehrbuch angeschaut hat, sofort. Sie beschreibt die Entwicklung des gesamten Universums in einem einfachen Bild. Auf der x-Achse ist horizontal die Zeit eingetragen, die y-Achse zeigt in vertikaler Richtung die Größe des Universums.

1 Der Bedenker des Urknallmodells Georges Lemaître (rechts) im Jahr 1933 im Gespräch mit Albert Einstein, dessen Allgemeine Relativitätstheorie er zur Berechnung seiner Weltmodelle benutzt hatte.

»Als er das etwa 1927 oder 1928 gezeichnet hatte, war Lemaître der einzige Mensch auf der ganzen Welt, der verstanden hatte, was der Lauf des Universums ist«, fügte Thomas hinzu. »Und hier, siehst du diese kleine Beschriftung?« Ich musste meine Brille aufsetzen, um zu erkennen, was dort klein mit blauer Tinte geschrieben steht: »t = 0«, las ich. Der Buchstabe »t« steht in der Physik für die Zeit, von »tempus« im Lateinischen oder heute oft »time« im Englischen. »t = 0« bedeutet: Hier ist der Ursprung der Zeit, der absolute Nullpunkt der Zeitkoordinate unseres Universums. Unser Weltall hat einen Anfang! Heute nennen wir das den Urknall. Was für eine fundamentale Entdeckung, was für ein monumentaler Gedanke! Dieser Gedanke war in den 20er-Jahren des letzten Jahrhunderts eine absolute Häresie, und Lemaître, der nicht nur Universitätsprofessor, sondern nach seinen Erlebnissen im Ersten Weltkrieg auch

Priester geworden war, stand damals unter Generalverdacht, sein biblisches Weltbild mit der reinen Wissenschaft zu vermengen.

Der berühmte und in seiner Zeit tonangebende Physiker Sir Arthur Eddington, der in einer kühnen Expedition mithilfe einer Sonnenfinsternis die Relativitätstheorie von Albert Einstein als Erster bewiesen hatte, nannte den Gedanken, das Universum könne einen Anfang gehabt haben, »widerlich«. Und Einstein sagte über Lemaître, dass seine Mathematik zwar korrekt, aber seine Physik »abscheulich« sei.

Ja, in der Physik wird nicht immer mit dem feinen Florett gefochten, sondern manchmal auch mit der Keule. Dabei hatte der arme Lemaître nur ausgerechnet, was die Relativitätstheorie von Albert Einstein hergab. Aber anscheinend war der Gedanke an einen physikalischen Ursprung des Alls damals selbst für den genialen Begründer der Relativitätstheorie zu groß – er traute seiner eigenen Theorie nicht. Noch kühner war aber, dass Lemaître sogar schon sichtbare Anzeichen für sein neues Modell des Kosmos ausgemacht hatte. Er stellte nämlich fest, dass die gerade erst neu entdeckten Milchstraßen, die aus Hunderten von Milliarden Sternen bestehen, alle von uns wegstreben.

Es waren nur zwei Absätze in einem französischsprachigen Artikel (den damals viele ignorierten), in dem das Hubble-Lemaître-Gesetz, das heute aber über jeden Zweifel erhaben ist, formuliert wurde: Je weiter wir hinausschauen ins All, je weiter wir dadurch in die Vergangenheit zurückschauen, desto schneller fliegen alle Galaxien auseinander und voneinander weg.

Lemaître war ein wahrer Visionär und Prophet einer neuen Zeit, der bis zu seinem Lebensende nach weiteren Beweisen für seine kühne Theorie suchte. Weltruhm, den er nicht suchte, blieb ihm zu Lebzeiten verwehrt. Es brauchte vier Jahrzehnte und drei weitere Nobelpreise, bis deutlich wurde, dass einer dieser dünnen Bleistiftstriche Lemaîtres unserem heutigen Universum entspricht.

Die Galaxien in unserem Universum gleichen aufgeklebten

Punkten auf der Oberfläche eines aufgeblasenen Luftballons, der einstmals zusammengezogen auf kleinstem Raum in einer Tüte lag. Natürlich ist unser Raum dreidimensional, aber einen zusammengeknüllten dreidimensionalen Raum können wir uns nicht gut vorstellen. Heute ist das Universum groß und ausgedehnt, der Ballon ist aufgeblasen. Die Galaxien sind weit voneinander entfernt, aber alle Punkte in unserem heutigen Weltraum, so weit sie heute auch auseinanderliegen möchten, liegen damals, im Anfang, ganz dicht beieinander.

Das ist eigentlich unvorstellbar. Der Ort, an dem jetzt in 55 Millionen Lichtjahren Entfernung ein supermassereiches Schwarzes Loch im Herzen der Galaxie M87 liegt, ist damals direkt neben dem Ort, an dem heute mein Sofa steht, auf dem ich schreibe. Das ganze sichtbare Universum passt in mein Wohnzimmer: das Volumen meines Sofas, meines Hauses, des Kölner Doms, der Raum unserer Erde, des Sonnensystems, unserer Milchstraße – einfach alles. Damals, am Anfang.

Bläst man den Ballon auf, so bewegen sich alle Punkte voneinander weg, und zwar desto schneller, je weiter sie voneinander entfernt sind. Eine Galaxie, die auf der Oberfläche des Ballons ein Viertel Ballonumfang von unserer Milchstraße entfernt ist, bewegt sich auch einen Bruchteil eines Viertels Umfang pro Atemstoß von uns weg. Eine Galaxie, die aber schon einen halben Ballonumfang entfernt ist, bewegt sich doppelt so viel pro Atemstoß von uns weg. Je weiter weg, desto schneller – genauso wie im Hubble-Lemaître-Gesetz angegeben. Dies gilt für jeden beliebigen Punkt auf der Ballonoberfläche. Wo immer man auch sein Kreuzchen macht, jeder andere Fleck wird sich mit jedem Atemstoß desto schneller von diesem Kreuzchen entfernen, je weiter er davon weg ist. Was für ein kühner Gedanke! Der unglaubliche Lemaître beschrieb das Universum zwar nicht als Luftballon, aber als expandierenden Raum, der mit einem »Uratom« begann, quasi als kosmisches Ei, aus dem das ganze All explosionsartig geschlüpft ist.

Der Ur-Doppelknall

Heute reden wir sogar über zwei Urknalle, die vor 13,8 Milliarden Jahren (13,8 Ga) direkt hintereinander passiert sind, wobei die Physik des ersten viel spekulativer als die des zweiten ist.

vor 13,8 Ga
Urknall und Inflation

Beim ersten Knall dehnt sich der Raum und mit ihm eine geheimnisvolle Energie innerhalb von 10^{-33} bis 10^{-32} Sekunden schlagartig aus – das sind 32 Nullen hinter dem Komma. Dieser kurze Moment ist sozusagen der erste Ur-Atemstoß beim Aufblasen des kosmischen Ballons, der unser Universum werden soll. Mindestens hundertmal Milliarden mal Milliarden mal Milliarden wird der Durchmesser des fast leeren Weltraums inflationär größer – und so nennen wir diese Zeit auch die Phase der Inflation. Aber nicht nur der Raum wird größer, auch die verfügbare Energie. Aus der Masse einer einzelnen Erbse – und Masse ist laut Einstein immer auch Energie – wird ein ganzes Universum mit genügend Energie und Masse für unzählbare Galaxien.[1]

Dann, nach den ersten 10^{-32} Sekunden, kommt es zum zweiten Knall. So wie ein mit ultraheißer Luft unter Überdruck stehender Ballon platzt und seine Energie in eine Stoßwelle umsetzt, die wir als lauten Knall hören, so setzt der expandierende, energiegeschwängerte Raum seine Kraft um in einen zweiten, heißen Urknall. Die freiwerdende Energie ergibt einen einzigen Blitz heißester Quantenmelasse, die später zu der Materie ausfrieren wird, aus der wir alle bestehen. Materie, wie wir sie heute kennen, existiert aber noch gar nicht. Die zur Materie werdende Energie ist in diesem Moment freier als ein Vogel. Sie bewegt sich so schnell und so beflügelt, ohne jegliche Trägheit, wie das Licht. Fiat Lux.

10^{-32} Sekunden
Der heiße Urknall

»Es werde Licht, und es wurde Licht«, heißt es in der Genesis, womit eine völlig neue Welt gedacht wird.[2] An diesem ersten Tag der

Schöpfung, der keine Sekunde dauert, ist alles eins im Licht, und es entstehen Raum und Zeit, vielleicht sogar durch das Licht.

Auch alle uns bekannten Kräfte sind irgendwie noch eins und ununterscheidbar: Kernkraft, magnetische oder elektrische Kräfte, sie alle sind Teil einer einzigen Urkraft. Erst nach und nach – während das Universum weiter auseinanderstiebt – schälen sich einzelne Kräfte und die damit verbundenen Teilchen heraus.

Ungefähr eine Pikosekunde (10^{-12} Sekunde) nach dem Urknall beginnt das geheimnisvolle Higgs-Feld zu wirken und sich an die lichtähnlichen Teilchen zu schmiegen. Das Higgs-Feld ist der Bremsklotz im Universum und sorgt dafür, dass die ursprünglichen lichtschnellen Teilchen eine Masse erhalten.[3] Durch die Abkühlung des Universums kann nun Materie entstehen, mit der man wirklich etwas anfangen kann.

So wie aus dem Wasserdampf von Gewitterwolken plötzlich Schneeflocken, Regentropfen oder Hagelkörner werden, so werden nun nach und nach aus dem kosmischen Urblitz die verschiedenen subatomaren Teilchen unserer heutigen Welt: Protonen, Neutronen, Elektronen und die Kräfte, die sie zusammenhalten. So trennen sich Licht und Materie, das Feste und das Unfassbare voneinander und bilden die elementare Ursuppe unserer Welt.

Die Schöpfung hat einen Sprung in der Schüssel

Das alles funktioniert aber nur, weil das scheinbar perfekte System von Naturgesetzen und Teilchen einen unerklärlichen Defekt hat, der dafür sorgt, dass von der aus Licht gezeugten Materie überhaupt etwas übrigbleibt. Denn im Übergang von Energie zu Materie werden normalerweise zwei genau entgegengesetzte Teilchen erzeugt: Teilchen und Anti-Teilchen, Engelchen und Teufelchen. Sie sind wie die zwei Pole einer Batterie. Bringt man sie zusammen, kommt es zum quantenmechanischen Kurzschluss, und die beiden

Teilchen vernichten einander in einem Blitz. Genau das passiert im frühen Universum: Teilchen und Anti-Teilchen werden aus Licht und Energie erzeugt, vernichten einander und werden wieder zu reiner Energie und Licht.[4]

Im Prinzip hätten im Urknall also genau gleich viele Teilchen und Anti-Teilchen erzeugt werden und sich dann wieder gegenseitig vollständig vernichten sollen. Nichts wäre mehr übriggeblieben. Was so hoffnungsvoll begann, wäre genauso schnell wieder vorbei gewesen.

Stattdessen werden aber für jede Milliarde Anti-Teilchen eine Milliarde und ein normales Teilchen erzeugt. Im frühen Feuerwerk vernichten sich zwar die Milliarden Teilchen und Anti-Teilchen gegenseitig, aber – wie durch ein Wunder – überlebt eins von einer Milliarde. Wegen des opulenten Überflusses an Energie und Teilchen bleibt so, trotz der massenhaften Teilchenverschwendung, am Ende noch ein genügend großer Rest übrig. Im ganzen sichtbaren Universum sind von diesem kleinen Bruchteil noch 10^{80} Atome, also circa 100 000 000 000 000 000 000 000 000 000 000 000 00 0 000 000 000 000 000 000 000 000 000 000 000 000 000 000, verteilt. Aus diesen Überlebenden des ersten Massenvernichtungsfeuerwerks unserer Geschichte sind später alle Galaxien, Sterne und Planeten entstanden. Kleinste Spuren von Anti-Materie findet man heute nur noch in hoch-energetischen Teilchenkollisionen in Beschleunigern oder in der kosmischen Strahlung.

Wobei »Anti-« eine Frage der Definition ist. Hätte es einen Überschuss an Anti-Materie gegeben, würden wir diese als »normal« betrachten und sie Materie nennen. Das, woraus heute unsere Welt gemacht ist, wäre dann für uns exotische Anti-Materie. Es gibt auch keinen ersichtlichen Grund, warum eine Welt, die nur aus Anti-Materie gemacht ist, nicht genauso funktionieren würde. Vielleicht wäre ich dann Linkshänder, denke ich manchmal, aber das ist wahrscheinlich nur eine dumme Idee.

Woher dieses fruchtbare Ungleichgewicht zwischen Teilchen

und Anti-Teilchen kommt und warum es die eine und nicht die andere Sorte ist, wissen wir einfach nicht. Riesige Teilchenbeschleuniger versuchen diese Frage heute zu beantworten,[5] aber noch immer versteckt sich dort ein tiefes Geheimnis. Das Einzige, das wir mit Sicherheit wissen, ist, dass eine perfekte Symmetrie im frühen Universum zu einem perfekt leblosen und öden Universum geführt hätte. Alles wäre wieder zu Licht geworden. Licht ist zwar schön, aber ohne Materie, die es absorbiert, reflektiert und emittiert, um Konturen und Oberflächen sichtbar zu machen, doch irgendwie langweilig. Wir verdanken unsere Existenz also letztlich der Tatsache, dass die Schöpfung einen Sprung in der Schüssel hatte.

Die Naturkonstanten – ein 6er im Lotto?

In dieser frühen Phase des Universums – wann genau, ob vor, während oder kurz nach seiner Geburt, ist nicht klar – kristallisieren sich auch alle heutigen Naturgesetze und -konstanten heraus. So wie Roulettekugeln in einem Spielcasino nach wilden Drehungen klackernd in willkürliche Zahlenfächer fallen, so rasten nun auch die Kugeln mit den Werten für Naturkonstanten bei bestimmten Fächern ein.

Nur Naturgesetze und Naturkonstanten gemeinsam erlauben es, eine realistische Welt zu formen. Das Gravitationsgesetz sagt zum Beispiel, dass zwei Massen sich stärker anziehen, je näher sie einander kommen, und zwar quadratisch: Eine doppelt so weite Entfernung bedeutet eine viermal geringere Anziehungskraft. Aber es braucht auch die Gravitationskonstante, die festlegt, wie stark diese Anziehungskraft wirklich ist.

So gibt es mindestens sechs fundamentale Parameter, welche die grundlegenden Skalen unserer wichtigsten Naturgesetze festlegen.[6] Hinzu kommt noch das Standardmodell der Elementarteilchenphysik, das bestimmt, wie sich die kleinsten Materieteilchen verhalten. Es enthält mindestens 19, vielleicht sogar 26 freie Parameter. Diese Parameter sind wie Lottozahlen. Vor der Ziehung weiß keiner, was dabei rauskommt. Man kann sie nicht aus Grundprinzipien herleiten und vorhersagen, sondern einfach nur im Nachhinein beobachten und messen.[7]

Die Gravitationskonstante hat zum Beispiel den Wert $6{,}67430 \times 10^{-11}\,m^3\,kg^{-1}\,s^{-2}$. Sie hätte aber auch $1966\,m^3\,kg^{-1}\,s^{-2}$ sein können, was meinem Geburtsjahr entspricht. Scheinbar hat bei der Erschaffung der Welt aber niemand meiner Geburt einen besonderen Tribut zollen wollen. Allerdings würden mit einem solchen Wert auch sämtliche Sterne und Planeten sofort unter ihrer erdrückenden Schwerkraft zu Schwarzen Löchern mutieren, was für die Entwicklung und das Wohlergehen der Menschheit, einschließlich meiner eigenen Existenz, eher kontraproduktiv gewesen wäre. Ja, selbst das gesamte Universum wäre bei dieser Konstante unter der Last seines eigenen Gewichts zusammengebrochen und nach dem Urknall gar nicht erst aus den Puschen gekommen.

Wäre die Gravitationskonstante hingegen viel kleiner als der Wert, den wir heute messen, würden wir alle hinaus ins All schweben, weil die Schwerkraft der Erde nicht groß genug wäre, uns festzuhalten. Auch würden Sonne und Erde nicht zusammenbleiben und wären gar nicht erst entstanden, weil die Anziehungskraft einfach zu gering wäre. Unser gesamtes Sonnensystem würde in der heutigen Form nicht existieren.

Warum also die Gravitationskonstante und all die anderen Konstanten in unseren physikalischen Gesetzen genau die Werte relativ zueinander haben,[8] wissen wir nicht. Die Frage ist auch müßig, denn in einem Universum mit dermaßen verkorksten Parametern hätte niemand die Frage stellen können, wer sowas denn verbockt hat.

Wollten wir selbst Gott spielen und ein Universum bauen und hätten alle Naturgesetze zur Verfügung, es wäre immer noch ein

Buch mit sieben, oder passenderweise, sechs Siegeln für uns: Jedes einzelne dieser sechs Siegel wäre ein Zahlenschloss mit einer unendlichen Anzahl von Stellen. Jedes einzelne Schloss kann im Prinzip jede beliebige erdenkliche Zahl als Öffnungscode haben. Allein die Wahrscheinlichkeit, die ersten sechs Zahlencodes richtig einzustellen – oder auch nur halbwegs die richtigen Werte zu erraten oder vorherzusagen –, ist verschwindend gering. Ganz zu schweigen von den 19 Codes, die zur Entschlüsselung der Materie nötig wären.

Forscher reden daher von einem »Abstimmungsproblem«: Sind die Naturkonstanten vielleicht von einem allmächtigen und allwissenden Schöpfer exakt so abgestimmt worden, damit Leben möglich ist? Oder sind die Konstanten wirklich am Roulettetisch bestimmt worden, und wir sind nur zufällig hier, weil alle Kugeln ausnahmsweise in die richtigen Fächer gefallen sind? Es wäre bei dieser zweiten Lesart allerdings wirklich erstaunlich, wenn schon beim ersten Versuch ein Universum entsteht und die richtige Zahlenkombination herauskommt.

Nicht Universum, sondern Multiversen?

Ein abenteuerlicher Verdacht drängt sich auf: Hat es vielleicht mehrere Versuche gegeben? Gab es nicht nur ein Universum, sondern viele? Ein Multiversum? Eine Menge von Universen, von denen die meisten einfach sang- und klanglos gescheitert sind? Universen, die keine Geschichte geschrieben haben, die nie besungen wurden, weil niemand da war, der sie hätte beobachten können?

Vielleicht ist dieser Gedanke auch gar nicht so tollkühn. Ein solches Szenario ergibt sich durchaus folgerichtig aus unserem heutigen Weltmodell. Wenn das Universum sich aus einer zufälligen Quantenfluktuation heraus einmal ausgedehnt hat, vielleicht tut es das an anderer Stelle noch ein zweites Mal, ein drittes Mal, ja fast unzählige Male.

Denn was hat unseren Urknall angetrieben? Gibt es da vielleicht ein geheimnisvolles Kraftfeld, das den Raum expandieren lässt? Die Urhefe des Universums? Tatsächlich haben Kollegen ein solches postuliert: Sie nennen es das »Inflatonfeld«. Es soll den ganzen unendlichen Raum quer durch alle Universen hin durchziehen. Dieses Inflatonfeld wäre aber nicht völlig gleichförmig, sondern brodelte immer leise vor sich hin – sehr leise. Doch die Stille trügt!

Wie ein cholerischer Physikprofessor, der aus einer launischen Stimmung heraus schlagartig explodieren und mit hochrotem Kopf einen nervösen Studenten in einer mündlichen Quantenphysik-Diplomprüfung anschreien und der völligen Unfähigkeit bezichtigen kann, weil dieser nicht wie aus der Pistole geschossen die Frage beantworten kann, zu der selbiger Professor in seiner eigenen Vorlesung nie gekommen ist – man merkt, ich spreche aus Erfahrung –, so steht auch dieses Inflatonfeld immer am Rande der cholerischen Explosion. Wird es durch zufällige Fluktuationen aus Versehen einmal über den Rand gestoßen, dehnt es sich schlagartig und exponentiell aus, entlädt eine Menge Energie, bis endlich sein Ärger verpufft und ein neues Universum geboren ist.

Wenn das einmal bei unserem Universum passiert ist, kann es ja wieder an einer anderen Stelle passieren, so die Theorie. Choleriker explodieren ja meistens auch nicht nur einmal im Leben. Wenn dem so ist, dann könnten verschiedene Teile des Raumes sich ausdehnen. Wie Blasen an verschiedenen Stellen in einem Bierglas aufsteigen, so könnte also auch das Inflatonfeld überall neue kosmische Blasen erzeugt haben, die jeweils ihren ganz eigenen expandierenden Raum erzeugen. Der Raum hätte dann nicht nur einen Knall, sondern viele. Es gäbe nicht nur ein Universum, sondern viele Universen.

Der Gedanke, dass das gesamte Universum ein riesiges, brausendes Bierglas ist, hat sicherlich für den einen oder anderen eine rauschhafte Wirkung. Man darf dabei aber nicht vergessen, dass unser ganzes Universum nur eine von unzähligen Blasen wäre, die kommen und dann wieder vergehen.

Vertreter der Multiversumstheorie wie Alan Guth und Andrei Linde reden sogar von ewiger Inflation – ein Gedanke, der für Bundesbanker wahrscheinlich eine Horrorvorstellung wäre. Besonders kräftige Blasen könnten fragmentieren und wiederum viele weitere »universumsbildende« Blasen anstoßen. Diese galoppierende Inflation würde nie aufhören, der Raum sich immer weiter ausdehnen. Darüber hinaus könnten in jeder dieser Blasen andere Gesetze und Naturkonstanten gelten. Jedes neue Universum wäre eben ein neues Casino mit neuen Roulettetischen, auf denen die Kugeln mit den Werten für Naturkonstanten in andere Fächer fallen würden.

Im Sommer 2023 traf ich halbwegs zufällig den britischen Kosmologen John Peacock im beeindruckenden nationalen Rugby-Stadion von Cardiff mit seinem riesigen verschließbaren Dach, unter dem schon viele Megastars aus der Pop- und Rock-Welt ihre Konzerte gefeiert hatten. Jetzt lümmelte sich dort ein wilder Haufen von Astronomen – nicht zum Singen oder Raufen, sondern zur alljährlichen Preisverleihung der *Royal Astronomical Society.* John und ich sollten an diesem Abend im VIP-Bereich des Stadions eine Medaille für unsere Forschungsarbeiten erhalten. Das ist weniger glamourös, als man denkt. Je wichtiger der Preis, desto später am Abend wird er verliehen, und desto angeheiterter und lautstärker ist der astronomische Nachwuchs, der endlich mal in Ruhe feiern will. John hatte dafür ein paar wunderbar bissige Bemerkungen übrig – nicht weil es um ihn ging, sondern um einige andere verdiente Kollegen und Kolleginnen. Aber das Grummeln der alten Garde hilft da wenig. Wir leben nun mal in dem Universum, in dem wir leben.

Dieser Gedanke lässt allerdings jemanden wie John Peacock ziemlich unberührt. Er untersucht als Kosmologe nicht nur, wie die Galaxien unseres Universums aus den Fluktuationen des Urknalls entstanden sind, sondern berechnet mit seiner Gruppe auch alternative Universen. Sie nennen sie »kontrafaktische Universen« – Universen, die nicht den Fakten unserer heutigen physikalischen Welt entsprechen, aber vielleicht doch existieren könnten: Universen, in denen kosmologische Naturkonstanten einen anderen Wert haben.[9] Tatsächlich entstehen auch dort manchmal Galaxien und Sterne, nur zeigen sie nicht genau die großräumige Verteilung und die Strukturen, die wir heute mit unseren Teleskopen beobachten.

Ob diese kontrafaktischen Universen dann aber auch wohlerzogenere kontrafaktische Nachwuchswissenschaftler hervorbringen, die andächtig der Huldigung ihrer kontrafaktischen Vorgänger lauschen, die wiederum über einen kontrafaktischen Urknall nachdenken und darüber kontrafaktische Bücher schreiben, ist jedoch eine offene Frage, die unsere faktischen Computersimulationen noch nicht beantworten können.

Trotzdem bekommt man auf diese Weise ein Gefühl dafür, wie fein abgestimmt ein Universum wie unseres wirklich sein muss. Und tatsächlich ergeben diverse Berechnungen, dass es durchaus einen breiten Bereich von Parametern gibt, unter denen lebensfähige Universen existieren könnten. Allerdings ist dieser Bereich auch nicht unendlich groß, und angesichts des beinahe unendlichen Zahlenbereichs, den Naturkonstanten haben könnten, müsste man wohl immer noch eine fast unendliche Anzahl von Universen verschwenden, um ein paar lebensfähige herauszubekommen.

So attraktiv das Multiversumsmodell auf den ersten Blick auch klingen mag, um das Ursprungs- und Abstimmungsproblem zu lösen, so ist es doch nicht der Weisheit letzter Schluss.[10] Die neuesten Satellitenmessungen der großskaligen Strukturen des Kosmos legen nahe, dass das Inflatonfeld wohl nicht genau die Eigenschaften hat, die man gerne für einfache Multiversumstheorien hätte.[11] Schlimmer wiegt jedoch, dass es kein einziges Anzeichen dafür gibt, dass andere Universen existieren oder existiert haben.

Wir haben auch keine Vorstellung davon, wie viele Universen

man wirklich bräuchte und wie wahrscheinlich oder unwahrscheinlich ein Universum wie das unsere eigentlich ist. Hinzu kommt ein anderes Problem: Wenn man zu viele Universen postulieren muss und den Zufall Gott spielen lässt, dann ist es irgendwann wahrscheinlicher, dass sich das Universum spontan aus dem Nichts gebildet hat, als dass es durch Evolution in seinen heutigen Zustand gekommen ist. Nicht nur philosophisch kommt man dann in Teufels Küche.

Zwar ist die Wahrscheinlichkeit, dass der Wind am Strand einer Nordseeinsel im Wattenmeer aus feuchten Sand eine Skulptur in Gestalt des Louvre formt, extrem gering, aber statistisch ist es vielleicht möglich, wenn man die richtigen Naturgesetze, viel Geduld, Zeit und Wind hat. Wenn es also unendlich oder auch nur unfassbar viel Raum und Zeit gibt, könnte ein Universum wie eine zufällige Windskulptur spontan aus dem Nichts entstanden sein – mit oder ohne Inflation. Der Zufall malt eben manchmal die schönsten Bilder.

Alles nur Einbildung?

Der Gedanke ist nicht komplett verrückt. Eine der merkwürdigsten Eigenschaften der Quantentheorie ist ja, dass jedes Teilchen eigentlich fast jeden Zustand haben könnte. Teilchen sind zwar in unserer alltäglichen Erfahrung immer an einem bestimmten Punkt verortet, aber laut der Quantentheorie halten sie sich nur mit einer bestimmten Wahrscheinlichkeit an einem Ort auf. Theoretisch gibt es daher eine extrem kleine Wahrscheinlichkeit, dass ich gerade auf dem Mond bin. Die Teilchen, aus denen dieses Buch besteht, sind in einem mühsamen Prozess erst zu Papier verarbeitet, dann geschnitten und bedruckt worden. Sie hätten sich aber auch zufällig aus dem Nichts zusammenfinden können. Theoretisch ist das in der Quantenphysik denkbar – nur unseren Verleger hätte es nicht sehr gefreut, wenn Bücher plötzlich irgendwo aus dem Nichts entstehen. Was soll er dann noch verkaufen?

Man kann das Spiel beliebig weitertreiben. Auch der Text in diesem Buch hätte völlig zufällig entstehen können. Wenn man nur genügend viele zufällige Buchstabenreihenfolgen aneinanderfügt, kommt nämlich irgendwann ein Buch von William Shakespeare oder zumindest von Heino Falcke heraus. Beides hängt nur vom Zufall und der Anzahl der Buchstaben, aber nicht der Qualität des Autors ab. Man nennt dies das »Infinite-Monkey-Theorem«:[12] Setzt man einen oder mehrere Affen an eine Schreibmaschine und lässt sie lange genug wahllos tippen, kommt nach sehr langer Zeit eine Sequenz mit etwas Gescheitem heraus.

Statistisch ist das wahr – man kann es mathematisch sehr leicht beweisen. Allerdings hapert es zurzeit noch an der experimentellen Umsetzung und an der Anzahl der zur Verfügung stehenden Affen. Im Jahr 2003 hat man einmal sechs Makaken mit einer Computertastatur in einen Käfig gesperrt. Nicht nur hatten die Affen nach einem Monat gerade mal 5 Seiten produziert, die hauptsächlich aus dem Buchstaben »S« bestanden, sondern der Obermakake hatte auch noch angefangen, mit einem Stein auf die Tastatur zu hauen, während der Rest darauf uriniert und gekötelt hat[13] – um es vornehm auszudrücken. Affen sind halt doch etwas komplexer, als es die reine Mathematik annimmt.

Trotzdem: Spinnen wir den Gedanken einmal weiter. Es muss ja nicht gleich ein ganzes Universum sein. Auch ein funktionsfähiges Gehirn könnte im Prinzip völlig zufällig aus dem Quantenchaos entstanden sein – mit all seinen Erinnerungen und jetzigen Eindrücken. Vielleicht genau unser Gehirn, das sich den ganzen Rest des Universums nur ausdenkt? Man muss theoretisch nur lang genug warten, und dann würde es irgendwo entstehen. Forscher nennen so etwas das »Boltzmann-Gehirn« – nach dem Physiker Ludwig Boltzmann, einem der Väter der Thermodynamik und statistischen Physik.

Was ist nun also wahrscheinlicher: ein perfektes Universum, das in einem Urknall geboren wird, oder ein zufällig entstandenes Hirn, das dies alles nur träumt? Das Problem ist, dass die Phase der Inflation alle möglichen Weltzustände exponentiell aufgeblasen und so unfassbar viele Entwicklungspfade möglich gemacht hat. Dadurch wäre gegebenenfalls ein durch zufällige Fluktuationen generiertes Universum wahrscheinlicher als eins, das durch Urknall und Evolution genau zu unserem heutigen Universum geführt hätte.[14]

Wäre es dann nicht wirklich viel wahrscheinlicher, dass wir einfach ein zufällig aus dem Nichts entstandenes Gehirn sind, als dass wir auf einem sehr schmalen Weg von unendlich vielen möglichen Pfaden durch Urknall, Sternentstehung, biologische Evolution und den ganzen weiteren Quatsch gelangen mussten, um erst zu dem zu werden, was wir heute sind?

Ein zufällig aus dem Nichts entstandenes Gehirn? Man fragt sich, welches Hirn sich so einen Unsinn ausdenkt. Die Tatsache, dass so etwas ernsthaft diskutiert wird, zeigt nur, auf welche Abgründe man zusteuert, wenn man mal so eben mit Multiversen um sich wirft und meint, man hätte das Ursprungsproblem unserer Welt gelöst. So einfach ist es nun mal nicht.

Schlimmer noch, diese Frage rüttelt an den Grundfesten unserer Erkenntnisfähigkeit – eine Frage, die nicht neu ist und schon den Philosophen René Descartes an der Verlässlichkeit der Wirklichkeit hat zweifeln lassen. Besteht die Welt überhaupt? Bestehe ich überhaupt? Descartes hat die Frage mit dem Satz »Cogito, ergo sum« beantwortet – ich denke, also bin ich. Dies ist eine intuitive Wahrheit, die man nicht physikalisch beweisen kann. Es ist ein Glaubenssatz. Könnte es im Gegensatz dazu nicht auch heißen: »Cogito, ergo mundus est« – ich denke, also ist die Welt. Was immer die Welt ist – ob sie real existiert oder nur in unseren Gedanken, es spielt keine Rolle? Oder alternativ: »Creo mundum cogitando« – ich erschaffe die Welt durch Denken?

Einige wenige Forscher untersuchen tatsächlich, ob nicht unser ganzes Universum eine Computersimulation ist – eine digitale Fiktion. Ich vermute, dieser Gedanke ist vom Film »Matrix« inspiriert und drängt sich auf, wenn man sieht, wie viele Teile unserer Welt heute virtuell simuliert werden. Könnte dann nicht ein extrem versierter Programmierer mit der exponentiell wachsenden Rechenleistung von Computern in Tausenden oder vielleicht Millionen Jahren nicht auch eine Computersimulation schaffen, die so perfekt ist, dass wir nur glauben, wir wären echt? Damit hätte man das Abstimmungsproblem elegant gelöst.

Oder doch nicht? Schließlich hat man dann noch nicht erklärt, wie der Programmierer entstanden ist. Und was unterscheidet diesen Programmierer dann von Gott? Der Gedanke ist daher auch nicht wirklich fern von den Überzeugungen von Junge-Erde-Kreationisten, die behaupten, das Universum wäre vor rund 6000 Jahren von einem allmächtigen Schöpfer in genau sechs 24-Stunden-Tagen geschaffen worden, und zwar so, dass es aussähe, als ob es 13,8 Milliarden Jahre alt wäre.

Allen gemeinsam ist der Gedanke, dass uns die Wirklichkeit, Gott oder der Programmierer selbst in die Irre führen. Die Wirklichkeit ist nicht real, denn sie ist zu gut, um wahr zu sein.

Tatsächlich halte ich es mit Descartes. Ich glaube an die Realität der Gegenwart und der Vergangenheit, weil es mein Erleben ist. Zu glauben, alles wäre eine Illusion, würde auch bedeuten, mich selbst als Illusion zu entlarven, wozu ich persönlich keinen Anlass sehe. Ich habe auch nicht vor, Gott der Hochstapelei zu beschuldigen. So glaube ich fröhlich an die Verlässlichkeit der aus der Natur entstandenen Geschichte unserer Welt und an die Verlässlichkeit Gottes.

Man muss sich dabei nur bewusst sein: An die Wirklichkeit der Welt und die Wirklichkeit des Seins zu glauben ist eben dies – ein Glaubenssatz. Wissenschaftlich beweisbar ist sie nicht. Genauso wie es ein Glaubenssatz für einen Gläubigen ist zu sagen, dass der Schöpfergott verlässlich und glaubwürdig ist und kein Halunke, der uns in ein Theater setzt, das uns nur vorgaukelt, wir hätten eine Milliarden Jahre lange Geschichte hinter uns statt nur eine jahrtausendealte.

Ich halte diesen Glauben aber für durchaus vernünftig. Ohne diese Grundüberzeugung macht Wissenschaft keinen Sinn, und man könnte das Buch an dieser Stelle zuklappen und weglegen. Gehen wir also im Folgenden davon aus, dass die Welt real ist, Sinn macht und wir etwas von ihr verstehen können.

Multiversen mögen also bestehen oder auch nicht. Sie helfen uns aber nicht dabei, die tiefreichende Frage nach dem Ursprung der Welt beantworten zu können. Man kann endlos über den Anfang der Welt philosophieren, aber der Physiker braucht messbare Gewissheiten. Im Moment wissen wir noch nicht mal, ob und wie man solche anderen Universen nachweisen könnte.

Hin und wieder taucht eine Pressemitteilung auf, Forscher hätten in den großen Strukturen des Alls Hinweise auf eine Kollision mit einem früheren Universum gefunden, aber das erweist sich im Nachhinein immer als Kaffeesatzleserei, vor der selbst renommierteste Wissenschaftler nicht gefeit sind. Hinzu kommen immer wieder neue Vorschläge, wie zyklische Universen oder oszillierende, universumsgebärende Membranen zu immer neuen Urknallen führen könnten. Die physikalische Fantasie übersteigt die Datenlage um das Vielfache. Einer der Begründer der Multiversumstheorie, Paul Steinhardt, zweifelt daher offen daran, ob diese Theorie noch Wissenschaft oder nicht eher Wunschdenken ist. Und auch ein zyklisches Universum wäre irgendwann einmal ausgepowert, wie ein springender Titschball, der doch irgendwann zum Liegen kommt.[15]

Vielleicht lösen sich manche dieser fundamentalen Probleme irgendwann von selbst, wenn wir besser verstehen, wie wahrscheinlich oder unwahrscheinlich ein Universum mit bestimmten Eigenschaften ist. Allerdings kann ich mir nicht wirklich vorstellen, dass in dieser Welt irgendwann keine Fragen mehr offen sind.

Dunkle Energie – die Hefe des Universums

Nach heutigem Wissen fliegt das Universum sogar immer weiter und schneller auseinander, statt zum Einsturz zu kommen. Genauso, wie es eine der vielleicht gewagtesten Kurven von Georges Lemaître schon vorhergesagt hatte. Es ist eine der Kurven, die zeigt, wie das Universum zunächst größer wird und die Ausdehnung dann immer langsamer vonstattengeht, nur um dann wieder Fahrt aufzunehmen und sich immer schneller auszudehnen. Lemaître nannte diese Variante unseres Alls »das zögerliche Universum«, weil es sich zwischenzeitlich nicht ganz entscheiden kann, ob es wieder in sich zusammenstürzen oder auseinanderfliegen soll. Offensichtlich hat sich das Universum für Letzteres entschieden: Es fliegt weiter auseinander – und das ist eine schlechte Nachricht für zyklische Weltmodelle.

Messungen entfernter Supernovae, deren intrinsische Helligkeit man gut kalibrieren kann, zeigen, dass diese Sternenexplosionen etwas dunkler sind, als man erwarten würde, und daher wohl weiter weg sind, als sie sein sollten. Man interpretiert dies dahingehend, dass das Universum sich schneller ausdehnt als erwartet und dass eine mysteriöse »Dunkle Energie« das All auch heute noch weiter auseinandertreibt. Wie Hefe einen Teig aufgehen lässt, so lässt die Dunkle Energie den Raum auch heute noch aufquellen.

Tatsächlich taucht eine solche auseinandertreibende Kraft im Hinblick auf die Entwicklung des Universums schon in den Gleichungen Albert Einsteins auf. Man nennt sie die »kosmologische Konstante«. Diese beschreibt letztendlich, dass auch der leere Raum, das Vakuum, eine Grundenergie hat, die ihn auseinandertreibt.[16]

Der Raum ist wie ein Hefeteig, der immer weiter aufgeht. Oder so, als würde man einen Zauberballon haben, der sich ausdehnt und innen immer wieder neue Luft erzeugt, ohne dass man ihn

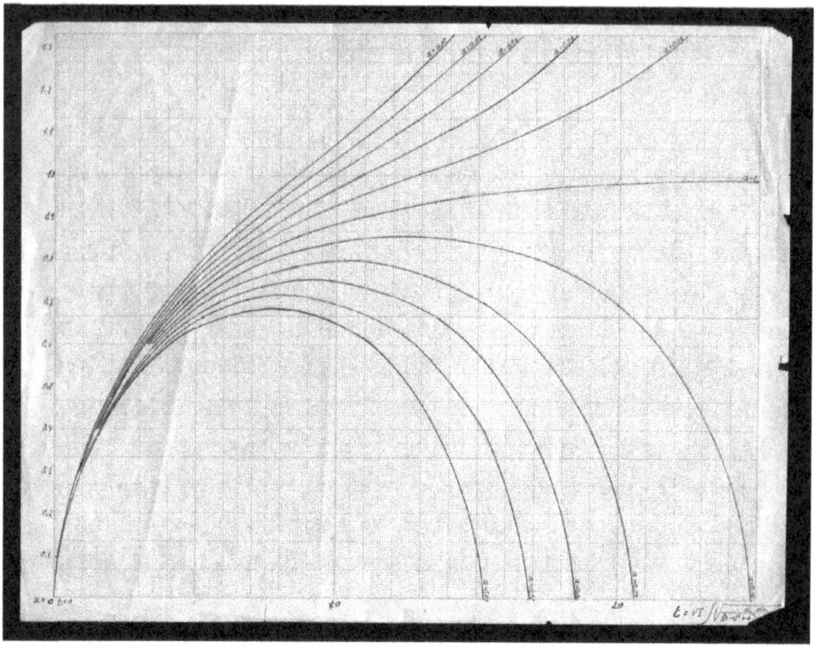

2 Ausdehnung des Weltalls als Funktion der Zeit, Zeichnung auf Millimeterpapier von Georges Lemaître, um das Jahr 1928: Die verschiedenen Kurven zeigen mögliche Weltmodelle für verschiedene Ausdehnungsgeschwindigkeiten und kosmologische Konstanten. Alles beginnt links unten zum Zeitpunkt = 0, den wir heute Urknall nennen.

aufpumpen müsste. Er würde sich ewig ausdehnen – vorausgesetzt, die Zauberhaut platzt nicht irgendwann.

Was genau diese Dunkle Energie ist, weiß die Forschung bis heute nicht. Einfache quantenphysikalische Abschätzungen liegen da schon mal um den Faktor 10^{120} – eine Eins mit 120 Nullen – daneben. Das ist auch für Astrophysiker keine kleine Zahl.

Nur meine Studenten in der Einführungsvorlesung Astronomie gehören zu den wenigen Eingeweihten, die erfahren, was es mit dieser Dunklen Energie auf sich hat. Am Ende bekommen sie einen Schokoriegel – als Energieschub für die Klausur. Wenn man zu viel von dieser Dunklen Energie zu sich nimmt, wird man die Expansion am eigenen Leib erleben. Erstaunlich ist nur, dass es trotz all meiner Bemühungen immer noch Studenten gibt, die in der Klausur die Frage nach der Ursache für die beschleunigte Expansion des Weltalls falsch beantworten.

Eine sehr fundamentale Konsequenz hat diese Beobachtung aber. Es ist auf dieser Grundlage schwer zu argumentieren, das Universum würde immer wieder zusammenfallen und von Neuem geboren werden. Dafür müsste man noch ein paar andere geheimnisvolle Kräfte und Effekte postulieren, für die es bis heute keinerlei Hinweise gibt. Das ist zwar nicht verboten, aber hinterlässt doch immer einen schalen Beigeschmack.

Die Dunkle Energie hat man allerdings noch nicht im Labor gefunden, man kann nur ihre Auswirkungen messen. Wenn man sieht, dass Blätter sich an einem Baum bewegen, dann kann man guten Gewissens davon ausgehen, dass der Wind bläst – es sei denn, es gibt gerade ein Erdbeben oder eine Kuh reibt sich am Baumstamm. Aber sich darüber hinaus weitere geheimnisvolle Kräfte auszudenken, kann einen leicht aufs Glatteis und in die reine Spekulation führen – oder zum Nobelpreis, sollte man solche neuen Effekte irgendwann dann doch beobachten. Das passiert aber ausgesprochen selten.

Das Universum birgt darüber hinaus noch weitere Geheimnisse. Zurzeit bewegt die Forschergemeinde die sogenannte »Hubble-Tension«.[17] Kosmologische Messungen sind erstaunlich präzise geworden, und Bestimmungen der kosmischen Ausdehnungsgeschwindigkeit im frühen und späten Universum zeigen, dass es sich heute noch schneller ausdehnt, als man es von Modellen mit einer einfachen kosmischen Konstante erwartet hätte. Sind noch weitere dunkle Kräfte am Werk, verliert die Dunkle Energie an Kraft[18] oder gibt es systematische Messfehler? Die Zukunft wird hier Licht ins Dunkel bringen.

Einen großen Nachteil hat die Dunkle Energie jedoch: Schon

heute fliegt das Universum so schnell auseinander, dass wir schneller als das Licht fliegen müssten, um zu den fernsten noch sichtbaren Galaxien zu gelangen.[19] Das Restaurant am Ende des Universums werden wir also niemals erreichen.

Der erste unbewegte Beweger – die alte Frage nach Gott

Kehren wir zur Anfangsfrage zurück: Woher kommt der Urknall? Multiversen sind eine mögliche, aber keine befriedigende Antwort, wie wir gesehen haben. Selbst wenn die Existenz von Multiversen einmal bewiesen wäre und sie von Spekulation zu messbarer Wissenschaft würden, so bliebe dann die noch größere Frage, wo denn die Multiversen herkommen? Waren sie immer schon dort? Oder woher stammen die Regeln und Naturgesetze, die sie haben entstehen lassen? Was bestimmt ihre Naturkonstanten? Der geheime Code unseres Universums? Welche Naturkonstanten haben über unser Universum hinaus Bestand, und welche sind im und nach dem Urknall spontan festgelegt worden?

Allein schon die Möglichkeit des zufälligen Einstellens seines Codes ist ja schon wieder ein neues Naturgesetz, ein Metagesetz, das neue Naturgesetze und -konstanten gebiert. Vielleicht sollten wir daher am Ende doch wieder über Gott reden. Wenn man immer weiterfragt und nicht haltmacht, kommt man an der Gottesfrage nicht vorbei. Der griechische Philosoph Aristoteles hat im Buch XII der *Metaphysik* über Gott geschrieben und ihn den »ersten unbewegten Beweger« genannt. Dieser Gedanke scheint mir in jeder Hinsicht zeitlos. Aristoteles benutzte ihn für einen Gottesbeweis, ich sehe den Wert eher in einer Gottesdefinition – wenn auch einer maximal reduzierten.[20]

Denn wo immer man beginnt, braucht man etwas, das schon da ist, das aus dem Unbewegten das Bewegte macht. Ist Gott dann physikalisch greifbar? Ich denke nicht, denn wenn man denkt, dass Gott der Ursprung aller Physik ist, dann ist Gott durch die Physik nicht vollständig beschreibbar. Theologisch würde ich sagen: Gott ist das unverfügbare ursprüngliche Geheimnis der Welt.

Es ist eine der wirklich fundamentalen Errungenschaften der Genesis, das Transzendente vom Immanenten zu trennen, Gott von den Dingen zu unterscheiden. Gott ist kein Planet, kein Baum und kein Stein. Gott ist nicht geschaffen, aber Gott spricht, und aus dem Wort entsteht das, was ist. Wissenschaftler sollten Aristoteles und der alten jüdischen Tradition zutiefst dankbar sein. Denn erst durch diese scharfe Trennung ist heute Naturwissenschaft möglich. Die Welt ist nicht göttlich, und zwischen der Welt und Gott steht am Anfang das Wort. »Gott sprach, es werde Licht«, so heißt es in der Genesis. Auch am Anfang der wissenschaftlichen Schöpfungsgeschichte stehen heute die Naturgesetze, sie sind »gottgegeben«, abstrakt und nicht dinglich. Wer oder was sie gesprochen hat, kann die Wissenschaft nicht wissen.

Trotzdem versuchten Wissenschaftler immer wieder, sich dem ersten Beweger mit Physik und Logik zu nähern. Anselm von Canterbury (1033–1109) hatte argumentiert, man könne die Aussage »Gott existiert nicht« widerlegen, denn wenn Gott das größte Denkbare ist und Gott nicht existiert, könne man immer noch etwas Größeres denken.

Der Mathematiker Kurt Gödel versuchte es mit Mathematik. Er hatte Mitte der 20er-Jahre des letzten Jahrhunderts gezeigt, dass die Mathematik stets wahre Aussagen enthält, die man nicht beweisen kann. Gödel ging dann aber noch einen Schritt weiter und bewies in logischen Schritten, dass Gott existieren muss, wenn Gott jede positive Eigenschaft besitzt und Existenz an sich positiv ist.[21] Die Richtigkeit der Logik des Beweises wurde sogar am Computer bestätigt,[22] aber über diese Definition Gottes lässt sich natürlich streiten.

Leider passiert dieses Streiten heute viel zu wenig. Als ich mit meinem Studium begann, führte noch der eine oder andere ältere Kollege das Wort »Gott« im Mund. Wenn ich heute bei einer Konferenz beim Abendessen mit Kollegen rede, habe ich den Eindruck, dass die theologische Sprachfähigkeit weitestgehend verschwunden ist. Wir reden über das Funktionieren der Welt, aber nicht über ihr Wesen.

Vor einem Jahrhundert, in der Zeit Lemaîtres, war es noch anders. Viele der großen Wissenschaftler dieser Zeit waren religiös geprägt, und so war die Diskussion über den Beginn der Welt immer auch eine Frage nach Gott. Gleichzeitig herrschte – trotz Weltkriegen – ein scheinbar unerschütterlicher Fortschrittsglaube. Die Entzauberung der Welt erschien vielen nur als eine Frage der Zeit. Das Denken war deterministisch. Die Welt war eine Maschine. Irgendwann würde man alles wissen und alles vorhersagen können. Alles war festgelegt – bis dann Relativitätstheorie und Quantentheorie dieses Bild langsam, aber nachhaltig erschüttern sollten.

Die großen Physiker rangen damals in ihren Werken mit Gott und ihrer eigenen Spiritualität: ob Einstein mit seinem jüdischen Hintergrund, der unser Bild von Raum und Zeit revolutionierte; Arthur Eddington, der Quäker, der Einsteins Theorie bewies und die Grundlage für die Sternenstruktur schuf; oder Max Planck, der langjährige evangelische Kirchenvorstand und Begründer der Quantentheorie. Sie alle führten Gott im Munde.

Von Max Planck, nach dem die renommierteste deutsche Forschungsgesellschaft benannt ist, stammt der bekannte Ausspruch: »Für den gläubigen Menschen steht Gott am Anfang, für den Wissenschaftler steht er am Ende aller Überlegungen.« Für ihn war klar, »Materie bestünde ohne den Geist überhaupt nicht«[23] – eine schon fast esoterisch klingende Aussage.

Einstein wiederum, dem die neue Quantenphysik ein Gräuel war, spöttelte in einem Brief an seinen Freund, den Physiker Max Born: »Die Theorie liefert viel, aber dem Geheimnis des Alten bringt sie uns nicht näher. Jedenfalls bin ich überzeugt, dass der nicht würfelt.« Einstein war wahrscheinlich dem Theologen und Philosophen Spinoza nahe, für den Gott und Natur nur verschiedene Begriffe ein- und derselben Sache waren.[24]

In seinem Buch *Science and the Unseen World* machte Eddington klar, dass es ein Fehler wäre, Beweise für Gott in der Natur zu suchen, und verwies auf die Erfahrungen Elias in der Höhle. Gott fände man nicht in den natürlichen Phänomenen, sondern in der leisen Stimme, die ihnen folgen würde.[25]

Das ist ein Gedanke, der mir persönlich sehr nahe liegt, weil die Geschichte Elias eine meiner Lieblingserzählungen ist. Ich erinnere mich, wie ich mich mal in der Kaffeepause einer hochrangigen wissenschaftlichen Kommission mit einem jüdischen Kollegen fasziniert über ein Wort in dieser Geschichte unterhalten habe: Elia, so erklärte er mir, findet Gott nicht im leisen Windhauch, so wie es in meinen Übersetzungen steht, sondern im »Säuseln der Stille«. Das ist eine sehr poetische Beschreibung, die aber für einen Physiker, der gerne starke, messbare Signale hat, nur schwer zu verdauen ist.

In einer Welt, geprägt von Naturwissenschaft und Berechenbarkeit, rangen diese großen Wissenschaftler des vorigen Jahrhunderts mit ihrem Bild von Gott und letztlich mit dem Ursprung dieser Welt. Ist da noch Platz für einen persönlichen Schöpfergott? Ist es nicht nur eine Frage der Zeit, bis die Wissenschaft auch die letzten Antworten gefunden hat und Gott zu einer reinen mathematischen Definition mutiert, einer Sammlung von Naturgesetzen? Ist Gott also doch berechenbar?

Marie Curie, die erste weibliche Physik-Nobelpreisträgerin, löste sich daher vom Katholizismus und wurde Agnostikerin. Ihr, der unerschütterlichen Vorkämpferin für Frauenrechte in der Wissenschaft, schreibt man gerne den Satz zu: »Nichts im Leben muss man fürchten, man muss es nur verstehen.«[26]

Aber dann kam Lemaître und machte dem Ganzen einen Strich durch die Rechnung. In derselben Ausstellung in Löwen, in der ich staunend vor der ersten Grafik des expandierenden Universums stehe, ist auch ein Manuskript von ihm zu sehen. Eine direkte Replik auf die Angriffe Eddingtons, die als kurzer Brief in der renommierten Zeitschrift *Nature* erschien.[27] Das Manuskript ist mit Schreibmaschine geschrieben, und Thomas Hertog wies mich auf den letzten Absatz hin. Er ist mit einem dünnen Bleistiftstrich durchgestrichen, und tatsächlich fehlt dieser Absatz in der publizierten Version. Wahrscheinlich hat Lemaître sich nicht getraut, ihn zu veröffentlichen, denn es war eine sehr persönliche und theologische Schlussbemerkung. Dort schreibt der Urknallentdecker:

> »Ich denke, dass jeder, der an ein höchstes Wesen glaubt, das jedes Wesen und jedes Handeln trägt, auch daran glaubt, dass Gott im Wesentlichen verborgen ist, und dass er froh sein kann, wenn er sieht, wie die gegenwärtige Physik die Schöpfung mit einem Schleier verdeckt.«[28]

In diesem komplexen Satz spüre ich auf einmal das geradezu körperliche Aufatmen des mit seinem Glauben und seinen Forscheridealen ringenden Lemaître: Sein Gott ist kein Sklave der physikalischen Gesetze mehr. Gott, der Ursprung, ist nicht berechenbar und für die Naturwissenschaft und Naturwissenschaftler nicht verfügbar. Insofern bleibe ich bei meiner schon früher geäußerten Aussage: Es ist keine Frage, ob Gott existiert. Gott existiert. Es ist nur eine Frage, wer oder was Gott ist. Die Antwort darauf ist dann eben immer Glaube.

Bei unserer Suche nach den Anfängen der Welt stoßen wir immer wieder auf fundamentale Grenzen, die wir nicht durchdringen können. Die Chance ist groß, dass wir niemals den engen Schlund des Urknalls bis zum Anfang aller Dinge erforschen können. Wahrscheinlich hat das Feuer des Urknalls nicht nur unser All geboren, sondern dabei auch sämtliche Spuren des ursprünglichen Brandstifters vernichtet.

Was auf den ersten Blick vielleicht schmerzlich klingt, kann auch eine tröstliche Dimension haben, wenn nicht alles wissenschaftlich messbar und begreifbar ist, sondern nur durch reines Staunen wirklich erfasst werden kann. Und dieses Staunen ergreift einen auch, wenn man sich auf die Reise durch die Zeit begibt, die dieser Urknall und dieses erste Wort ausgelöst haben.

Kapitel 2

MATERIE, STERNE, GALAXIEN UND SCHWARZE LÖCHER

»Woher kommt das, woraus ich bin?«, fragte das Kind. »Aus dem Feuer des ersten Lichts«, antwortete der Prophet.

»Nach der Zeit des Lichts war der Himmel durchflutet von brodelnden Wassern. Eng verbunden bewegten sich darin Licht und Materie in einem innigen Tanz. Sie berührten einander, verschmolzen, neue Teilchen entstanden, und neue Elemente wurden geboren. Das weitgespannte Firmament, unter dem sie tanzten, wurde immer größer, und so wurden auch ihre gemeinsamen Kreise immer größer, ihre Berührungen seltener, ihre Liebe kälter, bis sie getrennt ihre eigenen Wege gingen. Die Wasser teilten sich. Das Meer des Lichts flutete den leeren Raum und das Meer der Lüfte zog sich unter dem Einfluss einer geheimnisvollen dunklen Kraft immer weiter zusammen. Aus den Weiten des Meeres erhoben sich Sterneninseln, die immer weiterwuchsen und unter dem Druck ihres eigenen Gewichtes immer heißer wurden. Im Herz der Sterne entfachte die Glut ein Feuer, das Elemente schmieden konnte. In diesem kosmischen Tiegel wurden in Äonen neue Erden gehärtet: Salze, Metalle und neue Lüfte. Doch irgendwann ist auch ein Stern ausgebrannt und sterbensmatt. Die erste Generation schied dahin, doch bevor sie ging, feierte sie den kommenden Tod mit einem leuchtenden Feuerwerk voller Farbe und Energie. Ihre glühenden Hüllen, gewürzt mit den neuen Elementen des Lebens, schleuderte sie in die Kälte des Raumes. Aus der Asche der alten Sterne entstanden neue, trächtige Wolken aus Gas und Staub, die wiederum neue Sterne und Planeten gebaren – die nächste Generation sternener Feueröfen, die wiederum neue Generationen zeugten –, irgendwann auch deine Heimat. Du bist geschmiedet im Feuer des Anfangs und der Glut der Sterne, mein Kind. Wir sind Töchter und Söhne des Alls, gemacht aus dem Staub der Sterne.«

Ein bescheidener Entdecker

Was gibt es Schöneres, als am Lagerfeuer unter dem Sternenhimmel zu sitzen und den Erzählungen und Geschichten der Alten zu lauschen. Man wird mitgenommen in eine andere Zeit, voller Entdeckungen und Abenteuer, von der die nächste Generation lernt, ihre eigenen Abenteuer zu bestehen. So stelle ich mir das abendliche Ritual bei Jäger-und-Sammler-Kulturen in der Steinzeit vor. Wahrscheinlich war es weniger romantisch, als man sich das so denkt, und die jungen Zuhörerinnen und Zuhörer werden vielleicht gähnend am Rande gesessen und gehofft haben, dass der Erzähler mal langsam zum Schluss kommt oder bald jemand das Smartphone erfindet. Als junger Astrophysiker vom Stamm der Radioastronomen war mir dieses Ritual durchaus geläufig. Die Radioastronomie war vor dem Zweiten Weltkrieg mit der Entdeckung kosmischer Radiostrahlung entstanden,[1] blühte nach dem Krieg auf und revolutionierte die Astrophysik. Zum ersten Mal konnte man den Himmel in einem Licht betrachten, das mit bloßem Auge nicht zu sehen war, angetrieben von einer neuen Generation von Astronomen, die Physiker und Ingenieure zugleich waren. Als meine wissenschaftliche Sturm-und-Drang-Zeit begann, ging die Gründergeneration langsam in Rente und erzählte ihre Geschichten von vergangenem Glanz und Gloria am Lagerfeuer. In der Welt der Wissenschaft entspricht das dem Abhalten von Konferenzen und Tagungen. Die

Geschichten der Alten sind meistens ein manchmal humoriger, manchmal aber auch ein aus der Zeit gefallener Vortrag.

So auch bei der Konferenz, von der im Folgenden die Rede sein wird. Sie beginnt mit dem Vortrag eines älteren, glatzköpfigen Herrn, der mir nicht bekannt vorkommt. Sein Stil ist nüchtern, bescheiden und fast trocken, aber ein schelmisches Lächeln blitzt aus seinen Augen, wenn er die eine oder andere Anekdote aus seinen Entdeckertagen erzählt – Geschichten, die außerhalb der Fachwelt kaum einer wirklich verstehen würde. Sein Name ist Wilson – ein Allerweltsname.

Ich habe irgendwie den Anfang verpasst, aber anscheinend geht es um Moleküle. Aufgebaut aus oft komplexen Kombinationen aus Atomen des Periodensystems, bilden sie die Grundbausteine allen Lebens. Wilson erzählt, wie er im Frühjahr 1970 mit einem Team zu einem Radioteleskop in Arizona gereist war und mithilfe von Kollegen in Virginia dafür ein provisorisches Empfängersystem zusammengeschraubt hatte. Zur großen Überraschung der Forscher funktioniert das System, und als sie ihr Radioteleskop auf den wunderschönen Orionnebel richten, schlägt ihr Oszilloskop aus – sie haben den Fingerabdruck Kohlenmonoxid gefunden! Wow, denke ich, und bin plötzlich hellwach. Kohlenmonoxid, CO abgekürzt, weil es aus einem Kohlenstoffatom, C (Carbon), und einem Sauerstoffatom, O (Oxygenium), besteht, hat auf der Erde eher einen schlechten Ruf. Geruchs- und geschmacklos wird es bei Verbrennungen produziert und führt immer wieder zu tödlichen Vergiftungen. Aber in der Astronomie ist CO zum wichtigsten Indikator kosmischer Molekülwolken geworden: Orte, an denen Sterne und Planeten geboren werden.

Die Entdeckung von CO war zwar nicht die allererste Entdeckung von Molekülen im Weltall,[2] aber die wichtigste. Mithilfe der Radio-Emission von CO durchmessen wir heute den Kosmos, auf der Suche nach der Geschichte des Materials, aus dem wir alle gemacht sind.

Auf der Folie stehen die Namen der drei Entdecker: Wilson, Jefferts und Penzias. Jetzt fällt es mir wie Schuppen von den Augen. Ist das *der* Wilson? Der Wilson, den man nicht mit seinem Vornamen kennt, sondern immer nur im Zusammenhang mit seinem Kollegen Arno Penzias. Penzias-Wilson taucht immer im Doppel auf, als ob der Namensträger Penzias Wilson und nicht Robert Woodrow Wilson heißen würde. Der bescheiden lächelnde Herr vor mir ist eine lebende Legende, ein Mythos, und ich höre nur mit halbem Ohr zu? Es ist immer wieder amüsant zu erleben, was passiert, wenn Mythos und Realität plötzlich aufeinandertreffen und sich Ersterer als viel normaler und unaufgeregter entpuppt als die Geschichten, die wir daraus machen.

Der Mann hatte nicht nur einen Physiknobelpreis erhalten, sondern auch Wissenschaftsgeschichte geschrieben. Zusammen mit Arno Penzias hatte Robert Woodrow Wilson (von allen nur kurz Bob genannt) 1964 die kosmische Hintergrundstrahlung entdeckt und damit nichts Geringeres als die Hitzestrahlung des kosmischen Urfeuerballs, die den entscheidenden Nachweis für den Urknall lieferte.

Die spektakuläre Entdeckung damals war technisch betrachtet genauso nüchtern wie sein Vortrag. Mit ihrer Antenne, die eigentlich dafür gedacht war, einen Satelliten zu verfolgen, konnten Penzias und Wilson sehr genau das Radiorauschen des Himmels messen. Eigentlich wollten sie gar nichts finden. Je weniger es in der Antenne rauscht, desto besser kann man messen. Aber was sie auch taten, wohin sie die Antenne auch richteten, es blieb immer etwas Rauschen übrig. Am Ende kletterten die beiden sogar in die verwinkelte riesengroße Hornantenne und befreiten sie eigenhändig vom Taubenmist, den sie als vermeintlichen Störenfried ausgemacht hatten. Aber es half nichts, das Rauschen blieb – zum Glück. Als Arno Penzias den Nobelpreis erhielt, soll er gesagt haben: »Die meisten Leute bekommen den Nobelpreis für Dinge, nach denen sie gesucht haben. Wir haben ihn für etwas bekommen, was wir loswerden wollten.« Und ein anderer Kollege unkte: »Sie suchten nach Mist, fanden aber Gold, was genau das Gegenteil der Erfahrung ist, die die meisten von uns machen.«

Heute hilft uns diese Strahlung, die Struktur unseres Kosmos und die Geburt der Elemente zu verstehen. Sie hat zu einem der größten Triumphe der modernen Wissenschaft geführt, dem Verständnis der primordialen Nukleosynthese – der Entstehung der Atomkerne und damit der Elemente.

So unsicher der Ursprung des Alls ist, so präzise können wir heute die Geschehnisse nach dem Urknall berechnen.

Die ersten Sekunden des Weltalls – Geburt der Materie

Angesichts der Komplexität der Welt ist die Beschreibung der ersten Sekunden, Stunden und Jahre des Weltalls erstaunlich einfach – zumindest aus der Sicht des Physikers.[3] Es ist eine kurze Geschichte der Zeit, aber eine, die unser ganzes Leben, ja unser ganzes All geprägt hat. In diesen ersten Minuten des Universums wurden die Weichen für die Entstehung der ganzen Welt gestellt.

1 µs–1 Sekunde
Kernbausteine entstehen

Nach der ersten Mikrosekunde bis etwa 10 Millisekunden nach dem Urknall bilden sich die Grundingredienzien der Materie: Protonen und Neutronen, aus denen irgendwann einmal Atomkerne werden, sowie Elektronen, die später um Atomkerne herumkreisen werden. Dazu noch Neutrinos, ungeladene Geisterteilchen, die beim Zerfall von Atomkernen entstehen und im wahrsten Sinne des Wortes durch Wände gehen können. Und natürlich Photonen, die masselosen Teilchen des Lichts. Alle Teilchen haben anfänglich noch die gleiche Temperatur. Dabei spielt es gar keine Rolle, woraus das Gas des Urknalls besteht. Anfänglich ist alles so dicht beieinander, dass alle Teilchen permanent miteinander kollidieren und ihre Energie miteinander teilen. Temperatur ist nichts anderes als die mittlere Bewegungsenergie der Teilchen.

Man kann sich das wie eine sehr dichtgedrängte Tanzfläche in einem Club vorstellen. Der Rhythmus der Musik gibt den Takt vor, und dazu bewegen sich alle ungefähr mit gleicher Geschwindigkeit. Würde eine Besucherin plötzlich aus der Reihe tanzen und mit großen Schritten durch den Raum zu sprinten versuchen, würde sie schnell gegen andere Tänzer prallen und abgebremst werden. Steht jemand nur rum, was ungefähr meinem Naturell entspräche, während die Menge in Ekstase gerät, würde er sich allein durch die dauernden Stöße in den Rücken mitbewegen müssen. In den ersten Sekundenbruchteilen ist so noch alles im Gleichgewicht.

Aber die kosmische Ur-Tanzfläche bleibt nicht, wie sie ist. Aus den Gleichungen Albert Einsteins über den Zusammenhang zwischen Raum und Zeit auf der einen und Materie und Energie auf der anderen Seite kann man ableiten, dass der Raum expandiert, und zwar mit der Wurzel der Zeit. Wird das Universum 100-mal älter, wird es 10-mal größer – in jede Richtung. Das Volumen wächst also deutlich stärker.

Könnte man zwei Nägel in den leeren Raum hämmern wie in eine Wand und würde zwischen diesen beiden Nägeln ein Gummiband gespannt sein, so würde dieses Gummiband mit der Zeit immer weiter auseinandergezogen. Nehmen wir an, das Universum ist 10 Millisekunden alt. Nach genau einer Sekunde ist es 100-mal älter, dann würde sich das Gummiband zwischen den beiden Nägeln in diesem Zeitabstand 10-mal weiter auseinanderziehen – und zwar egal, in welche Richtung man es gespannt hat. Natürlich kann man keine Nägel in den leeren Raum schlagen. Aber in späteren Zeiten, wenn aus dem brodelnden Urstoff ganze Galaxien entstanden sein werden, kann man diese Welteninseln in gewisser Weise schon als Ortsmarken im Raum betrachten – auch wenn sie nicht wirklich festgenagelt sind.

Durch die fortwährende Expansion des Raumes kühlt sich auch das darin enthaltene Gas immer weiter ab, und zwar auch mit der Wurzel der Zeit: Ein Universum, das 100-mal älter wird, ist dann 10-mal größer und 10-mal kälter.

Kälte ist natürlich relativ. Eine Sekunde nach dem Urknall ist das All immer noch zehn Milliarden Grad heiß, aber tatsächlich wird es bei diesen Temperaturen schon einigen Teilchen zu kalt. Sie frieren aus, und dadurch entsteht eine völlig neue Welt!

Während ich diese Zeilen schreibe und aus meinem Fenster in den winterlichen Garten schaue, beginnt es zu schneien. Aus Wasser und Wasserdampf entstehen plötzlich Eis und Schnee. Die ganze Landschaft ist wie verwandelt. Eiszapfen bilden neue Strukturen, und Kinder bauen aus den paar Schneeflocken einen Schneemann. Bei höheren Temperaturen wäre das alles nicht möglich gewesen. Das Wasser würde einfach wegfließen – einen Schneemann kann man damit nicht bauen.

1–10 Sekunden
Elektronen

Ähnliches passiert in der ersten Sekunde nach dem Urknall. Protonen und Neutronen, die Grundbausteine aller Atomkerne, frieren aus der kosmischen Urmelasse heraus und bilden neue kleinste Strukturen. Nicht nur unser Schneemann, auch wir selber werden später aus genau diesen Teilchen bestehen. In den nächsten Sekunden kristallisieren sich die noch überlebenden Elektronen aus dem heißen Tohuwabohu heraus, die zusammen mit Protonen und Neutronen später Atome und damit die ersten Elemente bilden werden.[4]

Auf geheimnisvolle Weise durchzieht auch schon ein schwaches Magnetfeld den frühen Kosmos. Sein Ursprung liegt im Dunkel des Urknalls. Die Anwesenheit von Elektronen in dem wirbelnden heißen Plasma sorgt dafür, dass wie in einem Dynamo mit seinen Drahtwindungen kleine elektrische Ströme fließen und diese Magnetfelder verstärken können.[5] Dieses Urmagnetfeld ist wahrscheinlich die Saat für alle Magnetfelder in Galaxien, Sternen und Planeten, bei deren Entstehung sie immer weiter verstärkt werden.

Die ersten drei schicksalhaften Minuten – die Rettung der Neutronen

Anfänglich ist die Temperatur im Urknall noch so hoch, dass Protonen und Neutronen sich permanent ineinander umwandeln können. Nur zwei Sekunden nach dem Urknall sinkt die Temperatur unter schlappe 10 Milliarden Grad Celsius,[6] und damit ist die verfügbare Energie zu gering, um ein Neutron in ein Proton zu verwandeln. Es ist, als ob jemand beim Stopptanzen die Musik ausgeschaltet hätte. Alles bleibt so, wie es gerade ist, und in diesem Moment ist die ganze Zukunft des Universums fest geschrieben. Beim Tanz der Elementarteilchen bedeutet es, dass in diesem Moment auf jeweils fünf Protonen ein Neutron kommt. Jetzt beginnt eine hektische Phase der Partnersuche, denn alleine können Neutronen nicht überleben. Ihre Lebensdauer in Isolation beträgt nur 15 Minuten – danach zerfallen sie. Nur in inniger Partnerschaft mit Protonen sind Neutronen lebensfähig. Zum Glück ist gerade noch genügend Zeit.

2 Sekunden Protonen und Neutronen gehen getrennte Wege

Es ist, als ob eine Gruppe verwunschener Prinzen bei einer mittelalterlichen Ü30-Party bis Sonnenaufgang ihre Prinzessin finden müsste, weil sie sonst für immer zu Staub zerfielen. Es gibt nur diese eine Nacht zur Paarung. Erklingt um Mitternacht die Glocke, muss jeder Prinz schlagartig seine Prinzessin finden. Will sie nicht oder findet er keine, zerfällt er nach wenigen Minuten zu Staub.

So verlockend für die eine oder andere eine solch kurze prinzenlose Party vielleicht auch klingen mag, für das Universum sind Neutronen ausgesprochen nützlich. Denn nur mithilfe der Neutronen können schwere Atomkerne und neue Elemente gebildet werden. Sie sind im wahrsten Sinne lebenswichtig. Neutronen haben eine starke

3 Minuten Atomkerne finden sich

Kernklebekraft wie Protonen, aber nicht deren abstoßende positive Ladung. So sind Neutronen Abstandshalter und Kleber zugleich, die Atomkerne stabilisieren. Ohne Neutronen gäbe es kein Helium, keinen Kohlenstoff, keinen Sauerstoff und keines der anderen Elemente, aus denen wir bestehen – das All wäre extrem langweilig.

Nach den ersten drei Minuten sind für vierzehn Protonen immerhin noch zwei Neutronen übrig. Jeweils zwei Neutronen und zwei Protonen gehen zusammen, und die vier Teilchen bilden zusammen den Kern eines Heliumatoms. Die zwölf anderen Protonen fliegen weiterhin als Wasserstoffkerne herum. Also kann man erwarten, dass rund ein Viertel der Masse normaler Materie aus Helium und der Rest aus Wasserstoff besteht.

Genau dies zeigen auch Beobachtungen des jungen Universums: Wenn Astronomen heute ihre Teleskope auf ferne helle Quasare richten,[7] dann schauen sie auch in der Zeit zurück, weil das Licht so lange unterwegs war. Läuft dieses Licht durch noch fast unberührte, urtümliche Gaswolken, dann können Forscher in diesem Licht den spektroskopischen Fingerabdruck der Elemente und deren primordiales Massenverhältnis bestimmen[8] – und siehe da: Es sind rund ein Viertel Helium und drei Viertel Wasserstoff.[9]

Diese primordialen – also ursprünglichen – Heliumkerne sind nicht nur wichtig, damit später Luftballons bei Kindergeburtstagen oder Hochzeiten gefüllt werden und fliegen können, sie sind auch Brennstoff für Sterne und vor allem ein Rettungsring für die zerbrechlichen Neutronen, mit deren Hilfe später weitere Elemente entstehen. So stammt der weitaus größte Teil des Heliums in Luftballons aus dem Urknall. Wer also bei einer Hochzeit oder einem Geburtstag – trotz ökologischer Bedenken – einen heliumgefüllten Ballon zum Himmel steigen lässt, sollte daran denken, was für ein besonderes Material darin steckt: Gas aus den Urzeiten unseres Weltalls.

Sowieso stammen so gut wie alle Kernbausteine, aus denen wir bestehen, aus den ersten drei Minuten des Kosmos vor 13,8 Milliarden Jahren. Unser Körper setzt sich zu über 50 Prozent aus Wasser[10] (H_2O) zusammen, und fast jedes Wasserstoffatom (H) ist ein Proton aus dem Urknall. Ein einfacher Blick auf unsere Hände oder den Schreibtisch vor mir zeigt uns also Material, dessen Grundbausteine in den ersten Sekunden des Universums entstanden sind. Es ist erstaunlich, dass alles, was mich heute ausmacht, damals bereits durch das Universum gewabert ist. Auch die kleinsten Bestandteile unseres Gehirns, mit dem wir heute große Fragen nach dem Sinn des Lebens stellen, waren damals schon da. Nur das Zusammenbauen hat halt etwas gedauert.

Denn Atomkerne sind noch keine Atome, Atome noch keine Moleküle, Moleküle noch kein Sternenstaub und Sternenstaub noch kein Leben. Zwar sind Wasserstoff und Helium die am häufigsten vorkommenden Elemente im All, aber ein Periodensystem der Elemente, das aus nur zwei Elementen besteht,[11] ist nicht wirklich aufregend. Bis es so weit ist, dass aus diesen Urteilchen dann eine Hand oder ein Gehirn entstehen kann, braucht es nicht Minuten, sondern Jahrmilliarden. Eine entscheidende Rolle in dieser Geschichte der Materie spielen die Sterne.

Die Dunkle Materie übernimmt

Trotz aller Kreativität ist das Universum nach drei Minuten erstaunlich leer. Die mittlere Dichte liegt bei nur ein paar Gramm pro Kubikmeter, das ist weniger als ein Prozent der Dichte von Luft. Wenn es in diesem Moment schon uns und Sauerstoff gegeben hätte, wären wir erstickt. Das gesamte heute sichtbare Universum passte damals in eine Kugel mit einem Radius von 300 Lichtjahren, knapp 3 Billiarden Kilometer – eine 3 mit 15 Nullen. Das klingt nach viel, ist aber eine lächerlich kleine Dimension im Vergleich zur Größe des heutigen Universums. Unsere eigene Milchstraße, die aus Hunderten von Milliarden Sternen besteht, misst alleine schon 100 000 Lichtjahre im Durchmesser.

Dennoch enthält das 3-Minuten-Ei des embryonischen Universums ungefähr 10^{80} Kernteilchen. Aus diesen Teilchen besteht alles, was heute ist.

Geschah am Anfang alles rasend schnell, so wird die Entwicklung nach den ersten drei Minuten deutlich langsamer. Es wird kühler, aber ansonsten passiert nicht viel Neues. Nach rund 60 000 Jahren verliert das Licht langsam seine Macht über die Materie, und die Materie übernimmt das Zepter. Die Gesamtmenge der Materie im Universum hat nun mehr Energie als alles Licht im Kosmos zusammen. Es ist ein neuer Scheitelpunkt in der Entwicklung des Universums – die »Materieundstrahlungsgleiche«.

60 000 a Materie dominiert das Universum

Ab diesem Zeitpunkt dehnt sich der Raum sogar noch schneller aus. Das scheint kontraintuitiv zu sein, aber bis jetzt war ein Teil der Ausdehnungsenergie im Licht »versickert«. Die Ausdehnung des Raumes muss nämlich auch die Photonen, die Lichtteilchen, wie eine Ziehharmonika oder wie kleine Gummibänder, die man zwischen die Finger spannt, auseinanderziehen. Das kostet Kraft und Energie und verlangsamt die Ausdehnung des Universums.

Das Strecken macht das Licht aber auch langwelliger und röter. Man spricht daher von der Rotverschiebung des Lichtes, die wir bis zum heutigen Tag noch im Licht ferner Quasare und Galaxien sehen können. Die Ausdehnung des Raumes spiegelt sich sozusagen in der Ausdehnung des Lichts wider.

Materieteilchen hingegen werden nicht auseinandergezogen, sie bleiben dieselben Teilchen, die sie vorher waren. Das Universum kann und braucht sie nicht auseinanderzuziehen, und die Photonen spielen keine starke Rolle mehr als Kleber des Universums. So kann sich der Raum nun wieder schneller ausdehnen.

In der neuen, materiedominierten Phase des Universums taucht aber plötzlich noch ein mysteriöser Spieler auf, der die Zukunft des Universums verändert. Eine geheimnisvolle Substanz durchzieht das junge Universum. Eine Substanz, die so sagenumwoben ist, dass ihre wahre Natur bis heute nicht enthüllt werden konnte. Alles, was wir von ihr wissen, ist, dass sie ist, aber nicht, was sie ist. Wir nennen sie die Dunkle Materie. Kein Mensch weiß, wann und wie sie entstanden ist – früh, sehr früh im Urknall wahrscheinlich, aber sicher sind wir uns dessen nicht. Sie ist die wahre Herrscherin im materiedominierten Universum. Von ihr gibt es fünfmal mehr als von der normalen Materie, aus der später Sterne, Planeten und wir selbst entstehen werden.

Die Entwicklung der Dunklen Materie wird nur von der Schwerkraft vorangetrieben, doch das soll noch dramatische Folgen haben. Die Schwerkraft ist zwar die schwächste aller Kräfte, aber sie ist auch die wahre schöpferische Kraft des Universums, denn sie kennt nur eine Richtung. Die Schwerkraft hält uns im wahrsten Sinne des Wortes auf dem Boden, und sie sorgt dafür, dass alle Materie sich ein klein wenig anzieht. Im Gegensatz zu allen anderen Kräften gibt es bei der Schwerkraft kein Plus oder Minus, es gibt keine Anti-Gravitation. Nur wenn alle Teilchen in eine Richtung ziehen – nämlich aufeinander zu –, kann plötzlich aus Chaos Ordnung entstehen, und Welteninseln erheben sich langsam aus dem kosmischen Urmeer.

Beinahe unmerklich startet dieser Prozess in den ersten Zehntausenden von Jahren des Universums. Die Dunkle Materie beginnt sich aufgrund der Schwerkraft zusammenzuziehen. Bei normaler Materie wirkt der Druck des Gases und der Strahlung dem Kollaps entgegen, doch Dunkle Materie ist anders, geisterhafter, einsamer. Andere Teilchen spüren einander, ihr Druck stemmt sich gegen das Zusammengepresst-Werden, aber Dunkle Materie bietet keinen Widerstand. Sie spürt nichts und niemanden, noch nicht einmal Licht – nur die Schwerkraft. Dunkle Materie geht durch alles hindurch, selbst durch sich selbst. Nicht einmal Neutrinos, die Geisterteilchen des Alls, sind so geisterhaft wie sie. Während die normale Materie im Wechselspiel der beiden Antagonisten Druck und Schwerkraft im Gleichgewicht gehalten wird, zieht sich die Dunkle Materie immer weiter zusammen. So braut sich insgeheim eine neue Phase des Universums zusammen. Dunkle Inseln bilden sich langsam, die später durch ihre Anziehungskraft zur Heimat von Galaxien und Sternen werden. Eine dieser dunklen Inseln wird unsere werden.

Aber die Materie, aus der Sterne bestehen – Protonen, Neutronen und Elektronen –, kann noch nicht mithalten. Das Licht des Urknalls verhindert, dass die nicht-dunkle Materie der Schwerkraft der wahrhaft Dunklen Materie folgt und sich zusammenklumpt, denn Licht strahlt nicht nur, es übt auch einen Druck aus – den Strahlungsdruck. Wenn ich meine Taschenlampe auf meine Nachbarin richte, dann strahlt sie nicht nur, sondern sie wird auch unmerklich weggedrückt. Raumfahrtprojekte nutzen diese Eigenschaft. Die am 20. Mai 2010 gestartete, 300 Kilogramm schwere japanische Sonde »IKAROS« war die erste, die ein 14 mal 14 Meter großes und nur 2 Kilogramm schweres Sonnensegel erfolgreich einsetzte und sich vom Licht der Sonne ein Stück treiben ließ.

Genauso funktionieren die Elektronen im kosmischen Feuerball als kleine Lichtsegel. Die negativ geladenen leichten Teilchen reflektieren das vorhandene Licht wie kleine Spiegel und werden durch den Rückstoß etwas weggedrückt. Dabei nehmen sie die positiv geladenen schwereren Atomkerne durch ihre elektrische Anziehungskraft im Schlepptau mit und verhindern, dass alles unter der Last der Schwerkraft zusammenbricht. Zwar wird das Licht im Lauf der Zeit durch die kosmische Ausdehnung immer schwächer, doch in den ersten vier Jahrhunderttausenden ist es noch stark genug, um die normale Materie im Zaum zu halten.

So bestimmt das Wechselspiel von Lichtdruck und Schwerkraft der Materieteilchen das weitere Schicksal des Kosmos. Durch das Urmeer laufen leichte Dichtewellen. Teile des heißen atomaren Gases, das immer noch Zehntausende Grad heiß ist, ziehen sich unter der Schwerkraft zusammen und werden vom Lichtdruck wieder auseinandergetrieben. Resonanzen bauen sich auf, die das ganze Universum durchziehen und es leise zum Klingen bringen.

Der Zeitreisende im Universum würde allerdings wenig von all dem mitbekommen. Das Universum, gefüllt mit Gas, ist eine einzige heiße Nebelwolke, ein kosmisches Dampfbad sozusagen. Und darin kann man nicht weit sehen – zumindest nach astronomischen Maßstäben. Druck und Dichte dieses 9000 K heißen Gases sind schon extrem niedrig. Mit einem Druck von 10 bis 13 Millibar (mbar) würde man in irdischen Laboren von extremem Ultrahochvakuum sprechen, das nur mit großen Mühen herzustellen wäre. Im jungen All bräuchte ein Raumfahrer also nur die Fenster aufzumachen und die Luft entweichen zu lassen, um ein solches Ultrahochvakuum herzustellen.

Rund 60 000 Jahren nach dem Urknall kann man gerade mal 200 Lichtjahre weit sehen. Für einen Astronomen ist das nur ein Blick in den eigenen Hinterhof. Aber dieser Nebel lichtet sich langsam. 378 000 Jahre nach dem Urknall würde unser Blick schon mehr als 5000 Lichtjahre weit reichen. Immerhin!

Erste Atome – die Hochzeit von Protonen und Elektronen

378 000 a
Epoche der Rekombination – Wasserstoff entsteht

Dann kommt es zu einer weiteren dramatischen Umwälzung und Neuschöpfung im Universum. Wieder ist es die fortschreitende Kälte, die den Umschwung bewirkt. Das einst unsäglich heiße Universum ist »nur« noch 2700 Grad Celsius heiß. Das ist zwar immer noch 1200 Grad heißer als flüssiger Stahl, aber tatsächlich friert das Gas bei diesen Temperaturen und nimmt einen völlig neuen Zustand an. Der entscheidende Effekt: Gegensätze ziehen sich an. Die elektrisch positiv geladenen Protonen und die negativ geladenen Elektronen verbindet eine attraktive Kraft. Lange waren die Elektronen aber zu schnell und flitzten an den Protonen vorbei. Mit den kühleren Temperaturen werden auch die Elektronen endlich langsamer, und Protonen und Elektronen gelingt es, einander festzuhalten. Die Hochzeit von Protonen, genauer gesagt von Atomkernen, in denen die Protonen sitzen, und Elektronen kann beginnen. Die Kombination liefert eine neue Form der Materie. Zum ersten Mal gibt es ganz normale Atome im All!

13,85 Milliarden Jahre später begannen einige Ansammlungen von Atomen in der Form von indischen und griechischen Philosophen darüber nachzudenken, dass sie selbst sowie sämtliche sonstige Materie aus kleinsten unteilbaren Teilchen bestehen müssten. Einer von ihnen, Demokrit, nannte diese im 5. Jahrhundert vor Beginn der christlich-abendländischen Zeitzählung ἄτομος, also *átomos*, was zu unserem Wort »Atom« wurde. Nicht wissend, ob diese Vorstellung nun wirklich stimmte, war dieser Geistesblitz des Demokrit doch auch ein Stück Selbstbewusstwerdung. Eine große Ansammlung von Atomen begreift, dass sie aus ebendiesen kleinsten Teilen, den Atomen, besteht – Atome, die schon viele Milliarden Jahre alt sind. Wie das Ganze des Menschen größer sein kann als die Summe seiner Atome, ist allerdings ein Problem, das Physiker bis heute an ihre welterklärerischen Grenzen stoßen lässt.

Es dauert dann aber noch bis ins 19. Jahrhundert hinein, bis Naturforscher wie der Engländer John Dalton aufgrund der Eigenschaften chemischer Prozesse zu dem Schluss kommen, dass die Stoffe, aus denen die Welt besteht, tatsächlich aus immer gleichen Atomen zusammengesetzt sind.

Zu Beginn des 20. Jahrhunderts wurde die »Atomhypothese« immer mehr bestätigt, führte zur Entdeckung des Elektrons, des Atomkerns und seiner Spaltung. Sichtbarste Konsequenz war die Atombombe. Menschlich gesehen war sie eine Tragödie, technisch gesehen der Urknall des Atomzeitalters. Der Bau der Atombombe erfolgt nicht ganz zufällig fast gleichzeitig mit der Entdeckung des Urknalls, in dem diese Atome gemacht wurden. Denn die Physik des Urknalls wäre ohne das Verständnis der Atomphysik nicht begreiflich gewesen. Die Entdeckung von Urknall und kosmischer Nukleosynthese sowie die Entwicklung der Atombombe hängen also eng miteinander zusammen. Manchmal ist es schon erstaunlich, auf welchen Umwegen die Menschheit zu neuen Erkenntnissen gelangt. Wissenschaft ist auch ein kreativer und sozialer Prozess und passiert nicht nur auf einer streng rationalen Ebene.

Hinter vorgehaltener Hand raunte mir einmal ein älterer Kollege zu, ihn habe es nicht verwundert, dass gerade im Zeitalter der Atombombe der Begriff »Urknall« – *Big Bang* im Englischen – entstanden ist. Waren die Bilder der ersten Atombombenexplosionen vielleicht insgeheim Inspiration für diese Begriffsbildung? Der wahre Entdecker des Urknalls, der durch den Ersten Weltkrieg geläuterte und durch seinen Schöpfungsglauben inspirierte Georges Lemaître, hatte noch von einem einfachen und friedlichen Uratom gesprochen. Der viel gewaltigere Begriff »Urknall« tritt erst in den 50er-Jahren seinen Siegeszug in der Astrophysik an.

Kosmische Hintergrundstrahlung – mehr als nur *ein* Nobelpreis

Den entscheidenden Durchbruch zur Entdeckung des Urknalls ist die von Penzias und Wilson gefundene kosmische Hintergrundstrahlung, die rund 400 000 Jahre nach dem Urknall ausgesendet wurde und von der Geburt der ersten Atome zeugt.

Der Moment in der Geschichte unseres Universums, in dem die Atomkerne zum ersten Mal Elektronen einfangen, führt dazu, dass das All innerhalb von rund 50 000 Jahren durchsichtig wird – nicht nur ein bisschen, sondern vollständig. Denn es sind gerade die leichten Elektronen, die besonders gut Licht fast aller Couleur empfangen, aussenden oder streuen können. Die elektromagnetischen Wellen des Lichts bringen die Elektronen dazu, in Resonanz zu wackeln und in alle Richtung zu streuen. Sind Elektronen aber an Atomkerne gebunden, ist es mit der Wackelei vorbei, und das Licht ist frei. Das Universum ist dann wie ein innen hell erleuchtetes Haus in der Nacht, bei dem plötzlich alle Rollläden hochgehen und auch noch die Zwischenwände wegklappen. Das Universum wird transparent. 13,8 Milliarden Jahre später erreichen uns noch immer Teile dieses Lichts. Damals wurde es, relativ zu uns, in den entferntesten Ecken dieses Hauses, das unser Universum ist, erzeugt.

Dieses Licht ist ein fernes Echo des Urknalls und enthält einen geheimen Code. Im Oktober 2006 war ich als Gastprofessor für ein paar Wochen an der University of California, Berkeley, und genoss es, in dieser sonnigen Umgebung mit meinen Kollegen an neuen Projekten zu arbeiten. Insbesondere das Schwarze Loch im Zentrum der Milchstraße lag mir damals am Herzen. Doch plötzlich erreichte uns die Nachricht, dass ein Forscher aus Berkeley den Nobelpreis gewonnen habe. Es war George Smoot, der zusammen mit John Mather für die Entdeckung kleinster Fluktuationen in der kosmischen Hintergrundstrahlung geehrt wurde. Innerhalb kürzester Zeit saß ich mit vielen anderen Kolleginnen und Kollegen in einem kleinen Seminarraum, wo die Nachricht mit einer kurzen Ansprache der Preisträger gefeiert wurde. Ich kann mich kaum noch an den Inhalt der Reden erinnern, aber die freudige und spontane Atmosphäre dieses Augenblicks ist mir heute noch im Gedächtnis. Solche Momente sind es, die den ganz besonderen Reiz von Wissenschaft ausmachen, weil sie Entdeckungen feiern und erlebbar machen. Bei einer Pressekonferenz sagte Smoot über seine Entdeckung später: »Wenn Sie religiös sind, dann ist es, als ob Sie Gott sähen.«

Smoot und Mather, 1989 bis 1993 am Satellitenprojekt COBE (*Cosmic Background Explorer*) beteiligt, hatten mit ihrem Team dieses erste Licht der Schöpfung im Detail untersucht und als Erste seine versteckte Botschaft gelesen. So besagt die Verteilung der Farben dieses Lichts der kosmischen Hintergrundstrahlung, dass es wirklich aus einem gleißend hellen, undurchsichtigen Ort kommt, denn sie sehen aus wie die Strahlung eines glühenden schwarzen Körpers, die sogenannte Schwarzkörperstrahlung. Genau das sahen die COBE-Wissenschaftler mit hoher Genauigkeit bestätigt. Aber das war noch nicht alles, denn der Blick in das kosmische Himmelslicht enthüllte eine weitere profunde Botschaft: Die kosmische Hintergrundstrahlung ist nicht gleichmäßig am Himmel verteilt. Es gibt ganz feine, aber entscheidende Unterschiede in der Helligkeitsverteilung aus der Zeit, als das Universum zum ersten Mal durchsichtig wurde. Diese Fluktuationen kommen nicht von ungefähr, denn sie repräsentieren die ersten Wellen und Resonanzen des Urmeeres aus Wasserstoff und Helium und wahrscheinlich sogar die ursprünglichen Quantenfluktuationen, aus denen unser Universum geboren wurde. Es sind Wellen, welche die Saatkörner der ersten Galaxien enthalten – unspektakulär, unscheinbar, aber dennoch gewaltig.

Das Einfangen der als Lichtsegel fungierenden Elektronen durch die Atomkerne bedeutet auch, dass plötzlich der Strahlungsdruck des Lichts wegfällt. Die Segel sind eingerollt. Jetzt gibt es keine Kraft mehr, die der Gravitation etwas entgegenzusetzen hat. Wie bei einem Pfahlbau, dem man die Stelzen wegschlägt, bricht die Materie unter dem Gewicht ihrer eigenen Schwerkraft – und vor allem unter der Anziehungskraft der Dunklen Materie – in sich zusammen. Die Atome, aus denen wir bestehen, bewegen sich langsam, aber unaufhaltsam auf ihre dunklen Zentren zu.

Das »Dunkle Zeitalter« des Kosmos

Wie so oft im Kosmos dauert das ein Weilchen. In den Annalen der Kosmologie wird die jetzt folgende Phase bis etwa 150 Millionen Jahre (150 Ma) als das »Dunkle Zeitalter« beschrieben. Das Universum ist weiterhin eine diffuse, fast unsichtbare Dunstblase voller Wasserstoff und Helium – mit riesigen Konzentrationen Dunkler Materie. Erst einmal scheint nichts darauf hinzudeuten, dass noch etwas Besonderes passieren könnte. Eine Zeitreisende, die zufällig in dieser Epoche des Universums dort Halt gemacht hätte, wäre deprimiert weitergereist. Das Universum ist völlig unspektakulär und jetzt schon gescheitert, würde sie vielleicht denken. Eine Million Jahre nach dem Urknall ist das Universum zwar etwas kälter, aber kaum weiser geworden.

378 ka–150 Ma
Das dunkle Zeitalter

Auch nach zehn Millionen Jahren herrscht immer noch gähnende Langeweile im All, und selbst nach hundert Millionen Jahren ist noch keine fundamentale Wende in der Entstehungsgeschichte der Welt auszumachen. Allerdings werden die kaum merklichen Strukturen, die aus den ursprünglichen Fluktuationen des Gases entstanden waren, immer prägnanter. Das Universum ist von gigantischen Blasen und Schlieren durchzogen, wie eine kochende Zuckermelasse bei der Herstellung von Bonbons. Es sind nicht Hitze oder Zucker, die diese Strukturen im All formen, sondern die ungebrochene Macht der Dunklen Materie. Sie zieht sich immer weiter zusammen und alles andere in ihrer Umgebung schleift sie durch ihre Schwerkraft mit. Die kreative Kraft der Gravitation nimmt ihren Lauf.

Je dichter die schrumpfenden Schlieren aus Dunkler Materie im expandierenden Weltall werden, desto schwerer werden sie, und desto größer wird ihre Schwerkraft. Dadurch wird noch mehr Dunkle und normale Materie angezogen.

Stellen wir uns diese Schlieren vielleicht besser als Senken in einer riesigen dehnbaren Plane vor, die wir hastig, auf ein paar Stöcke gestützt, über unseren Garten spannen, um die Gartenparty vor dem überraschend einsetzenden Regen zu retten. Die Plane ist die Struktur des Raumes, die durch Dunkle Materie verformt wird, das Wasser des Regens ist der Wasserstoff im All. Die Wassertropfen fallen sanft auf die Plane und rutschen langsam in die erst kleinen Dellen und bilden Pfützen. Je länger es regnet, je mehr Wasser nachkommt, desto größer und schwerer werden aber die Pfützen, und desto größer und tiefer werden die Dellen in der Plane. Dadurch fließt noch mehr Wasser nach, und es entstehen tiefe Beulen, bis sie irgendwann vielleicht sogar reißen und einen armen Partygast zu einem begossenen Pudel machen. Nicht dass mir das jemals passiert wäre.

Ähnliches passiert im All. Die hauptsächlich aus Wasserstoff bestehenden kosmischen »Wasser« fließen dorthin, wo die meiste Dunkle Materie sitzt. Der Wasserstoff hat dabei einen entscheidenden Unterschied zur Dunklen Materie – er ist nicht dunkel! Wasserstoff kann strahlen,[12] und damit kann er Energie verlieren. Diese Eigenschaft ist essentiell, denn wenn der Wasserstoff in den Dunkle-Materie-Pfützen zusammengepresst wird, dann – würde man erwarten – steigt sein Druck und damit auch seine Temperatur. Hoher Druck erzeugt Hitze: Das spüren wir, wenn wir unseren Fahrradschlauch mit einer einfachen Handluftpumpe aufpusten. Die Pumpe wird vorne durch den Druck der zusammengepressten Luft warm und erzeugt einen starken Gegendruck.

Wir würden erwarten, dass dieser Gegendruck den Kollaps des Gases stoppt, aber das passiert nicht. Der Wasserstoff strahlt einen Teil der Hitze einfach ab, und das Gas lässt sich noch weiter komprimieren. Die Luftpumpe hat sozusagen eine Kühlung. Dadurch wird auch die Wasserstoffpfütze immer voller und das Gas immer dichter zusammengepresst.

Dabei kommt es zu einer erstaunlichen Transformation bei einem kleinen Teil der Wasserstoffatome: Weil das Gas dichter wird, begegnen sich die Atome öfter, und manchmal verbinden sie sich miteinander. Wenn Atome sich verbinden, entstehen Moleküle. Und Moleküle sind die Basis aller komplexen Stoffe auf der Erde. Aus Molekülen sind auch wir gemacht, sie ermöglichen uns zu leben. Wir atmen Sauerstoffmoleküle, O_2, in denen sich zwei Sauerstoffatome miteinander verbunden haben. Wir trinken Wassermoleküle (H_2O), die aus zwei Wasserstoffatomen und einem Sauerstoffatom bestehen, und wir atmen Kohlendioxidmoleküle (CO_2) aus, die Liaison zwischen einem Kohlenstoffatom und zwei Sauerstoffatomen.

150 Ma Kosmische Dämmerung – die ersten Moleküle, Sterne und Galaxien

Die allerersten Moleküle der Weltgeschichte entstehen also genau in diesen Dunkle-Materie-Pfützen. Zu Beginn ist es nur das einfachste denkbare Molekül, molekularer Wasserstoff (H_2), bei dem sich zwei Wasserstoffatome miteinander verbinden. Nur einem von tausend Atomen gelingt dieses Kunststück, aber das ist schon genug, um der Entwicklung des Universums schon wieder eine neue Wende zu geben. Es wird nicht das letzte Mal sein, dass das Kleine das Große verändert.

Wasserstoffmoleküle sind viel bessere Strahler als einfache Atome, weil sie komplexer aufgebaut sind. Durch ihre Form haben sie mehr Möglichkeiten zu schwingen. Wie eine quantenmechanische Klangschale können sie diverse Töne und Obertöne erzeugen und in Form von Lichtschwingungen wieder abstrahlen. Die Folge: Das Gas kühlt besser und zieht sich noch stärker und effizienter zusammen. Bald werden in ihm die allerersten Sterne des Universums geboren werden.

Jetzt kommt selbst die eigentlich zahlenmäßig überlegene Dunkle Materie nicht mehr mit, weil sie ihre Energie nicht loswerden kann. Die Wasserstoffschlieren werden dahingegen immer schwerer und dichter, sodass sie diesbezüglich sogar die Dunkle

Materie übertreffen. Ein Teil des kosmischen Wasserstoffs kondensiert so in riesigen Wolken am Himmel des dunklen Zeitalters.

Dieser Prozess dauert einige Millionen Jahre – das ist kurz im Vergleich zum Alter des Universums. Zum ersten Mal nimmt jetzt die normale Materie, aus der wir alle bestehen, das Heft des Handelns in die Hand – zumindest in einigen kleinen Raumbereichen. Es sind diese kleinen Wasserstoffwolken, in denen wir geboren werden.

Die molekularen Wolken strahlen und schrumpfen weiter. Irgendwann erreichen sie Zimmertemperatur. Es ist kaum zu glauben, aber im ursprünglichen Glutofen des Urknalls bilden sich plötzlich behagliche Wohnecken. Das ist nur vorübergehend, denn schon bald werden Tiefkühltemperaturen von minus 70 Grad Celsius erreicht!

Doch dann ist plötzlich Schluss. Dem Wasserstoff geht die Puste aus, die Kühlung der Moleküle versagt bei dieser Kälte, die Temperaturen steigen wieder. Der Einstrom von Wasserstoffmolekülen ist aber nicht mehr zu stoppen – es ist schon zu viel Materie an einem Punkt versammelt. Bleiben wir beim Bild mit der Regenplane: An den Stellen mit den tiefsten Beulen reißt die Folie auf, und aus dem ursprünglichen Rinnsal der Regentropfen wird ein wahrer Wasserfall. Die Dämme sind gebrochen.

Wolken kollabieren, Sterne werden geboren

In der einstürzenden Flut fragmentiert die kollabierende Wolke in immer kleinere Bereiche, die unabhängig voneinander weiter in sich zusammensacken. Jedes dieser Fragmente ist die Wiege eines neuen Sterns. Weil jetzt so viel Materie nachströmt und der Druck des Gases immer größer wird, steigt die Temperatur in den Gasfragmenten wieder rapide an. Es wird in den dichtesten Regionen wieder heißer, denn der Druck wird durch die Schwerkraft immer höher.

Dann geht plötzlich alles sehr schnell. Das Versagen der Molekülkühlung hat einen ähnlichen Effekt wie das Ausfallen einer Klimaanlage im heißesten Sommer. Man bekommt schon fast Schnupfen nur von der Vorstellung, wie sich die extremen Temperaturwechsel in dieser Phase der Kosmosgeschichte ausgewirkt haben. Bei den hohen Temperaturen platzen die schönen neuen Moleküle wieder wie Popcorn auseinander – zumindest die, die im Zentrum des Orkans sitzen. Das Zerreißen der Moleküle dauert zwar nur einige Zehntausend Jahre, kostet aber Energie und verringert den Druck. Die zu einem Gasball gewordene Wolke sackt plötzlich in sich zusammen. Dadurch wird der Druck höher, und die Temperatur steigt wieder an, sodass der ganze Gasball hell zu glühen beginnt. Der erste Protostern des Universums ist geboren! Das Universum erwacht aus seinem dunklen Zeitalter, die kosmische Dämmerung bricht an.

Groß und rot erstrahlt der neue Stern. Er ist noch ein Embryo, aber eigentlich nur kurz lebensfähig, denn seine ganze Energie stammt aus diesem Kollaps, und der ist irgendwann vorbei. Die Lebenszeit des Sternenembryos verrinnt, wie bei einer alten Standuhr, bei der ein Gewicht langsam nach unten sinkt, um sie anzutreiben. Irgendwann ist der Punkt erreicht, an dem die Uhr stehen bleibt, weil das Gewicht nicht mehr tiefer sinken kann. Ähnlich ist irgendwann die Zeit des Protosterns abgelaufen, wenn der Stern maximal dicht komprimiert ist – und es ist keiner da, der die Sternenuhr dann wieder aufziehen könnte.

Bis dahin dauert es zwar noch einige Millionen Jahre, aber auch das ist wieder nur ein Blinzeln im großen Fluss der Zeit – nicht genug Zeit, um Planeten und Leben zu formen. Das Universum scheint schon wieder gescheitert zu sein. Zu unserem Glück sitzt aber in dem Babystern noch eine weitere verborgene kernphysikalische Energiequelle, die er als Nachbrenner zünden kann: die Kernfusion. Sie erst macht ihn zu einem echten Stern mit einem langen erfüllten Leben.

Weil beim Schrumpfen die Oberfläche des Sterns immer kleiner wird, muss der Stern an der Oberfläche immer heißer strahlen, um immer noch genügend Energie loszuwerden. Dabei steigt auch die Kerntemperatur unaufhaltsam an, bis auf 15 Millionen Grad – es ist beinahe ein umgekehrter Urknall, wobei mit der Zeit alles heißer und dichter wird. Tatsächlich ist jetzt das Gas im Zentrum eines solchen Sterns viel dichter, als es rund zwei Minuten nach dem Urknall war.[13]

Bei dieser kritischen Temperatur wird es selbst Atomen zu heiß. Ihre Elektronen haben sie schon lange wieder verloren. Entblößt reiben sie sich in einem orgiastischen Treiben aneinander. Wasserstoffatome verschmelzen erst zu Deuterium, der Vereinigung von einem Proton und einem Neutron, und dann zu Helium, in dem sich erst ein Proton und dann ein Neutron hinzugesellen. Bei diesen Reaktionen wird Energie frei[14] – sehr viel Energie. Das kosmische Feuer ist neu entfacht – nicht in einem Urknall, sondern in den ersten Sternen. Die Urmutter unserer Sonne brennt.

Hätten Protonen ein Bewusstsein, würden sie sich wohl über ihre Achterbahnfahrt wundern, die sie hinter sich haben. Im heißen Urknall geboren, haben sie erst gespürt, wie alles immer kälter wurde. Sie haben Elektronen eingefangen und wurden zu Atomen, dann verbanden sie sich mit anderen Atomen zu Molekülen, anschließend haben sie sich in der Hitze des Protosternes wieder verloren, und jetzt sitzen sie in einem Glutofen und erleben, wie sie durch die Kraft der Kernfusion in neue Elemente umgewandelt werden. Dabei müsste man den armen Protonen eigentlich erklären, dass das alles erst nur der Anfang einer ziemlich bizarren Reise ist. Einige von ihnen werden später einmal zum Beispiel in der Form von Pizzas auf unseren Tellern liegen, um Menschen Energie zu geben.

Sterne – die wahren Alchemisten

Die Einsicht, dass Sterne hauptsächlich aus Wasserstoff und Helium bestehen und diese beiden Elemente die Hauptbestandteile des Kosmos sind, kam als Erster Cecilia Payne-Gaposchkin.[15] Als sie diese These 1925 in ihrer Doktorarbeit publizierte, wurde sie durch ihren Gutachter Henry Norris Russell abgelehnt, und sie musste sie streichen. Als Russell vier Jahre später zum selben Ergebnis gelangte, publizierte er es mit kurzem Verweis auf Payne-Gaposchkin selber. Ein anderer Kollege, Otto Struve, nannte daraufhin ihre Dissertation die brillanteste, die jemals geschrieben wurde. Nach vielen schwierigen Jahren wurde Payne-Gaposchkin 1956 die erste weibliche Astronomieprofessorin in Harvard.

Die Idee, dass der Kosmos selber Atomkerne schmieden kann, kam zuerst von Sir Arthur Eddington,[16] dem genialen britischen Astrophysiker, der mit seiner berühmten Expedition zur Messung der Lichtbeugung im Gravitationsfeld der Sonne mithilfe einer Sonnenfinsternis am 29. Mai 1919 die Allgemeine Relativitätstheorie von Albert Einstein als Erster bestätigt hat, der aber auch Lemaîtres Urknalltheorie radikal ablehnte. Er vertrat die These, dass Sterne ihre Energie durch Kernfusion von Wasserstoff zu Helium erzeugen würden. Damals glaubte ihm keiner. Erst mit dem Anbruch des Atomzeitalters im Zweiten Weltkrieg wurde die Theorie der Nukleosynthese – die Theorie von der Erzeugung der Atomkerne – weiterentwickelt. Einer der richtungsweisenden Artikel über die Entstehung der Elemente in Sternen erschien 1957, verfasst von den Autoren Margaret and Geoff Burbidge, William Fowler und Fred Hoyle.[17]

Pikanterweise lehnten diese Pioniere der Nuklearsynthese die Idee eines Urknalls kategorisch ab und damit auch die Entstehung der Grundbausteine im Urknall. Für die Burbidges, Fowler und Hoyle war das Universum statisch, und Materie wurde permanent im leeren Raum erzeugt.[18] Mit dieser Meinung wurden sie in den folgenden Jahrzehnten zu Außenseitern innerhalb der Forschergemeinschaft, was aber ihrem Ruhm und ihrer Karriere nicht geschadet hat. Im Gegenteil: »Das frühe Universum machte Wasserstoff und Helium, aber Burbidge, Burbidge, Fowler und Hoyle machten den ganzen Rest«, sagte man augenzwinkernd.[19]

Margaret Burbidge wurde die erste weibliche Präsidentin der einflussreichen American Astronomical Society (AAS), ihr Mann Geoff Herausgeber eines der wichtigsten Journale in der Astronomie, des *Annual Review of Astronomy and Astrophysics*.

Geoff Burbidge traf ich bei einigen Konferenzen, wo er mit Körper und Stimme den Raum füllte und über Urknall und den »Unsinn Schwarzer Löcher« lästerte[20] Als 1990 die später nobelpreisgekrönten COBE-Satelliten-Messungen der Reststrahlung des Urknalls präsentiert wurden und das Publikum begeistert klatschte, grummelte er nur: »Wofür klatscht ihr? Für das Universum?«[21]

Zu gerne hätte ich dem 2010 verstorbenen Burbidge 2019 unser erstes Bild von einem Schwarzen Loch in der Galaxie M87 gezeigt. Was er wohl gesagt hätte? »Worüber freut ihr euch? Über einen dunklen Fleck?« Gelernt habe ich davon, dass nicht jeder geniale Entdecker immer in allem recht hat und dass auch nicht jeder Vertreter einer verrückten Theorie unbedingt immer komplett verrückt ist.

Wie so oft stirbt eine Theorie erst mit ihren letzten Vertretern, und so ist die Theorie des statischen Universums in der Versenkung der Geschichte verschwunden. Das Universum dehnt sich heute noch unerschrocken weiter aus.

Das Leben der ersten Sterne

Die Entstehung der ersten Sterne ist ein weiterer entscheidender Schritt hin zur Entwicklung des Lebens. Leben bedeutet immer Energieumwandlung und Fortpflanzung, und das tun Sterne tatsächlich, wie wir später sehen werden. Zwar würde ich sie wirklich nicht als Lebewesen betrachten, aber sie sind ohne Zweifel die ersten komplexen makroskopischen Objekte im All.

Ein Stern wie unsere Sonne ist die Energiequelle für fast alles Leben auf unserem Heimatplaneten und vielleicht auch auf anderen Planeten. Licht, Wind und Wasserkraft, ja selbst Radioaktivität gehen auf den Gluttiegel unseres Muttersterns beziehungsweise seine Entstehungsgeschichte zurück. Nur ein kleiner Rest unserer Energieversorgung ist noch auf die Gravitation zurückzuführen, wie beispielsweise die Gezeitenwirkungen. Trotzdem ist für uns die Schwerkraft, die Mutter aller Kräfte, unerlässlich. Sie hält alles zusammen und sorgt dafür, dass Sterne uns nicht um die Ohren fliegen. Nur so kann Kernfusion überhaupt funktionieren.

Bis heute wurde die erste Generation der Sterne,[22] die Urahnen aller Gestirne im All, noch nicht gefunden.[23] Sie existieren bisher nur in der Theorie. Doch es muss sie gegeben haben, denn sonst wären wir gar nicht da, um sie zu suchen. Sie sind das entscheidende Bindeglied zwischen uns und dem toten, diffusen All nach dem Urknall.

Zunächst glaubten Astronomen, diese Sterne seien wahre Monstersterne gewesen, vielleicht Hunderte Male größer und schwerer als unsere Sonne. Und an diesen kaum vorstellbaren Dimensionen liege es auch, dass sie längst verschwunden sind. Denn große Sterne brennen in einem lodernden Feuer und sind schneller ausgebrannt. Damit wären die Mütter und Väter aller Gestirne schon kurz nach ihrer Entstehung in gigantischen Supernovaexplosionen verschwunden. Heute denkt die Wissenschaft, dass ihre Entstehungsgeschichte viel komplexer ist.[24] Beim Zusammenziehen der Wasserstoffwolken fragmentieren die Gasklumpen in immer kleinere Teile, sodass am Ende aus einer Wolke vielleicht viele kleine und große Ursterne entstehen. Simulationen zeigen, dass sich in nur hundert Jahren aus einem einzigen kollabierenden Protostern auf einmal vier bilden können. Dabei nehmen die Mehrlinge sich in einem kosmischen Bruderzwist manchmal gegenseitig das Futter weg, sodass ein Stern stärker wächst auf Kosten der anderen. Aus einer einzigen Wolke kann so eine Vielzahl von Sternen geboren werden. Manche bleiben wie Zwillinge auf lange Zeit zusammen und bilden ein stabiles Doppelsternsystem, andere bleiben Einzelkinder. Enge Dreifachsysteme gibt es hingegen kaum. Wie im wahren Leben sind Dreiecksbeziehungen kompliziert und brechen leicht auseinander – das gilt auch für Sterne. Allerdings haben die allerkleinsten dieser Ursterne eine Lebensdauer, die länger ist als das Alter des Universums. Der ursprüngliche Futterneid hätte somit im Nachhinein ihr langes Überleben gesichert. Die Letzten werden die Ersten sein, heißt es ja schon in der Bibel. Daher könnten diese Methusalems unter den Sternen noch heute unter uns sein – unauffällig versteckt zwischen all den anderen Sternen unserer Milchstraße.

Zur Zeit ihrer Geburt haben diese Urahnen unsere kosmische Welt nachhaltig verändert – sie haben etwas grundlegend Neues erschaffen, denn Sterne sind wahre Füllhörner, wenn es um die Produktion neuer Elemente geht. Und die sind bitter nötig, wenn es irgendwann einmal so etwas wie Leben geben soll.

Der Urknall war also schnell genug abgekühlt, damit Neutronen und Helium entstehen konnten, aber er war zu fix, um schwerere Elemente zu formen. Das holen jetzt die Sterne nach, die zwar nicht so heiß, aber langlebiger als die erste heiße Phase des Urknalls sind. Zum Glück hat das Universum also jetzt eine zweite Chance, Elemente wie Sauerstoff und Kohlenstoff zu generieren, die nun wirklich lebenswichtig sind.

Der Grundmechanismus für die Produktion von Elementen ist

und bleibt das Wechselspiel zwischen Gravitation und Kernfusion. Irgendwann ist in den ersten Sternen der größte Teil des Wasserstoffs in der ersten Welle der Kernfusion verbraucht, die unter dem enormen Druck des Sterns stattgefunden hat. Er produziert dann keine Energie mehr, und der Standard-Brennstoff ist aufgebraucht – die Heizung setzt aus. Wie bei einem Heißluftballon am Boden, bei dem die Flamme ausgemacht wurde und der langsam in sich zusammensackt, so droht auch der ausgebrannte Stern langsam in sich zusammenzufallen. Auch Sterne können sich ohne Energie nicht mehr gegen die Macht der Schwerkraft wehren. Auf lange Sicht gewinnt immer die Gravitation. Sie wird letztlich alles zerstören, aber auf dem Weg dorthin auch für viele kreative Momente sorgen. Kreativität ist ohne Geburt und Tod nicht denkbar. Denn noch ist das Leben des Sterns nicht ganz erloschen. Er hat noch einen Reservetank.

Fällt der Stern etwas zusammen, so steigen Druck und Temperatur im Kern an. Bei der Höllenhitze können jetzt Schritt für Schritt noch komplexere Elemente verschmelzen: Helium wird zu Kohlenstoff, Kohlenstoff zu Neon und Magnesium, Neon zu Sauerstoff und Magnesium, Sauerstoff zu Silizium, Magnesium und Schwefel und Silizium zu Eisen und anderen Elementen. Um die schweren Elemente von Neon bis Eisen zu erzeugen, muss der Stern aber groß und schwer genug sein – mehr als das Vier- bis Achtfache der Masse unserer Sonne sind dafür nötig. Dabei laufen die Prozesse immer schneller ab, je schwerer die Elemente sind. Dauert bei einem großen Stern mit der 25-fachen Masse der Sonne das Verbrennen von Wasserstoff noch sieben Millionen Jahre, so sind es bei Kohlenstoff nur noch tausend. Der gesamte Sauerstoff im Kern des Sterns fusioniert gar in nur einem Jahr und Silizium in nur einem Tag![25]

Wenn ein Stern erstirbt, bringt er neue Frucht

Die Lebensdauer eines Sternes hängt von seiner Masse ab. Große Sterne leuchten heller und sind schneller ausgebrannt. Sterne wie unsere Sonne können – statt 10 Millionen Jahre – über 10 Milliarden Jahre alt werden, und die kleinsten Sterne brennen über 10 Billiarden Jahre.

Am letzten Sternentag brennen dann verschiedene Elemente gleichzeitig in verschiedenen Lagen um die Sternmitte. Je weiter es zur Mitte geht, desto heißer ist es und desto schwerere Elemente können erzeugt werden. Im Inneren sammelt sich so mit der Zeit ein reiner glühender Eisenkern an – die Asche der Kernfusion. Und dann ist plötzlich Schluss!

Eisenatomkerne sind die stabilsten und kompaktesten Atomkerne überhaupt. Das weiß jeder, der sich schon mal mit einem Eisenhammer auf den Finger gehauen hat. Eisen ist das perfekte Element. Es ist hart, schwer und dank der heißen Sterne so reichhaltig verfügbar, dass nach der Stein- und Bronzezeit eine ganze Menschheitsperiode nach diesem Material benannt werden sollte.

Wollte man schwerere Elemente als Eisen durch Fusion erzeugen, müsste man noch Energie hinzufügen, statt sie zu gewinnen. Bei der Eisenfusion stoppt daher die Entwicklung der großen Sterne, die ungefähr 8-mal größer sind als die Sonne. Das alte Spiel »mehr Hitze, mehr Druck, mehr Energieerzeugung« funktioniert nicht mehr, und irgendwann kann selbst der Eisenkern der Schwerkraft des Sterns nicht mehr standhalten. Dann passiert das Unvermeidliche: Innerhalb von Minuten kollabiert das Sterneninnere, der massive Eisenkern wird zerquetscht und mit ihm alle Atome. Durch die Macht der Schwerkraft, die durch die große Menge Materie jetzt wahrlich unerträglich geworden ist, werden sogar die um den Atomkern kreisenden Elektronen in ihn hineingedrückt. Das negativ geladene Elektron und das positiv geladene Proton verschmelzen zum neutralen Neutron. Das ganze Atom wird zu einem kleinen Neutronenhaufen. Stellt man sich ein Atom im Maßstab eines Stadions vor, dann verschwindet alles in einem Kern mit der Größe einer 5-Cent-Münze. Das gesamte Sterneninnere stürzt auf einen Durchmesser von rund 22 Kilometern zusammen[26] und wird zu einem einzigen riesigen Atomkern, der nur noch aus Neutronen besteht und durch die Schwerkraft zusammengehalten wird – ein Neutronenstern.

Für einen Stern ist ein Durchmesser von 22 Kilometern bizarr klein, für einen Atomkern aber bizarr groß. Die Dimensionen sind schwer zu begreifen. Nicht nur als Physiker stellt man sich ein Atom sehr, sehr klein vor. Für uns ist die Vorstellung eines Atomkerns von der Größe einer Millionenmetropole ungefähr so verrückt wie für einen Biologen ein Darmbakterium von der Größe des Sonnensystems. Die Dichte dieses Neutronensterns ist so hoch, dass eine Menge von der Größe eines feinsten Sandkörnchens das Gewicht der schwersten jemals gebauten Dampflokomotive hätte.

Der Kollaps des Sterninneren zum ultraextremen Neutronenstern hat katastrophal kreative Folgen. Der Druck im Kern fällt plötzlich ab. Es ist, als ob man dem ganzen Stern sein Standbein weggeschlagen hätte. Der innere Teil implodiert und produziert eine gigantische Schockfront, die nach außen rast und auch den Rest des Sterns zerreißt.

Wer schon einmal die Sprengung eines Schornsteins oder eines Hochhauses verfolgt hat, weiß, dass die Sprengmeisterin[27] nicht blind die Sprengladungen verteilt, sondern nur an ein paar kritischen Punkten der Statik des Bauwerks. Werden die richtigen Träger weggesprengt, bricht alles in sich zusammen. Nach dem Einsturz rast eine Staubexplosionswolke auf die Beobachter und die Nachbargebäude zu, vor der sie geschützt werden müssen. Diese Staubwolke ist meistens nicht etwa die Folge des Sprengstoffs, sondern der gigantischen Kräfte, die durch den Einsturz des Gebäudes erzeugt werden – letztlich freiwerdende Gravitationsenergie. Genauso zerreißt es einen Stern, wenn der Kern in sich zusammenfällt. Er wird strategisch gesprengt. Dies hat aber nicht nur destruktive Folgen. Auch eine Sprengung erfolgt ja meistens, um etwas Neues zu schaffen, allerdings bleibt bei einem alten Schornstein erst einmal nur Schutt übrig.

Bei einer Sternenexplosion dagegen entstehen neue Elemente.[28] In dem chaotischen Durcheinander der vorherigen Implosion enden nicht alle Elemente und neu entstandenen Neutronen im Neutronenstern, sondern schießen als Schrapnelle durch die noch nicht kollabierte äußere Sternenhülle. Wie Kletten bleiben einige Neutronen an vorhandenen leichteren Atomkernen hängen, transmutieren teilweise zurück in Protonen und verwandeln diese in schwerere Atomkerne, wie zum Beispiel Brom, Selen oder das giftige Arsen. Ganze Reihen von Kriminalromanen wären ohne Supernovaexplosionen also nie geschrieben worden.

Der durch die Kernfusion schon mit neuen Elementen gespickte Sternenschutt wird nochmals angereichert und als fruchtbare Asche in das All hinausgeschleudert. Der Kosmos wird sozusagen gewürzt mit den Elementen unseres Periodensystems. Es sind die Elemente, aus denen wir irgendwann gemacht sein werden: ein knappes Dutzend von ihnen,[29] darunter natürlich Sauerstoff, Kohlenstoff und Stickstoff, machen den Großteil unseres Körpers aus. Andere, wie das eben erwähnte Selen, kommen nur als Spurenelemente vor. Und dennoch sind sie alle lebenswichtig, wie einem jeder Ernährungsberater bestätigen wird. Es ist schon erstaunlich, dass wir unsere Gesundheit explodierenden Sternen verdanken.

Das erste Aufleuchten und Vergehen der Sterne ist somit auch der Beginn der Komplexität der Elemente und des Lebens. Schon die Lebensläufe der ersten Sterne und ihre Erzeugungsmechanismen zeugen von einer bis dato unerhörten Variabilität. Allein die Tatsache, dass Sterne unterschiedlich schwer sein können, ändert ihre komplette Entwicklung und ihr Schicksal.

Ist ein Stern leichter als acht Sonnenmassen, kann der Kern nicht alle Elemente fusionieren. Dann wird er nicht zu einem Neutronenstern kollabieren. Übrig bleibt nur ein Weißer Zwerg – eine immer noch extrem dichte, erdballgroße Kristallkugel aus Kohlenstoff und Sauerstoff mit der Masse unserer Sonne.

Ist ein Stern dagegen schwerer als 20 bis 25 Sonnenmassen, kann selbst ein Neutronenstern dem Druck im Kollaps nicht mehr standhalten und er wird zu einem Schwarzen Loch zerquetscht – einem der merkwürdigsten Objekte im All. Es ist so klein und schwer, dass selbst Licht seiner Anziehungskraft nicht mehr entkommen kann.[30]

Schon vor ihrem Ende geben Sterne fleißig Elemente an das All zurück. Sobald sie auf den Reservetank umschalten und anfangen, Helium zu verbrennen, blähen sie sich noch einmal auf, werden zu Roten Riesen, rot leuchtenden Riesensternen, die einen Teil ihrer äußeren und mit Elementen gespickten Hülle zurück ins All blasen. Selbst Neutronensterne und Weiße Zwerge bekommen noch ein zweites Leben, vor allem diejenigen, die in einem Doppelsternsystem in einer engen Beziehung zu einem anderen Stern leben und mit ihm Materie austauschen. Weiße Zwerge können dann doch noch in einer Supernova explodieren und so einen großen Teil des Chroms oder auch des Mangans produzieren – ein Spurenelement, das in Lauch, Spinat, Haferflocken oder Quinoa steckt und erst über den Umweg einer Zwergenexplosion den Weg zur Erde gefunden hat.

Kreisen zwei Neutronensterne umeinander, so verschmelzen sie nach einem immer wilder werdenden Tanz irgendwann ebenfalls zu einem Schwarzen Loch. Aber kurz vor ihrem endgültigen Aus schleudern sie einen Teil der Materie wieder nach außen und produzieren einen kurzen Gammastrahlenblitz, den Astronomen mit speziellen Satelliten regelmäßig bis in die entferntesten Ecken des Alls sehen können. In solchen Explosionen wird der größte Teil des Goldes erzeugt, das der ein oder andere an einer Kette oder in den

Zähnen trägt. Manchmal ist ein solcher Gammastrahlenblitz so stark, dass er 2,4 Milliarden Jahre nach seiner Erzeugung die tiefe- ren Lagen unserer Ionosphäre – einige zig Kilometer über der Erdoberfläche – verändern kann.[31]

Sterne erzeugen nicht nur neue Elemente, sondern ihr strahlendes Licht verändert auch den Gesamtzustand des Kosmos. Denn das Licht der neuen Sterne, die sich in den ersten Sternenansammlungen zusammenfinden, die so klein sind, dass man sie noch nicht mal Zwerggalaxien nennen kann, beginnt langsam, aber sicher die noch im All verbliebenen, diffus herumwabernden Wasserstoffatome zu zerschlagen und sie wieder in ihre Einzelteile, also in Atomkerne und Elektronen, zu zerlegen.[32] Der Wasserstoff wird wieder »ionisiert«, so wie er es schon in den ersten 380 000 Jahren unserer Geschichte gewesen war. Die Epoche der Reionisation beginnt. Rund 400 Millionen bis eine Milliarde Jahre nach der Geburt des Alls ist es also schon wieder vorbei mit den Wasserstoffatomen. Die Sterne brennen lichterloh, und das Gas zwischen den Galaxien wird Schritt für Schritt zurück in seinen Urzustand versetzt, wie es nur wenige Minuten nach dem Urknall der Fall war. Warum der ganze Aufwand, fragt sich wahrscheinlich das eine oder andere einsame Proton genervt …

400 Ma-1 Ga
Epoche der Reionisation
Viele Sterne leuchten

Es ist schon erstaunlich, wie viel Komplexität und Vielfalt durch die erste Generation Sterne in unsere Welt gekommen sind und wie sehr sie unseren ganzen Kosmos verändert haben. Zwar mögen für uns Sterne etwas Großes und Kraftvolles sein, aber sie sind doch nur Winzlinge in Relation zur Größe des Alls. Nur ein Prozent der Materie im Universum ist in der Form von Sternen gebunden.[33] Und doch kann das Kleine das Große entscheidend verändern.

Ab dem Moment der Entstehung der ersten Sterne ist die Entwicklung hin zu einem strukturierten, strahlenden, lebenden Universum nicht mehr aufzuhalten: Immer größer, immer weiter, immer komplexer wird es werden. So wie sich kleine Dörfer im Laufe der Geschichte zu Weltstädten entwickeln, so werden kleine Sterneansammlungen mit der Zeit zu Riesengalaxien. Die großen Galaxien mit ihren Hunderten Milliarden Sternen gibt es anfänglich noch nicht. Es sind zunächst die kleineren Wasserstoffwolken, die kollabieren.[34] Sie liegen in den kleinen Pfützen von Dunkler Materie, und so entstehen zunächst nur kleine Sternensysteme. Aber aus vielen kleinen Tropfen wird eine Lache, aus vielen Lachen eine Pfütze, aus vielen Pfützen ein Teich und aus vielen Teichen ein See. Es braucht eben nur etwas Zeit, bis er entsteht.

Im Wasserstoff-Urmeer gibt es große und kleine Dichtewellen, wobei die kleinen in größere eingebettet sind. Die vielen kleinen Dichtewellen verschmelzen zu einer großen. Diese großen Dichtewellen brauchen länger, um zu kollabieren, aber sie tun es irgendwann. In der Astronomie heißt so etwas hierarchische Strukturbildung. So wie bei einer Hierarchie baut sich das Große aus dem Kleinen auf.

Die ersten Galaxien

Also entstehen zunächst kleine Strukturen und Gruppen von Sternen, die immer zahlreicher und größer werden. Am Anfang sind es nur Zwerggalaxien mit vielleicht nur Millionen Sternen.

Im Laufe von Hunderten Millionen und letztlich Milliarden von Jahren bewegen sich diese galaktischen Zwerge umeinander, berühren sich, durchdringen sich und verschmelzen am Ende zu etwas Größerem: einer großen Galaxie mit Hunderten von Milliarden Sternen und später zu ganzen Haufen und Superhaufen von Galaxien mit Billiarden von Sternen. Es ist ein erstaunlicher Allumfassender, beschwingter und fast poetischer Tanz, der sich dort am Himmel abzeichnet.

Eine dieser frühen Galaxien ist unsere eigene Heimat, die Milchstraße. Wir leben heute in einer unspektakulären Galaxie mit rund 200 Milliarden Sternen. Rund eine Milliarde Jahre nach dem Urknall ist sie eine Proto-Galaxie mit vielleicht hundert Millionen Sternen – das ist eine für diese Zeit nicht ungewöhnliche Größe. Hinweise auf diese ersten Sterne kann man jetzt noch im Kern der Milchstraße finden – hier liegt gewissermaßen ihr »armes altes« Herz.[35] Manche der stellaren Greise sind also immer noch unter uns. Später fallen immer weitere kleinere und größere Sternenansammlungen in unsere Galaxie hinein und lassen sie zu der stattlichen Größe anwachsen, die wir heute in dunklen klaren Nächten weit weg vom Licht der Großstädte mit bloßem Auge noch bewundern können. Auch diese Reste der von uns vereinnahmten Zwerggalaxien strömen noch heute im Verband durch unsere Milchstraße und sind dank des europäischen Satelliten Gaia zu finden.[36] Sie bekamen von Astronomen so klangvolle Namen wie Gaia Enceladus, Pontus(-Strom), Shakti und Shiva.[37]

ca. 1 Ga
Die Milchstraße entsteht

Computersimulationen, die Milliarden von Jahren der kosmischen Entwicklung des gesamten Universums berechnen und unsere ganze Entwicklung quasi in einem kosmischen Zeitraffer visualisieren, zeigen Schwärme von Galaxien, die umeinander flattern, sich manchmal ein engumschlungenes Duett liefern, um dann kosmische Flügel zu entfalten und fast zärtlich verbunden zu einer neuen größeren Galaxie zu verschmelzen. Zoomt man heraus, sieht man, wie alle Galaxien zusammen das Universum in einer schaumigen Struktur durchziehen. Galaxien liegen vor allem am Rande dieser riesigen Blasen, die letztlich Hunderte Millionen bis zu einer Milliarde Lichtjahre groß werden können.[38] Diese wie Schlieren aussehenden Riesenwände ziehen sich im Laufe der Jahrmilliarden immer weiter zusammen, werden scharfumrissener und dichter, während die Hohlräume größer und leerer werden. Das Universum gleicht einem riesigen dreidimensionalen schaumigen Kunstwerk, das mit der Zeit immer deutlicher hervortritt.

Von unserer Erde aus sieht man im Rückblick, wie sich das Universum entwickelt hat. Denn mit jedem Blick ins All sehen wir immer die ganze Vergangenheit unseres Kosmos auf einmal. Zwar sind unsere eigenen Augen zu klein und schwach, um alles zu erfassen, aber je größer und empfindlicher ein Teleskop ist, desto lichtschwächere Objekte kann es wahrnehmen und desto weiter weg sind die Galaxien, die man noch entdecken kann. Weil sich Licht aber mit einer konstanten und endlichen Geschwindigkeit bewegt, sehen wir mit zunehmender Entfernung auch immer weiter in die Vergangenheit zurück – viele Millionen, ja Milliarden Jahre. Und tatsächlich: Die Struktur, die Größe und das Licht von Galaxien ändern sich, je weiter, je tiefer man ins All schaut und je weiter man in die Vergangenheit zurückblickt. Galaxien sahen früher jünger und aktiver aus – was bei mir persönlich übrigens auch nicht anders ist, wenn ich meine alten Fotos anschaue.

Mit großen Weltraumteleskopen wie dem *James Webb Space Telescope*, das von NASA und ESA zu Weihnachten 2021 mit einer Ariane-Rakete ins All geschossen wurde und dessen Start ich mitfiebernd am Bildschirm verfolgt habe, sehen wir Galaxien aus den ersten rund 300 bis 500 Millionen Jahren des Universums. Sie sind noch klein und kompakt, aber hell vom Licht der vielen jungen Sterne. Nähere Galaxien sind im Mittel größer und heller.[39]

Das Zeitalter der Sternenblüte

Auch die Geburtenrate neuer Sterne kann man messen. Betrachtet man die ersten Galaxien als Kreißsäle für Sternengeburten, dann entspricht das Licht der jungen Sterne dem Wimmern neugeborener Babys. Schon nach einer Milliarde Jahren entstehen mehr

Sterne pro Jahr im All, als es heute der Fall ist. Die Kreißsäle sind also gut gefüllt. Mit der Zeit steigert sich die Geburtenrate sogar um das Zehnfache, und das Geschrei in den kosmischen Kreißsälen wird vier Milliarden Jahre nach dem Urknall fast ohrenbetäubend. Natürlich hören wir die Babysterne nicht, sondern wir sehen ihr Leuchten. Das Universum hat seine produktivste Phase erreicht, und das All badet im Licht der jungen Sterne. Der Prozess der Elemente-Erzeugung läuft auf vollen Touren. Sterne werden geboren und sterben wieder. Wie am Anfang, so wird auch beim Sterben der Sterne deren äußere Schicht an das All zurückgegeben, angereichert mit noch mehr Elementen. Die verwesenden Sternenhüllen kühlen ab und zerfallen wieder zu Staub, aus dem neue Sterne entstehen.

4 Ga
Maximale Sternentstehungsrate im Universum

»Denn Staub bist du, und zum Staub wirst du zurückkehren!«[40]

Das ist ein bekannter Bibelvers aus dem Buch Genesis, den ich selber sinngemäß zitiere, wenn ich in meiner freien Zeit mal als ehrenamtlicher und ordinierter Prädikant in unserer Kirchengemeinde Beerdigungen leite. Dieser Satz gilt auch für Sterne. In ihrem Tod geben sie das, was sie in ihrem Sternenleben erarbeitet haben, wieder zurück, um neues Leben zu ermöglichen. Und wenn sie gehen, dann gehen sie nicht still und leise, sondern meistens mit einem großen Farbenspektakel und Feuerwerk. Der Sternentod hat nichts Morbides, sondern ist ein Freudenfest für das Leben, das gleichzeitig auch ein paar der schönsten und spektakulärsten Bilder der Astronomie liefert.

Staubige Wolken bekommen Geschmack und Geruch

Der von alten Sternen abgestoßene Staub sammelt sich in immer größeren Wolken, in denen komplizierte Netzwerke von chemischen Reaktionen dafür sorgen, dass viele neue lebenswichtige Moleküle entstehen. Sterne produzieren in ihrem Inneren aus Wasserstoff und Helium wertvolle neue Rohstoffe in Form von Atomen. Interstellare Staubwolken sind dann die kosmischen Raffinerien, die diese Rohstoffe zu Molekülen veredeln und dem Universum auf einmal Geschmack und Geruch geben – allerdings nicht immer nur einen schönen. Unter den neuen Molekülen findet man Schwefelwasserstoff, der nach faulen Eiern riecht, Ammoniak, dessen Geruch an Urin erinnert, oder hochtoxische Blausäure, die immerhin mandelig riecht.[41] Auch diverse Alkohole wurden schon in kosmischen molekularen Wolken entdeckt, etwa Ethenol (Vinylalkohol), Methanol und Ethanol – Bestandteile, die der eine oder andere gerne in Schnaps, Wein oder Bier zu sich nimmt. Die Grundbestandteile von Bier waren also schon vier Milliarden Jahre nach dem Urknall überall im All zu finden. Im Zentrum der Milchstraße, in der Wolke Sagittarius B2, hat man darüber hinaus auch Ameisensäureethylester gefunden, der Rum und Himbeeren einen süßlichen Geruch gibt. Ganz so schlimm ist es da draußen also nicht. Das für das Leben wichtigste Molekül ist aber natürlich Wasser, und auch das ist reichhaltig im All vorhanden und könnte schon in den ersten 200 Millionen Jahren mit den ersten Sternen entstanden sein.[42] Das All ist daher nicht fade, sondern dank der Moleküle voller Vielfalt, Geschmack und Farbe. Das ist ein Vorgeschmack auf das, was noch kommen wird, und für mich ein Grund zum Wundern und Staunen. Die Saat für die Vielfalt auf unserer Erde ist früh angelegt.

All diese Moleküle sind nicht nur für ein angenehmes Leben nötig, sie machen auch die Geburt von Sternen effizienter. Komplexe

Moleküle sind gute Strahler, die es Staubwolken erlauben, überschüssige Energie noch besser loszuwerden und so schneller zu kontrahieren.

Das Ganze ist ein effizienter Kreislauf: Galaxien konsumieren mit hoher Effizienz mehr und mehr Molekülwolken und bilden aus ihnen Sterne, diese produzieren mehr und mehr Wolken, die wiederum mehr Sterne produzieren. Das System könnte theoretisch irgendwann zu einer Überproduktion von Sternen führen, aber zum Glück haben auch Galaxien ein Überdruckventil eingebaut, das so etwas verhindert.

Entstehen zu viele Sterne auf einmal, explodieren die größten Sterne auch wieder relativ schnell in Supernovae nach nur 10 bis 20 Millionen Jahren – das ist nicht mehr als ein einziger Sommerurlaub im Leben einer Milchstraße. Durch die explodierenden Sterne wird ein Teil des Staubes wieder aus der Galaxie hinausgeblasen und reduziert so die Sternentstehung. Und wenn das nicht reicht, gibt es noch ein anderes, gewaltiges Überdruckventil im Zentrum der Galaxien: ein supermassereiches Schwarzes Loch.

Nicht alle Molekülwolken lassen sich so leicht verscheuchen, sondern sie drehen sich weiter im großen Roulette ihrer Muttergalaxie. Unsere Milchstraße braucht 200 Millionen Jahre, um sich einmal um sich selbst zu drehen. Auch wenn das langsam klingt, ergibt das bei unserem Abstand zum Zentrum der Milchstraße immer noch eine Rotationsgeschwindigkeit von 250 Kilometern pro Sekunde. Nur dann sind die Fliehkräfte so groß, dass nicht alle Sterne und Wolken Richtung Zentrum stürzen. Bleibt man beim Bild der drehenden Roulettescheibe, dann sind Molekülwolken wie Roulettekugeln, die man in sie hineinwirft. Durch die Dreherei werden die Molekülwolken durcheinandergewirbelt und stoßen aneinander. Im Gegensatz zu Sternen, die im Vergleich zur Größe einer ganzen Galaxie verschwindend klein sind und sich so gut wie nie berühren, sind Wolken Hunderte Lichtjahre groß. Sie kommen miteinander in Kontakt, bremsen sich gegenseitig ab, verlieren Rotationsenergie und sinken zum Zentrum, wie Roulettekugeln, die irgendwann in eines der Fächer fallen.

Die Kraft der Schwarzen Löcher

Durch die Kollisionen der Wolken entstehen wieder neue Sterne, die die Wolken noch weiter aufwirbeln. Sinken zu viele Wolken zum Zentrum, erwartet sie dort aber ihr ultimativer Gegenspieler: ein riesiges Schwarzes Loch. Was in den Ursprüngen des Kosmos vielleicht mal ein Schwarzes Loch von nur einigen hundert oder tausend[43] Sonnenmassen gewesen war, hat sich in den letzten Jahrmillionen zu einem wahren Monster angefressen, das Millionen oder sogar Milliarden Sterne, Neutronensterne und andere Schwarze Löcher verschlungen hat und dadurch stetig größer geworden ist. Schwarze Löcher sind wie Krokodile, die immer weiterwachsen. Nur mit dem Unterschied, dass Schwarze Löcher im Gegensatz zu Krokodilen niemals[44] sterben können.

Gefräßig, wie es nun mal seine Art ist, verschlingt das Schwarze Loch Teile der einfallenden Gaswolken, die ihm zu nahe kommen. Dabei wird das Gas am Rand des Schwarzen Lochs nochmals bis fast auf Lichtgeschwindigkeit beschleunigt, heizt sich auf und fängt an zu strahlen. Dieser Prozess ist extrem effizient. Wenn man ein gröberes Sandkorn in ein Schwarzes Loch wirft, könnte man mit dieser Energie sein E-Auto ein Jahr lang mit Energie versorgen.[45]

Aber nicht alles verschwindet rettungslos in diesen galaktischen Mülltonnen. Die ursprünglich kaum merklichen kosmischen Magnetfelder im Gas werden am Rand Schwarzer Löcher wie eine Sprungfeder aufgewickelt, verstärken sich und schießen einen Teil des Gases in Form eines mächtigen Plasmastrahls wieder zurück in die Galaxie. Diese Plasmastrahlen werden auch Jets genannt und sind besonders mit Radioteleskopen gut zu sehen.

Durch diesen gigantischen Springbrunnen und die Kraft des am

Rand des Schwarzen Lochs erzeugten Lichts wird das verbleibende Gas in der Galaxie durcheinandergewirbelt und teilweise zerstäubt. Die Sternentstehung verringert sich dadurch, und die komplexen Moleküle in den Wolken werden über die ganze Galaxie verteilt, wo sie später neue Sterne und Planeten bilden können. Ohne die regulierende Wirkung Schwarzer Löcher würde unsere kosmische Umwelt heute anders aussehen und auch unsere eigene Entwicklung wäre ohne die Kraft Schwarzer Löcher anders verlaufen.[46] Einige der Teilchen in uns sind also vielleicht nur wegen der Kraft dieser dunklen Monster zu uns gekommen.

Es ist erstaunlich, dass etwas so relativ Kleines wie Schwarze Löcher – selbst die größten sind nicht viel größer als unser Sonnensystem – die Kraft hat, ein ganzes Universum zu verändern. Und das ist im Vergleich dazu wirklich riesengroß!

Vier Milliarden Jahre nach dem Urknall leuchtet das Universum nicht nur im Licht der vielen Sterne,[47] sondern auch im Licht Schwarzer Löcher. Die größten und hellsten unter ihnen firmieren unter dem Oberbegriff »Quasare«.

Auf dem absteigenden Ast – das Universum wird ruhiger

Doch trotz der regulierenden Kraft von Schwarzen Löchern und Supernovae ist irgendwann der galaktische Gasvorrat so weit angefressen, dass er nicht mehr für alle reicht. Über die Jahrmilliarden Jahre hinweg geht langsam, aber sicher der Stoff, aus dem die Sterne gemacht sind, zur Neige. Die Hochphase der Sternentstehung ist vorbei und die stellare Geburtenrate sinkt. Hin und wieder sorgt die Verschmelzung zweier Galaxien noch für einen erneuten Ausbruch von Sternentstehung, aber insgesamt sind die Sturm- und Drangjahre des Universums vorbei. Der Kosmos wird langsam ruhiger, aber nicht ganz still.

8 Ga
Die Dunkle Energie treibt das Universum auseinander

Ganz langsam deutet sich nun in den Weiten des Nichts eine fundamentale Änderung des Zustandes unseres Universums an. Eine neue, bis heute geheimnisvolle Kraft bekommt langsam die Oberhand und beginnt den Kosmos noch schneller auseinanderzutreiben. Es ist die Kraft der Dunklen Energie, deren Wirkung schon Georges Lemaître in seinen Gleichungen sah und in Form seines »zögernden Universums« auf Millimeterpaper malte. Einstein hatte sie als »Eselei« verworfen. Jetzt, rund acht Milliarden Jahre nach dem Urknall, ist sie die dominante Energieform im Universum und bestimmt die Ausdehnung des Raumes. Wird sie irgendwann den ganzen Kosmos auseinanderreißen?

Der Gegenspieler der Dunklen Energie ist die Schwerkraft der Materie. Sie hält Sterne, Staubwolken, Galaxien und Galaxienhaufen zusammen, wenn sie sich nicht zu weit voneinander entfernen, und so entsteht im Universum immer wieder etwas Neues und Überraschendes.

Gut neun Milliarden Jahre nach dem Urknall, ist die Geburtenrate der Sterne im Kosmos zwar schon deutlich gesunken, aber das Universum ist immer noch reich an Sternenstaub. In diesem Moment zieht sich in einer eher durchschnittlichen Milchstraße eine eher durchschnittliche Gaswolke zusammen und bildet einen eher durchschnittlichen Protostern. Obwohl wir dort schon irgendwie in Einzelteilen mittendrin sitzen, ahnen wir da noch nicht, welch erstaunliche Entwicklung dieser Sternenstaub in den kommenden Jahrmilliarden nehmen wird.

9,3 Ga
Das Sonnensystem entsteht

Kapitel 3

DIE ERDE WIRD GESCHMIEDET

»Woher kommt der Grund, auf dem ich stehe?«, fragte das Kind.

»Es wuchs eine Feste zwischen den Wassern des Urmeeres«, antwortete der Prophet. »Ein ferner Todesblitz aus Sternenlicht leuchtete auf. Eine Wolke aus Staub und Gas, die unter ihrer eigenen Last ächzte, begann sich in sich zusammenzuziehen. In ihrem Inneren gebar sie einen neuen Stern. Aus den wirbelnden Resten formte sie Kiesel und Felsen. Kiesel und Felsen prasselten aufeinander und formten eine große Kugel aus glühendem Eisen und geschmolzenem Gestein. Wie heißes Eisen mit Hammerschlägen geschmiedet wird, so wurde auch diese Kugel von vielen weiteren Schlägen schwerer Steine und Felsen geformt. Einer dieser Schläge war so gewaltig, dass der Mond an den Himmel gespritzt wurde. Der Grund, auf dem du stehst, wurde gezeugt im Trommelfeuer der Gesteine, die Verderben und Leben brachten. Die Erde, mein Kind, ist aus Wunden geboren und mit Narben übersät.«

Kosmische Narben – ein Krater in Arizona

Anfang 1999 war ich mit meiner Frau und unseren drei Kindern für drei Monate in Tucson, Arizona. Wir genossen dort das trockenwarme Klima im Winter, das oft heißer ist als ein Sommer im heimatlichen Rheinland. Am Steward Observatory arbeitete ich unter anderem an den Vorbereitungen für unseren Artikel, der als Vorhersage und Vorbereitung diente für das erste Bild des Schattens eines Schwarzen Lochs.[1] Weil ich Beobachtungsdaten vom Very Large Array (VLA) hatte, einem großen Radiointerferometer, das aus 27 Radioteleskopen mit jeweils 25 Meter Durchmesser besteht, fuhren wir in die Kleinstadt Socorro, wo das Hauptquartier dieses beeindruckenden Teleskops ist. Danach wollten wir die Gelegenheit nutzen und auf dem Rückweg einen Umweg über den Grand Canyon machen. Er versprach einen spektakulären und in jeder Hinsicht vielschichtigen Einblick in fast 2 Milliarden Jahre Erdgeschichte.[2] Der bis zu 1800 Meter tiefe Einschnitt in die Erde zeugt davon, wie dramatisch sich unsere Erde – Schicht für Schicht – verändert hat.

Noch beeindruckender war aber ein anderer, ganz spezieller Zwischenstopp auf dem Weg zum Canyon: der Barringer-Krater, auch Meteor Crater genannt. Hier war vor nur 50 000 Jahren ein bis zu 50 Meter großer kosmischer Eisenbrocken mit einer Geschwindigkeit von 10 bis 20 km/s eingeschlagen und hatte eine Explosion ausgelöst, die mehr als 500-mal stärker war als die Atombombe von Nagasaki.[3] Würde dieser Meteorit auf eine heutige Großstadt aufschlagen, wäre das eine ungeheure Katastrophe. Ein wuchtiges, mehr als 600 Kilogramm schweres Fragment des Meteoriten ist im Besucherzentrum zu sehen, andere Fragmente wurden in der Umgebung gefunden, mindestens die Hälfte der Masse aber pulverisiert.

Nun stand ich friedlich mit meinen Kindern am obersten Rand dieser 1,2 Kilometer breiten Narbe im Wüstengestein. Es war ein Anblick wie auf dem Mond, und tatsächlich haben hier schon NASA-Astronauten geübt. Meine sechsjährige Tochter war vor allem vom ausgestellten Raumanzug fasziniert, mein ältester Sohn aber hatte Angst vor einem Vulkanausbruch. Ganz falsch lag er damit nicht, denn in gewisser Weise erzählen der Meteoritenkrater und Vulkane vom gewaltsamen Erbe unserer Erde. Nur selten wa-

3 Der Barringer-Crater, auch Meteor Crater, in Arizona: Er hat einen Durchmesser von 1200 m und ist 170 m tief. Er entstand vor rund 50 000 Jahren durch den Einschlag eines 50 m großen Meteoriten.

ren mir die wuchtigen Kräfte von Himmel und Erde so nahe wie auf dieser Beobachtungsreise. Nicht nur der Blick nach oben erzählt uns etwas über unsere kosmische Heimat, sondern auch der Blick nach unten hält einige Lehren für uns bereit, denn Himmel und Erde sind in der Geschichte unseres Planeten eng miteinander verwoben. Reisen wir also zurück zu den Anfängen unseres Planeten.

Die Geburt unserer Sonne

vor 4,6 Ga
Sonne entsteht

Ein Stern explodiert. Nichts Ungewöhnliches in diesem zu einer stattlichen Galaxie herangewachsenen Sternensystem, etwas mehr als 9 Milliarden Jahre nach dem Urknall. So eine Supernova kommt in den besten Sternenfamilien vor und passiert heute ungefähr alle fünfzig Jahre in unserer kosmischen Heimat, der Milchstraße.[4] Nach den stürmischen ersten 4 bis 5 Milliarden Jahren war die Geburtenrate von Sternen in unserer Galaxie kurz eingebrochen, um sich dann auf eine Handvoll neuer Sterne pro Jahr einzupendeln.[5] Ungefähr ein Prozent der neuen Sterne, die großen und hellen, stirbt auch relativ schnell wieder. Nach ein paar Millionen Jahren ist es für sie schon wieder vorbei.

Die Explosion des Sterns rollt nun durch das All und trifft auf kleine Gas- und Staubwolken, durchzogen von einem kaum merklichen, schwachen Magnetfeld. Jede dieser Wolken hat eine Masse, die vielleicht zehnmal – vielleicht hundertmal – größer ist als die der Sonne. Die kosmische Schockwelle ist wie ein Sturm, der durch einen Wald läuft, Staub und Asche mit sich bringt, Blätter verwirbelt und Äste abbricht. Manchmal fällt sogar ein ganzer Baum.

Gut möglich, dass es an diesem interstellaren Sturm liegt, dass eine der Wolken jetzt so weit zusammengepresst wird, dass er an seine Stabilitätsgrenzen kommt und in den Kollaps übergeht.[6] Wie ein Kartenhaus durch einen Lufthauch zum Einsturz gebracht werden kann, beginnt die Wolke zu kollabieren und dichter und dichter zu werden. Der Druck des Gases ist nicht mehr stark genug, der immer weiter wachsenden Schwerkraft der schrumpfenden Wolke Paroli zu bieten.

Durch den Sternensturm werden auch kleinste radioaktive Aluminiumteilchen, die typischerweise in sterbenden Sternen erzeugt werden, aufgewirbelt und vermischen sich mit dem Staub und Gas der Wolke. Sie werden später zu Geburtsmarkern unserer Erde. Die schöpferische Schwerkraft tut jetzt ihr Übriges, sie zieht alle diese Teilchen unaufhaltsam in das dichte Zentrum der Wolke. Der Prozess der Sternengeburt beginnt. Aus den Urwassern erheben sich wieder einmal neue Welten.

Die einstürzende Wolke fragmentiert dabei vor 4,6 Milliarden Jahren in viele kleinere Protosterne. Dutzende, vielleicht sogar Hunderte junger Sterne entstehen gemeinsam,[7] einer davon ist unser Heimatstern, die Sonne. Im Laufe der nächsten Millionen und Milliarden Jahre werden sich all diese Geschwister nach und nach aus den Augen verlieren und sich nie wieder begegnen, bis zu dem Moment, in dem Menschen ihre Teleskope in den Nachthimmel richten. Tatsächlich haben wir heute ein paar mögliche Geschwister unserer Sonne gefunden.[8]

Drehte sich der kollabierende Nebel anfänglich nur unmerklich um sich selbst, so tut er dies beim fortschreitenden Kollaps in immer schnelleren Pirouetten, so wie eine Eiskunstläuferin sich immer schneller dreht, wenn sie ihre Arme anzieht. Und wie ihr seidiger Rock zu einem wirbelnden rotierenden Stoffschleier wird, so sammelt sich ähnlich die ursprünglich unförmige Struktur des Nebels in einer dünnen rotierenden Scheibe aus Gas und Staub mit dem neuen Protostern im Zentrum.

99,86 Prozent der Masse unseres Geburtsnebels sammeln sich so im Zentrum, während gerade mal 0,003 Promille des wirbelnden Restes Geschichte schreiben werden – das ist der Massenanteil unserer Erde im Sonnensystem. Bevor die Planeten entstehen, entflammt im Zentrum unseres Wolkenfragments die Sonne und erleuchtet das Dunkel des Alls.

Die Krippe der Planeten – eine staubige Scheibe

Anders als bei der Ballerina besteht der ganze Rock der Sonne aus vielen losen Einzelteilen, und jedes ringförmige Teilstück dieser Scheibe dreht sich mit einer anderen Winkelgeschwindigkeit – innen ganz schnell, außen langsamer. Die verschiedenen Bereiche der Scheibe werden nur durch die Balance zwischen Flieh- und Schwerkraft auf ihren Bahnen gehalten. Je näher ein Teilchen dem Zentrum kommt, desto stärker ist die Schwerkraft und desto schneller muss es sich um den Stern drehen, um nicht in ihn hineinzufallen. Dieses Prinzip hatte Johannes Kepler Anfang des

17. Jahrhunderts beim Studium der Planeten entdeckt, und Isaac Newton formulierte 1687 auf dieser Basis das Gesetz der Schwerkraft.

Was so einfach und schön klingt, ist von Nahem betrachtet ein kreatives Durcheinander, denn die unterschiedlichen Geschwindigkeiten führen zu Massenkarambolagen in der Scheibe. Man stelle sich die Staub- und Gasteilchen in der rotierenden Scheibe als Autoscooter auf einer völlig überfüllten kreisförmigen Rennbahn vor, die nicht drei, vier oder fünf, sondern Tausende von Spuren hat. Durch Spurwechsel kommt es zu fürchterlich unübersichtlichen und chaotischen Zuständen. In der innersten Spur, da wo heute der Merkur ist, wird mit waghalsigen 172 000 km/h gefahren, in der äußersten Spur, nahe beim heutigen Neptun, dagegen nur noch mit 20 000 km/h. Die völlig schmerzbefreiten Fahrer wechseln willkürlich die Spur und stoßen dabei gegeneinander. Geraten sie zufällig etwas nach innen, fahren die dort schneller fahrenden Scooter von hinten auf sie auf. Gelangen sie nach außen, so rammen sie selber die dort langsamer fahrenden Scooter vor ihnen.

Hinzu kommen noch schwache kosmische Magnetfelder, die alle geladenen Teilchen verbinden und seit Anbeginn der Zeiten den Kosmos durchziehen. Im Kollaps der Wolke werden diese Magnetfelder noch verstärkt. Wie leichte Gummibänder in einem Stoff verstärken sie zusätzlich die Bindung der Teilchen. Durch die unterschiedlichen Geschwindigkeiten der Teilchenringe werden die Magnetfelder auseinandergezogen und aufgewickelt, wie Spaghetti um eine Gabel. So bekommen Sonne und Planeten ihr erstes Magnetfeld. Zwischenzeitlich entlädt sich das wie zu einer Sprungfeder aufgewickelte Feld sogar und schießt einen Plasmastrahl entlang der Rotationsachse der Scheibe ins All.

Kollisionen von Teilchen aber auch Magnetfelder führen zu einer Art Reibung zwischen den verschieden schnell drehenden Gebieten der Scheibe und lassen die Temperatur steigen. Das ist wie eine

Reibkupplung: Dabei werden die schneller rotierenden inneren Teile leicht abgebremst, die äußeren Teile beschleunigt.

Abgebremster Staub und Gas fallen nach innen zum Protostern und lassen ihn wachsen, während der schnellere Staub und das schnellere Gas nach außen wandern.[9] Die durch die Reibung entstehende Hitze ist umso größer, je mehr Materie nach innen strömt und – um im Bild zu bleiben – je mehr Scooter miteinander kollidieren. Ist die Rushhour vorbei und der meiste Verkehr abgeflossen, kühlt die Scheibe langsam wieder ab.

Ein Schmelzofen für Silikate und anderes Gestein

Die Scheibe um den Protostern wird so zu einem Schmelzofen, bei dem man langsam die Hitze erhöht und sie dann wieder herunterregelt. Eine Menge Staub schmilzt und verdampft zuerst, aber kondensiert danach auch wieder. Dabei werden Elemente geläutert[10] und separieren sich. Eisen schmilzt und sammelt sich in festen Tröpfchen, die wieder erstarren. Manche davon werden später in die junge Erde eingebaut oder als Meteoriten dort einschlagen. Auch andere Stoffe kondensieren nacheinander, zuerst die hochschmelzenden Sauerstoffverbindungen von Kalzium und Aluminium, aber auch Silikate.[11] Erstere formen schon bei Temperaturen um 1300 K kleine Tröpfchen, die später in Mineralien eingebaut und so zu den ältesten Fossilien des Sonnensystems werden – geochemische Fossilien wohlgemerkt.[12] Zusammen formen diese Elemente das Grundgerüst, aus denen später Feldspäte entstehen, die dominante gesteinsbildende Mineralgruppe der Erdkruste.[13] Durch Erosion kann aus Feldspat irgendwann Ton werden, der dann von Menschen wieder gebrannt wird, um Vasen und Krüge daraus zu machen – so wie in meiner Heimatstadt Frechen im Rheinland, deren Töpferwaren im Mittelalter über die ganze Welt verteilt wurden. In Erinnerung daran wird das feierliche Abendmahl im

Gottesdienst unserer Kirche aus kleinen Tonkrügen getrunken – in jeder Hinsicht also ein sehr himmlisches Fest.

Als die Silikate um die junge Sonne entstehen, sind die Planeten noch nicht geboren, aber in den Einschlüssen beginnt jetzt die Uhr zu ticken. Die Schockwelle des vorangegangenen fernen Sternentods hatte eine Wolke radioaktiver Aluminium- und Bleiisotope in unseren präsolaren Nebel geblasen. Die instabilen Isotope,[14] eingeschlossen in das Urgestein unseres Sonnensystems, beginnen nun zu zerfallen und verwandeln sich über Milliarden Jahre hinweg in Magnesium- beziehungsweise andere Blei-Isotope. Fallen sie irgendwann als Meteore auf die Erde, so lässt sich heute aus dem Verhältnis der Isotope das Alter dieser Einschlüsse in Meteoritengestein bestimmen. Denn die Isotope, die man heute in diesen Einschlüssen findet, können bei der Schmelze und Abkühlung des Gesteins noch gar nicht vorhanden gewesen sein. Sie sind erst mit der Zeit durch radioaktiven Zerfall entstanden – je größer der Anteil von ihnen ist, desto älter ist das Gestein.

Eine Bleiuhr beginnt zu ticken, neue Moleküle entstehen

In den frühen 50er-Jahren begann der amerikanische Geochemiker Clair Cameron Patterson die Konzentration von Uran- und Blei-Isotopen in fünf unterschiedlichen Meteoriten zu untersuchen[15] – darunter auch den *Canyon Diablo*-Meteoriten, ein Bruchstück des Barringer-Krater-Meteoriten in Arizona. Die Kombination der Isotopen-Verhältnisse zeigte ein einheitliches Alter aller Meteoriten von ungefähr 4,55 ± 0,07 Milliarden Jahren vor heute, was als Beginn der Entstehung unseres Sonnensystems und der Erde gilt.

Seine Erfahrung mit genauen Bleimessungen setzte Patterson später ein, um zu zeigen, wie industriell eingesetztes Blei sich in der Umwelt und im menschlichen Körper anreicherte. Ihm haben wir also nicht nur das Geburtsdatum unserer Erde zu verdanken, sondern auch, dass heute kein Blei mehr in Benzin oder Blechdosen verwendet wird.

Mitte der 60er-Jahre, fand die französische Mineralogin Mireille Christophe Michel-Lévy Kalzium-Aluminium-reiche Einschlüsse (CAI, englische Abkürzung für *calcium-aluminium-rich inclusions*) in Meteoriten, die im jungen Sonnensystem entstanden waren. Diese geochemischen Fossilien erlauben eine einfache Altersbestimmung mithilfe von Uran- und Blei-Isotopen. Die Entstehung der CAIs gilt heute als der beste Startpunkt der erdgeschichtlichen Zeitrechnung. Wir leben also jetzt im Jahr 4,569 Milliarden nach CAI.[16]

vor 4,569 Ga
CAIs entstehen, die Erde beginnt zu keimen

In den ersten paar Millionen Jahren dieser Zeitrechnung wächst die protosolare Gas- und Staubscheibe zu einem komplexen Ökosystem, in dem Groß- und Kleinstplaneten wachsen und gedeihen. Und mittendrin die komplexen Moleküle und Elemente, die uns später leben lassen.

Die Scheibe hat einen Durchmesser, der Hunderte Male so groß ist wie der Abstand zwischen der Erde und der Sonne.[17] Nicht nur ändern sich die Temperatur und die Dichte der die junge Sonne umgebenden Staubscheibe im Laufe der Zeit, sondern sie hat auch verschiedene Klimazonen. Nahe der Sonne ist es unerträglich heiß, und die strahlende Sonne heizt das Gas und den Staub zusätzlich auf – dies ist sozusagen die Wüstenzone unserer Geburtsscheibe. Weiter außen ist es kalt und frostig, was eher unseren eisigen Polkappen entspricht. Auch vertikal gibt es verschiedene Temperaturbereiche. In der Zentralebene der Scheibe ist die Reibung am stärksten, dort ist es sehr heiß, aber das Sonnenlicht wird stark absorbiert. Oberhalb der Scheibe sind Dichte und Temperatur geringer, aber die Sonneneinstrahlung ist höher. Es ist, als ob man auf einem hohen Berg stünde, wo die Temperatur zwar viel niedriger ist als im Tal, aber die Sonneneinstrahlung viel intensiver.

Das beeinflusst die chemischen Prozesse während der Geburt der Erde.

Die Moleküle in der Zentralebene der Scheibe werden durch die Hitze zerstört, so wie man Vitamine zerstört, wenn man das Gemüse verkocht. Moleküle, die sich an der Oberfläche der Scheibe befinden, behalten zwar einen kühlen Kopf, aber erleiden einen Sonnenbrand. Tatsächlich kann die Anwesenheit von Licht die Chemie und die Entstehung von Molekülen beeinflussen und verändern. Je nachdem, wo sich ein Teilchen gerade aufhält, innen oder außen, oben oder unten, ist es ganz unterschiedlichen Temperaturen und Lichtverhältnissen ausgesetzt. Diese Scheibe mit ihren vielen Klimazonen ist nun eine ideale Brutstätte, um ganz unterschiedliche Moleküle zu erzeugen. Es entsteht ein staubiges Ökosystem für die Entwicklung organischer Moleküle.

Einige dieser vielen Moleküle waren schon im ursprünglichen protostellaren Nebel vorhanden, während andere sich erst jetzt in der Scheibe bilden. Aus dem reichlich vorhandenen Wasserstoff, Sauerstoff, Stickstoff und Kohlenstoff entstehen Wasserstoff- und Wassermoleküle, Ammoniak und Methan, die Grundbausteine für die Entstehung der ersten lebenden Zellen auf der Erde. Aber auch Methanol, das in gepanschtem Alkohol tödlich sein kann, oder Ameisensäure, die von vielen Pflanzen und Tieren zur chemischen Verteidigung benutzt wird, entstehen schon sehr früh.

Aus dem ursprünglich sehr langweiligen und einförmigen Gas des Urknalls ist also jetzt ein vielschichtigen, teilweise schon organisches Gebräu entstanden. Ja, man fragt sich sogar intuitiv, ob nicht jetzt schon, vor der Entstehung der Erde, Leben hier entstehen könnte? Immerhin hat man in Proben von Asteroiden auch schon eine Vielzahl von Aminosäuren gefunden,[18] die Grundbausteine von Proteinen, die unter anderem für das Vervielfältigen von Geninformationen nötig sind. Komplexe Moleküle entstehen dabei vor allem auf den Eisschichten kleiner Staubteilchen. Aber um ganze Zellen entstehen zu lassen, scheinen die lebensfähigen

Nischen doch zu klein zu sein, die Bedingungen zu harsch und die Lebenszeit der Scheibe zu kurz.

Die vertikal und horizontal unterschiedlichen Klimazonen unserer Geburtsscheibe sorgen auch dafür, dass die Moleküle in unterschiedlichen Aggregatzuständen vorkommen – Wasser gibt es als Wasserdampf oder als Eiskristalle. In der Nähe der Sonne verdampft Wasser. Weiter weg von der Sonne resublimiert der Wasserdampf dahingegen zu kleinen Eiskristallen. Nur für flüssiges Wasser ist der Druck noch zu gering – dafür braucht es mehr Schwerkraft.

Das Bild mit den verschiedenen Klimazonen passt auch hier. In gewisser Weise sieht unsere Scheibe aus wie der Fujiyama im Winter, wo der schneebedeckte Gipfel sich klar von den wärmeren schneefreien Zonen weiter unten unterscheidet. So wie in den Bergen eine Schneegrenze oben von unten trennt, so hat auch unsere Scheibe eine »Schneegrenze«, die innen von außen trennt. In unserem Sonnensystem liegt diese Grenze beim zwei- bis dreifachen Erdabstand zur Sonne, dort, wo aller Schnee geschmolzen und alles nicht in Gestein gebundene Wasser verdampft ist – wir liegen sozusagen auf dem Trockenen.

In unserem Sonnensystem sollten die inneren Planeten – Merkus, Venus, Erde und Mars – daher Wüstenplaneten sein, weil sich alles Wasser schon vor ihrer Geburt verflüchtigt. Es sei denn, ein kleiner Teil des Wassers überlebt eingeschlossen in Mineralien – was inzwischen mehr und mehr Forscher glauben. Weiter außen, wo Jupiter, Saturn, Uranus und Neptun sind, können dahingegen riesige Eis- und Wasserwelten entstehen. Interstellare Schneeflocken rieseln dort reichlich auf die neuen Planeten herab und segnen sie mit großen Wasservorräten. Das stimmt tatsächlich auch fast so, aber eben nur fast. Denn zum Glück für unsere Erde gibt es noch eine andere Möglichkeit, Wasser durch das Sonnensystem zu transportieren. Das sind natürlich keine Rohrleitungen, sondern das ist ein Mechanismus mit Wumms, wie wir sehen werden.

Planetenembryos

Im kosmischen Maßstab geht die Geburt eines Planeten relativ schnell. Schon in den ersten paar zigtausend Jahren bildet sich das Grundmaterial für den Stoff, aus dem die Planeten sind. Die kleinen Staubkörner beginnen auf einmal zu wachsen. Wie Schneeflocken bleiben Sie aneinander haften und bilden immer größere rauchig schmutzige »Schneebälle«.

Grund dafür sind die van-der-Waals-Kräfte zwischen den Molekülen, die es etwa Geckos erlauben, eine Glaswand hochzulaufen. Dabei sorgt die leichte Asymmetrie der Moleküle dafür, dass sie nicht ganz neutral sind: Am einen Ende sind sie etwas negativer und am anderen etwas positiver geladen. So können Moleküle sich aneinander ausrichten, sich gegenseitig anziehen und miteinander größere Strukturen bilden.

Diese mikroskopische Eigenschaft der aus Atomen zusammengesetzten Moleküle ist eigentlich nur eine unscheinbare Nebenwirkung ihrer im Vergleich zu den Atomen komplexeren Struktur, aber es ist genau diese kleine Kraft, die Saatkerne von Planeten wachsen lässt. Es ist das Kleine und Schwache, die Asymmetrie, das Unperfekte, was dafür sorgt, dass etwas Großes entstehen kann. Ohne diese Kraft wäre an dieser Stelle Schluss mit uns gewesen, bevor wir überhaupt entstanden wären.

Aus mikrometergroßem rauchfeinen Körnchen entstehen so zunächst Staubkörner, auf deren Oberfläche sich Eiskristalle und Moleküle anlagern, die unter dem Einfluss von Sonnenlicht und Temperatur die chemische Zusammensetzung unseres Planetensystems weiter verändern.

Wie stark diese ursprünglichen Schneebälle aneinander haften, hängt aber von der Oberflächenstruktur und -chemie der Staubkörner ab. Der eine Kleber hält besser als der andere. Jedes Kind, das schon mal versucht hat, Schneebälle aus pulverigem Neuschnee zu formen, weiß, dass Schneebälle besser haften, wenn der Schnee schon etwas angetaut ist oder wenn man sehr hohen Druck ausübt. So verändert die Oberflächenstruktur der kleinsten Teilchen die ganze Struktur und Dynamik der Scheibe, und die Dynamik der Scheibe hat wiederum Einfluss auf die Oberflächenstruktur der Teilchen.

Astronomen nennen diese kleinen Schneebälle auch mal »pebbles«, also Kiesel, obwohl sie erst mal eher fluffig sind. Durch Kollisionen können sie aber mit der Zeit härter und kompakter werden. Allerdings führen zu viele Kollisionen auch wieder dazu, dass sie zerschlagen werden und ihr Wachstum begrenzt ist. So kann eigentlich kein Planet entstehen. Zum Glück gibt es einen Trick, und der heißt Teamwork. Die Schneebälle rotieren nämlich zusammen mit dem noch freien Gas um die Sonne, und sie beschleunigen oder bremsen sich gegenseitig. So wie bei der Tour de France der Luftwiderstand einen einzelnen Fahrer abbremsen und der Luftsog einer ganzen Gruppe ihn mitziehen kann, so kreieren auch Gruppen von Schneebällen einen Sog im verbliebenen Gas, der andere Schneebälle mitnimmt. Ein wahrer Schneeballeffekt entsteht, der zu rapidem Wachstum führt. Das Hauptfeld hat nun mal den größten Sog, und dort kann man Kräfte sparen.

Im Gegensatz zu Radrennfahrern haben protoplanetare Schneebälle keine Ambitionen, Erster zu sein. Viel wichtiger ist es, mit dem Hauptfeld im Ziel einzutreffen, und je größer so eine Gruppe ist, desto attraktiver ist sie. Frei nach dem biblischen Sprichwort »Wer hat, dem wird gegeben« wachsen daher die größten Brocken am schnellsten, sodass manche lawinenartig anschwellen[19] und sich mit Staub, Gestein und Eis vermischen. Wissenschaftlich wird der Effekt bei der Planetenentstehung »Strömungsinstabilität« genannt.

Diese eisigen Staub- und Steinknäuel wachsen rapide zu Planetesimalen, den Bausteinen aus denen Planeten gemacht werden.

4 + 5 Der Asteroid Ryugu (jap. für »Drachenpalast«) mit einem Durchmesser von rund einem Kilometer, aufgenommen von der japanischen Sonde Hayabusa 2. Daneben ist eine Nachbildung seiner Oberfläche aus einer Ausstellung zu sehen. Der Asteroid besteht zum großen Teil aus losem Geröll, das nur durch die Schwerkraft zusammengehalten wird.

Allerdings wird nicht jedes Planetesimal zu einem ausgewachsenen Planeten. Manche kollidieren miteinander[20] und zersplittern wieder in große und kleine Brocken, die heute noch als Asteroiden durch unser Sonnensystem stromern. Ganz gelegentlich schlagen diese Bruchstücke auch noch auf der Erde ein, wo man sie dann Meteoriten nennt; so wie der Meteorit Canyon Diablo, der den Barringer-Krater in Arizona geformt hat. Wenn man ganz großes Pech hat, dann kann so ein Gesteinsbrocken auch heute noch nach viereinhalb Milliarden Jahre langer Reise das eigene Haus treffen. So wie es einer Frau am 8. Mai 2023 in New Jersey ergangen ist, die im Schlafzimmer ihres Vaters einen mangogroßen schwarzen Stein und im Dach zwei Löcher fand[21] – der Meteorit war durch die Decke gekommen, nach dem Aufschlag auf den Fußboden noch einmal nach oben gehüpft und hatte dort ein zweites Loch in die Decke geschlagen.

Diese Einschläge sind der Preis, den wir für unsere Existenz zu zahlen haben. Aus Kleinem wird Großes: Aus Staub werden Kiesel, aus Kiesel Felsbrocken, aus Felsbrocken Planetesimale und aus Planetesimalen neue Planetenwelten.[22]

100 ka n. CAI
100 Kilometer große Planetoiden entstehen

Sobald diese Planetesimale Durchmesser von hundert und mehr Kilometern erreicht haben, übernimmt ihre Schwerkraft das Kommando. Insgesamt hat der Wachstumsprozess vom Kiesel zum Planetesimal nur rund 100 000 Jahre gedauert – blitzschnell in kosmischen Maßstäben.

Anfänglich ist das Ganze aber noch ein recht loser und unförmiger Sand- und Kieselhaufen. In dieser Lebensphase kann man sich den Planetenembryo eher wie ein großes Bällebad in einem schwedischen Möbelhaus oder wie eine Geröllhalde vorstellen statt als einen echten Felsen. Satellitenbesuche bei einer Reihe von Asteroiden, wie etwa bei der japanischen *Hayabusa2*-Mission beim Asteroiden Ryugu, haben gezeigt, dass diese eher lose Zusammenschlüsse mit sehr wilden Formen sind.

Die Erde und ihre Geschwister wachsen heran

Je mehr kosmische Kiesel angezogen werden, desto größer und schwerer wird der Steinhaufen. Die Schwerkraft nimmt zu und damit auch der Druck und die Temperatur im Inneren. Zusätzlich zerfallen radioaktive Elemente, wie das Aluminiumisotop ^{26}Al, das in der Supernovaexplosion erzeugt wurde, und heizen den Felsen weiter auf. Der frühe Tod größerer Sternengeschwister wirkt also noch in unserem eigenen Sonnensystem nach und hilft, unsere Planetenrohlinge zusammenzuschweißen.

Tatsächlich steigt die Temperatur im Kern der losen Steinhaufen so weit, dass sie im wahrsten Sinne des Wortes zusammenschmelzen. Magma entsteht und zerstört viele der schönen neuen Mole-

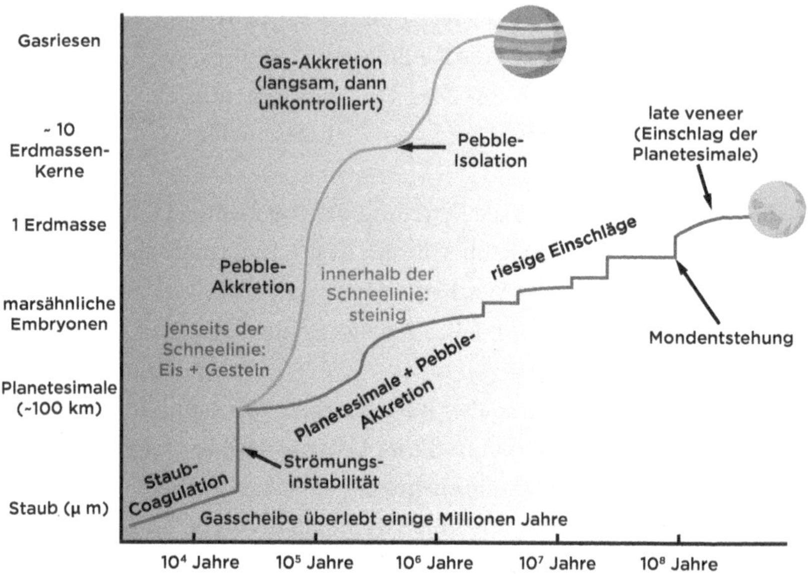

6 Mögliche zeitliche Entwicklung und Wachstum der äußeren Gas- und Eisriesen (oben) sowie erdähnlicher Planeten (untere Kurve) in unserem Sonnensystem.

küle wieder. Auch ein großer Teil der flüchtigen Elemente, insbesondere Kohlenstoff, aber auch Schwefel und Stickstoff, gasen aus und verlassen den Planetenaspiranten wieder. Das ist zunächst eine unerfreuliche Entwicklung, denn die Entstehung von kohlenstoffbasiertem Leben auf einem solchen Objekt scheint damit in weite Ferne gerückt.

Die Hitze im Magma hat aber auch einen läuternden Effekt. Elemente sortieren sich in unterschiedlichen Schichten. Eisen als schwerstes der häufig vorkommenden Elemente sinkt zum Zentrum und sammelt sich dort. Der Planetenembryo bekommt ein Eisenherz.

In den nächsten Millionen Jahren werden mehr und mehr kosmische Kiesel durch die Gravitation angezogen und lassen die großen Planetesimale weiterwachsen. Wer groß und stark werden will, muss gut essen, hat meine Großmutter immer gesagt, und genau das tun die neuen Planeten: Sie essen so lange, bis der Tisch leer ist. Nach 10 bis 100 Millionen Jahren ist dann der Vorrat an Staubteilchen, kleinen Kieseln und Felsbrocken zum größten Teil aufgebraucht. Die jungen Planeten habe ihre Umgebung quasi leergesaugt.

In diesem Prozess bekommt die Staubscheibe der Sonne vorübergehend eine Ringstruktur, die so aussieht wie die Ringe des Saturns, nur viel größer. Aber auch Resonanzen zwischen Planetesimalen und dynamische Effekte in der Scheibe können solche Ringe erzeugen. Wo mal viel Futter war, ist jetzt gähnende Leere.

Wenn man heute mit großen Radioteleskopen, wie dem ALMA-Millimeterwellen-Interferometer auf einem 5000 Meter hohen Plateau in der chilenischen Atacama-Wüste, in die Richtung anderer junger Sonnensysteme schaut, erkennt man überall Ringstrukturen, die von den Geburtswehen neuer Planeten zeugen sowie von deren Fresslücken.

Mit weniger Baumaterial in der Umgebung wird das Wachstum von Planeten langsamer. Trotzdem ist die planetare Schwangerschaft noch nicht zu Ende. Planeten jenseits der Schneegrenze haben noch ein weiteres Reservoir, von dem sie zehren können – nämlich »Schneeflocken« aus Wasser, Ammoniak oder Methan. Wie Schnee vom Wind verweht wird, während Steine und Felsen liegen bleiben, so werden die Eiskristalle vom in der Scheibe herumwirbelnden Gas mitgenommen, während die schweren Brocken auf stabileren Bahnen bleiben. So werden dauerhaft eisige Winde auf die jungen Planeten geblasen, die diesen »Schnee« dann durch ihre große Schwerkraft einfangen. Auch Wasserstoffgas und Helium werden angezogen, sodass eine erste Atmosphäre entsteht. Das funktioniert aber nur bei den äußeren Planeten, jenseits der Schneegrenze, gut.

10 Ma n. CAI
Die äußeren Eis- und Gasriesen entstehen: Jupiter, Saturn, Uranus, Neptun

Die äußeren Planeten bekommen so um ihren ursprünglich steinernen Körper nach rund 10 Millionen Jahren eine dicke Lage aus Eis und Gas, die sich durch hohen Druck und Temperatur verflüssigt und dabei Eigenschaften von Gasen und Flüssigkeiten vereint. Zwei große Planeten entstehen und werden zu Eisriesen, denen wir einfach mal Namen wie Uranus und Neptun gegeben haben, obwohl wir nicht ihre Eltern sind und auch nichts Sinnvolles zu ihrer Geburt beigetragen haben. Zwei weitere, noch größere Gasriesen werden zu Saturn und Jupiter. Der ursprüngliche, harte Kern dieser Riesenplaneten macht nach ein paar Millionen Jahren planetaren Gas- und Staubsaugens nur noch einen kleinen Teil ihrer Gesamtmasse aus. Neptuns Kern ist nur ungefähr so schwer wie die Erde, der ganze gasflüssige Rest aber 17-mal so schwer.[23]

Die inneren Planeten, darunter unsere zukünftige Erde, haben nicht den Luxus, in reichlich Gas und Schnee zu baden. Der Schnee ist längst verdampft, und die Planeten haben nicht genug Schwerkraft, um das dünne, um sie herumwirbelnde heiße Gas einzufangen und so weiterzuwachsen. Sie bleiben kleine, heiße, felsige Wüstenplaneten. Auch Wasser und Kohlenstoff sind Mangelware. Wer würde hier schon leben wollen?

Jupiter, nach dem römischen Obergott benannt, ist der Gorilla unter den Planeten und herrscht – wahrscheinlich mit Unterstützung seines Kumpels Saturn[24] – über das Schicksal des Sonnensystems wie kein anderer Planet. Er hat einen Großteil des ihn umgebenden Materials aufgefressen, und weil er in der Nähe der Schneegrenze geboren wurde, wo das Eis die ersten Kiesel besonders klebrig gemacht hat, konnte er besonders gut wachsen. In nur rund 4 Millionen Jahren hat er sein Kampfgewicht erreicht[25] und dabei die größte Menge Gas und Staub in der Scheibe konsumiert. Übrig bleiben nur noch die Brosamen der Mahlzeit – kleine Asteroiden und Planetesimale.

Planeten weiter innen haben weniger Glück. Jupiters direkter Nachbar wird wegen dessen Gefräßigkeit verhungern und muss als Asteroidengürtel mit dem Zwergplaneten Ceres darin sein Dasein fristen. Auch der nächstinnere Planet, der wegen seiner roten Farbe etwas euphemistisch nach dem Kriegsgott Mars benannt wird, verkümmert zum zweitkleinsten Planeten unseres Sonnensystems.

In dieser Phase der Entwicklung kommt es zu einem wahren Ringkampf der Giganten. Anstatt brav auf ihren angestammten Plätzen zu bleiben, fangen die halbstarken Planeten an sich radial zu bewegen – zunächst durch die Bremswirkung der verbliebenen Staub- und Gasscheibe und später durch die Schwerkraft-Wechselwirkung mit den noch verbliebenen Planeten und Planetesimalen. Zwar spielt Jupiter die erste Geige, aber in der großen Oper unseres Sonnensystems musizieren alle Planeten und Planetesimale mit, denn in einem so chaotischen Durcheinander können schon kleinste Effekte große Auswirkungen haben.

Wie wilde Pferde in einem Gespann ziehen die Planeten aneinander, beeinflussen ihre Umlaufbahnen, Uranus und Neptun tauschen wohlmöglich sogar ihre Plätze[26] und schleudern kleinere Planetesimale aus ihrer Bahn. Das ganze frühe Sonnensystem droht in ein Chaos und mancher Planet in die Sonne zu stürzen. Jupiter pflügt dabei vielleicht ganz zu Beginn sogar durch das innere Sonnensystem und kommt der entstehenden Erde bedrohlich nahe.[27]

Auf die Erde prasseln durch diesen Ringkampf immer mehr große und kleine Brocken ein und lassen sie langsam weiterwachsen. Die Erde ist ein Planet im Trommelfeuer, der immer wieder durchgeschüttelt und in eine höllische Lavawelt verwandelt wird. Etwa hundert Millionen Jahre nach der Geburt des Sonnensystems ist das brutale Wachstum der Erde fast abgeschlossen.[28] Atmen kann hier niemand. Die ursprünglich dünne Atmosphäre aus den allgegenwärtigen leichten Gasen Wasserstoff und Helium verflüchtigt sich. Die Schwerkraft der Erde ist nicht stark genug, sie zu halten.

Der Einschlag von Theia und die Geburt des Mondes

100 Ma n. CAI Die inneren Planeten mit der Erde sind gebildet, Mond entsteht

Doch dann kommt es rund 100 Millionen Jahre nach der Geburt unseres Sonnensystems noch einmal zu einem richtig großen Knall.[29] Ein etwa marsgroßer Planet, Theia genannt, kollidiert mit der Erde. Es ist ein heftiger, direkter Einschlag – nicht der erste eines Kleinplaneten, aber der letzte große, mit einem wichtigen Vermächtnis.

Unter schrägem Winkel schlägt Theia mit einer Geschwindigkeit von einigen Kilometern pro Sekunde ein. Ein Magma-Tsunami läuft über die junge Erdoberfläche, Teile von Theia sinken in die Tiefen des Planeten. Reste von Theia glauben Wissenschaftler 4,5 Milliarden Jahre später immer noch in der Erde zu sehen.[30] Gleichzeitig wird eine Fontäne heißen Planetenschutts in die Höhe geschleudert, umkreist die Erde und bildet vielleicht schon innerhalb von Stunden mindestens einen, aber möglicherweise sogar zwei neue heiße Himmelskörper. Nur einer überlebt als Mond, der Rest des Materials fällt zurück und vermischt sich mit der aufgewühlten geschmolzenen Erde.

Computersimulationen dieses faszinierenden Spektakels zeigen einen Planeten, der beinahe auseinanderzuplatzen scheint und sich dann durch seine Schwerkraft wieder fängt.[31] Wie Zeitlupenaufnahmen von platzenden Wasserballons, die von einem Pfeil getroffen werden, ziehen diese Bilder den modernen Betrachter in den Bann.

Die Erdoberfläche wird zu einem brodelnden Magma-Ozean. Ausdünstungen aus Kohlenmonoxid, Kohlendioxid, Stickstoff-

und Schwefelgasen sowie Wasserdampf steigen zum Himmel auf – so dicht, dass sie die Erde verdunkeln.[32]

Der Einschlag ist ein zweiter Urknall in der Entwicklung unserer Welt. Der Mond verwandelt die Erde in ein Doppelplanetensystem: zwei Körper, die einander umkreisen und sich gegenseitig Halt geben. Nichts wird sie in den folgenden 4,5 Milliarden Jahre mehr auseinanderreißen. Zusammen werden sie gravitativ händchenhaltend der Erde einen neuen Frühling bescheren.

Die durch die Einschläge geneigte Erdachse sorgt nämlich ab diesem Moment für die astronomischen Jahreszeiten. Während die Erde die Sonne umrundet, ist der Nordpol ein halbes Jahr lang ein Stück weit Richtung Sonne geneigt, es ist auf der Nordhalbkugel hell und warm, Frühling und Sommer. Die andere Jahreshälfte zeigt er von ihr weg. Die Tage sind dann auf der Nordhemisphäre kürzer als die Nächte, Dunkelheit und Kälte machen sich breit, es wird Herbst und Winter. Die Jahreszeiten sind ein Erbe des Einschlages von Theia. Auch die Terminierung von Weihnachten verdanken wir diesem Ereignis, denn wir feiern es rund um die Wintersonnenwende auf der Nordhalbkugel, wenn die Sonne dort also die tiefste Mittagshöhe über dem Horizont hat. Dann braucht man das Licht und die Freude von Weihnachten am meisten.

Der große Mond erzeugt darüber hinaus Gezeiten, stabilisiert unsere Drehachse, bewegt die Meere, und seine Entstehung könnte sogar für die Tektonik, also das Aufbrechen der Erdkruste in Kontinentalplatten und deren Bewegungen, mitverantwortlich sein[33] – alles Faktoren, die für die Entwicklung des Klimas und des Lebens von entscheidender Bedeutung sind. So hat der gewalttätigste Einschlag auf der Erde zu unserer eigenen Existenz beigetragen – und es wird nicht die einzige fruchtbare Katastrophe bleiben, denn die Einschläge gehen weiter.

Die Erde wird bombardiert

In den ersten 400 bis 600 Millionen Jahren fällt der Erde weiterhin der Himmel auf den Kopf, und es regnet immer wieder Planetenfragmente herab.[34] Auch der Mond wird Ziel dieser Bombardements und übersäht mit Narben, welche die Zeiten überdauern. Auf der Erde sind die Spuren dieser Einschläge fast vollständig verwischt, auf dem Mond sind sie als Mondkrater erhalten geblieben. Die ältesten Hinweise auf einen irdischen Einschlagkrater stammen möglicherweise aus der Zeit vor 3,5 Milliarden Jahren im heutigen Western Australia.[35]

Als ich mit meinen Kindern in den Barringer-Krater in Arizona geblickt habe, sah ich zwar einen jungen Einschlagsort, vor meinem inneren Auge schaute ich aber auch auf das Inferno, in dem wir entstanden sind. Was so dramatisch klingt, hat auf lange Sicht eine lebenspendende Seite. Planetesimale, die von Jupiter & Co. aus Regionen jenseits der Schneegrenze in Richtung Erde geschleudert werden, enthalten dringend benötigtes Wasser und andere Moleküle. Im Vergleich zur Gesamtmasse der Erde ist unser Wasservorrat sehr, sehr klein. Eisen macht 32,1 Prozent unserer Masse aus, im Stein gebundener Sauerstoff 30 Prozent, Silizium 15 Prozent, aber nur 0,2 Promille der Erde ist Wasser.[36] Im Vergleich dazu besteht Neptun zu mindestens 80 Prozent aus Wassereis,[37] Methan und Ammoniak. Die Erde ist also immer noch ein trockener Planet, aber es reicht, um Ozeane zu bilden – den Asteroiden sei Dank. Auch das kleine bisschen Kohlenstoff, das wir so dringend brauchen, bringt diese interplanetare Transporterflotte zu uns. In der heißen inneren Zone des Sonnensystems war der ursprüngliche Kohlenstoffvorrat verbrannt. Wir importieren ihn nun von ganz weit außen.

Alles, was man zum Leben braucht, war auf der Erde eigentlich schon verschwunden, und jetzt kommt es wieder zurück. Man könnte fast meinen, Göttervater Jupiter schleudert Saatkapseln des Lebens in Richtung Erde. Doch sie fallen auf den unfruchtbarsten Boden, den man sich vorstellen kann: heißes Magma. Ozeane können so nicht entstehen. Trotzdem bietet genau dieses unwirtliche Magma einen überraschenden Rückzugsort: Das heiße Material bildet neue Mineralien, in die Wasser und seine molekularen Bruchstücke eingebaut werden können. So wird Wasser ein Teil unserer Erdkruste und des darunterliegenden Erdmantels. Statt sich zu verflüchtigen, sammelt sich das Wasser im Untergrund und kühlt ihn ab. Noch heute ist mindestens so viel Wasser im heißen Erdinneren wie in den Meeren an der Oberfläche.[38]

Was genau mit den anderen Bausteinen des Lebens auf der jungen Erde passiert, verhüllt sie unter dem Nebel ihrer rauchenden Vulkane und ihrer kochenden Oberfläche. Jedes Element hat seine ganz eigene Geschichte.

Mein Kollege Rens Waters war nicht nur jahrelang Direktor des nationalen niederländischen Weltraumforschungsinstituts SRON, sondern auch einer der Pioniere in der Erforschung der Entwicklung von interstellarem Staub und seiner Bedeutung für die Entwicklung des Lebens. Nach Ablauf seiner knapp zehnjährigen Amtszeit am SRON kam er zu uns an die Radboud-Universität.

Sein Steckenpferd, so erzählte er mir, ist Schwefel. »Warum ausgerechnet Schwefel?«, fragte ich zurück. Ich kenne Schwefel hauptsächlich von meinen zweifelhaften und höchst gefährlichen Versuchen als Teenager, Schwarzpulver zu mischen und damit kleine Raketen zu bauen. Andere Pennäler haben es gerne in der Form von Schwefelwasserstoff als Stinkbombe in der Klasse verteilt.

Schwefel aber, so lerne ich, ist neben Kohlenstoff, Wasserstoff, Stickstoff, Sauerstoff und Phosphor eines der sechs entscheidenden Elemente des Lebens. Mit nur 0,2 Prozent Masseanteil in unserem Körper[39] ist es das seltenste dieser sechs Elemente, doch es ist im wahrsten Sinne des Wortes Teil unserer DNA, und auch in jeder unserer Zellen spielt Schwefel in der Form von Eisensulfid (FeS) eine wichtige Rolle für unsere Energieversorgung. Jeder Nichtveganer hat Eisensulfid schon mal gesehen, denn es ist der Stoff, der Eigelb grün färbt, wenn man es zu lange kocht. Jeder von uns braucht es in seinen Zellen.

Eisensulfid entsteht nicht in kosmischen Molekülwolken, weil Dichten und Temperaturen nicht hoch genug sind, aber im Brutofen unserer protosolaren Scheibe gelingt dies scheinbar, und auch die große Hitze der jungen Erde kann es überstehen. Wo genau aber sich Schwefel in der Geburtsscheibe der Erde versteckt hat, ist noch völlig offen. »Es ist schon erstaunlich, dass wir bei einem so lebenswichtigen Element immer noch nicht wissen, wie und in welcher Form es zu uns gekommen ist«, sagt Waters. Ich muss also noch etwas länger auf die endgültige Antwort warten. Zumindest lerne ich, dass mein Eigelb am Frühstückstisch schon eine sehr lange und rätselhafte Reise hinter sich hat.

500 Ma n. CAI
Asteroideneinschläge werden weniger

Nach den ersten 500 Millionen Jahren geht die dramatische Entwicklung des Sonnensystems dann in eine ruhigere Phase über. Die Staub- und Gasscheibe ist schon lange fast vollständig verschwunden, und jetzt ist auch die Anzahl der freien Planetoiden and Asteroiden dramatisch reduziert – nur noch gelegentlich fällt uns noch einer aufs Dach. Die acht großen Planeten habe ihren Platz gefunden und sich miteinander arrangiert. Majestätisch kreisen sie und drehen sich in der Ebene, die früher einmal die Staubscheibe war.

Wenn die ersten Menschen später den Himmel studieren, werden sie feststellen, dass alle Planeten entlang einer immer gleichen Bahn am Himmel sausen. Dies ist das sichtbare Vermächtnis des wirbelnden Saums der kosmischen Ballerina, in dem wir geboren wurden.

Nur ein kleiner Teil der ursprünglichen Geburtswolke wird in der Form von großen losen, dreckigen Schneebällen bis heute überdauern, die die Sonne in meist großer Entfernung umkreisen.

Sie haben sich aus allem herausgehalten, und nur hin und wieder wird einer von ihnen aus seiner fernen, eiskalten Umlaufbahn in unsere Richtung gelenkt und erscheint als leuchtender Komet am Nachthimmel. Wer die große Chance hat, einen mit bloßem Auge zu sehen, der schaut auf den Urstoff, aus dem die Planeten sind. Ich erinnere mich noch gut, wie ich als junger Astronom den Kometen Hale-Bopp vom Observatorium auf der Bergspitze des Mauna Kea in Hawaii aus sehen konnte. Auf diesem 4000 Meter hohen, zurzeit ruhenden Vulkan kann man mit den Füßen die Urkraft der Erde spüren und mit dem Kopf in die Weiten des Himmels schauen. Ein solcher Komet ist ein Bote aus einer ganz anderen Zeit, der uns an unsere Anfänge erinnert und uns aus dem Hier und Jetzt reißt.

Kapitel 4

OZEANE UND ATMOSPHÄRE

»Woher kommt das Wasser, das ich trinke, und die Luft, die ich atme?«, fragte das Kind.

»Das Wasser, das du trinkst, und die Luft, die du atmest, fielen vom Himmel«, antwortete der Prophet. »So sammelte sich das Wasser unter dem Himmel.«

»Als die Erde noch ein Feuerball war, stiegen heiße Gase aus der heißen Hölle der Unterwelt und füllten den Himmel über dir. Titanen schleuderten Felsen mit Wasser auf deine Heimat. Das Wasser verdampfte und hüllte die Erde in einen dichten Nebel, den kein Auge durchdringen konnte. Mit der Zeit legte sich der Zorn der Riesen, und die Hitze der ersten Tage drohte einem ewigen Winter zu weichen. Da fiel aus dem Nebel tausendjähriger Regen und sammelte sich an allen Orten zwischen dem Trockenen und wurde zum Meer. Die Luft aber, sie blieb wie eine warme Decke über dem Boden liegen und bewahrte die Wärme der Sonne unter ihr, sodass der Winter seinen kalten Schrecken verlor und das Wasser nicht zu Eis erstarrte. Wasser, mein Kind, ist ein Geschenk des Himmels und die Luft über dir der Atem der Erde.«

Die Hades-Zeit

Der große Einschlag von Theia und die Entstehung des Mondes rund 100 Millionen Jahre nach der Geburt der Erde – das ist, als ob der Schöpfer für die Erde den Reset-Knopf gedrückt hätte. Wenn es vorher eine Atmosphäre, Gesteine, Kontinente oder gar Leben gegeben hätte, es wäre keine Spur von ihnen übriggeblieben. Natürlich ist es höchst unwahrscheinlich, dass die Erde in ihrem frühen Stadium irgendetwas anderes als eine brodelnde Magmahölle war, und nach dem Einschlag wird es erst mal auch nicht angenehmer. Im Gegenteil, die Erde ist wie eine heiße Pfanne, deren Inhalt nochmals so richtig durchgerührt und flambiert wird.

Es ist daher keine Überraschung, dass die ersten 570 Millionen Jahre nach dem Einschlag in der Erdgeschichte *Hadaikum* genannt werden – eine Zeit, die dem Leben im Hades, der schrecklichen Unterwelt der griechischen Mythologie, gleicht. Die Höllenhitze wird durch Einschläge, Kontraktion des Planeten und Zerfall radioaktiver Stoffe erzeugt. Schwere Elemente, hauptsächlich Eisen, aber auch etwas Gold,[1] sinken unrettbar Richtung Erdmittelpunkt. Auch das erzeugt Hitze und führt zur Entstehung eines dichten Eisenkerns, der erst 1936 von der dänischen Geowissenschaftlerin Inge Lehmann in seismologischen Daten entdeckt wurde.[2] Die Erde gleicht einer heißen Kirsche: außen ein wabbeliger Mantel aus Magma und innen ein fester Kern.

vor 4,57–4 Ga
0–570 Ma n. CAI
Hadaikum

Seit seiner Entstehung rührt auch der Mond kräftig den Erdteig. Er wird zum externen Taktgeber für viele Prozesse auf der Erde. Sein Abstand zur Erde nach seiner Entstehung beträgt zu Beginn gerade einmal das Vier- bis Sechsfache des Erdradius, also rund 25 000 bis 40 000 Kilometer,[3] und er dreht sich alle 15 bis 27 Stunden einmal um die Erde. Dieser Mond erscheint etwa zehnmal größer als heute und ist rotglühend – ein sicherlich beeindruckendes Schauspiel, wenn jemand hätte hochschauen können.

Dabei entfaltet er mächtige Gezeitenkräfte. Der Magma-Ozean der Erde schaukelt hin und her, und der Erdkern wird kräftig durchgewalkt und geknetet. Kern und Mantel heizen sich kräftig auf, und die Erde wird von einer Kugel zu einem gestockten Ei, das hin- und herschwappt. Die Rotation der Erde um ihre eigene Achse wird durch die starken Gezeitenkräfte des Mondes abgebremst.[4] Der Tag dauert länger. Der Mond bekommt dagegen von der eiförmigen Erde einen gravitativen Schubs. Dadurch wandert er ein Stück nach außen und dreht sich etwas langsamer um die Erde. Da er dann auch noch mehr Strecke zurücklegen muss, braucht er mehr Zeit für einen Umlauf. Der Monat, die Zeit zwischen zwei Vollmonden, wird länger. So teilen sich Mond und Erde nach und nach einen Teil ihrer Rotationsenergie geschwisterlich miteinander. Dadurch werden unsere Tage und Monate immer länger, und der Mond rückt immer weiter weg.

Anfänglich dreht die Erde sich alle vier bis sechs Stunden um sich selbst, nach 60 Millionen Jahren nur noch alle zehn Stunden, 4,5 Milliarden Jahre später wird es dann schon knapp 24 Stunden dauern.[5] Der erste Tag der Schöpfung dauert also nicht 24 Stunden, und das erste Jahr hat auch nicht 365, sondern um die 2000 Tage – nur die Anzahl der Stunden und Sekunden pro Jahr ist heute noch immer ungefähr so groß wie am Anfang.[6] Der Mond gibt also nicht nur Licht in der Nacht, sondern bestimmt auch die Länge unserer Tage.

Der Einschlag von Theia erzeugt nochmals ein großes Tohuwabohu in der Struktur der Erde. Was von der alten Atmosphäre aus Wasserstoff und Helium noch übriggeblieben war, wird endgültig weggerissen. Glühende Silikate erfüllen für Tausende von Jahren die Luft, die eigentlich keine mehr ist. Nachdem der Staub sich gelegt hat, bildet sich langsam aus dem Dunst des heißen Magma-Ozeans eine neue, zweite Atmosphäre, und auch die hat es in sich.

Die Tiefe des Magma-Ozeans und seine Hitze sorgen nach dem

Einschlag dafür, dass das flüssige Gestein permanent in Bewegung ist. So wie man eine Kaffeetasse umrührt, um sie abzukühlen, und einem dabei der herrliche Kaffeeduft in die Nase steigt,[7] so dampft auch nun die Erde durch die dauernden Umwälzungen besonders gut aus. Wäre die Erde kleiner gewesen, nur so groß wie Mars oder Mond, hätte das nicht so gut funktioniert. Jeder Planet hat daher seine ganz eigene Geschichte.

Hoher Druck und hohe Temperaturen im Magma sorgen dafür, dass der im Eisenoxid gebundene Sauerstoff (O) sowie Kohlenstoff (C) und Wasserstoff (H) abgegeben und zu Kohlendioxid (CO_2) und Wasser (H_2O) werden.[8] Schon vorher hatten Planetesimale und Meteoriten unablässig Wasser, aber auch andere lebenswichtige Stoffe auf die Erde gebracht.[9] Das Wasser vermischt sich mit dem heißen Magma, verändert seine Schmelztemperatur und macht es im wahrsten Sinne des Wortes flüssiger und fließfähiger. Ähnlich einer geöffneten und kochenden Sprudelflasche blubbern nun sowohl das Kohlendioxid als auch der Wasserdampf nach oben und bilden eine dichte Atmosphäre, voll mit Wasserdampf und anderen Treibhausgasen. Die neue Hülle aus Dampf und Gas ist so dicht, dass man noch nicht einmal den Sternenhimmel sehen kann.[10]

Die Geburt der Atmosphäre und der Treibhausgase

»Da machte Gott die Feste und schied das Wasser unter der Feste von dem Wasser über der Feste. Und es geschah so. Und Gott nannte die Feste Himmel.«[11]

So hat es die biblische Überlieferung vor Augen gehabt. Für sie beginnt mit diesen Worten der zweite Tag der Schöpfung, an dem oben und unten getrennt wird und dazwischen ein Raum für das Leben entsteht.[12] Die Geburt der Atmosphäre über uns ist so ein entscheidender Schritt in der Weltgeschichte, der unsere Erde von

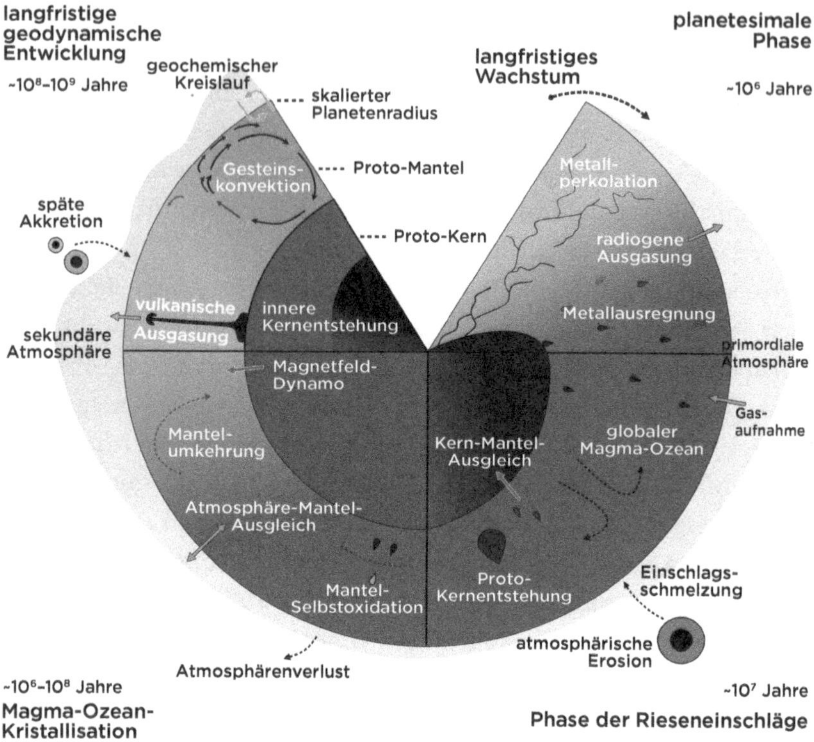

7 Geophysikalische Entwicklung der radialen Struktur der Erde, wobei man der Zeit wie bei einem Stundenzeiger folgt, der bei 12 Uhr beginnt.

den Unbilden des Weltalls abschirmt und Raum schafft für eine zukünftige Biosphäre. Jetzt wird deutlich, dass hier etwas Besonderes entstehen kann.

Anfänglich ist der Luftdruck über der Erde zehn- bis hundertmal höher als das, woran wir heute gewöhnt sind. Der Kohlendioxidanteil in der Atmosphäre ist sogar Zehntausende Male höher als im industriellen Zeitalter. Dies sorgt für einen Monster-Treibhauseffekt.[13] Das wärmende Sonnenlicht dringt tief in die Atmosphäre ein und wird absorbiert. Heute kann das Licht meistens bis zum Boden vordringen und sogar Erde und Ozeane aufheizen, aber in den Anfangsjahren schafft es das sichtbare Licht noch nicht einmal bis nach ganz unten. Die Wolken in der aufgewärmten Atmosphäre und der Erdboden strahlen die aufgenommene Sonnenenergie in Form von Infrarot-Wärmestrahlung wieder ab. Die können wir mit unseren Augen nicht sehen, aber mit unserer Haut spüren, wenn wir zum Beispiel im Winter vor einem Restaurant draußen unter einem Wärmestrahler sitzen.

Der Clou bei den Treibhausgasen ist nun, dass sie diese Wärmestrahlung wunderbar absorbieren und so gefangen halten. Die Energie des wärmenden Sonnenlichtes bleibt zwischen diesen Gasen gespeichert und wird nur langsam wieder zurückgestrahlt in die Kälte des Alls.

Neben Kohlendioxid und dem Wasserdampf, der ebenfalls ein starkes Treibhausgas ist, finden sich auch andere Gase plötzlich in der Atmosphäre, wie zum Beispiel Methan, das Treibhausgas, das später einmal durch seine Produktion in Kuhfladen und anderen Verrottungsprozessen von sich reden machen wird, oder molekularer Stickstoff, das extrem introvertierte Gas, das eigentlich mit nichts wirklich reagiert, aber dadurch später als dominantes Gas der Atmosphäre die Lufthoheit über die Erde erringen wird, und natürlich ein wenig von dem übelstriechenden und höchst giftigen Schwefelwasserstoff.

So verwandelt sich unsere junge Welt in eine undurchsichtige Hochdruck-Dampfsauna mit etwas Stinkbombenaufguss ohne Sauerstoff zum Atmen[14] – kein Ort für einen Wellnessurlaub. Sonnenschein am Boden ist Mangelware, denn eine geschlossene graue Wolkendecke entsteht. Sie macht ihrem Namen alle Ehre, weil sie den heißen Planeten wie eine warme Wolldecke von der Kälte des Alls isoliert und seine Abkühlung verlangsamt. Die Resthitze der Planetengeburt, weitere Einschläge und radioaktiver Zerfall heizen die Erde zusätzlich auf. Es herrscht nun eine Höllenhitze an der Oberfläche. Wie soll das nur gutgehen, fragt man sich unwillkürlich in diesem Moment.

2 Ma n. Theia
Erdkruste bildet sich

Trotz allem kühlt der Magmamantel mit der Zeit ab und wird zähflüssiger, so wie Pudding langsam dickflüssiger wird, wenn er abkühlt. Die Atmosphäre wirkt dabei wie der Deckel auf einem Kochtopf, der dafür sorgt, dass der heiße Brei länger vor sich hin köcheln kann. Es dauert mehrere Millionen Jahre, bis sich eine dünne Kruste bilden kann,[15] die auf dem heißen Magma-Ozean schwimmt, so wie die Haut auf dem erkaltenden Pudding. Der ursprünglich flüssige Magma-Ozean wird zu einem plastisch verformbaren heißen Gestein, den wir heute Erdmantel nennen, obwohl er doch unter der Kruste liegt,[16] bekommt dadurch einen zweiten isolierenden Deckel. Doppelt hält besser, wie jeder weiß, der zu Hause Doppelverglasung hat. So kann der Erdmantel für lange Zeit vor sich hin schmoren und bleibt uns über Jahrmilliarden als heiße Warmhalteplatte erhalten.

Mir persönlich fiel das sehr eindrücklich auf, als wir vor einigen Jahren mit dem Auto durch den Gotthardtunnel in der Schweiz fuhren. Ich wunderte mich, dass es mitten im Tunnel auf einmal fast 40 Grad Celsius heiß wurde. Was mir in dem Moment nicht bewusst war: Über uns türmte sich mehr als ein Kilometer Gebirge – wir fuhren mitten durch die aufgefaltete Erdkruste der Alpen. Geht man 100 Meter tiefer in die Kruste, ist man dem heißen Erdmantel – von der Oberfläche gerechnet – 100 Meter näher, und die Temperatur steigt um 3 Grad. So war die Temperatur im Tunnel also um 30 Grad angestiegen – die isolierende Wirkung der Erdkruste und der Felsen ist physisch spürbar, wenn man die Fenster aufmacht. Ausschlaggebend ist hier nämlich, wie weit die Oberfläche über einem entfernt ist, und nicht, ob man dem Erdkern nähergekommen ist. In einem Bergtunnel ist man somit einerseits dem Himmel, andererseits aber auch der heißen Unterwelt näher.

Wie Wasser und Ozeane auf die Erde kommen

200 Ma n. CAI
Globaler Ozean regnet aus

Durch die Entstehung der Erdkruste wird der CO_2-Ausstoß des Erdmantels eingedämmt und auch die Atmosphäre weniger von unten geheizt. Jetzt kann der feuchtheiße Dampfkessel über der Erdkruste langsam abkühlen. Vielleicht schon weniger als 200 Millionen Jahre nach der Erdgeburt[17] kondensiert der Wasserdampf, und dichter tausendjähriger Landregen fällt – pausenlos. Es ist, als ob die Schleusen des Himmels geöffnet wären. Anfänglich schafft der Regen es nicht, den heißen Boden zu erreichen, weil er wieder verdampft, aber dann füllen sich die ersten Pfützen über der immer noch heißen Kruste und verbinden sich zu einem immer größer werdenden Ozean. Seitdem ist der Regen Teil unserer Welt. Der an sich trockene Planet mit seinem nur relativ geringen Massenanteil von rund 0,2 Promille an Wasser wird auf einmal scheinbar zu einer Wasserwelt. Nach dem Ausdampfen dominiert der größte Infinity-Pool der Weltgeschichte das Bild dieses Planeten – ein globaler Ozean ohne Rand.

Im Vergleich zum Durchmesser der Erde ist diese Wasserlache nur eine dünne Schicht – circa fünf bis sechs Kilometer ist sie dick, das ist weniger als 1 Promille des Erdradius, aber im Vergleich zu einem Swimmingpool ist diese Lache natürlich schon tief[18] und reicht, um als richtiger, ausgewachsener Ozean durchzugehen. Dieser Ozean bedeckt die gesamte Erde.

Kontinente sind in dieser Lebensphase der Erde noch unbekannt. Allerdings ist die Temperatur des Wassers anfänglich noch rund 200 Grad Celsius heiß – wegen des hohen Drucks verkocht das Wasser nicht. Genau so funktioniert ein Schnellkochtopf – sein Inhalt kocht durch den Druck erst bei höheren Temperaturen. Als Thermalquelle zum Baden wäre dieser Ozean daher nicht zu empfehlen, wir wären sehr schnell gar.

Die neue Wasserschicht wird von jetzt an die Entwicklung unseres Planeten nachhaltig beeinflussen: Klima, Gesteine, Leben. In den nächsten 10 bis 100 Millionen Jahren nimmt der Ozean zunächst Teile des Treibhausgases Kohlendioxid wieder auf. Die Erde wird zu einer gigantischen Sprudelmaschine, mit einem Prinzip ähnlich dem, was bei uns zu Hause passiert. Man stellt eine Wasserflasche in die Maschine, drückt auf das Ventil, Kohlendioxid zischt unter großem Druck in die Flasche, wird im flüssigen Nass gespeichert, und bestes Sprudelwasser entsteht. Genau das geschieht auch mit dem unter Druck stehenden CO_2 der Erde – »zisch«, verschwindet zumindest ein Teil im Wasser! Nur sauer wird das Wasser von dem neuen Zeugs.[19]

Allerdings wird das Wasser nicht wirklich sprudelig. Es entspricht wohl eher dem, was man erhält, wenn die Druckflasche im Sprudler schon fast leer ist. Dann gibt die Maschine nur noch ein leises Röcheln von sich und erzeugt leicht saures, aber eher ziemlich stilles Wasser.

Wahrscheinlich hilft bei der Aufnahme des Treibhausgases auch hier wieder der Mond mit seinen Gezeitenkräften und Strömungen im Meer. Normalerweise würden nur die obersten Schichten des Meeres gesprudelt, aber ein gut durchgerührter Ozean kann mehr CO_2 aufnehmen als allein die Wasseroberfläche eines stabil geschichteten Ozeans.[20] Kohlendioxid wird in Verbindung mit Wasser zu Kohlensäure (H_2CO_3), die das Sprudelwasser prickelig macht.

Für die Atmosphäre hat der CO_2-absorbierende Ozean dramatische Folgen: Wasserdampf- und CO_2-Konzentrationen in der Luft werden im Laufe von hunderten Millionen Jahren geringer. Jetzt bleibt vor allem der langweilige Stickstoff übrig, der mit niemandem etwas zu tun haben will, und das Rest-Kohlendioxid, das rund 10 bis 20 Prozent der Atmosphäre ausmacht.[21] Dieser Rest ist auch bitter nötig, wie wir bald sehen werden.

200 bis 300 Millionen Jahre nach der Geburt des Sonnensystems

sinkt der Druck der Atmosphäre wahrscheinlich auf ein erträgliches Druckniveau. Warum es heute genau 1 bar ist, weiß niemand, aber es scheint irgendwie ausgesprochen praktisch zu sein.

Ist jetzt der Zeitpunkt aufzuatmen? Nein, natürlich nicht. Es fehlt immer noch der Sauerstoff, und der Erde droht nun wieder eine andere, völlig unerwartete Gefahr mit dem Verschwinden der Treibhausgase: Kälte!

200–300 Ma n. CAI
Kohlendioxid-Atmosphäre pendelt sich ein

Schwache Sonne, starker Mond

In den ersten Tagen ihrer Entstehung leuchtet die Sonne noch fast 40 Prozent heller, als sie es heute tut. Anfänglich holt sie sich ihre Energie dadurch, dass sie immer weiter in sich zusammensackt, doch das ist immer weniger möglich, je stabiler sie wird. Nach 10 Millionen Jahren ist ihre Helligkeit unter die Hälfte des von uns heute gewohnten Normalniveaus gesunken. Würde jetzt nicht in ihrem Inneren der Kernfusionsreaktor zünden, wäre die Geschichte der Erde sehr schnell vorbei gewesen. Erst durch das Hochfahren der Fusion von Wasserstoff zu Helium wird die Sonne endlich zu einem richtigen Stern. Nach 100 Millionen Jahren erreicht sie immerhin wieder gut 70 Prozent der von uns heute gewohnten Helligkeit und nach einer Milliarde Jahre rund 75 Prozent.[22] Im Laufe der Milliarden Jahre wird diese Helligkeit immer weiter zunehmen, bis sie 9 Milliarden Jahre nach ihrer Geburt wieder bei 185 Prozent der heutigen Einstrahlung angelangt sein wird. Erst in ihrer letzten Lebensphase also wird unsere Sonne wieder so hell scheinen wie damals in ihren ersten Tagen.

Über den Zeitraum der menschlichen Geschichte hinweg ist diese Änderung der Sonnenaktivität nicht spürbar, aber auf astronomischen Zeitskalen ist das ein epochaler Effekt. Schon ein paar Prozent Änderung der Sonneneinstrahlung heute würde eine Kli-

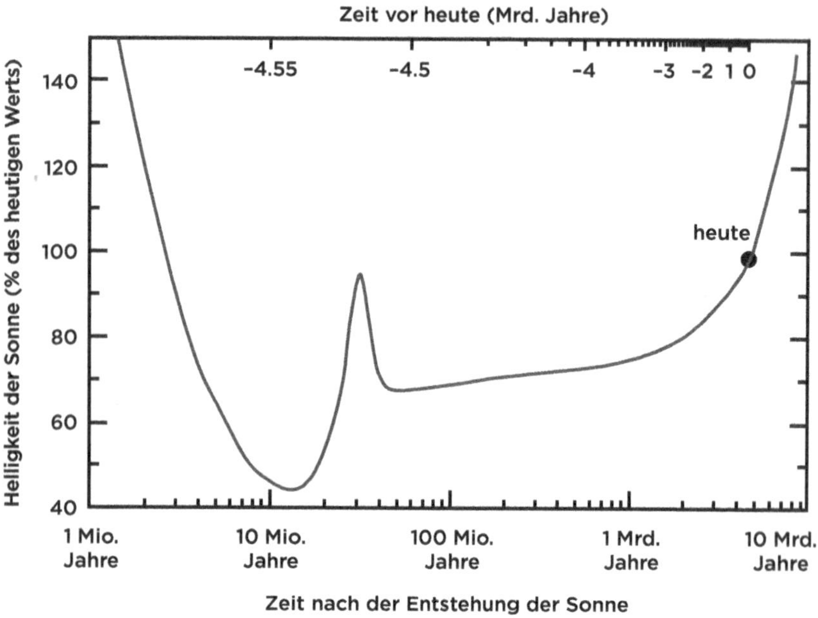

8 Helligkeit der Sonne als Funktion der Zeit, basierend auf computergestützten Sternentwicklungsmodellen.

makatastrophe auslösen, aber gleich 30 Prozent Sonnenstrahlung weniger!? Was macht das mit der jungen Erde?

Rechnet man aus, wie hoch die Temperatur einer wasserbedeckten[23] Erde bei 70 Prozent der heutigen Sonneneinstrahlung wäre, ergäbe das eine Durchschnittstemperatur an der Erdoberfläche von lediglich –25 Grad Celsius. Die oberen Schichten der Ozeane wären gefroren, die Erde wäre ein einziger Schnee- und Eisball![24] Die Sonne wäre zu schwach und die Erde zu weit von ihr entfernt, als dass hier vernünftige Temperaturen herrschen könnten. Man nennt dies das Problem der schwachen, jungen Sonne.

Schon wieder scheint die Erde gescheitert zu sein. Wird sie 200 Millionen Jahre nach ihrer Entstehung zu einem Eisblock? Das ist unwahrscheinlich, aber nicht ganz ausgeschlossen.[25] Ein wichtiger Rettungsanker sind das noch verbliebene Kohlendioxid und

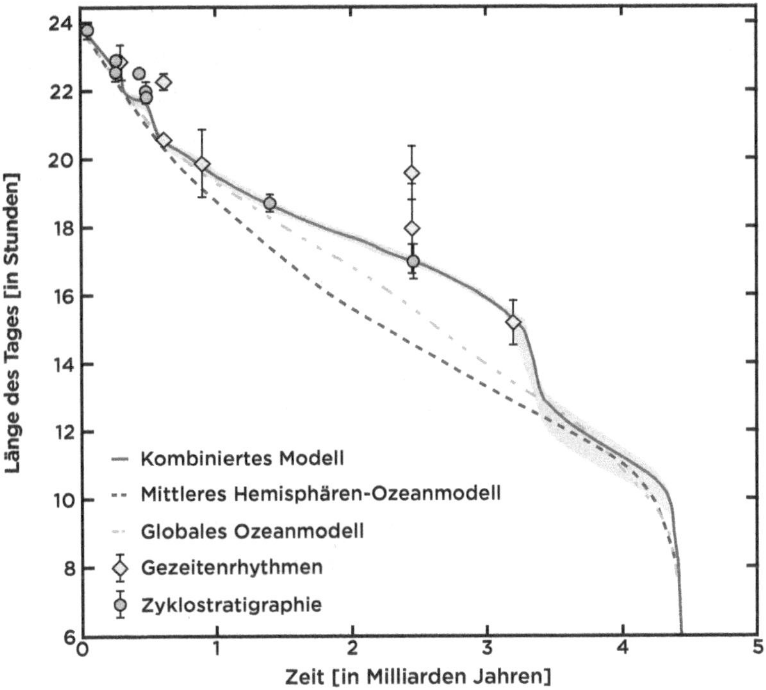

9 Länge des Tages in der Erdgeschichte als Funktion der Zeit seit heute durch die Veränderung des Abstandes zwischen Mond und Erde. Der kürzeste Tag war nach dem Einschlag von Theia und der Entstehung des Mondes vor 4,5 Milliarden Jahren (ganz rechts). Gezeichnet sind geologische Daten sowie die Vorhersagen verschiedener ozeanischer Modelle.

der Wasserdampf. Ohne den Treibhauseffekt dieses Gases wäre die Erde sicherlich eingefroren, und auch heute noch wäre unser Planet lebensfeindlich und eiskalt. Ohne CO_2 hätten wir einen polaren Winter überall – auch am Äquator. Treibhausgase sind also zunächst einmal ein Klimaretter und nicht Klimakiller, und diese Rolle spielen sie über viele Milliarden Jahre hinweg. Wer den Treibhauseffekt leugnet, leugnet auch seine eigene Existenz. Ohne CO_2 wäre unser Leben niemals möglich gewesen.

Neben der Gefahr des Erfrierens droht der jungen Erde noch weiteres Ungemach vom Himmel. Die Zeit der Asteroideneinschläge, die zur Entstehung der Erde geführt haben, ist immer noch nicht vorbei – sie übersäen den Mond mit Kratern, und auch die Erde wird nicht verschont. Allerdings: Jeder Nachteil hat seinen Vorteil, wie ein weiser niederländischer Philosoph einst bemerkte.[26] Die interplanetaren Geschosse bringen neben Wasser und Kohlenstoff auch Eisen, Gold oder Platin auf die Erde und verzieren[27] so unsere neu entstandene Kruste. Diese schweren Elemente sind bei der Entstehung der Erde in den Kern gesunken,[28] aber durch die verspäteten Lieferungen aus dem Kosmos bleibt noch etwas für uns in Mantel und Kruste übrig.

Der Goldring an meinem Finger hat also eine erstaunliche Reise hinter sich gebracht. Er ist nicht nur eine Erinnerung an die Explosion von Sternen, die Entstehung von Neutronensternen und deren Verschmelzung zu Schwarzen Löchern, sondern auch ein Zeichen eines höllischen Steinregens, der seit der Entstehung der Erde kontinuierlich auf uns einprasselte. Doch am Ende wird er zum Zeichen einer wundervollen Eheschließung, für die ich bis heute noch dankbar bin.

Als die junge Erdkruste sich bildet, ist der Mond noch deutlich näher an der Erde als heute, und so hebt und senkt die Erdkruste sich periodisch unter dem Gezeiteneinfluss der Schwerkraft des Mondes. Ist diese Kruste flexibel genug, um das auszuhalten, oder bricht sie an einigen Stellen auf wie ein hart gekochtes Ei, das man mit der Hand über den Tisch rollt? Andere Effekte setzen der jungen Kruste ebenfalls zu. Heißes Gestein steigt auf, schmilzt durch den sinkenden Druck und sammelt sich in Magmablasen. Diese Blasen könnten die Erdkruste durchbrechen und Vulkane bilden. Auch Meteoriten schlagen immer wieder ein und durchlöchern die Kruste von oben, sodass Magma herausschwappen kann. Der dritte Tag der Schöpfung bricht an und schenkt uns trockenen Grund, auf dem wir heute stehen.

»Und Gott sprach: Es sammle sich das Wasser unter dem Himmel an besondere Orte, dass man das Trockene sehe. Und es geschah so«.[29]

Die ersten Kontinente erheben sich

Unter Geologen tobt ein heftiger und manchmal dogmatischer Streit über Entstehung, Dynamik und Natur der ersten Erdkruste.[30] Doch irgendwo, vielleicht schon 200 bis 500 Millionen Jahre nach CAI, passiert etwas im wahrsten Sinne des Wortes Weltbewegendes. Irgendwo auf dieser Welt erhebt sich ein Stück Land aus dem Urmeer und formt die ersten kontinentalen Inseln, Kratone nennt man sie. Die glatte eintönige Wasserwelt bekommt weite, trockene Spitzen, die aus dem Wasser herausragen. Die Hadeszeit nähert sich ihrem Ende, das Archaikum beginnt vor 4,03 Milliarden Jahren, ein neues Äon.[31]

ca. 200 Ma n. CAI
Erste Inseln erheben sich aus dem Ozean

500 Ma n. CAI
vor 4–2,5 Ga
Archaikum

Viele Geologen gehen davon aus, dass der Grund für die Entstehung der ersten Kontinente tektonische Prozesse sind, die auch heute noch unsere Erdoberfläche gestalten. Die Erdkruste zerbricht, und an ihren Spalten entstehen Vulkane, in denen Magma aus dem Erdmantel nach oben steigen kann. Aber eine globale Plattentektonik, wie wir sie heute kennen, ist das wohl noch nicht, denn die entsteht erst später.[32]

Beim Erkalten des granitischen Magmas, aus dem die Kontinente geformt sind, entsteht auch ein ganz besonderer Edelstein, Zirkon, mit einer besonderen Botschaft an die Nachwelt. Dieser gelegentlich zinnoberfarbene regelmäßige Kristall ist nämlich eine fast unzerstörbare archaische Atomuhr. Bei ihrer Entstehung lagern Zirkone Uran ein und schließen Blei kategorisch aus.[33] Radioaktiver Zerfall des Urans erzeugt aber mit der Zeit aus dem Uran neues Blei in ihrem Inneren, so kommt es also doch noch in die Zirkone. Je älter sie werden, desto mehr Blei enthalten sie. Aus dem Verhältnis von Blei zu Uran sowie der bekannten Zerfallszeit von Uran können Geologen dann das Alter der Kristalle bestimmen, selbst wenn diese nur mikroskopisch klein sind.

Zeugnisse unserer Urkontinente finden sich heute noch verstreut über die ganze Erde. Die ältesten Zirkonkristalle gibt es in den Jack Hills, einer bis zu 700 Meter hohen Hügelkette, die im Westen Australiens liegt. Eines davon soll sogar 4,4 Milliarden Jahre alt sein, was bedeuten würde, dass sich all die geologischen Prozesse im Hadaikum bereits sehr schnell abgespielt haben, dass es früh ein Urmeer gab und dass auch die Kontinentbildung sehr früh angefangen hat.

Es ist also kein Wunder, dass Australien zum Eldorado für Geologen geworden ist, die in die Frühzeit der Erde schauen wollen. Einer davon ist Tim Johnson von der Curtin University in Perth, Westaustralien, knapp 700 Kilometer südlich der Jack Hills. Ich kenne die Gegend, weil nur rund 100 Kilometer südwestlich der Jack Hills ein Teil des Square Kilometre Array (SKA) gebaut wird. Dieses Netzwerk von Radioteleskopen soll in die früheste Phase unseres Universums zurückschauen, als gerade die ersten Welteninseln, die Galaxien, aus dem kosmischen Urmeer aus Wasserstoff aufstiegen und die ersten Sterne bildeten. Das sind erstaunliche Parallelen zu der Entstehung der ersten Kontinente im Urmeer unserer Erde. Es ist daher nicht ganz zufällig, dass die Curtin University führend sowohl im Bereich der Radioastronomie als auch im Bereich der radiometrischen Datierung von Gesteinen ist.

Also rede ich mit Tim Johnson, der Professor an der School of Earth and Planetary Sciences der Curtin University ist. Gerade ist er zurückgekommen von einer Expedition zu einem der ältesten Orte dieses Urkontinents. Johnson hat eine etwas ungewöhnliche Karriere hinter sich und mit neuen Ideen über die Entstehung unserer Kontinente für Aufmerksamkeit gesorgt. Nachdem er in England als Geologe promoviert worden war, zog ihn die Liebe nach Graz, wo er zur Finanzierung seines Aufenthalts einen englischen Pub eröffnete und leitete. Der wurde so erfolgreich, dass Tim fast der Wissenschaft verloren gegangen wäre, wären da nicht das Fehlen einer Sperrstunde in Österreich und der damit verbundene Mangel an Schlaf gewesen, den auch wir Astronomen gut kennen. So zog es ihn zurück in die Geologie. Seine Spezialität sind Schmelzprozesse in der jungen Erdkruste. Allerdings verstößt seine Sicht der Dinge, wie seine neue Wahlheimat Australien einst entstanden ist, gegen die herrschende Lehrmeinung, wie er mir sagt: »Wir müssen mehr von außen auf die Erde schauen und auf die Energie, die von außen kommt, nicht auf die Energie, die im Inneren der Erde erzeugt wird … die allgemeine Vorstellung ist, dass die Entwicklung der Erde vor allem durch interne planetarische Energie angetrieben wird, aber ich würde argumentieren, dass Meteoriteneinschläge und der damit verbundene Energiefluss die treibenden Kräfte der frühen Erde und aller anderen planetarischen Körper sind.«

Der Gedanke erscheint mir nicht so ungewöhnlich, denn der Barringer-Krater in Arizona oder das Nördlinger Ries in Süddeutschland sind sichtbare Zeugen der gewaltigen Energie dieser Einschläge. Auch die vielen Krater auf dem Mond sprechen eine deutliche Sprache. Viele große Strukturen sind in den ersten 500 Millionen Jahren seiner Existenz entstanden.[34] Wer also den Mann im Mond bewundert, der schaut eigentlich auf die Narben dieses Bombardements, und es braucht keine Fantasie, um sich vorzustellen, dass die größere Erde noch viel mehr dieser Projektile abbekommen hat. »Die ganze Kruste wird von Einschlägen durchlöchert. Krustenmaterial sinkt in den Mantel, wird recycelt und kommt an anderer Stelle wieder hoch. Das ist genau der Effekt, den man sich auch von der frühen Plattentektonik erhofft. Keiner weiß, ob die Kruste damals schon bewegliche Platten hatte, aber Einschläge, die gab es sicher«, erklärt Johnson. »Wichtige Eigenschaften der Erdkruste kann man auch prima ohne Plattentektonik erklären, wie wir gerade erst gezeigt haben.«[35] »Aber wo sind die Spuren dieser frühen Einschläge auf der Erde geblieben?«, frage ich. »In den Kratonen«, antwortet Johnson. Kratone sind die Kondensationskeime der ersten Kontinente, die ersten Spitzen, die aus dem Wasser aufragen und um die sich dann die Kontinente nach und nach anlagern. Diese Idee hat er in einigen aufsehenerregenden Aufsätzen publiziert und mit Beobachtungen und Analysen untermauert.[36]

»Wird am Anfang die Erdoberfläche von Einschlägen noch stetig umgepflügt, sodass alle Spuren verwischt werden, kann später der Einschlag eines großen Brockens von 20 bis 30 Kilometern Durchmesser nachhaltige Effekte hinterlassen«, erklärt mir Johnson. »Beim Einschlag steigt ein großer Magmaberg empor und erkaltet zu dunklem Basalt. Der Fuß des Berges in den Tiefen des Urmeeres ist aber weiterhin von Wasser umhüllt, und Wasser senkt den Schmelzpunkt von Basalt drastisch. So schmilzt der dunkle Basalt wieder und wird zu grauem Granit. Granit wiederum ist zwar ein sehr hartes Gestein, aber leichter als Basalt. Daher schwimmt er oben, und so werden die Jungkontinente stabilisiert und schwimmen wie Quietscheentchen in der Badewanne stabil auf dem Erdmantel. So wachsen und verändern sie sich zu den Kontinenten, die wir heute kennen.«

Auf diese Art und Weise könnte auch der Pilbara-Kraton in Westaustralien entstanden sein, einer der ältesten Teile des Kontinentes, den Johnson mit Kollegen ausgiebig untersucht hat. Auf dem Mond hingegen gibt es so gut wie kein Wasser. Dort sind die Krater aus Basalt und nicht Granit.

Johnson geht auch so weit zu behaupten, dass in den ersten 500 Millionen Jahren der Erde die Einschlagrate so hoch war, dass die Kruste komplett umgepflügt wurde. Krater und Kontinentalkerne, die in dieser Zeit entstanden, wurden durch weitere Einschläge fast vollständig zerstört, und ihr Material wurde wieder im

Erdmantel begraben. Erst als die Einschlagrate endlich sinkt, können große Einschlagränder überleben und erste Kratone formen.

Interessanterweise findet man in Mondgestein so etwas wie geologische Baumringe, die etwas von der Altersstruktur und der Entwicklung des Gesteins erzählen. Die Altersverteilung des Mondgesteins ähnelt erstaunlicherweise derjenigen in den australischen Zirkonen. Die durch Einschläge geprägte Geologie des Mondes kann also nicht losgelöst von der Geologie der Erde betrachtet werden.

Eine spannende Geschichte, finde ich. Sind also unsere Lebensinseln auf diesem Planeten, die Kontinente, durch die letzten großen Donnerschläge aus dem Himmel gezeugt worden? Mir leuchtet das durchaus ein, aber nicht alle seiner Kollegen sind überzeugt, berichtete Johnson.

»Es gibt zwei große Lager und sehr spezielle Meinungen«, bestätigt auch Lisa Kaltenegger, eine Astrobiologin von der Cornell University, als ich sie daraufhin anspreche. »Die einen gehen davon aus, dass die Kontinente immer schon groß waren und durch vulkanische Aktivitäten an Bruchspalten und aufsteigende Magmablasen entstanden sind.[37] Es gibt jedoch andere, die denken, dass Kontinente klein begonnen haben und immer weitergewachsen sind.«

Warum sollen nicht auch mehrere Effekte dabei eine Rolle gespielt haben?, frage ich mich. Aber dass kosmische Einschläge bei der ganzen Entwicklung keinen Effekt gehabt haben sollen, kann ich mir beim besten Willen nicht vorstellen.

Nicht nur geologische Prozesse, sondern auch geologische Diskussionen sind sehr langwierig. Schon die erst 1912 publizierte Idee des deutschen Geowissenschaftlers Alfred Wegener,[38] dass sich die Kontinente bewegen und einst zusammenhingen, brauchte ganze 50 Jahre, bis sie sich in der Forschergemeinschaft durchgesetzt hatte. Aber bis heute bleibt die entscheidende Frage: Wie und wann ist unsere heutige Plattentektonik entstanden? Viele Forscher gehen davon aus, dass dies erst vor etwa 2,5 bis 3 Milliarden Jahren geschah[39] und davor unsere Erde von einem eher statischen Deckel (engl. *stagnant lid*) bedeckt war.

Der Erdmantel, so vermutet man, wälzt sich fortdauernd um. Wie bei einem Topf mit kochendem Wasser, bei dem das heiße Wasser vom Boden nach oben steigt und kälteres nach unten sinkt, so steigt auch heißes Gestein nach oben und drückt gegen die Erdkruste, bis sie irgendwann in mehrere große Platten zerbricht. Manchmal steigen aus der Tiefe Magmablasen, sogenannte Plumes,[40] wie in einer Lavalampe nach oben, durchbrechen die Erdkruste und erzeugen mächtige Vulkane.

Auch hier, so meint Tim Johnson, könnten Einschläge dafür gesorgt haben, dass die Kruste bricht und im Inneren Umwälzungen des Magmas in Gang gesetzt werden. Die genaue Entstehungsgeschichte der Tektonik bleibt bis jetzt nicht nur unter dem Mantel der Geschichte, sondern auch im Mantel unserer Erde verborgen. Dabei ist die Plattentektonik nicht nur für die Entstehung der Alpen und des Berg- und Skitourismus von großer Bedeutung. Viel wichtiger ist, dass sie einen entscheidenden Prozess in Gang setzte, der uns über Jahrmilliarden ein stabiles Klima ermöglicht: den Kohlenstoffzyklus.

Kohlendioxid wird recycelt

Das Prinzip ist relativ einfach und wird dabei im Lauf der Erdgeschichte immer komplexer. Nach der Entstehung des Meeres hat das Wasser große Mengen an Kohlendioxid aufgenommen, dieses hat sich teilweise in Kalk umgewandelt und ist auf den Meeresboden gesunken. Dort bleibt es aber nach der Entstehung der Tektonik nicht für immer liegen. Denn durch die Verschiebung der Platten wird der mit Kohlenstoff angereicherte Meeresboden wieder in den heißen Erdmantel gedrückt und aufgeschmolzen. Durch die dauernde Umwälzung und aufsteigenden Magmablasen kommt der Kohlenstoff irgendwann wieder durch Vulkanschlote an die Oberfläche. Die Lava dünstet aus, so wie auch schon zu Beginn der Erde, Kohlendioxid wird in die Atmosphäre abgegeben, und das Spiel kann von vorne beginnen. Totgesagte leben länger!

Die Erde hat so nicht nur einen Wasserkreislauf, der es aus Wolken regnen lässt und damit Flüsse, Seen und Meere füllt, aus denen das Wasser wieder verdunstet und neue Wolken erzeugt. Es gibt darüber hinaus auch einen genauso wichtigen CO_2-Kreislauf, den ich im Gegensatz zum Wasserkreislauf leider nicht in der Grundschule gelernt habe. Der Kohlendioxidkreislauf reicht von den hohen Schichten in unserer Atmosphäre bis zum Inneren der Erde und vollzieht sich in Zyklen von zig bis Hunderten von Millionen Jahren. Das CO_2 in der Atmosphäre bestimmt dabei ganz entscheidend die Oberflächentemperatur. Klima und Geologie der Erde sind engstens miteinander verbunden, beide sind aus dem Kosmos geboren.

Die Geschichte des Kohlenstoffs ist höchst erstaunlich. Im Kernfusionsreaktor der Sterne gebacken und in alle Winde zerstreut, sammelt es sich irgendwann in großen Wolken, die unter ihrer eigenen Schwerkraft kollabieren. Der Staub sammelt sich in Scheiben, in denen sich Sterne bilden und sich leichtes Gas von schweren Elementen scheidet. Moleküle entstehen und daraus haftfähige Staubkörner, die zu Kieseln, Felsen und Planetoiden anwachsen. Nahe der Sonne verbrennt und verdampft der Kohlenstoff, und kleine kohlenstoffarme Planeten entstehen. Der Ringkampf der großen Planeten schleudert verbleibende noch kohlenstoffreiche Brocken aus der Bahn und spickt die jungen Planeten mit mehr Kohlenstoff, der im Magma-Ozean aufgenommen wird und sich mit Sauerstoff verbindet.

All das sorgt für eine gut temperierte Erde, doch schon bald sollte aus dem Kohlenstoff etwas noch viel Erstaunlicheres erwachsen: Leben!

Kapitel 5

DER GROSSE SCHLEIER – DIE ENTSTEHUNG DES LEBENS

»Wer hat dem Staub das Leben eingehaucht, sodass er atmete?«, fragte das Kind.

»Woher der Hauch des Lebens kam, ist ein großes Geheimnis«, sagte der Prophet.

»Ein Wort, das wir nicht kennen, ward gesprochen, und toter Staub begann zu essen, zu fühlen, zu spüren, sich zu bewegen, zu teilen und neues Leben zu gebären. Eine dünne Hülle schloss die Buchstaben des Lebens ein, beschützte sie und gab sie weiter von Generation zu Generation. So ließ die Erde aufgehen neues Leben, gefüllt mit heiligem Atem. Es gedieh und wuchs und füllte den Himmel mit seinem eigenen Atem, auf dass du atmen kannst. Die Erde war nicht mehr einsam und begann dem Leben Inseln zu bauen, die sich bewegen und regen. Sie nahm den Atem des Lebens auf in ihren Schoß und stieß ihn an anderer Stelle wieder aus. Der Kreislauf des Lebens umfasst die ganze Welt, mein Kind, und das Geheimnis des Lebens liegt in deinem Atem verborgen.«

Die Jägerin der außerirdischen Welten

Im Herbst 2023 war ich für eine Woche an der Cornell University. An dieser Universität zu Vorträgen und Gesprächen eingeladen haben bekannte Größen der Physik und Astrophysik gelehrt, unter anderem die Nobelpreisträger Hans Bethe, der die Energieproduktion in Sternen erforschte, und Richard Feynman, der die Berechnungen der Quantenphysik mit einfachen Strichzeichnungen revolutioniert hat, was heute noch jeder Physikstudent lernt.

Die Cornell University befindet sich in Ithaca im Bundesstaat New York, weit weg von der großen gleichnamigen Stadt, in einer zerklüfteten Gegend mit wunderschönen Wasserfällen und Schluchten. Mein Weg vom Hotel zum höhergelegenen Campus führte durch eine dieser Schluchten, die zwar längst vom Menschen domestiziert wurden, aber immer noch die wilden Urkräfte der Erde zeigen: ein strömender lebendiger Bach, freigelegte, schroffe Felsen und grünes Leben, das sich im wahrsten Sinne des Wortes seine Nischen sucht.

Angekommen an dem Gebäude, in dem sich die Astrophysik-Fakultät befindet, sah ich ein großes Schild an der Eingangstür: »Carl Sagan Institute« steht da. Richtig, Carl Sagan war auch hier gewesen. Ein anerkannter Astrophysiker, der sich früh Gedanken über Leben im All gemacht hat und durch seine Bücher, TV-Sendungen und persönliche Strahlkraft zu einem Vorreiter populärwissenschaftlicher Vermittlung der Astrophysik geworden ist.

Das Institut selber wurde von Lisa Kaltenegger gegründet, einer der führenden Forscherinnen, wenn es darum geht, Atmosphären zu verstehen und nach Leben auf Planeten außerhalb unseres Sonnensystems zu suchen. Nach ihr wurde der Asteroid »Kaltenegger« benannt, der der Erde tatsächlich etwas näher ist als der Asteroid »HeinoFalcke«, und auch sie hat ein Buch geschrieben, mit dem Titel *Alien Earths.* Als ich irgendwann mit ihr sprach, philosophierten wir über die Entstehung des Lebens. Alle Experten, die ich bis dahin gesprochen habe, sind sich einig: Wie das Leben entstanden ist, wissen wir nicht! Wir wissen noch nicht einmal, wie wahrscheinlich es ist, dass Leben entsteht. Es kann sein, dass es unter den richtigen Bedingungen in der richtigen Umgebung fast unvermeidlich ist, dass Leben entsteht, aber es ist auch möglich, dass die Entstehung des Lebens ein unfassbar unwahrscheinlicher Zufall ist und im ganzen Kosmos nur ein einziges Mal passierte. »Das stimmt«, sagte Lisa, »aber mit Milliarden möglicher erdähnlicher Planeten, würde es mich überraschen, wenn es kein Leben gäbe.«

Leben nur auf der Erde?

Was für die erste Annahme spricht: Leben ist auf der Erde relativ schnell entstanden. Die ältesten sicher nachgewiesenen Fossilien von Lebensformen auf der Erde sind 1 Milliarde Jahre nach der Geburt der Erde entstanden.[1] Darüber hinaus gibt es indirekte Hinweise – wiederum von den alten Jack Hills in Australien –, dass Leben noch älter sein könnte und bereits vor rund 4,1 Milliarden Jahren, also weniger als 400 Millionen Jahre nach dem Einschlag von Theia, entstanden ist.[2] »Man sollte da aber vorsichtig sein«, erklärte Lisa Kaltenegger, »denn das ist nur ein indirekter Hinweis.[3] Aber es ist nicht ausgeschlossen, dass Leben relativ schnell entstand, nachdem die Bedingungen auf der Erde es zuließen.«[4]

vor 4,1–3,5 Ga
Erste lebende Zelle entsteht

Dann ist es vielleicht überall im Weltraum zu finden. »Vielleicht ist es aber nur einmal im Universum passiert«, fragte ich Lisa, »und es gibt genau einen Planeten, wo völlig unerwartet Leben entstanden ist, wo sich denkende Wesen entwickelt und begonnen haben, über den Ursprung des Lebens zu sinnieren? Das wäre dann unser Planet. Jeder Versuch, Leben im Labor selber zu erzeugen, wäre damit zum Scheitern verurteilt. Einmal ist keinmal. Ein zweites

Mal, wird dieser Zufall nicht mehr passieren. Das ist sozusagen das anthropische Prinzip für die Erde. Wenn Leben extrem selten ist, dann sitzen wir natürlich auf dem einen Planeten, wo es funktioniert hat, und denken, das wäre ganz normal.«

»Du hast natürlich recht. Wir können es jetzt nicht sagen. Daher müssen wir Leben irgendwo anders finden – mindestens ein anderes Mal«, antwortete Lisa.

Ja, das denke ich auch. In diesem Fall gilt: Zweimal ist mehrmals. Wenn es unabhängig von der Erde ein zweites Mal passiert ist, dann wohl auch noch an vielen anderen Stellen. Wenn wir also Leben im All finden, entweder auf dem Mars oder auf einem der Monde im Sonnensystem oder auf Planeten von anderen Sternen, dann gibt es mit der Erde mindestens zwei verschiedene Orte mit Leben – und dann wahrscheinlich auch noch mehr. Dann findet man höchstwahrscheinlich auch noch einen dritten oder vierten Lebensort. Wenn dem so wäre, dann wüssten wir, dass Leben fast zwangsläufig entstehen muss.

Tatsächlich habe ich bereits selber, leider nicht sehr erfolgreich, kleine Programme gestartet, um mit Radioteleskopen nach intelligentem außerirdischen Leben zu suchen.[5] Andere Kollegen tun das viel intensiver, aber noch gibt es keinen einzigen Hinweis auf sogenannte Technosignaturen im All. Meine persönliche Schlussfolgerung ist: Wenn die Milchstraße voller hochentwickelter Zivilisationen wäre, die unbedingt von uns gefunden werden wollten, dann hätten wir sie tatsächlich schon längst gefunden – oder sie uns.[6] Aber natürlich kann Leben weitaus vielfältiger und eben auch seltener sein, ohne einmalig zu sein. Vielleicht sind andere Zivilisationen ja auch weiser als wir und verstecken sich, weil sie gerade nicht von einem wilden Haufen wie uns gefunden werden möchten.

»Wenn wir etwas finden, dann ändert sich alles«, sagt mir Lisa Kaltenegger, »und wenn wir nichts finden, ändert sich nichts. Schließlich wissen wir nicht, wie gut wir im Finden sind.« Das ist sehr wahr, finde ich. Egal wie und wo das Leben entstanden ist, für mich bleibt es ein Wunder. Ein Wunder ist etwas, über das ich mich wundere, selbst wenn es reiner Zufall ist.

Sicher, in einem unfassbar großen Universum ist auch der unwahrscheinlichste Zufall kein Zufall mehr. Alleine unsere Ozeane haben insgesamt ungefähr $4{,}5 \times 10^{46}$ Moleküle, und es gibt mehr als 2000 Milliarden Galaxien in unserem sichtbaren Universum[7] mit jeweils vielleicht zweihundert Milliarden Sternen, davon bis zu einem Fünftel möglicherweise mit erdgroßen Planeten, und davon manche vielleicht mit Wasserozeanen. Wenn nur 1 Prozent dieser erdähnlichen Planeten einen Ozean wie unseren haben, dann gäbe es im sichtbaren Universum rund 4×10^{67} Wassermoleküle in Ozeanen, die durcheinanderschwirren und in denen Leben entstehen könnte. Weil also etwas unfassbar unwahrscheinlich ist, heißt das noch lange nicht, dass es nicht passieren kann. Man muss nur oft genug würfeln.

Aber auch der reine Zufall arbeitet sehr langsam. Will man einen Satz mit der Länge von 43 Buchstaben ohne Satzzeichen nur durch zufälliges Auswürfeln von 26 Buchstaben plus Leerzeichen und Ziffern erstellen, bräuchte man mehr als 10^{67} Versuche[8] – also mehr, als es Moleküle in allen Ozeanen des Universums gibt.[9] Ein Satz mit 43 Zeichen ist kürzer als dieser.

Der Zufall alleine reicht auch nicht annähernd, um eine einfache lebende Zelle zu erstellen, selbst wenn man Milliarden Jahre hat. Gott würfelt nicht, hat Einstein sinngemäß über die Quantentheorie gelästert,[10] und das gilt auch für die Entstehung des Lebens. Reiner Zufall wird nicht ausreichen, um Leben in diesem Universum spontan zu erzeugen. Es braucht neben dem Zufall immer noch Energiequellen, Regeln und Prozesse, die aus den auf der Erde herumschwirrenden Molekülen lebende Zellen erzeugen – zufällig, aber irgendwie zielgerichtet oder zwangsläufig, weil die Regeln eben so sind, wie sie sind, auch wenn niemand weiß, warum sie so sind.

Dass reiner Zufall wohl nicht reicht, sagt auch George White-

10 Lebende Stromatolithenkolonie in Madagaskar: Diese wachsen schichtweise durch Mikrobenmatten, die Sedimentpartikel einfangen. Fossilien von Stromatolithen repräsentieren die ältesten sichtbaren Hinweise auf Leben vor rund 3,5 Milliarden Jahren.

sides, ein bekannter Chemiker der Harvard University, in einer Preisrede:[11]

> »Der Ursprung des Lebens ist eines der großen Probleme in der Wissenschaft. Die meisten Chemiker glauben wie ich, dass das Leben spontan aus Molekülmischungen in der präbiotischen Erde entstanden ist. Wie das geht? Ich habe keine Ahnung. Vielleicht durch die spontane Entstehung ›einfacher‹ autokatalytischer Zyklen und dann durch deren Kombination. Nach allem, was ich über Chemie weiß, erscheint mir das erstaunlich unwahrscheinlich.«

Ich persönlich tendiere eher zu der Annahme, dass das Leben auf der Erde keine singuläre Ausnahme ist. Allerdings ist es für mich weniger ein wissenschaftliches oder statistisches Argument als vielmehr ein theologisches. Ich kann mir nicht vorstellen, dass der Schöpfer mit einer Art Zaubertrick speziell hier auf der Erde Leben hat entstehen lassen. Der Schöpfer bastelt nicht, würde ich sagen. Gott ist kein Heimwerker, der in seinem Keller mit seinen Händen eine Zelle zusammenschraubt. Gott formt nicht mit seinen Händen, sondern mit seinem Wort. Auch die biblischen Autoren der Genesis datieren die Entstehung des ersten Lebens schon auf den dritten Tag, zusammen mit der Trennung von Wasser und Kontinenten – weil Gott spricht. Naturgesetze sind quasi göttliche Worte, die einfach so sind, wie sie sind, und alle Naturwissenschaftler und Naturwissenschaftlerinnen müssen sie akzeptieren – ob man sie mag oder nicht und ob man an einen Gott glaubt oder nicht. Das Wort steht. Für mich sind diese Gesetze im wahrsten Sinne des Wortes perfekt und wunderbar, und so erwarte ich, dass sie ganz »natürlich« und trotzdem überraschend zum Leben geführt haben.

Mit meinem Enkelkind baue ich immer wieder gern eine Holzeisenbahn zusammen, auf der eine kleine batteriebetriebene Lokomotive sich über Brücken und Kurven durch das Wohnzimmer schlängelt. Die Streckenführung ist meist sehr »kreativ« und abwechslungsreich, und immer wieder bleibt die Lok an irgendeiner Weiche oder Brücke hängen. Man muss sie anschubsen, damit sie ihre Runde vollenden kann – das macht viel Spaß, aber irritiert doch den Physiker in mir, der es gerne hat, wenn Dinge funktionieren. Wenn die Naturgesetze die Schienen, das Wohnzimmer die Welt und die Lok die Entwicklung des Lebens sind, dann fände ich es irgendwie enttäuschend, wenn der Schöpfer die Lebenslok immer wieder mal anschubsen muss, damit sie irgendwie durchkommt. Schon Johannes Kepler, der die Planetenbahnen entdeckt hat, war davon ausgegangen, dass der Schöpfung Schönheit und Harmonie zugrunde liegen.

Ich vermute, viele Kollegen, auch die atheistischen, denken intuitiv ähnlich, selbst wenn sie ihr Denken nie »theologisch« nennen würden. Es ist einfach »schöner« so, sagen sie – es ist ein Gefühl. Aber die Benutzung theologischer oder antitheologischer Argumente für naturwissenschaftliche Vorhersagen, ob bewusst oder unbewusst eingesetzt, ist immer ein Stück weit gefährlich, wie die Geschichte gezeigt hat.[12] Daher braucht es am Ende das Experiment.

Leben aus dem Labor?

Also rede ich mit jemandem, der selber Gott spielen will, jemand, der im Labor künstliche Zellen entstehen lassen möchte. Es ist Cees Dekker, Universitätsprofessor[13] und Nanobiologe an der Technischen Universität Delft. Mit Nanotechnologien untersucht er die Prozesse, die sich in Zellen abspielen, und er hat dafür viele wichtige nationale und internationale Preise gewonnen. Zuvor hat ein von ihm geführtes niederländisches Konsortium 46 Millionen Euro erhalten, um den Prozess zur Erzeugung künstlicher Zellen zu erforschen.[14] Auch im benachbarten Deutschland hat sich ein großer Origins-Exzellenz-Cluster[15] gebildet, der sich diesem Ziel verschrieben hat.

Für manche überraschend, ist Dekker neben seiner Forschung wie ich ein aktiver und gläubiger Christ. Kann man es da wagen, Leben erschaffen zu wollen? Will er wirklich Gott spielen? »Nein«, sagt er, »ich spiele nicht Gott, ich spiele *für* Gott«[16] – das ist ein wichtiger Unterschied. Cees Dekker möchte die Spielregeln verstehen, mit deren Hilfe Leben entsteht. »Ich habe die Aufgabe, die Schöpfung zu untersuchen und zu benutzen, als Dienst für den Nächsten«, findet er.

Schon was Leben überhaupt ist, können wir ganz schlecht definieren, erklärt er mir – es gibt keine allgemein akzeptierte Definition, was Leben ist. Es gibt Bakterien, die in extremen Bedingungen keinerlei Aktivität zeigen. Sie sind de facto tot, erwachen aber wieder zum Leben, wenn die Bedingungen günstig sind – leben sie in dieser Phase oder sind sie eigentlich tot und kommen wieder zum Leben?[17]

Begeistert erzählt mir Cees von den Prozessen, die entscheidend dafür sind, dass auch nur eine ganz einfache Zelle funktionieren kann. Die Zelle muss in der Lage sein,

(a) Energie zu erzeugen,
(b) zu wachsen, um sich
(c) in zwei neue gleichwertige Zellen zu teilen und sich
(d) weiterzuentwickeln unter anderem durch die Umwelt wahrzunehmen und darauf zu reagieren. Dabei muss
(e) Information verarbeitet, weitergegeben und verändert werden.

Sterne zum Beispiel zeigen viele Anzeichen von Leben: Sie prozessieren Energie, pflanzen sich fort, indem sie wieder Sternenstaub erzeugen, aus dem neue Sterne entstehen, und entwickeln sich in gewisser Weise, indem sie neue Elemente produzieren. Sie fühlen ihre Umwelt durch die Schwerkraft, aber sie reagieren nicht aktiv darauf. Auch geben sie nicht wirklich Information weiter, außer ein paar Elementen. Die Eigenschaften (d) und (e) sind also nicht ganz erfüllt. Um komplexere Prozesse und Informationsverarbeitung zu ermöglichen, haben Sterne Planeten mit Mikroben darauf nötig.

Um eine einfache Zelle zu erzeugen, brauchen die Forscher zunächst eine Zellwand, zum Beispiel ein Liposom, ein kleines Fettbläschen, das eine doppelschichtige Wand aus länglichen Molekülen besitzt, die kugelförmig angeordnet sind. Diese einfache Zellmembran schützt das wässrige Innere vor der Außenwelt, denn entscheidend für das Leben ist das Ungleichgewicht – in dem Fall zwischen Innen und Außen. Wer also in seinem Leben nach absoluter Ausgeglichenheit strebt, sollte aufpassen, denn zu viel Ausgeglichenheit könnte tödlich enden.

Ferner braucht man eine vervielfältigbare Steuereinheit, welche die Aktivitäten der Zelle dirigiert. Dafür hat die Zelle die Desoxyribonukleinsäure (DNA, aus der englischen Bezeichnung *deoxyri-*

bonucleic acid), welche die berühmte Form einer Doppelhelix aus zwei sich umeinander windenden Strängen von Molekülen hat, erinnernd an die Stufen einer Wendeltreppe in einem runden mittelalterlichen Wach- oder Kirchturm. Jede Stufe besteht aus einem von vier verschiedenen »Buchstaben« – genauer gesagt den Nukleinbasen Adenin, Thymin, Guanin und Cytosin, die mit A, T, G und C abgekürzt werden –, die den Schaltplan der Zelle spielt, so bestimmt auch die DNA, welche Prozesse wie und wann in einer Zelle ablaufen.

Teilt man die beiden Stränge, hat man zwei Kopien der Information, die man wieder mit neuen Strängen ergänzen und zu zwei fast identischen Wendeltreppen, oder auch Doppelhelices, vervollständigen kann. Allein schon der Prozess des Teilens und Vervielfältigens ist spektakulär. Moderne Computer können diesen Prozess simulieren und in erstaunlichen Videosequenzen darstellen.[18] Im Zentrum des Geschehens steht eine merkwürdige Y-förmige Struktur aus Enzymen, die für mich eher nach einem Haufen Wollknäueln aussehen. Enzyme sind komplexe, große Molekülstrukturen, die chemische Reaktionen beschleunigen können. Eines dieser Enzyme dreht die ankommende DNA und spaltet sie. Dabei dreht es sich selber mit bis zu 10 000 Umdrehungen pro Minute. Die DNA-Stränge werden wie ein Reißverschluss aufgemacht, kopiert und zu zwei neuen DNA-Strängen zusammengesetzt. Wüsste man nicht, um was es hier geht, würde man denken, ein genialer Ingenieur hätte dies ersonnen.[19]

All das sieht aus wie ein langes Förderband in einer völlig autonomen Fabrik, aber das passiert permanent in meinem Körper. Vor meinen Augen erscheint hier eine geschmeidige und kunstvolle Ballettaufführung elementarer Teilchen. Wie von Geisterhand laufen komplexe Prozesse ab, obwohl keine Magie, sondern nur einfache Naturgesetze im Spiel sind.

All das ist reine Chemie, und als Physiker kenne ich die dahinter liegenden einfachen Gesetze der Physik, die das Verhalten von

Atomkernen und Elektronen beschreiben. Ich weiß, wie diese Atome und Moleküle durch Sterne und Staubwolken erzeugt wurden und mit Meteoriten zur Erde gekommen sind. Dennoch – oder gerade deswegen – erfüllt mich das effiziente Zusammenspiel dieser aus einfachen Elementarteilchen zusammengesetzten Strukturen mit tiefster Bewunderung. Ein Blick in unsere DNA ist genauso ergreifend wie der Blick in die Weiten des Sternenhimmels. Wie viel Komplexität sich schon in einem so kleinen Knäuel von Atomen verbirgt, ist tief beeindruckend.

Für eine einfache Zelle enthält das aus der DNA bestehende Genom – also alle in einer Zelle vorhandenen Erbinformationen – die Anweisungen, wie sie intern funktioniert. Dafür benutzt die Zelle ein Kommunikations- und Kommandosystem, bei dem mithilfe der DNA eine RNA (Ribonukleinsäure) gebildet wird. Diese einsträngige Molekülkette ist der DNA ähnlich und kann einzelne Enzyme erzeugen, die dann wieder bestimmte chemische Reaktionen anstoßen oder Botschaften übertragen.

Teile der DNA treiben verschiedene Vorgänge an, wie die Aufnahme von Nahrung, die Erzeugung von Energie in der Zelle und die Erzeugung von Lipiden (Fettstoffen), die zum Wachstum der Zelle benötigt werden. Außerdem braucht es ein Kraftmodul, um die Zelle einzuschnüren und zu teilen, Rezeptoren, die die Umwelt erspüren und entsprechende Signale weitergeben können, und ein inneres Uhrwerk. Jeder einzelne dieser Prozesse ist reine Chemie, ihr Zusammenspiel ergibt die Biologie.

Im Labor ist es Forscherteams gelungen, verschiedene dieser Aspekte künstlich zu erzeugen, aber bis sie eine rudimentäre komplette Zelle entstehen lassen können, ist es noch ein weiter Weg. Wie die allererste Zelle und ihre Vorstufen ausgesehen haben, verbirgt sich im Nebel der Erdgeschichte.

Hatte das erste Leben überhaupt eine DNA oder nur eine Vorstufe davon? Eine RNA, so wie es der Nobelpreisträger Walter Gilbert vorschlug, den ich im Winter 2025 traf und der die Theorie einer ursprünglichen RNA-Welt propagierte?[20] Mit seinen 93 Jahren erzählte er zunächst von seiner neuen künstlerischen Leidenschaft und dann begeistert von den Vorzügen der RNA. Die RNA kann nämlich sowohl Informationen weitergeben als auch Funktionen auslösen. Die RNA kann also die Rolle der DNA und von Enzymen in sich vereinen, wenn auch weniger zuverlässig. Das würde den Start des Lebens einfacher machen. Andere Kollegen, die ich sprach, haben aber Zweifel, ob es diese RNA-Welt wirklich gegeben hat, denn die RNA ist als Informationsspeicher zu fehleranfällig.[21] Wir wissen es einfach nicht. Wie all das in freier Natur zusammengekommen sein soll, sodass alle Einzelteile sofort eine funktionierende und fortpflanzungsfähige Zelle ergeben haben, bleibt reinste Spekulation – und davon gibt es viele.

Wir wissen nur: Irgendwo auf dieser Erde ist es passiert. Irgendwo liegt die Wiege des Lebens, aber wo genau? Auch das wissen wir nicht. Der berühmte Evolutionsforscher Charles Darwin spekulierte schon 1871 über einen »warmen kleinen Tümpel«,[22] in dem es Ammonium- und Phosphorsalze, Licht, Wärme und Elektrizität gegeben haben soll, um Proteinverbindungen zu bilden – als Vorstufe des Lebens.

Der Ursprung des Lebens

In einem berühmten Experiment simulierten die beiden US-amerikanischen Chemiker Stanley Miller und Harold Urey einen Zustand, der einer aus Methan, Ammoniak, Wasserstoff und Wasserdampf bestehenden Uratmosphäre über einem Urtümpel der frühen Erde gleichen sollte und mit Blitzen in Form von elektrischen Entladungen durchsetzt war.[23] Tatsächlich entstanden darin lebenswichtige Aminosäuren, aber natürlich noch keine Zellen. War es also Thors Hammer, die Blitze, der Leben entstehen ließ? Berechnungen legen nahe, dass es in der Frühzeit Milliarden Blitze jährlich gegeben haben könnte.[24] Auch die frühe neblige Atmosphäre kann zur Entstehung des Lebens beigetragen haben.[25]

Vielleicht ist Leben aber auch tief in den Ozeanen entstanden, dort, wo sich kleine vulkanische Schlote finden. Diese Tiefsee-Hydrothermalquellen nennt man »schwarze« und »weiße Raucher«, aus ihnen treten heiße Gase aus.[26] Normalerweise ist Rauchen ja eher gesundheitsschädlich, aber um diese Raucher herum findet man heute ein reichhaltiges mikrobiologisches Ökosystem. Es gibt dort Energie, Nährstoffe und komplexe chemische Prozesse.[27] Mögliche Funde fossiler Mikroorganismen aus der Zeit vor 3,8 Milliarden Jahren könnten Hinweise auf solch ein Szenario sein.[28]

Leben hätte sogar noch tiefer unter den Ozeanen in der Erdkruste entstanden sein können, so zumindest die erstaunliche Theorie des einstigen Cornell-Professors Thomas Gold.[29] In der Tat gibt es einen erstaunlichen Reichtum von Leben in den ersten 5 Kilometern der Erdkruste. 70 Prozent aller Mikroben könnten unterirdisch leben.[30]

Andere Forscher verorten die Entstehung des Lebens in den Tiefen des Alls. Von dort könnten Sporen des Lebens zufällig an Bord von kleinen Asteroiden von Planet zu Planet gereist oder sogar bewusst von außerirdischen Zivilisationen ausgesandt worden sein.[31] Manche einfachen Lebewesen sind durchaus in der Lage, Weltraumbedingungen zu überleben.[32] Zwar hat man schon Marsmeteoriten auf der Erde gefunden – allerdings bisher ohne Anzeichen von Leben darin, auch wenn die NASA das einmal anders behauptet hat.[33] Doch löst diese »Panspermie« genannte Theorie das grundlegende Problem, wie Leben entstanden ist, nicht – man verschiebt es nur in eine weiter entfernte Ecke des Alls, die wir noch schlechter untersuchen können.

Schließlich könnten auch bei der Entstehung des Lebens kosmische Einschläge eine Rolle gespielt haben.[34] Bestandteile von DNA können in Asteroiden entstanden und mit ihnen auf die Erde gekommen sein[35] oder sind sogar erst beim Einschlag erzeugt worden.[36] Einige Kraterränder großer Einschläge könnten aus dem Meer geragt und so den Rahmen für Darwins kleine warme Tümpel gebildet haben. Vulkane hätten Ähnliches tun können. Am Fuß der Einschlagskrater kann man sich darüber hinaus Prozesse wie bei vulkanischen Rauchern vorstellen.

Manche Astrobiologen spekulieren sogar, dass nicht nur die großen Einschläge bei der Entstehung des Lebens im Spiel waren, sondern auch der kontinuierliche Regen kosmischer Staubteilchen die Moleküle des Lebens auf die Erde gebracht haben könnte.[37] Asteroiden und Kometen stauben nämlich kräftig, wenn sie durch das Sonnensystem fegen. Einige dieser Staubteilchen werden dann von der Erde aufgesaugt und können sich an bestimmten Stellen der Erdoberfläche anreichern.

Die größeren dieser Staubteilchen sieht man übrigens heute noch als Sternschnuppen auf die Erde fallen. Wir legen uns mit Freunden im Sommer nachts gerne in den Garten und bewundern den Sternschnuppenregen der Perseiden. Sie sind auf jeden Fall eine wunderschöne Erinnerung daran, dass wir Sternenstaub sind. Vielleicht stimmt das auch in biologischer Hinsicht, und der Sternenstaub bringt die Sporen des Lebens.

Die Astrobiologin Martina Preiner vom Max-Planck-Institut für terrestrische Mikrobiologie ist skeptisch, ob wir jemals den genauen Ursprungsort und Mechanismus für die Entstehung des Lebens erfahren werden,[38] denn geologische Prozesse haben alle Spuren mehrfach umgepflügt. »Ich werde vielleicht irgendwann relativ zufrieden sein mit meiner eigenen Hypothese«, sagt sie, »aber es wird wahnsinnig schwer sein nachzuweisen, dass es genau das ist, was vor 4 Milliarden Jahren passiert ist.«

Sie rät, sich auf die entscheidenden chemischen Prozesse zu konzentrieren. Mit größter Wahrscheinlichkeit haben die ersten Zellen Kohlendioxid (CO_2) und Wasserstoff (H_2) geatmet[39] und in Energie umgewandelt. Kohlendioxid ist in der frühen Atmosphäre im Überfluss vorhanden und löst sich leicht im Wasser. Wasserstoff dahingehend hatte es etwas schwieriger, obwohl es das häufigste Element im All ist. Es verflüchtigt sich schnell und löst sich schlecht im Wasser, allerdings kann Wasserstoff aus heißem eisenhaltigen Material, zum Beispiel dem olivgrünen Erdmantel-Mineral Olivin, unter Zugabe von Wasser erzeugt werden.[40] Wasser und Olivin gibt es häufig am Meeresboden, heiße Stellen auch, und Risse und Poren im Gestein bieten ruhige Spielwiesen für die Entwicklung des Lebens – warme Tümpel im Kleinen. Darüber hinaus konnte Martina Preiner zeigen, dass bestimmte Mineralien genau die Prozesse beschleunigen, die Kohlendioxid und Wasserstoff energiegewinnend zusammenbringen.[41] Hat das erste Leben also von toten Mineralien gelernt und diese chemischen Prozesse quasi nur übernommen? Vielleicht hatte Thomas Gold ja doch in gewisser Weise recht, und das Leben ist im Gestein entstanden.

Interessanterweise sind all diese Schlüsselelemente des Lebens, Wasser und Wasserdampf, Kohlendioxid und eine heiße Oberfläche, durch den Einschlag von Theia erzeugt und aufgewirbelt worden. Insofern ist auch das Leben auf der Erde letztlich dank eines wahren himmlischen Paukenschlags entstanden.

Eines wissen wir sicher: Es ist irgendwann passiert! Irgendwo entsteht LUCA, der letzte gemeinsame Vorfahre aller Zellen (*Last Universal Common Ancestor*), unser mikrobieller Urahn.[42] Zunächst entstehen aus ihm die Archaeen, die bis heute überlebt und sich weiterentwickelt haben. Sie atmen wohl Wasserstoff und Kohlendioxid ein und Methan aus. Darüberhinaus schaffen sie es in extremen Umgebungen zu leben: bei hohen Temperaturen, in starken Salzlösungen – und auf unserer Haut.[43] Warum dort, weiß niemand genau. Bei dem einen oder anderen ist die Haut vielleicht tatsächlich eine extreme Lebensumgebung!

Die wichtigste Eigenschaft des Lebens ist, dass es sich entwickelt – so wie es auch das Universum tut. Das Erstaunliche dabei ist, dass es sich dabei zu immer komplexeren Lebensformen entwickelt – quasi von alleine, durch »Evolution«, also die permanente

Auswahl der am besten Angepassten. Dasjenige Leben, das den jeweiligen Lebensbedingungen am besten trotzt, hat eine bessere Chance zu überleben, zu wachsen und sich fortzupflanzen. Der entscheidende Faktor des Lebens ist aber nicht nur die Weitergabe des Erbguts, sondern auch die genau richtige Fehleranfälligkeit. Dabei darf der Fehler der Informationsübertragung nicht zu groß, aber auch nicht zu klein sein. Perfektion wäre auf Dauer tödlich, denn dann gäbe es keine Entwicklung und wir wären heute noch die gleichen Zellen wie am Anfang. Es ist das richtige Maß der Imperfektion, was Leben in einer sich dauernd ändernden Umgebung erst möglich macht. Nur durch kleine, seltene Fehler bei der Reifeteilung[44] und bei der Weitergabe der Erbinformation kann Leben sich wirklich entwickeln. Beim Kopieren der DNA geht schon mal etwas schief, und die geklonte neue Zelle ist niemals exakt gleich. Die Variationen bieten einen Überlebensvorteil oder -nachteil. Die DNA kann aber auch durch chemische Prozesse oder radioaktive Strahlung ein wenig verändert werden. Auch kosmische Teilchen können einen Teil der Erbinformationen verändern, wenn ihre Bruchstücke auf DNA stoßen und ein Atom oder Molekül herausschlagen. Dies sind Atomkerne, die im Sonnenwind oder in den Supernovaexplosionen sterbender Sterne beschleunigt werden und permanent auf die Erde prasseln. So werden Sterne auch die Entstehung und Entwicklung unseres Lebens mitbeeinflusst haben.

Allerdings wird diese Bestrahlung mit geladenen kosmischen Teilchen durch das Erdmagnetfeld abgeschirmt. Unser Magnetfeld bildet sich rund eine Milliarde Jahre nach der Entstehung der Erde heraus. So kommen nicht alle dieser mutationsfördernden Teilchen zu uns, sondern nur ein paar. Außerdem schirmt es die Erde von der Kraft des Sonnenwindes ab – einem heißen, ionisierten Gas, das kontinuierlich von der Sonne in den interplanetaren Raum ausgestoßen wird. Wie bei *Star Trek* heißt es dann »Aktiviere Deflektorschild!«. Ohne diesen Schild würde unsere Atmosphäre mit der Zeit wie beim Mars vom Sonnenwind weggeblasen.

Der genaue Ursprung des Erdmagnetfeldes liegt zwar im Dunkeln,[45] aber wahrscheinlich wurde das ursprüngliche kosmische Magnetfeld unserer Geburtswolke durch einen globalen Dynamo verstärkt, wobei Bewegungen, die im flüssigen äußeren Eisenkern der Erde herumwirbeln, die Rolle der drehenden Drahtspulen übernehmen. Das Erdmagnetfeld beschützt uns noch heute, auch wenn das Magnetfeld hin und wieder mal Aussetzer hat.

Der weitere Werdegang der Erde bekommt mit der Entstehung und der Entwicklung des Lebens jetzt nochmals eine ganz besondere, wundersame Dynamik. Die Reise unserer Erde wird einer wahren Achterbahn gleichen, denn von jetzt an reist jemand mit ihr, und dieser jemand wird im wahrsten Sinne des Wortes die Welt verändern.

Die Gaia-Hypothese

In den Ozeanen wimmelt es im Archaikum nur so von Mikroben. Diese ersten Lebensformen nutzen noch keinen Sauerstoff – wie wir schon wissen »atmen« sie wahrscheinlich Kohlendioxid und Wasserstoff ein und Methan wieder aus. Methan wird heutzutage relativ schnell durch Reaktionen mit Sauerstoff abgebaut – es oxidiert, so wie Stahl rostet oder Wasserstoff zu Wasser verbrennt. Aber freien Sauerstoff gibt es in der Frühzeit der Erde noch nicht, und wenn, dann können Asteroideneinschläge, Vulkane aber auch eisenhaltiges Gestein den Sauerstoff immer wieder der Atmosphäre entzogen haben.[46]

vor 3,26 Ga
Einschlag eines großen Asteroiden

Genau ein solcher Asteroideneinschlag kann aber auch Dünger für das Leben sein. Vor 3,26 Milliarden Jahren trifft ein Riesenbolide von rund 40 bis 60 Kilometern Durchmesser auf die Erde, produziert eine gigantische Einschlagswolke und lässt heiße Tröpfchen aus geschmolzenem Gestein auf die Erde regnen, die in erstarrter Form noch heute im südlichen Afrika zu finden sind.[47] Ein enormer Tsunami fegt über die Ozeane, und Teile des Wassers verdunsten. Der Staub stürzt die Erde in monatelange Dunkelheit. Was nach einer Megakatastrophe klingt, ist aber möglicherweise ein Glücksfall. Zwar stirbt lokal mikrobiologisches Leben an der Oberfläche, aber der Einschlag verteilt auch große Mengen Eisen und Phosphor auf der Erde. Diese Stoffe sind nicht nur in meinem Rasendünger enthalten, sondern sie sind auch wichtige Nährstoffe für Zellen. So kommt es nach dem Einschlag sogar zu einer kleinen Blüte des Lebens.

Asteroiden können so wie Pflüge wirken, die die Ackerkrume aufbrechen. Das Feld, das kurzfristig zermalmt und zerstört aussieht, trägt in kurzer Zeit wieder reichlich Frucht. Mikroben lassen sich durch so einen Einschlag nicht aus der Bahn werfen – im Gegenteil, sie profitieren mittelfristig davon.

So kann das frühe Leben trotz oder wegen dieser Katastrophen seinen Gang gehen und weiter Methan in die Atmosphäre pusten. Methan ist ein potentes Treibhausgas, und es ist in diesem Moment der Erdgeschichte gar nicht schlecht, es in unserer Atmosphäre zu haben, denn die Sonnenleistung liegt immer noch bei nur 75 bis 80 Prozent des heutigen Wertes.[48] Der Methan-Atem der ersten Lebewesen hilft dabei, dass die Erde warm bleibt und nicht zu einem Eisball gefriert.[49] Zum ersten Mal hat unscheinbares Leben die Atmosphäre dieses Planeten merklich verändert.

Von da an sind die kosmische, geologische und biologische Entwicklung der Erde eng miteinander verwoben. Wir haben einen lebenden Planeten, der es irgendwie schafft, über Milliarden Jahre hinweg in einem relativen Gleichgewicht zu bleiben. Er wird zwar wilde Temperaturschwankungen erleben, aber sie bleiben immer in einem im wahrsten Sinne des Wortes grünen Bereich, der Leben möglich macht. Dies ist eines der vielen Wunder unserer Erdgeschichte. Manche Forscher reden dabei von der Gaia-Hypothese,[50] die besagt, dass die Erde sich irgendwie immer wieder neu den unterschiedlichsten Situationen anpasst, um Leben zu ermöglichen. Allerdings ist damit nicht gemeint, dass die Erde selber ein eigenes Bewusstsein hätte. Das passiert erst, als unsere Vorfahren die Bühne betreten, aber mit den ersten Mikroben ist jetzt die Basis gelegt für den nächsten Akt der Schöpfung.

Der Nachmittag des dritten Tages bricht an: »Und die Erde ließ aufgehen Gras und Kraut, das Samen bringt, ein jedes nach seiner Art, und Bäume, die da Früchte tragen, in denen ihr Same ist, ein jeder nach seiner Art. Und Gott sah, dass es gut war. Da ward aus Abend und Morgen der dritte Tag.«[51]

Es grünt – endlich Sauerstoff

vor 3,5–2,5 Ga Cyanobakterien nutzen die Photosynthese

Nicht auf trockener Erde, sondern im seichten Gewässer entstehen vor etwa 3,5 Milliarden Jahren die Vorläufer unserer Pflanzenwelt.[52] Bis zu echtem Gras und Früchten braucht es noch einige Zeit, aber Bakterien schließen sich zusammen zu Kolonien und bilden zusammen glitschige, glibberige, dünne mikrobiologische Matten, die sich über kleine Steine ziehen – vielleicht ein wenig ähnlich dem rutschigen Glibber, den wir noch heute an Steinen, Bootswänden oder Holzpfählen am Meer finden. Die Bakterien lernen dabei, Sonnenlicht, das im flachen Wasser reichlich scheint, für ihre Energiegewinnung einzusetzen. Das Licht aus der Kernfusion unseres nächsten Sterns wird so zum Turbo für das Leben auf der Erde. Zentimetergroße Fossilien dieser übereinandergeschichteten Mikrobenmatten aus einer Zeit von vor 3,45 Milliarden Jahren findet man noch heute in Australien.[53]

Zwischen dieser Zeit und rund 2,5 Milliarden Jahren vor heute werden Cyano- oder Blaugrünbakterien[54] – früher auch Blaualgen genannt – die bedeutendsten Wesen auf der Weltbühne.[55] Grünes Leben entsteht. Die Bakterien nutzen Photosynthese, mit der auch heutige Zellen in Pflanzen und Algen aus Licht, Kohlendioxid und Wasser energiereiche Kohlenhydrate und Sauerstoff herstellen. Sie absorbieren das rote und das blaue Licht der Sonne, sodass nur noch das grüne Licht übrigbleibt und reflektiert wird. Auf diese Weise bekommen Pflanzen ihre charakteristische grüne Farbe.

Es ist ein revolutionärer Trick, den die Cyanobakterien erfinden und mit dem sie die Welt erobern. Ihr Prozess ist effizienter und energiereicher als der, den Bakterien und Archaeen vor ihnen benutzen. Der besondere Clou: Sie verwenden das reichlich vorhandene Wasser statt des flüchtigen Wasserstoffs, auf den ihre Vorfahren angewiesen waren. Damit verwandeln sie weiterhin Kohlendioxid in Kohlenhydrate, aber statt Methan atmen die neuen Bakterien nun molekularen Sauerstoff aus – genau wie die Blätter der Bäume heute. Der Sauerstoff fällt als Abfallprodukt bei der Aufspaltung des Wassers ab – und dieser Stoff hat es wirklich in sich. Was manche Menschen manchmal zum Wohlbefinden aus Dosen schnuppern, ist eigentlich ein höchst aggressives und zerstörerisches Element, das sich gerne mit anderen Elementen verbindet und sie oxidiert. Wer Sauerstoff in seinen Kohlegrill pustet, sieht, wie die Flammen hochschlagen und die Kohlen hell und rot glühen. Sauerstoff lässt verbrennen, Sauerstoff lässt rosten.

Unzählige Cyanobakterien beginnen jetzt Sauerstoff zu produzieren und ihn quasi in die Luft zu pusten. Jede von ihnen tut das natürlich nur in kleinsten Dosen. Was kann schon eine einzelne Bakterie ausrichten, oder? Sie ist doch ein Nichts in den Weiten des Ozeans? Zunächst führt der Sauerstoff nur dazu, dass eisenhaltige Gesteinslagen auf der Erde, die den Sauerstoff aufnehmen, anfangen zu rosten. Dies geschieht in Wellen und ergibt feine braune Streifen in Steinen, die wir heute noch sehen können und den neudeutschen Namen »Banded Iron Formation« bekommen haben. Aber das kollektive Verhalten hat bald globale Auswirkungen. Kleinvieh macht auch Mist, und je mehr die neue Lebensweise sich ausbreitet, desto mehr wird dieses aggressive Element freigesetzt.

Natürlich gibt es auch bald ein paar Profiteure des neuen Stoffs, die sich anpassen und den tödlichen Feind zu ihrem Verbündeten machen. Sie entstehen wahrscheinlich schon bald nach den Cyanobakterien, vielleicht schon vor rund 3,1 Milliarden Jahren[56] irgendwo auf dieser Erde und beginnen damit Sauerstoff einzuatmen und zu benutzen. Dadurch werden sie zu unseren Vorfahren. Dass wir Sauerstoff atmen und in einer solchen aggressiven Atmosphäre überleben können, verdanken wir diesen ersten kleinen Anpassungsgenies. Vom Anstieg des Sauerstoffgehalts profitieren sie jetzt rasant, und die Sauerstoffatmung wird gesellschaftsfähig. So beginnt vor rund 2,5 Milliarden Jahren das Proterozoikum – das Äon des frühen Lebens.

vor ~3,1 Ga
Manche Zellen atmen Sauerstoff

vor 2,5 Ga–539 Ma
Proterozoikum – Äon des frühen Lebes

Derweil leitet die wachsende Schar der Cyanobakterien das erste – und nicht das letzte – große Massaker auf der Erde ein. Die alten, sauerstoffmeidenden Bakterien werden massenhaft ausgelöscht. Irgendwann reichert der Sauerstoff die Atmosphäre so stark an, dass es vor etwa 2,46 Milliarden Jahren zu dem kommt, was Forscher das Große Oxidationsereignis nennen (GOE, *Great Oxidation Event*).[57] Ein kleines, unscheinbares Lebewesen verändert einen ganzen Planeten und schafft eine ganz neue Atmosphäre, die uns heute noch aufatmen lässt.

vor 2,46 Ga
Großes Oxidationsereignis

Dieses Ereignis zieht sich über 200 Millionen Jahren hin. Immer wieder werden die Erde, die Luft und das Meer mal mehr, mal weniger mit Sauerstoff geflutet, bis der Sauerstoff dauerhaft bleibt.[58] Das ist ein Wendepunkt in unserer Klimageschichte und der nächste große Schritt in Richtung Pflanzen, Tiere und Mensch.

Überlebenskampf auf der Schneeball-Erde

Der globale Sauerstoffausstoß hat dramatische Konsequenzen. Wenn eine Art sich exponentiell ausbreitet, dann geschieht das am Anfang unmerklich langsam und am Ende überwältigend schnell – ein ungekanntes Maß an Sauerstoff erfüllt nun die Erde. Die Massenblüte der Cyanobakterien stürzt den ganzen Planeten in eine dramatische Klimakatastrophe. Der Erde wird es kalt, die Huronische Eiszeit[59] hält den Planeten vor 2,45 bis 2,2 Milliarden Jahren im Griff.

vor 2,45–2,2 Ga
Huronische Eiszeit

Nicht nur wird kaum noch Methan durch die fast ausgelöschten anaeroben Bakterien erzeugt, sondern das verbliebene Methan wird auch in kürzester Zeit, vielleicht in nur 100 000 Jahren, ganz sicher aber innerhalb von ein paar Millionen Jahren, in der Atmosphäre durch Sauerstoff zersetzt und in Kohlendioxid umgewandelt.[60] Das ist zwar auch ein Treibhausgas, aber kein so starkes.

Ohne genügend Treibhausgas in der Atmosphäre ist die schwache junge Sonne nicht in der Lage, den Planeten ausreichend zu heizen. Statt zu einem Treibhaus wird die Erde zu einem Gefrierschrank. Der Planet vereist. Von den Polkappen her dehnt sich das Eis immer weiter aus und reicht womöglich bis zum Äquator.[61] Zeugnisse davon findet man später in Ablagerungen und Gesteinsformationen, die direkt im Zusammenhang mit Eis und Gletscherschilden stehen.[62]

Plötzliche Vereisung lässt nicht nur auf der Autobahn Autos schlingern, sondern auch das Klima kann abrutschen. Hier verstärkt das neue polare Eis den Abkühlungseffekt – man spricht von der Eis-Albedo-Rückkopplung,[63] denn Eis und Schnee reflektieren Sonnenlicht viel stärker als Meerwasser. Sie wirken so wie Alufolien, die manche Autofahrer im Sommer hinter ihre Windschutzscheibe legen, damit sich das Autoinnere nicht so aufheizt.

Je mehr Eis auf der Erde vorhanden ist, desto mehr Sonnenstrahlen werden in das All zurückreflektiert und desto kälter wird die Erde. Dadurch entsteht noch mehr Eis, und noch weniger Sonnenstrahlen schaffen es, die Erde zu erwärmen – ein wahrer Teufelskreis entsteht. Die Erde friert ein.

Hat das Leben, kaum nachdem es richtig begonnen hat, sich durch seine eigene Maßlosigkeit schon wieder erledigt? Eingefroren und ohne Sonnenlicht wird das Überleben unter dem Eis schwer. Viele der Cyanobakterien sterben wieder. Wie dumm kann man nur sein? Hätten sie das vorher gewusst, so hätten sie sich vielleicht anders verhalten, mag man denken. Aber Cyanobakterien können halt nicht denken und werden es auch nie wirklich tun.

Erstaunlicherweise überleben dennoch einige von ihnen. Vielleicht bleiben ja ein paar Bereiche des Ozeans eisfrei,[64] vielleicht ist die Eisschicht am Äquator auch »nur« ein paar Meter dick, sodass ein schwacher Lichtschein noch durch das Eis hindurchkommt, oder es gibt noch Felsenüberhänge, die eisfrei geblieben sind. Das reicht, um rudimentäres Leben in einem kleinen Bereich zu ermöglichen.

Auf jeden Fall kämpft das Leben jetzt ums Überleben. Eine Eroberung von Landmassen ist nun nicht mehr vorstellbar, wo doch alles in Eis und Schnee gehüllt ist. Pinguine und Eisbären, die bei diesen Temperaturen leben könnten, hat noch keiner erfunden. Wie kann das Leben wieder aufblühen? Wie kann die eingefrorene Erde jemals wieder diesem Teufelskreis entrinnen und auftauen?

Ja, die Sonne wird langsam etwas wärmer, aber das dauert. Zwei Milliarden Jahre nach ihrer Geburt hat sie erst 80 Prozent ihrer heutigen Helligkeit erreicht – das reicht hinten und vorne nicht.

Es muss etwas anderes passieren. Aber was? Das Klima hat keinen Temperaturregler, den man einfach etwas hoch- oder runterdreht, wenn einem zu warm oder zu kalt ist. Das Klima ist ein sehr komplexes System. Es gibt Kipppunkte, an denen sich plötzlich alles ändert. Die Bildung von Eis ist ein solcher Prozess: Ist erst mal viel Eis vorhanden, so wächst es immer weiter, selbst wenn man aufhört, Treibhausgas aus der Atmosphäre zu entfernen. Ist das Eis einmal weg, so kommt es auch nicht so leicht wieder.

Man muss das System massiv verändern, denn wie viel Eis gerade auf der Erde ist, hängt nicht nur davon ab, wie stark die Sonneneinstrahlung ist und wie viele Treibhausgase gerade vorhanden sind, sondern auch davon, wie viele Gase *vorher* da waren. Wissenschaftler nennen dieses Verhalten Hysterese.

Man stelle sich vor, eine Hysterese wäre beim Lenkmechanismus eines Autos eingebaut. Schlage ich dann das Lenkrad nach rechts ein, so reagiert das Lenkgestänge nicht direkt, sondern erst mit einiger Verzögerung und nicht proportional, sodass das Auto erst nach einiger Zeit rechts in die Kurve zieht – dabei schlagen die Vorderräder erst langsam und dann viel zu stark ein. Wenn ich dann panisch das Lenkrad nach links reiße, weil ich übersteuert habe, fährt das Fahrzeug erst einmal weiter nach rechts und braucht einige Zeit, bis es endlich umsteuert. Dann geht das Spiel auf der anderen Seite von Neuem los, und ich fahre Schlangenlinien, mit der großen Gefahr, irgendwann aus der Kurve zu fliegen. Den richtigen Steuerkurs zu finden ist nicht einfach, wenn die Welt »hysteresisch« ist.

Das Klima und damit auch die gesamte Erdgeschichte ist um ein Vielfaches komplexer. Jeder Schritt der Erdgeschichte hängt immer auch davon ab, wo sich die Erde, die Sonne, das Klima, die Kontinente, das Leben vorher befanden. Geht man denselben Weg zurück, den man gekommen ist, so kommt man doch nicht wieder am selben Punkt heraus. Wie das Klima zu einem künftigen Zeitpunkt sein wird, kann man daher auf lange Frist nie im Detail genau vorhersagen und auch nicht einfach zurückrechnen.

Viele Faktoren beeinflussen das Klima, zum Beispiel auch Strömungen in der Luft und in den Ozeanen. Strömungen können Klimaschwankungen begrenzen, indem sie kaltes Wasser in warme Gebiete transportieren, und umgekehrt – so wie der Nordatlantikstrom,[65] die Fortsetzung des Golfstroms, Europa heute warm hält.

Aber diese Strömungen hängen von der genauen Lage und der Form der Kontinente ab, die sich dauernd verändern – über Jahrmillionen.

Die Wanderung durch die Erdgeschichte entspricht einer Wanderung durch ein komplexes Gebirge, sie folgt nicht einem einfachen, klaren Weg. Eine Zeit lang geht man vielleicht durch eine Hochebene, und man kann unbeschwert umherschweifen. Dann landet man aber unter Umständen auf einem schmalen Pfad an einem vereisten Hang an einem Kipppunkt. Macht man auch nur einen kleinen Schritt in die falsche Richtung, so rutscht man unaufhaltsam den Hang hinunter und landet wieder im Tal. Um wieder hochzukommen, muss man einen ganz anderen Weg einschlagen. Ist dann auch dieser Weg zum Gipfel verbaut, so endet man in einem ganz anderen Seitental des Gebirges und schreibt eine ganz andere, neue Geschichte. Doch irgendwann hat man das Gebirge durchquert.

Rettung durch Plattentektonik und Asteroiden

vor 3,2–2,3 Ga
Plattentektonik entsteht

Der vereisten Erde kommt ein unerwarteter, lange unter den Ozeanen verborgender Retter zugute – die Erdkruste. War sie am Anfang ein weicher, aber zerstückelter Deckel, der auf dem Gesteinspudding des Erdmantels schwamm, so wandelt sie sich wohl irgendwann vor 3,2 bis 2,3 Milliarden Jahren in ein modernes, von Plattentektonik geprägtes Mosaik um.[66] Spätestens zur Zeit der großen Vereisung beginnen diese Platten sich im globalen Maßstab gegeneinander zu bewegen – gerade rechtzeitig.

Kein anderer Planet oder Mond in unserem Sonnensystem hat diese besondere Kraft der Plattentektonik. Warum dies gerade bei der Erde funktioniert, ist nicht völlig klar. Anscheinend muss viel zusammenkommen: die richtige Temperatur, das richtige Material, das richtige Klima – und die richtigen kosmischen Begleiter.

Die Temperatur ist sicherlich ein wichtiger Faktor. Der Erdmantel unter der Erdkruste wird durch Radioaktivität und die übriggebliebene Gravitationsenergie aus der Entstehungsphase der Erde geheizt.[67] Radioaktivität klingt für uns Menschen meist lebensbedrohlich, aber in der Wirklichkeit ist sie lebensnotwendig. Ohne Radioaktivität gäbe es weniger Veränderungen im Erbgut und weniger Evolution, aber vor allem keinen heißen Mantel, keine Vulkane und keine Tektonik. Damit würde auch kein Kohlendioxidkreislauf existieren, und unser Klima hätte uns ohne Treibhausgase dauerhaft erfrieren lassen, ohne Chance auf Rettung.

Aber die noch aus dem protosolaren Nebel stammenden radioaktiven Elemente verlieren langsam ihre Kraft, und auch die noch gespeicherte Schrumpfungsenergie der Erde wird schwächer. Mit der Zeit hat sich der Erdmantel unter der Erdkruste abgekühlt. Heute ist er fast 100 bis 250° K kälter als bei der Geburt der Erde. Mit der Abkühlung der Erdheizung und der Kühlung von außen verändert sich auch die Kruste. Wer Brot backt, weiß, dass die Kruste erst langsam entsteht und auch davon abhängt, wie man das Brot backt, auskühlen lässt und lagert.

Haben bei der Entstehung der Tektonik auch die dicken Eisschichten eine Rolle gespielt oder ist es reiner Zufall, dass die Herausbildung der Plattentektonik ungefähr in denselben Zeitraum fällt wie die Vereisung der Erde? Gibt es darüber hinaus noch andere Faktoren?[68] Welchen Effekt hatten die vielen großen und kleinen Asteroideneinschläge? Es gibt Hinweise, dass sie die Kruste und die Art des Vulkanismus verändern.[69] Die Einschläge kreieren Stress und Unebenheiten, welche die Kruste beeinträchtigen können.[70] Auch das Wasser der Ozeane kann die Kruste verändern,[71] es dringt in sie ein und ändert mit der Zeit deren Viskosität und Zähigkeit.[72] Ja, auch das Leben selber kann durch seine Ablagerungen tektonische Prozesse beeinflussen.[73]

Wie so oft im Leben wird es nicht nur einen einzigen Grund geben, warum die Erde ihre Plattentektonik entwickelt hat, sondern es ist eine Kombination aus verschiedenen Faktoren. Auf jeden Fall hat die Plattentektonik umwälzende Konsequenzen.

Zu unserem Glück bricht die Erdoberfläche immer wieder an verschiedenen Stellen auf, und die einzelnen Scherben der Erdkruste schwimmen wie Luftmatratzen auf einem völlig überfüllten Swimmingpool. Die tektonischen Luftmatratzen bewegen sich gegeneinander und fangen an sich zu überlappen. Das eine Ende einer Luftmatratze wird unter Wasser gedrückt, das andere Ende schiebt sich über eine dritte. Genau das tut die Plattentektonik, sie sorgt dafür, dass Kontinentalplatten kollidieren und sich übereinanderschieben. Dabei werden sie am einen Ende hochgehoben und schauen aus dem Wasser, während das anderen Ende nach unten gedrückt wird und im heißen Erdmantel schmilzt.

Die Kontinente selber sind aus leichterem Material und schwimmen auf dem Erdmantel wie Rettungsringe oder aufblasbare Sitzkissen im Pool. Sie werden hin- und hergeschoben, aber gehen nicht unter. Waren es am Anfang nur ein paar Pocken, die durch frühe Vulkanausbrüche oder Asteroideneinschläge über dem Meeresspiegel zu sehen waren, so sind es jetzt große Landmassen, die aus dem Wasser ragen, zerrissen und wieder zusammengeschoben werden. Vor rund 2 Milliarden Jahren wachsen sie zu einem einzigen Superkontinent zusammen. Nuna oder Columbia nennen ihn die Forscher.[74]

vor 2,5–1,5 Ga
Superkontinent Columbia

Die untergetauchten Teile der Erdplatten werden wieder in den feurigen Erdmantel aufgenommen. Das Material schmilzt teilweise auf, tropft nach unten und kann bis zum Erdkern sinken. Das Mehr an Gesteinsvolumen kommt an anderer Stelle wieder heraus, und zwar in Form von Vulkanausbrüchen. Die sind manchmal so heftig, dass sie das ganze Klima aus dem Tritt bringen können, denn sie stoßen große Mengen Kohlendioxid, Wasserdampf und Staub aus.

Auch der Kohlenstoffzyklus kommt durch die Plattentektonik immer mehr in Fahrt. Biologisches Leben im Meer verarbeitet das Kohlendioxid im Wasser und speichert es. Wenn Zellen sterben, sinkt der in ihren Zellleichen gebundene Kohlenstoff auf den Grund des Meeres und lagert sich dort in Schichten ab.

Nachdem sich die ersten Landmassen erhoben haben, trägt auch die Verwitterung der durch die Plattentektonik aufgetürmten Gebirge verstärkt zum Kohlenstoffzyklus bei. Regenwasser (H_2O) und Kohlendioxid (CO_2) verbinden sich zu Kohlensäure (H_2CO_3). Das Regenwasser wird sauer und kann Gesteine auflösen – nicht viel, aber stetig. Die gelösten Kohlenstoffrückstände werden dann mit dem Regenwasser und den ersten Flüssen in die Tiefen des Meeres gespült und lagern sich ebenfalls dort ab.[75]

Teile der kohlenstoffhaltigen Sedimentschichten verschwinden dann mit den untertauchenden Platten im Erdmantel und verteilen sich in der heißen, zähflüssigen Unterwelt unserer Erde. Dort bleibt der Kohlenstoff aber nicht für immer.

An den langen Bruchstellen der Erdplatten kommt heißes Gesteinsmaterial wieder nach oben. Blubbernde Blasen von Magma durchbrechen die Erdoberfläche und schießen empor mit allem, was sich im Erdinneren verborgen hat.[76]

Gold zum Beispiel, das als schweres Metall eigentlich zum Erdkern gesunken war, kommt mit solchen Blasen wieder nach oben und gelangt durch die Ritzen an die Oberfläche. Die meisten Goldminen der heutigen Zeit befinden sich daher in der Nähe von ehemaligen Spalten in der Erdkruste.[77]

Auch das unvermeidbare Kohlendioxid kehrt wieder zurück – Totgesagte leben länger. Kohlendioxid ist einfach ein unverwüstlicher Teil unserer Erde – egal wo man ihn versteckt, verbuddelt oder verarbeitet, irgendwann kommt er wieder zum Vorschein, zum Glück für kohlenstoffbasierte, sauerstoffatmende Lebewesen wie uns. Heute ist zu viel Kohlendioxid eine Bedrohung für unsere Gesellschaft, aber zur Zeit der Schneeball-Erde vor 2 Milliarden Jahren war Kohlendioxid unsere Rettung.

Der eingefrorene und fast stillgelegte Planet baut zunächst kaum noch CO_2 ab. Das Leben hat sich schlafen gelegt und nimmt nur wenig von diesem Kohlenstofflieferanten auf. Von der gefrorenen Erdoberfläche steigt kaum Feuchtigkeit[78] nach oben, es regnet nicht mehr, Flüsse fließen nicht, und eisbedeckte Gebirge können vom sauren Regen nicht mehr verwittert werden. Kohlendioxid hält sich länger in der Luft. Zusätzlich pusten jetzt die reichhaltigen Vulkane, die durch die Plattentektonik befeuert werden, neues Treibhausgas in den Himmel. Auch kohlenstoffreiches Gestein, das durch die Plattentektonik nach oben gedrückt wird, kann im Prinzip weiteres Kohlendioxid entweichen lassen.[79]

So füllt sich irgendwann der atmosphärische Gasspeicher der Erde neu. Das Treibhaus Erde funktioniert wieder. Gott sei Dank! Auch die reflektierende Wirkung des Eispanzers lässt mit der Zeit nach. Asche und Staub der Vulkanausbrüche lassen Teile des Eisspiegels erblinden, und herrlichen weißen Neuschnee gibt es in dem kalt-trockenen Klima so gut wie nicht.

Ich erinnere mich, wie ich einmal zu Beobachtungen Schwarzer Löcher beim IRAM–30 m-Radioteleskop[80] am Pico Veleta in der Sierra Nevada war. Dort gibt es eines der größten Skigebiete Spaniens. Als ich ankam, war es Frühling, und der Schnee begann schon zu schmelzen. Eines Nachts kam Saharastaub über das Mittelmeer geweht, der weiße Schnee färbte sich braun und schmolz nun noch viel heftiger, weil er die Sonnenstrahlen besser absorbierte – ganz schnell wurde da aus Schnee eine dreckige Sülze. So stelle ich mir das Ende der ersten globalen Eiszeit vor.

Zu dieser Zeit, vor 2,23 Milliarden Jahren, kommt es wie so oft in der Erdgeschichte zu einem Knall. Ein großer Asteroid schlägt ein, und noch mehr Wasserdampf und Staub werden in die Luft geschleudert. Von diesem Einschlag zeugt noch heute der 30 mal 70 Kilometer große Yarrabubba-Krater in Westaustralien. Es ist der älteste Krater, den wir heute noch als solchen erkennen können. War das der letzte Anstoß, um unser Erdklima wieder in die richtige Richtung zu stupsen?

vor 2,23 Ga
Einschlag des Yarrabubba-Meteoriten

Die Erde taut und atmet auf

All diese Effekte zusammen lassen das Eis der ersten Schneeball-Erde dahinschmelzen. Je weniger Eis die Erde bedeckt, desto weniger Licht wird reflektiert und desto mehr Sonnenstrahlen tragen zur so dringend gebrauchten Erderwärmung bei. Die Eis-Albedo-Rückkopplung schlägt zu – diesmal in umgekehrter Richtung. Das zum Vorschein kommende dunkle Land nimmt die Sonnenstrahlen noch besser auf und wärmt die Oberfläche zusätzlich. Fluten von nährstoffreichem Schmelzwasser ergießen sich nun in die Meere und lassen das Leben wieder aufblühen. Der globale Winter ist vorbei, der Kohlendioxidkreislauf kommt in Gang, und ein neues Gleichgewicht pendelt sich ein.

So hat die Entstehung der Plattentektonik unser Leben gerettet, und sie wird es in der Erdgeschichte noch einige Male tun. Es klingt bizarr, ja, fast zynisch, von der durch Radioaktivität angetriebenen Tektonik als Lebensretter zu reden, wenn man die Bilder der schrecklichen Erdbeben und Tsunamis vor Augen hat, die entstehen, wenn Erdplatten aneinander reiben, sich verhaken und plötzlich springen. Für uns sind Erbeben und Vulkane im Allgemeinen Zeichen von Zerstörung und Leid.

Aber Erdspalten und Vulkane waren lange vor uns da. Zu Zerstörern werden sie dort, wo Menschen sich in ihrer Nähe ansiedeln und dann von ihrer lange angestauten Kraft wieder und wieder überrascht werden. Ansonsten sind sie ein lebenswichtiger Teil des Gesamtsystems Erde. Gäbe es keine Vulkanausbrüche und Erdbeben mehr, würde das langfristig eine Klimakatastrophe ungeahnten Ausmaßes und ein neues Massensterben bedeuten.

Nach dem Einfrieren kann das Leben nun wieder langsam wachsen und Sauerstoff produzieren. Ganz oben am Himmel passiert dabei noch etwas Lebenswichtiges. Es geschieht ganz unscheinbar im Kleinen, aber es wird globale Auswirkungen haben, die bis heute fortwirken. Der Sauerstoff der Bakterien dringt bis in die höchsten Schichten der Atmosphäre vor. Dort treffen sie auf die tückischen Ultraviolettstrahlen der Sonne. Diese Strahlung ist tödlich für das Leben, im Wasser wird der gefährlichste Teil dahingegen gut abgeschirmt.[81] Noch heute wird Ultraviolettlicht in Filteranlagen benutzt, um Keime abzutöten. Die energiereichen Strahlen gelangen mit ihrer fatalen Wirkung aber nicht mehr so leicht durch unsere dünne Atmosphäre, denn jetzt treffen sie auf den neuen, immer reichhaltiger werdenden Sauerstoff und zerschlagen dabei O_2-Moleküle in zwei einzelne Sauerstoffatome. Die freigewordenen Atome verbinden sich dann mit anderen Sauerstoffmolekülen zu einer Dreiecksbeziehung, dem Ozon (O_3).

Die Erde wird langsam eingehüllt in eine schützende Ozonschicht. Das ist Sonnencreme für den Planeten. Ozon filtert die harte, lebensfeindliche Ultraviolettstrahlung heraus. Dies ermöglicht, dass sich später Leben an der Wasseroberfläche und an Land entwickeln und festsetzen kann. Ohne die Ozonschicht der Erde hätten wir permanent Sonnenbrand.

Selbst die spätere Entwicklung der Zivilisation hängt vom richtigen Sauerstoffangebot ab. Man denke nur an die Entdeckung und die Kontrolle des Feuers durch den Menschen. Feuer würde an der Erdoberfläche nicht brennen, wenn der Sauerstoffanteil in der Luft unter 12 bis 18 Prozent geblieben wäre, wohingegen bei mehr als 30 bis 40 Prozent Sauerstoffgehalt dauerhaft Waldbrände wüten würden.[82]

Mit der Erfindung der Sauerstoffatmung und der Photosynthese werden nun die Kontinente ein verlockendes Ziel für das Leben, denn dort gibt es Licht und Sauerstoff satt. Noch existieren dort keine Sträucher und Bäume, die an Land Sauerstoff produzieren, doch mit dem besseren Energieangebot kann sich das Leben weiterentwickeln. Bevor das passiert, müssen aber die Zellen erst noch zu wahren Multitalenten werden.

Zellen mit Teamspirit

vor 2,7–1,8 Ga
Eukaryoten – »moderne« Zellen

Irgendwo in den Tiefen des Meeres oder vielleicht an einem romantischen Sandstrand kommt es – vielleicht schon vor der Schneeball-Erde, spätestens aber ein paar hundert Millionen Jahre nach der großen Eiszeit,[83] also zwischen 2,7 und 1,8 Milliarden Jahre vor heute – zu einer neuen, ganz besonderen Liaison. Eines der Archaeen bandelt mit einem Bakterium an. Statt es zu fressen, nimmt das Archaeon es in sich auf und bildet eine symbiotische Beziehung, welche die Komplexität und Wandelbarkeit des neuen Lebewesens schlagartig erhöht.

Milliarden Jahre unterschiedlicher Entwicklungen und Lebenserfahrungen verschmelzen so zu einem neuen Organismus.[84] Aus den zwei unterschiedlichen Zelltypen wird eine neue Lebensform geboren – Eukaryoten, eine Zelle mit einem Zellkern. Es ist die Art von Zellen, aus denen wir gemacht sind, und ist dann vielleicht auch kein Wunder, dass die Eukaryoten den Sex erfunden haben, denn sexuelle Reproduktion ist eine fast universelle Eigenschaft eukaryotischer Organismen.[85]

Als Chimären sind Eukaryoten weder ein Archaeon noch ein Bakterium, sondern verbinden deren Eigenschaften. Das befähigt sie, noch weitere Symbiosen einzugehen. Nach und nach übernimmt diese neue Superzelle auch wichtige Eigenschaften, die vorher in verschiedensten Bakterien entwickelt wurden. Das kann man vielleicht mit den großen Firmen unserer Zeit vergleichen, die versuchen, fehlende Kreativität und Fähigkeiten durch die Übernahme und die Einverleibung kleinerer Start-ups zu erwerben.

Eine der erfolgreichsten Übernahmen im Eukaryoten-Reich ist die Fähigkeit, Sauerstoff zu verarbeiten. Kleine Energiefabriken, die Mitochondrien genannt werden und noch eigene Erbinformatio-

vor 800 Ma
Eukaryoten ergrünen und lernen die Photosynthese

nen besitzen, werden einverleibt und lassen die Mutterzelle jetzt quasi atmen.[86] Spätestens vor rund 800 Millionen Jahren[87] übernehmen einige eukaryotische Zellen auf ähnliche Weise von den Cyanobakterien auch die Eigenschaft der Photosynthese. Die einverleibten Bakterien werden zu Chloroplasten, die der Zelle ihre Pigmentierung geben und heute Blätter grün färben. Mit all diesen Übernahmen bekommen die neuen Zellen Superkräfte, und die neuen Eukaryoten werden zu direkten Vorfahren aller großen Lebensformen wie Pilze, Pflanzen, Tiere und Mensch. Bevor sie aber dorthin gelangen, müssen sie noch besser zusammenzuarbeiten lernen.

Irgendwo, vielleicht wieder mal an der Oberfläche eines warmen Tümpels oder auf einem flachen Seeboden, passiert es dann. Gemütlich und träge genießen Zellen die Wärme der Sonne und das reichhaltige Nahrungsangebot, bis die Zeiten dann vielleicht etwas härter werden. Zellen lagern sich aneinander, bilden eine kleine Kolonie, so wie sie es schon seit fast zwei Milliarden Jahren immer wieder getan haben. Sie entdecken aber nun, dass man besser überleben kann, wenn man zusammenarbeitet. Ein differenzierter Biofilm überzieht das Gestein am Ufer oder im flachen Wasser. Die Zellen fangen an, sich die Arbeit zu teilen. Jede von ihnen entwickelt bestimmte Talente weiter, was allen ermöglicht, besser zu leben. Die einen sind gut darin, bestimmte Nährstoffe aufzunehmen und in energiereiche Stoffe umzusetzen, die anderen können sie verarbeiten und abführen. Nicht jede Zelle muss alles gleich gut tun. Gemeinsam sind sie stärker. Manchmal stirbt sogar eine Zelle, um den Gesamtverband besser zu machen.

Diese Zellen mit eingebautem Teamspirit sind nun bereit, die Weltherrschaft zu übernehmen, aber schon bald wird ihre Zusammenarbeit auf eine harte Probe gestellt. Die Welt verändert sich schon wieder dramatisch und macht vielen von ihnen den Garaus.

Die erneute Schneeball-Erde

Nach der Entstehung der Plattentektonik beginnen die Kontinente ihren Tanz über die Erdoberfläche.[88] Wie ein vielköpfiges Wasserballett verteilen sie sich in den Weiten des Ozeans. Mal bewegen sich alle voneinander weg, mal drehen sie Pirouetten, mal bewegen sich alle wieder aufeinander zu. So kommt es vor etwa 1,1 Milliarden Jahren plötzlich wieder zu einer besonderen Konfiguration, als sich viele Erdteile zum Superkontinent Rodinia[89] zusammenfinden. Ein paar Mal ist so etwas in der Geschichte der Erde passiert.[90]

vor 1,1 Ga–780 Ma
Superkontinent Rodinia

Auf dem Superkontinent bildet sich für viele Jahrmillionen ein sehr trockenes kontinentales Klima heraus. Niederschläge und Verwitterung werden geringer, weniger Kohlendioxid wird aus der Atmosphäre entfernt, es wird warm. Rund 300 Millionen Jahre später passiert das Gegenteil, und der Kontinent bricht wieder in einzelne Teile auseinander. Vor 780 Millionen Jahren sammeln sich die Bruchstücke des Superkontinents – auf denen wir heute noch leben – in äquatorialen Breiten. Tropische Hitze treibt feuchte Meeresluft über die kleinen Kontinente, starker Regen wäscht das so wichtige Kohlendioxid-Treibhausgas verstärkt aus der Atmosphäre, der saure Regen erodiert die Gesteine, deren verwitterte Reste zusammen mit dem Kohlenstoff auf den Meeresboden sinken. Die CO_2-Konzentration in der Atmosphäre sinkt jetzt, der Treibhauseffekt schwächelt massiv, und es wird mal wieder richtig kalt auf der Erde. Willkommen im Zeitalter des Cryogeniums im Zeitraum von 720 bis 635 Millionen Jahre vor heute![91]

vor 720–635 Ma
Cryogenium
Schneeball-Erde

Mindestens zwei globale Eiszeiten treffen die Erde hintereinander.[92] Unser Planet wird zum zweiten Mal zu einem Schneeball – vielleicht auch nur zu einem Schneematschball, von dem noch einige Bereiche am Äquator eisfrei bleiben. Die biologische Aktivität in den Meeren wird drastisch heruntergefahren. Auch der Sauerstoffgehalt in den Meeren schwankt stark. Mal ist er hoch, mal erstickend niedrig. Möglicherweise gibt es beim heutigen Namibia sauerstoffreiches Wasser an der Küste, während es dort, wo einmal China sein wird, tödlich sauerstoffarm ist. Der ganze Planet steht unter Stress. Das Leben, das nicht stirbt, kämpft verzweifelt und muss sich neu erfinden.

Wieder einmal also muss das Leben mit einer Schneeball-Erde klarkommen. Am Ende sind es jedoch wieder Vulkane und vielleicht auch kosmische Einschläge, die uns aus der Todesspirale herausholen. Und vielleicht spielt sogar der Mond eine hilfreiche Rolle dabei. Dessen Zerren an der Erde führt nicht nur zu Gezeiten im Meer, sondern lässt auch unsere Atmosphäre hin- und herschwappen. Ungefähr im Zeitraum von 1000 bis 500 Millionen Jahren vor heute ist unser Tag nur 21 bis 22 Stunden lang. Bei dieser Tageslänge kann die Atmosphäre in Resonanz mit dem Mond schwingen und so die Gezeiteneffekte der Luftmassen verstärken. Modelle zeigen, dass dadurch mittags weniger Wolken entstehen und das Klima ein paar Grad wärmer wird.[93]

Irgendwann ist das Eis geschmolzen, und am Ende ist es wohl wieder das zunehmende Kohlendioxid, das der fröstelnden Erde einen warmen Mantel verpasst.

Leben blüht auf und wächst

vor 635–539 Ma
Ediacarium
Die Überlebenden der Schneeball-Erde

Als das Eis schmilzt, Wasser verdampft und der Regen wieder einsetzt, spülen Flüsse reichlich Nährstoffe in die Ozeane. Das ist ein Festmahl für das Leben, das jetzt wieder aufblühen kann. Ein neues Zeitalter beginnt, das Ediacarium (vor 635 bis 539 Millionen Jahren). Nur die härtesten Kämpfer, die effizientesten

Organismen haben bisher überlebt. Jetzt legen sie aber so richtig los. Der Sauerstoffgehalt der Erde steigt durch die Photosynthese weiter an, und auch die Ozonschicht bekommt jetzt ihre maximale Stärke.

Aus unerfindlichen Gründen spielt jedoch das Erdmagnetfeld kurz darauf verrückt und wird viel schwächer.[94] Dies erhöht den Sauerstoffgehalt[95] und erlaubt es hochenergetischen Teilchen der Sonne, tief in die Atmosphäre und die obersten Lagen des Meeres einzudringen, was wiederum die Mutationsrate steigert, weil die Teilchen das Erbgut schädigen. Vor 591 Millionen Jahre erreicht das Erdmagnetfeld dann sogar den niedrigsten Wert aller bekannten Zeiten. Mitten im Ediacarium ist es 30-mal schwächer als heute, und das für 26 Millionen Jahre. Auch springt die Polarität des Magnetfeldes alle zehntausend Jahre hin und her. Das ist ausgesprochen hektisch für geologische Prozesse und hat dramatische Effekte auf die Atmosphäre. Wasserstoffionen, Bruchstücke des Wassermoleküls, die normalerweise im Magnetfeld gefangen sind, können leichter die Erdatmosphäre verlassen. Dadurch fehlt dem Sauerstoff der Partner, um Wasserdampf zu bilden, und die Atmosphäre enthält mehr Sauerstoff, was wiederum günstig ist für komplexere Lebensformen.

vor 575 Ma
Erste große Fauna entsteht

In Umbruchzeiten kann etwas ganz Neues entstehen. Jetzt ist endlich die Stunde der Mehrzeller gekommen. Sie werden immer erfindungsreicher. Vor etwa 575 Millionen Jahren bildet sich erstmals eine vielfältige mehrzellige Lebenswelt heraus. Die ersten großen Fossilien werden in Stein gebacken. Wie große Federn sehen manche von ihnen aus und werden bis zu einem Meter groß.[96]

Währenddessen driften die Kontinente weiter auseinander und ziehen den Ozeanboden wie eine Ziehharmonika auseinander. Zwischen den Kontinentalplatten steigt neues Magma nach oben und bildet mittelozeanische Rücken, die den Meeresspiegel

11 Charniodiscus Meer (Pen), Fossil mit einem blattähnlichen Eindruck aus dem Ediacarium: In dieser Zeit vor 580–540 Millionen Jahren entstanden die ersten vielzelligen Tiere noch vor der kambrischen Explosion. Das Fossil ähnelt morphologisch heutigen Seefedern und ist vermutlich ein angewachsenes Gewebetier, das Nährstoffe aus dem Wasser filtrierte.

steigen lassen. Die Ränder der durch Eis und Regen flachgebügelten Kontinente werden überspült, dadurch entstehen nährstoffreiche flache Küstengewässer, in denen es sich paradiesisch leben und planschen lässt.

Die kambrische Explosion des Lebens

Das Leben floriert und wird immer erfinderischer. Es fängt an zu buddeln und zu schwimmen – es ist die größte Mobilitätsrevolution der Weltgeschichte. Neue Lebensräume und Nahrungsquellen können dadurch erschlossen werden. Einige dieser Nahrungsquellen sind allerdings auch Lebewesen, die nicht schnell genug wegschwimmen können. Das große Fressen beginnt.

Das Paradies wird nun zum Kampfplatz. Es wird aufgerüstet und ausprobiert, Waffenschilde werden entwickelt. Vor 550 Millionen Jahren sind die ersten Tiere mit Schalen und Skeletten da. Eine Schwemme von Kalzium,[97] das aus dem Erdinneren gekommen ist und die Ozeane angereichert hat, wird von den neuen Tieren vor allem zusammen mit Kohlenstoff zu harten Strukturen geformt,[98] die als Angriffswaffen oder Rüstung dienen. Außerdem geben sie mehr Stabilität und erlauben kraftvollere, größere Körper.

vor 550 Ma
Schalentiere entstehen

Diese neuen Körper haben aber auch wieder einen Einfluss auf das Klima, denn der massenhaft in ihren Skeletten und Schalen gebundene Kohlenstoff sinkt nach ihrem Tod auf den Meeresboden und verschwindet aufgrund der Plattentektonik im Erdmantel. Irgendwann gelangt der Kohlenstoff der Tierleichen dann über Vulkanausbrüche in die Atmosphäre. Leben und Sterben werden zu einem immer bedeutenderen Teil des Kohlenstoffzyklus, der den Kohlendioxidgehalt und unser Klima reguliert. Das hat sich bis heute nicht geändert.

Währenddessen wird im Meer die Aufrüstung zum Wettrüsten. Das Leben entwickelt sich in rasendem Tempo. Vor 539 Millionen Jahren, im beginnenden Kambrium, entstehen in einem biologisch, geologisch und astronomisch kurzen Zeitraum von 5 bis 10 Millionen Jahren die Vorfahren fast aller Lebensformen, die heute unseren Planeten bevölkern. Die Vielfalt explodiert geradezu, und die grundlegenden Baupläne des Lebens werden entworfen. Damit beginnt auch das Äon des Phanerozoikums – das Zeitalter des sichtbaren Lebens, das bis heute andauert.

vor 539-487 Ma
Kambrium
Explosion des Lebens

vor 539 Ma-heute
Phanerozoikum – Äon des sichtbaren Lebens

»Gott schuf alle Arten von großen Seetieren und anderen Lebewesen, von denen das Wasser wimmelt, und alle Arten von gefiederten Vögeln.«[99]

Die Genesis stellt sich den Urknall des Lebens im Wasser am 5. Tag[100] wimmelnd von Leben vor. Selbst das Meer der Lüfte sehen sie schon erobert, allerdings passiert das im wahren Leben erst viel später.[101]

Das Wichtigste ist: Nun entstehen die Grundformen des Lebens, so wie wir sie heute noch kennen. Es gibt kreissymmetrische Tiere, wie zum Beispiel Quallen, und Zweiseitentiere, die eine klare Achse mit einer linken und einer rechten Seite aufweisen, so wie beim Menschen: Wir haben zwei Beine und zwei Arme, und unsere linke Gesichtshälfte ähnelt der rechten. Unterstützt wird das Ganze oftmals durch einen stabilisierenden Stab in der Mitte sowie zusätzlich einen Eingang zur Nahrungsaufnahme an dem einen Ende und einem Ausgang für auszuscheidende Produkte am anderen. Auch dies wird dem einen oder anderen Leser bekannt vorkommen.

Der große Vorteil dieser Struktur: Wenn man krabbelt oder schwimmt, hat man eine klare Vorwärtsrichtung und man kann das fressen, was vor einem liegt. Was der Körper nicht brauchen kann, lässt man dann wieder hinter sich. Hundebesitzer können davon noch heute ein Lied singen, wenn sie, mit kleinen Plastiktütchen bewaffnet, ihre Vierbeiner in Großstädten Gassi führen.

vor 539–252 Ma
Paläozoikum
Erdaltertum,
erste Tiere

Diese Zeit der Innovation wird die »kambrische Explosion« genannt, die unsere Welt grundlegend verändert und sich in vielen Fossilien niederschlägt, die man auch heute noch finden kann. Sogar der Aufbau der Erdkruste verändert sich durch das Leben.[102] Das Erdaltertum, das Paläozoikum, hat begonnen, die Ära der ersten Tiere. Was genau die kambrische Explosion ausgelöst hat, wird immer noch heiß diskutiert. Wahrscheinlich kamen viele externe Faktoren zum richtigen Zeitpunkt zusammen, und das Leben war reif dafür – nachdem es den Stress zahlreicher Krisen gemeistert hatte. Manchmal wächst man durch Herausforderungen! In den Jahrmillionen, die folgen, wird die Erde noch viele große Umwälzungen zu überstehen haben.

Kapitel 6

DIE EROBERUNG DER KONTINENTE

»Wer hat meine Vorfahren geboren und wer deren Vorfahren und deren Vorfahren?«, frug das Kind.

»Deine Vorfahren wurden im Schoß der Erde und der Meere geboren«, sagte der Prophet. »Das Leblose wurde lebendig, wuchs, und bald wimmelte das Wasser von lebendigem Getier. Dann ließ die Erde aufgehen Moose und Farne und Bäume, und es war gut, denn es veränderte den Lauf der Dinge. So bereitete die Erde dem Getier ein grünes Bett, in das es sich legte. Aber dieses Bett veränderte sich ständig. Es bewegte sich hin und her, wurde heißer und kälter, feuchter und trockener, grüner, weißer und brauner. Viel Getier starb, neues wurde geboren und passte sich der immer bewegenden Erde an. Deine Vorfahren verkrochen sich im Gehölz des Waldes aus Furcht vor den Monstern des Landes, bis ein Himmelsblitz sie hinwegfegte. Dann ließ die Erde aufgehen Gras und Kraut, das Samen bringt, ein jedes nach seiner Art, und Bäume, die da Früchte tragen, in denen ihr Same ist, ein jeder nach seiner Art. Deine Vorfahren gediehen prächtig und eroberten erst die Wälder und dann die Steppe, als die Wälder verschwanden. Die Reise deiner Vorfahren war lang, mein Kind, sehr lang.«

Ein Wald stirbt

Im Sommer 2020 stand ich vor den Resten meines Waldes bei Spurkenbach im Bergischen Land. Es ist ein kleines Fleckchen Erde von zwei Hektar, das meine Großmutter als hölzerne Reserve mit in ihre Ehe genommen und das ich schließlich geerbt hatte. Dieses Land war sicherlich kein Großgrundbesitz, aber ein Stück Familiengeschichte. Vor Kurzem standen hier noch gutgewachsene hundertjährige Fichten, doch geschwächt durch Klimawandel und Monokultur hat ihnen der Borkenkäfer innerhalb weniger Monate den Garaus gemacht. Die toten Stämme sind gefällt und nach China verschifft, etwas Restholz ließ ich bewusst liegen als Starthilfe für den neuen Wald. »Wann wird hier wieder so ein schöner Wald stehen?«, fragte ich mich. Werde ich das noch erleben? Der Förster hatte keinen Rat, was angesichts des fortschreitenden Klimawandels die geeignete Strategie für Neuanpflanzungen sei. Etwas traurig stapfte ich über den feuchten Waldboden. Mir fiel auf, wie viel hier trotz allem noch wuchs. Kleine Fichten waren zu sehen, eine ganze Eiche stand noch, überall waren Farne und Pflanzen, deren Namen ich nicht kenne. Beim Nachbarn ist in wenigen Jahren ein junges Birkenwäldchen gewachsen. Ich kniete mich hin, roch den Duft des Bodens und beschloss, dem Wald zu vertrauen.[1] Ich will kein Geld verdienen, sondern den Wald Wald sein lassen. Der Waldboden alleine ist ein Wunder an sich, eine Welt voller Kraft und Leben – er hat auch unser Leben überhaupt erst möglich gemacht. Auch er musste erst noch entstehen.

Nach der kambrischen Explosion wimmelt das Meer von Leben, aber das Land ist noch karg und felsig. Einfache einzellige Lebewesen hat es schon vor Jahrmilliarden vereinzelt an die Erdoberfläche gezogen, sie bilden Biofilme, aber es gibt noch keinen Garten Eden mit nährstoffreichem Boden, auf dem Pflanzen wachsen und gedeihen könnten.[2] Den muss das Leben erst selber schaffen – durch Tod und Verwesung. Kompost und Mutterboden entstehen aus verrotteten Pflanzen, aber bevor man sterben kann, muss man erst mal leben. Um richtig guten Boden zu machen, braucht es auch noch Tiere, die buddeln, fressen und verdauen. Auch der weiche Grund, auf dem ich heute durch den Wald laufe, wimmelt von Leben, aber bevor es so weit kommen kann, muss er erst noch mühsam Stück für Stück erzeugt werden.

Das Leben springt aufs Land

Der Riesenkontinent Gondwana, bestehend aus den heutigen Landmassen Südamerika, Afrika, Antarktis, Australien und Indien,[3] reicht im Ordovizium, 487 bis 443 Millionen Jahre vor heute, von knapp nördlich des Äquators bis zum Südpol.[4] Trotz des heißen Treibhausklimas, mit Kohlendioxidwerten rund siebenmal höher als heute[5] und Meerestemperaturen von über 40 Grad Celsius an der Oberfläche, ist die mittlere Temperatur an Land angenehme 16 Grad Celsius. Im Winter scheint in weiten Teilen gar keine Sonne, weil sie am Südpol liegen.[6]

vor 487–443 Ma
Ordovizium
Erste Moose an Land
Gondwana am Südpol

Der Sprung des Lebens an Land ist deshalb nicht einfach. Es ist trocken, und die Oberfläche hat ein extremes Reizklima: Zu viel Sauerstoff ist erst einmal Gift für das Leben. Hat das Meer einen Sauerstoffgehalt von ein paar Promille, liegt er in der Luft bei etwa 10 Prozent[7] – weniger als heute, aber aggressiv genug für alles, was lebt. Also müssen sich Pflanzen und Tiere gegen die »Rostkraft« des Sauerstoffs rüsten und Antioxidationsmittel erfinden, die ihre Zellen schützen. Das tun sie. Zu den neuen Wundermitteln gehört zum Beispiel Vitamin C, das schon bei der Ausbildung der ersten Knorpel- und Knochenskelette wichtig war[8] und das wir heute immer noch gerne bei Erkältungen zu uns nehmen.

Schritt für Schritt gelingt der Weg an Land. Schon bald nach der kambrischen Explosion, im Ordovizium, wagen sich einige pflanzliche Lebensformen, die ein bisschen an Moose erinnern, an die frische Luft.[9] Vielleicht sind sie da auch nur zufällig hingelangt. Von Algen bewachsene Felsen in flachen Wassern können auch schon mal aus dem Wasser herausragen und so zu einem Trainingscamp für die Eroberung des Landes werden. Die kargen und rauen Landmassen, die vielleicht aussehen wie eine Mischung aus sahara-ähnlicher sandiger Wüste und rauer Felslandschaft wie in Island, bekommen einen grünen Rand aufgemalt. Von den Küsten her breiten sich diese moosähnlichen Pflanzen entlang von Gewässern weiter ins Landesinnere aus. Sie geben der Erde nicht nur einen neuen Farbton, sondern verändern auch sofort ihre Umgebung.[10] Wie Schwämme halten sie das Wasser auf, benetzen die steinerne Oberfläche, steigern so deren Verwitterung mithilfe des im Wasser gelösten Kohlendioxids und entziehen gleichzeitig der Luft das Kohlendioxid, was das Klima verändert. Feines Sediment bleibt im Moos hängen, es bilden sich Schlammablagerungen. Dadurch verändert sich der Lauf von Flüssen: Sie schlängeln sich jetzt durch die Landschaft, anstatt in breiten sandigen Betten zu fließen.[11] Das kleine, unscheinbare Leben verschlammt die Welt, und der Schlamm der Flüsse ist wiederum ein ideales Refugium für das Leben. Flüsse und Bäche werden so eine Ausgangsbasis für die weitere Eroberung der Kontinente.[12]

Das große Sterben beginnt

Dann kommt es vor 444 Millionen Jahren wieder zu einer Klimaveränderung.[13] Der Teil Gondwanas, der über dem Südpol liegt, bekommt eine Eisschicht. Zu viel Kohlendioxid ist aus der Atmosphäre gewaschen worden, und die große kalte Landfläche am Südpol kann besser vereisen als das offene Meer am Nordpol. Der

Anfang pflanzlichen Lebens an Land hat das Seinige dazu beigetragen, indem es zusätzlich Kohlendioxid aus der Atmosphäre aufgenommen hat.

Die Abnahme des Treibhauseffekts lässt die Polkappen auf Gondwana wachsen, und wenn Eis einmal wächst, ist es wegen der Eis-Albedo-Rückkopplung nicht so leicht aufzuhalten, wie wir schon wissen. Der Meeresspiegel sinkt, küstennahes Leben verendet, und es beginnt das erste von fünf großen Massenaussterben in der Geschichte der Vielzeller, das sogenannte Ordovizische Massenaussterben.[14]

vor 445 Ma Ordovizisches Massenaussterben, Gondwana vereist

Auch hier spekulieren Astrophysiker über einen zusätzlichen kosmischen Auslöser oder Verstärker der Klimakrise. Vor rund 466 Millionen Jahre, so meinen sie, sei ein Asteroid von der Erde durch ihre Schwerkraft eingefangen worden und auseinandergebrochen. Ein schattenspendender Staub- und Gesteinsring könnte die Erde umgeben haben und die Erklärung für eine Reihe von Einschlagskratern in einem Band rund um den Äquator sein, die über einen Zeitraum von 40 Millionen Jahren auf der Erde durch Einschläge von Asteroidenteilen entstanden und heute noch nachzuweisen sind.[15] Hatte die Erde zu dieser Zeit wirklich einen Ring wie der Saturn? Das wäre spektakulär. Irgendetwas scheint tatsächlich im All zu dieser Zeit los zu sein. Es gibt Hinweise, dass es vor 470 Millionen Jahren[16] in unserem Sonnensystem eine Riesenkarambolage mit einem 150 Kilometer großen Asteroiden gegeben hat, der dann auseinandergebrochen ist. Ungefähr ein Drittel der Meteoriten, die heute noch die Erde treffen, könnte immer noch von diesem Ereignis stammen. Ob interplanetarer Asteroidenstaub oder Erdringe wirklich zur Klimakatastrophe beigetragen haben, ist schwer nachzuweisen, völlig abwegig ist es jedoch nicht.

Nach der Kaltzeit geht die Klimaachterbahn der Erde wieder in die andere Richtung, und wie so oft gibt es Gewinner und Verlierer in der Evolution. In den folgenden 20 Millionen Jahren, während des Zeitalters des Silur (vor 443 bis 420 Millionen Jahre), setzen sich die Gewinner auf dem Land fest. Gefäßpflanzen, wie zum Beispiel Farne, die in meinem entlaubten Wald als Erste zu sehen waren, entstehen am Ende dieser Zeit. Sie haben im Inneren schon eigene Leitungen, um Wasser und Nährstoffe aus Wurzeln effizienter zu ihren Blättern zu bringen und dort Energie aus Sonne und Kohlendioxid zu gewinnen.

vor 443-420 Ma
Silur
Farne und Gliederfüßer

Der Boden ist im wahrsten Sinne bereitet für den Morgen des fünften Schöpfungstages:

»Das Land bringe alle Arten von lebendigen Wesen hervor, von Vieh, von Kriechtieren und von Tieren des Feldes.«[17]

Die ersten Landtiere

Zwar ist da noch kein Vieh, aber ein paar Skorpione und Tausendfüßer krabbeln jetzt schon vorsichtig an Land auf der Suche nach Futter.[18] Unter diesen ersten landgängigen Gliederfüßern (Arthropoden) sind wahrscheinlich auch schon die Vorfahren von Schmetterlingen, Bienen, Mücken und allen anderen Insekten. Unsere eigenen Vorfahren schwimmen da noch im Meer herum und machen »Blupp«. Wer also heute über Mücken klagt, sollte sich bewusst machen, dass ihre Vorfahren schon vor uns hier an Land waren.[19]

Die Ankunft der Tiere an Land ist ein weiterer Schritt hin zu einem neuen Ökosystem, bei dem Pflanzen und Tiere mit und voneinander leben. Sie ist auch ein weiterer Schritt zu mehr Komplexität. Pflanzen brauchen im Grunde nur Wasser, Licht, Nährstoffe und CO_2, die von alleine zu ihnen kommen, sie brauchen also dem Futter nicht nachzulaufen. Das macht das Leben zwar einfacher, man kann aber vor Gefahren auch nicht weglaufen. Tiere hingegen essen Pflanzen oder andere Tiere. Sie müssen sich ihr Futter holen und können sich notfalls schnell aus dem Staub machen. Dafür brauchen sie Kauwerkzeuge, einen Verdauungstrakt, Beine oder andere Fortbewegungsmittel und Sensoren. Tiere haben einen komplexeren Bauplan,[20] sparen dafür aber an anderen Stellen. Bausteine des Lebens, wie etwa Aminosäuren, brauchen sie nicht alle selber herzustellen, das überlassen sie den Pflanzen, die sie essen.

Im Devon, vor 420 bis 359 Millionen Jahren, nimmt die Entwicklung des Lebens dann nochmals richtig Fahrt auf. Im Meer breiten sich die Fische aus – zu denen unsere Ahnen zu diesem Zeitpunkt noch gehören. An Land kommt es zu einer dramatischen Entwicklung der verschiedensten Pflanzenformen. Enorme säulenförmige Pilze schießen 8 Meter in die Höhe, um ihre Sporen im Wind zu verteilen,[21] und die ersten Pflanzen bilden Holz.[22]

vor 420–359 Ma
Devon
Holz und Bäume

Die Erfindung dieses harten und flexiblen nachwachsenden Rohstoffs wird sehr viel später ermöglichen, dass besonders schlaue affenförmige Nachfahren der Fische Holz als Energiespeicher und Werkstoff nutzen. Am Feuer aus Holz und Holzkohle werden Geschichten erzählt, Mahlzeiten gekocht und Streitäxte geschmiedet. Holz wird zum unersetzlichen Werkzeug für Handwerker und ein robustes Material für Häuser, Schiffe, Kutschen und sogar Satelliten.[23] Die Holzwirtschaft wird ein wichtiger Antreiber unserer Zivilisationsgeschichte.

Zunächst aber sorgt es dafür, dass Pflanzen besser in die Höhe und die Tiefe wachsen könne. Dadurch werden Wurzeln tiefer und der Boden noch stabiler. Bäume wachsen vorsichtig in den Himmel[24] – die Saat für den Wald meiner Oma ist gelegt. Bäume nehmen Kohlendioxid auf, atmen Sauerstoff aus, speichern Feuchtigkeit, und ihre Wurzeln stabilisieren den Boden. So beginnen sie das Klima zu regulieren und selbst Flüsse umzuleiten. Der Kohlendioxidgehalt sinkt, der Sauerstoffgehalt dagegen steigt weiter.

Im Laufe des Devons wird es daher zunächst etwas kühler. Immer stärker nimmt das Leben das Heft der Entwicklung von Erde und Klima in die Hand. Kühler bedeutet aber nicht kalt. Nicht nur am Äquator herrschen immer noch tropische Temperaturen.

Am Ende des Devons, vor 359 Millionen Jahren, wird die Welt dem, was wir heute von ihr gewohnt sind, schon etwas ähnlicher. Farne, Samenpflanzen und Bäume sind da, auch wenn die Pflanzen selber uns sicherlich fremd vorkämen.[25]

Vom Himmel aus betrachtet werden auch die unterschiedlichen Klimazonen deutlich sichtbarer. In den Zeitaltern davor sah die Erde auf allen Breitengraden relativ ähnlich aus. Vereiste Polkappen sind in der Erdgeschichte ja eine echte Seltenheit. Mit einem kurzen Blick aus dem All könnte man nicht sagen, wo Norden ist oder der Äquator. Ein kalter Stein sieht eben genauso aus wie ein warmer, solange kein Schnee liegt. Bei der neuen grünen Erde ist das anders. Jetzt sieht man deutliche Unterschiede in der Pflanzenwelt, wenn man vom Äquator zum Pol flliegen würde.

Erstmals breiten sich Wälder über weite Teile der Welt aus.[26] Die Bäume und Pflanzen atmen Kohlendioxid und bauen den Kohlenstoff in ihre Stämme, Stengel und Blätter ein. Sterben sie, so gelangt Kohlenstoff in den Boden und wird langfristig eingeschlossen. Die stabilen Kontinente, die wie Rettungsringe auf der Erdkruste schwimmen, verhindern, dass dieser Kohlenstoff im Erdmantel verschwindet und dann über Vulkane wieder ausgestoßen wird. Dieses Material wird eingebunkert und dem Kohlenstoffzyklus entzogen. Dadurch kühlt das Klima ab.

vor 372 Ma Kellwasser-Ereignis – Eiszeiten und Massensterben

Mit dem durch das Einlagern von Kohlenstoff kühleren Klima steigt die Wahrscheinlichkeit von Eiszeiten, und vor 372 Millionen Jahren kommt es tatsächlich zum zweiten großen Massensterben, dem Kellwasser-Ereignis.[27] Innerhalb kürzester Zeit, vielleicht nur 50 000 bis 100 000 Jahre, gibt es mehrere Warm- und Kaltzeiten,[28] und der Meeresspiegel sinkt und steigt dramatisch. Außer über Vulkane, Klimakipppunkte und die unvermeidlichen Asteroideneinschläge spekulieren Wissenschaftler auch über eine Supernovaexplosion eines nahen Sterns, die ein Mitauslöser dieser Entwicklung gewesen sein könnte.[29] Möglich ist das, aber harte Beweise gibt es dafür nicht. Der wahre Grund bleibt im Nebel der Erdgeschichte verborgen.

Schreitende Fische

vor 370–365 Ma
Fische machen erste Schritte an Land

Das Massenaussterben kennt auf Dauer jedoch nicht nur Verlierer, sondern auch ein paar Überlebende. Das sind die wahren Kämpfer. Sie sind es, die den Stresstest der Umweltveränderung bestanden haben – die besonders gut Angepassten. Dazu gehören auch unsere Vorfahren. Endlich, vor etwa 370 Millionen Jahren,[30] wagen auch sie den Schritt vom Wasser an die frische Luft. Spätestens ein paar Millionen Jahre nach dem Massensterben machen sich ein paar Vierfüßer-Fische daran, hin-und wieder an Land zu robben. Einer davon ist Acanthostega,[31] dessen Fossilien sich auf 365 Millionen Jahre vor heute datieren lassen. Dieser Fisch hatte wohl eine amphibische Lebensweise und war es gewohnt, sich durch die sumpfigen, pflanzenbewachsenen Flüsse und Seen mithilfe von vier Beinen zu bewegen, die aus erstarkten Flossen entstanden sind. Da ist der Schritt an Land durchaus naheliegend, vor allem wenn der Meeresspiegel sich dauernd ändert. Mit der Begrünung des Landes sind neue Jagdgebiete entstanden, in denen man wunderbar schlemmen kann.

Der Stress des Massensterbens in diesem Zeitraum hat womöglich die Evolution mit angetrieben, und auch der inzwischen reichlich vorhandene Sauerstoff in der Atmosphäre hat seinen Teil dazu beigetragen. Das Atmen fällt leichter, wenn man mal den Trick raus hat und eine Lunge bekommt.[32]

Ein anderer wandernder Fisch ist Tiktaalik, einer der Erfinder des Nackens. Dadurch hat er im wahrsten Sinne des Wortes den Kopf frei, um zu atmen und ihn schnell hin- und herzubewegen, wie man es später zum Laufen an Land benötigt.[33] Wer zum Geburtstag eine schöne Halskette geschenkt bekommt, weiß jetzt also, bei wem er oder sie sich zuerst bedanken sollte.

Der Grundbauplan der laufenden Fische mit einem Kopf und vier Extremitäten findet sich heute noch bei allen Vierfüßern (Tetrapoden), also Amphibien, Reptilien, Vögeln, Säugetieren und somit natürlich auch dem Menschen. Wobei wir uns nur noch bis um den ersten Geburtstag herum und nach durchzechten Nächten auf vier Beinen bewegen. Da ich selber keinen Alkohol mag, kenne ich Letzteres aber nur vom Hörensagen!

Der Sumpfkontinent Pangaea und das Kohlezeitalter

vor 359–299 Ma
Karbon
Sümpfe und Kohlenflöze

Nach einem vorübergehenden Temperaturanstieg geht die Welt vor rund 360 Millionen Jahren in eine etwa 100 Millionen Jahre dauernde Kältephase über,[34] die das Zeitalter des Karbons, 359 bis 299 Millionen Jahre vor unserer Zeit, einleitet. Ihren Namen trägt diese Periode der Erdgeschichte nicht zufällig, denn hier wird richtig Kohle gemacht.

Das, was in Deutschland heute das Ruhrgebiet ist, liegt vor über 300 Millionen Jahren in Äquatornähe. Riesige flache Landmassen finden sich dort neben langgestreckten Bergketten,[35] die Monsune verstärken. Im tropisch-regnerischen Klima haben Bäume und andere Pflanzen eine sumpfige Landschaft entstehen lassen, die sich heute von Kansas bis in die Ukraine erstrecken würde. Dabei werden die Sumpfwälder immer wieder vom Wasser überspült und von Ablagerungen bedeckt.

Tote Bäume sinken in den Morast, werden überspült und überdeckt und so mit ihrem Kohlenstoff eingelagert. Die nachwachsenden Bäume sorgen dafür, dass mehr und mehr Sauerstoff in die Luft gepustet wird und dieser dort einen Anteil von über 35 Prozent erreicht.[36] Durch den hohen Sauerstoffanteil kommt es immer wieder zu höllischen Waldbränden – zumindest da, wo es trocken genug ist,[37] und auch die verkohlten Stämme werden irgendwann wieder überspült.

Der Kohlenstoff wird eingelagert und dem CO_2-Kreislauf entzogen. Der Kohlendioxidgehalt der Atmosphäre sinkt von 2000 ppm (*parts per million*), rund fünfmal so viel wie heute (430 ppm), auf weniger als die Hälfte (800 ppm).[38]

Würde dieser Kohlenstoff jemals wieder freigesetzt, ginge das Klima wieder in die andere Richtung. Wer hätte damals schon gedacht, dass wir heute alle diese toten Wälder wieder ausbuddeln. Denn durch Druck und Hitze werden aus den versumpften Pflanzenresten in Jahrmillionen dicke Flöze aus Kohle. Die Erde wird zu einem gigantischen Kohlemeiler. Der Energievorrat für die Industrialisierung des 19. und 20. Jahrhunderts wird angelegt. In den Sümpfen lagern die Technologieträume von morgen. Innerhalb von etwa zwei Jahrhunderten wird die Menschheit einen nicht unerheblichen Teil des gespeicherten Kohlendioxidvorrats, der über viele Millionen Jahre gespeichert wurde, wieder in die Luft pusten: Dampfmaschinen, Lokomotiven und Heizungen – selbst unser Internet läuft immer noch teilweise mit Kohlestrom.[39]

Ich selber werde in jungen Jahren noch ein paar dieser versumpften Bäume in Form von Briketts in den Heizofen meiner zukünftigen Schwiegermutter legen. Der Kühlungsvorgang von Jahrmillionen sollte in zwei Jahrhunderten Industrialisierung wieder rückgängig gemacht werden. Dennoch werden viele Menschen lange Zeit noch große Zweifel haben, dass dies irgendetwas mit ihnen zu tun haben könnte. Anscheinend haben wir beim massenhaften Gebrauch fossiler Energien vergessen, den Beipackzettel mit den Nebenwirkungen zu lesen.

Im Zeitalter des Karbon kommt es zum umgekehrten Klimawandel. Es wird immer kühler. Zwar ist der Kohlendioxidgehalt rund doppelt so hoch wie heute, aber die Sonne strahlt deutlich schwächer, und Gondwana erstreckt sich weiterhin über den Südpol, wo sein Eisschild die warmen Sonnenstrahlen reflektiert. Immer wieder wechselt das Klima zwischen relativen Warm- und Kaltzeiten, wahrscheinlich getaktet durch astronomische Faktoren. Seit dem Einschlag von Theia und der Geburt des Mondes präzediert die Erdachse, sie eiert. Das kann in kalten Klimaphasen den entscheidenden Unterschied zwischen eisarmen Warm- und eisreichen Kaltzeiten machen. Ein solcher generell kalter Klimazustand ist relativ selten in der Erdgeschichte und führt zu starken klimatischen Veränderungen in kurzen geologischen Zeiträumen. All das ist nervig, aber auch Training für die Anpassungsfähigen. Wir werden einem solchen Zustand auf unserer Reise bald wieder begegnen, und dann läutet er den Siegeszug der Menschenaffen ein.

vor 325–150 Ma
Superkontinent Pangaea am Südpol

Beim Tanz der Kontinente bewegen sich jetzt auch noch die fehlenden Teile auf Gondwana zu und bilden vor rund 325 Millionen Jahren den letzten großen Superkontinent unserer Geschichte: Pangaea, eine riesige Landmasse, die vom Südpol bis weit in den Norden reicht. Sie umfasst fast alle uns heute bekannten Kontinente,[40] und der Zusammenstoß der Teilkontinente lässt Berge aufsteigen, deren Überreste noch immer in stark verwitterter Form unsere Landschaften prägen.

Darunter sind auch die meisten Mittelgebirge in und um Deutschland, wie das Rheinische Schiefergebirge mit den Ardennen, der Eifel, dem Hunsrück und dem Taunus, aber auch der Odenwald, der Schwarzwald, der Spessart, der Harz und der Bayerische Wald bis zum Erzgebirge. Diese Strukturen setzen sich im Osten fort bis in den Norden Chinas und im Westen über Frankreich und Spanien bis in die USA.[41]

An der Ostküste Amerikas zeugen weite Bereiche der Appalachen von diesem historischen Ereignis. Teile davon habe ich selber durchwandert, und wer den alten Hit »Take Me Home, Country Roads« im Ohr hat und zu Gitarrenklängen am Lagerfeuer von den Blue Ridge Mountains singt, darf daran denken, dass deren Ursprung die größte Kollision der letzten 350 Millionen Jahre ist. Unsere Mittelgebirge sind sichtbare Wahrzeichen des immerwährenden Reigens der Kontinente, die sich in einem etwa 500 bis 600 Millionen Jahre langen Zyklus immer wieder aufeinander zu und dann wieder voneinander wegbewegen.[42]

Trotz des im Allgemeinen kälteren Klimas ist dies eine fruchtbare Periode. Am Äquator hat es angenehme 22 bis 25 Grad Celsius.[43] Dort lässt es sich gut leben. Der Superkontinent bedeckt rund 30 Prozent der Erdoberfläche, mit einer sehr breiten Ausdehnung am Äquator.[44] Durch den Wechsel von Warm- und Kaltzeiten und schmelzende oder gefrierende Eismassen steigt und sinkt der Meeresspiegel immer wieder und überschwemmt weite Küstengebiete.[45] Auch das trägt zum Einschluss der zukünftigen Kohlevorräte bei.

Einige Insekten entdecken nun das Fliegen.[46] Wie es dazu kam, ist nicht im Detail bekannt. Jedes Mal, wenn mich das Brummen einer Fliege am Schreibtisch nervt, frage ich mich, wer ihr den Trick verraten hat. Es ergibt aber Sinn, denn Bäume haben der Biosphäre an Land eine weitere Dimension verliehen: die Höhe. Farne bedecken den Boden, während andere Pflanzen baumähnlich bis zu 30 Meter in den Himmel ragen. Da liegt so eine Erfindung wie das Fliegen wahrscheinlich einfach in der Luft.

Wer Angst vor Insekten hat, sollte allerdings nicht ins Karbon reisen. Dort haben manche Libellenarten 70 Zentimeter Flügelspannweite, und Tausendfüßer können bis zu 2,6 Meter groß werden.[47] Der reichhaltige Sauerstoffvorrat macht diese Riesen möglich.[48] Es ist eine bizarre Welt für unsere Augen.

320 Millionen Jahre später lief ich, während der Arbeiten an diesem Buch, durch das Teylers Museum in Haarlem, das älteste Museum der Niederlande. Direkt am Eingang sah ich eine Sammlung

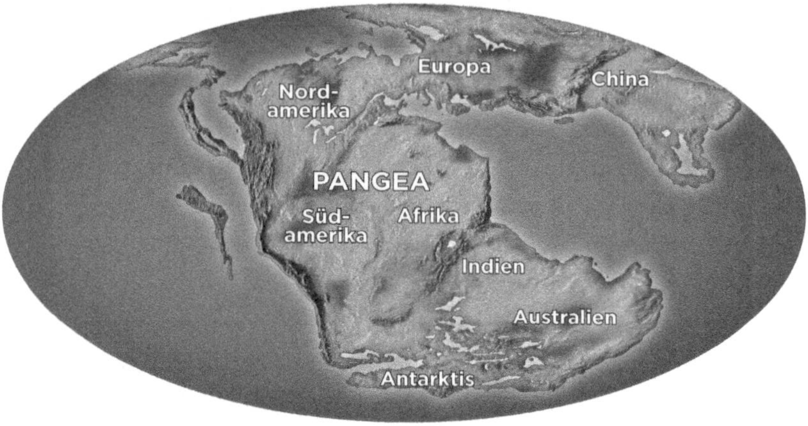

12 Der Superkontinent Pangaea vor 200 Millionen Jahren, bei dem alle heutigen Kontinente zusammenhingen.

von schwarzen, kohleartigen Fossilien. Darunter befand sich auch ein kleines Steinkohlebruchstück aus Eschweiler im rheinischen Kohlegebiet, mit den feinen Abdrücken der Blätter einer farnähnlichen Pflanze[49] aus dem Karbon. Die Abdrücke der Blätter sehen so kunstfertig und lebendig aus, als wären sie erst gestern gewachsen. Der Fundort liegt nicht weit von meinem Heimatort Frechen bei Köln entfernt, der durch den Abbau von Ton, aber eben auch von Kohle groß geworden ist. Die ganze Gegend lebte lange vom Bergbau. Rauchende Schornsteine und Kraftwerke prägten Gegend und Menschen. Heute ist die Luft dort sauber, und der Bergbau wird aus Klimaschutzgründen langsam heruntergefahren. Die großen Tagebaue werden zu Seen und Wäldern, also zu dem, was sie vor vielen Millionen Jahren schon mal waren.

Es ist schon erstaunlich, welch lange Reise dieses fossile Blatt einst angetreten hatte, dachte ich. Vor Millionen Jahren am Äquator im Sumpf eingeschlossen, sank das Blatt in die Tiefe. Mit den Kontinenten wurde es langsam viele Tausend Kilometer nach Norden transportiert, dort irgendwann vor meiner Haustür von Bergarbeitern aus den Kohleflözen herausgelöst und nach Haarlem gebracht, wo ich es dann bestaunen durfte. Was für Wunder der Natur haben wir jahrzehntelang in unseren Öfen verfeuert!

Das Land wird getrocknet und gesalzen – und unseren Vorfahren wird es warm ums Herz

vor 299–252 Ma
Perm
Pangaea wächst zusammen, es wird trockener

Mit der fortschreitenden Zusammenballung von Pangaea verschwinden die seichten Sümpfe zwischen seinen Teilstücken und an den Küsten. Es entsteht eine einzige gigantische Landmasse, die von einem weltumspannenden Ozean umgeben ist. Wir schreiten voran in das Zeitalter des Perms, vor 299 bis 252 Millionen Jahren. An den Ostküsten des Superkontinents nehmen die durch die Erdrotation angetriebenen Luftströmungen feuchte Meeresluft mit und lassen im Sommer in Küstennähe Monstermonsune über das Land hereinbrechen, während es im Winter und im Landesinneren knochentrocken ist – dort entstehen gigantische Wüsten.

Die Winde entstehen, weil in Äquatornähe erwärmte Luft aufsteigt und kalte Luft am Boden aus höheren Breiten nachströmt. Durch die Rotation der Erde werden die äquatorialen Winde aber nach Westen abgelenkt, sie heißen nach ihrer Herkunft aber Ostwinde. Ein Seefahrer namens Christoph Kolumbus wird diese Passatwinde später für seine Entdeckungsreise Richtung Amerika nutzen. Nach einem ähnlichen Prinzip entsteht in höheren Breiten und höheren Luftschichten auch der nach Osten strömende Jetstream, durch den sich Flugzeuge heute durchkämpfen müssen, wenn sie von Europa nach Amerika fliegen. All diese Winde reflektieren daher in komplexer Weise auch die Drehrichtung der Erde, die wiederum durch die ursprüngliche Drehrichtung unserer Geburtsstaubscheibe bestimmt wird.[50] Wenn sich Europäer also wundern, warum der Rückflug von Amerika kürzer als der Hinflug ist, dann liegt das auch an den Geburtsfolgen unseres Sonnensystems.

Durch den kontinentalen Trocknungsprozess sterben die karbonischen Sumpfwälder aus, und die seichten Meeresgebiete verdunsten. Statt Kohle gibt es jetzt Salz, das in riesigen Ablagerungen übrigbleibt, deren Reste noch heute in unseren Kochtöpfen landen. Im Norden Deutschlands wird das Zechsteinbecken[51] zum kochsalzreichsten Gebiet Europas, und ausgehöhlte Salzstöcke, wie im niedersächsischen Gorleben, werden zu stark umstrittenen Kandidaten für die Endlagerung atomaren Abfalls.

Ein Teil des Lebens wandert von den Tropen in nördliche Regionen, wo es erträglicher ist. Leben heißt halt auch immer sich wandeln und wandern, wenn das Klima sich ändert. Unsere Vorfahren, Mitglieder der Gruppe der Synapsiden,[52] lernen nun langsam ihre Temperatur selber zu regeln und sich nicht nur auf die Sonne zu verlassen, die in höheren Breiten in der kalten Jahreszeit seltener scheint. Sie werden Warmblüter[53] – damit haben sie langfristig gegenüber den Reptilien, die wechselwarm sind, einen Vorteil, denn sie können auch nachts und im Winter aktiv sein. Pflanzen packen ihre Saatkörner ein, um sich gegen das trockene Klima zu wappnen. Die ersten modernen Bäume entstehen, die aussehen wie Nadelbäume und ihre Samen in Zapfen einbetten. Der Urahn der Weihnachtsbäume wird geboren. Auch Vorläufer der Palmen entwickeln sich.

Das Perm-Trias-Massenaussterben

Dann, am Übergang vom Perm zur Trias vor 252 Millionen Jahren, wird es plötzlich düster auf der Erde. Riesige Mengen Lava brechen unter weiten Teilen Sibiriens aus dem Boden. Es ist ein Supervulkanausbruch, wie ihn die Erde lange nicht mehr erlebt hat – und hoffentlich auch nicht mehr so schnell erleben wird. Sieben Millionen Quadratkilometer Fläche werden bis zu einer Dicke von 3 Kilometern mit basaltischer Lava überspült und bilden den Sibirischen Trapp.[54] Es ist ein Inferno ohnegleichen, was die Erde in die tiefste Krise im Zeitalter des sichtbaren Lebens stürzt. Es wird das größte Massaker, das die Erde bis heute erlebt hat. Gigantische Mengen Staub, Schwefeldioxid, Methan und Kohlendioxid werden in die Luft geschleudert. Unterirdische Kohlenflöze brennen, dadurch werden zusätzlicher Rauch und Kohlendioxid freigesetzt.[55] Schmelzende Salze setzen giftige Dämpfe frei. Durch Schwefeldioxid und Staub kommt es zu einem »vulkanischen Winter«[56] – ähnlich dem, was uns nach einem Atomkrieg in Form eines »nuklearen Winters« drohen würde. Der Himmel verdunkelt sich, und es wird für Jahre, Jahrzehnte kalt. Aber kaum hat der Staub sich gesetzt, wird es wieder langsam, aber sicher heiß – sehr heiß. Der Treibhauseffekt schlägt mit voller Härte zu. Die Temperatur steigt um 10 bis 12 Grad Celsius, und am Äquator kann es bis zu 50, 60 Grad Celsius heiß werden. Tödlich wäre das für uns heute.

vor 252 Ma
Perm-Trias-Ereignis
Massenaussterben
Supervulkan bildet Sibirischen Trapp

Beim Ausbruch freigesetzte Halogene, wie Chlor, Brom und Iod, wird die Ozonschicht zerstört,[57] und die Ultraviolettstrahlung der Sonne kann dann ungehindert das Leben grillen.[58] Pollen werden missgebildet und der Wald sterilisiert. Die Meere versauern, und durch die stark steigenden Temperaturen verringert sich die Fähigkeit des Wassers, Sauerstoff zu speichern. Fische sterben, sinken zu Boden und verrotten. Die Nährstoffe verursachen eine Algenblüte, die das Wasser rot färbt. Die Algen und das Verrotten der Kadaver verbrauchen noch mehr Sauerstoff, sodass immer größere Teile des Wassers nicht mehr genug Sauerstoff haben. Das große Sterben beginnt. Innerhalb von einigen Hunderten bis Tausenden Jahren sterben mehr als 80 Prozent aller marinen Arten und über 70 Prozent der Landtierarten aus.[59] Eine Katastrophe und ein Wunder, dass wir heute noch da sind.

Was war der Auslöser für dieses Desaster? Vielleicht war es einfach nur Pech, und es war zufällig eine riesige Menge Magma – ein sogenannter Plume – aus dem Erdmantel nach oben gestiegen und dann großflächig und an der falschen Stelle durch die Erdkruste gebrochen. Irgendwann im Laufe der Entwicklung der Erde kann so etwas schon mal passieren. Aber auch hier könnte unter Umständen ein Asteroideneinschlag eine Rolle gespielt haben, der entweder am Einschlagsort riesige Mengen Magma produziert[60] oder durch seine Schockwellen auf der gegenüberliegenden Seite der Erde Magmaplumes aufsteigen lässt. Wenn ein Einschlag eine Öllagerstätte trifft, wie es wohl vor 254,7 ± 2,5 Millionen Jahren beim Araguainha-Krater in Brasilien passiert ist, kann auch massenhafte CO_2-Freisetzung ein Inferno auslösen.[61]

Es ist erstaunlich, dass angesichts dieser globalen Klimakatastrophen Leben trotzdem überlebt. Glücklicherweise gibt es genügend Überlebensnischen. Das Leben ist zu divers, als dass es sich durch solche Ereignisse vollständig kleinkriegen lässt. Auch einige Tiere überleben, etwa die Cynodontia, die bereits viele Eigenschaften von Säugetieren aufweisen und an eine archaische Mischung aus Ratten, Hunden und kleinen Reptilien erinnern.

Diversität ist für die Entwicklung und das Überleben des Lebens von entscheidender Bedeutung. Was vor einer Katastrophe vielleicht eine obskure, seltene Überlebensstrategie war, kann gegebenenfalls nach der Katastrophe die Welt erobern. Leider weiß vor einer Katastrophe niemand genau, welche Eigenschaften und welche Nischen während und nach einer Katastrophe gerade die richtigen sind. Deshalb ist es so wichtig, nicht alles auf eine Karte zu setzen und ganz verschiedene Lebensformen auf einem Planeten zu haben.

Zwei Millionen Jahre Dauerregen für die Dinos

vor 252–201 Ma
Trias
Aufstieg der Dinosaurier

Am Ende dieser Katastrophe beginnt vor 252 Millionen Jahren das Zeitalter der Trias, die so genannt wird, weil später drei Gesteinstypen aus Baden-Württemberg zu ihrer Einteilung führten.[62] Es dauert 20 bis 30 Millionen Jahre, bis sich die komplexen Ökosysteme wieder erholen. Durch so eine Katastrophe werden die Karten der Evolution neu gemischt, und neue Lebensformen bekommen eine Chance zu zeigen, was in ihnen steckt. Dann fängt es vor 234 Millionen auch noch an, zwei Millionen Jahre lang kräftig zu regnen[63] – eine Unterbrechung des lange vorherrschenden, trockenen Klimas dieser Zeit.[64] Der genaue Grund dafür ist unklar. Vielleicht war es eine durch Vulkane getriebene kurzfristige Klimaerwärmung, die den Wasserkreislauf angetrieben hat. In Zeiten des Klimawandels merken wir ja auch heute, wie in einigen Gebieten Überschwemmungen zunehmen und der Regen heftiger wird.

Das Öffnen der himmlischen Wasserschleusen ist auf jeden Fall Wasser auf die Mühlen der Evolution. Reptilien dominieren diese Ära, und es entwickeln sich bereits die frühen Formen der Dinosaurier.[65] Sie scheinen den Regen zu mögen. Die Vorfahren der Säugetiere erreichen dagegen nur geringe Größen,[66] und noch sind sie es, die von anderen gefressen werden. Das Land wimmelt von Archosauriern, von denen heute nur noch Krokodile und Vögel übriggeblieben sind. Flugsaurier entwickeln in dieser Zeit eine frühe Art von Federn[67] und entdecken das Fliegen.

Noch heute sieht man das Ergebnis dieses schier unendlichen Schietwetters als weißen horizontalen Strich in den Dolomiten, der das berühmte Sella-Massiv in zwei Etagen teilt. Ich muss zugeben, dass ich während einer wunderschönen Freizeit mit dem CVJM mehrfach auf der berühmten Sellaronda, einer 40 Kilometer langen Skirundtour, um dieses eindrucksvolle Massiv herumgefahren bin, aber nicht begriffen habe, was ich da sehe – Spuren des Beginns des Eroberungszuges der Dinosaurier. Das bedeutete erst mal schlechte Nachrichten für unsere Vorfahren.

Der Jurassic-Park füllt sich

vor 201 Ma
Trias-Jura-Grenze
Massenaussterben
Pangaea bricht auseinander

Unter ihren Füßen bahnt sich schon wieder die nächste große Katastrophe an, das Massenaussterben an der Trias-Jura-Grenze vor 201 Millionen Jahren. Der Riesenkontinent Pangaea fängt an auseinanderzubrechen. Europa, Afrika, Nord- und Südamerika driften langsam voneinander weg, um Platz für den Atlantik zu machen. Das erste Zeichen sind riesige Vulkanausbrüche, die über 600 000 Jahre lang wüten und weite Teile des zukünftigen mittelatlantischen Meeresbodens bedecken.[68] Das Spiel der Klimakatastrophen geht von vorne los.

Kohlendioxid und Schwefeldämpfe steigen aus den Vulkanen auf und treiben die Temperaturen dauerhaft nach oben. Saurer Regen lässt Pflanzen und Bäume sterben. Mit dem Regen wird der haltlose Boden in die Meere gespült und schädigt beispielsweise die Fressfilter der Tiere. Säure zerstört die schützenden Kalkschalen vieler Meerestiere. Bis zu 34 Prozent aller marinen Arten sowie viele Reptilienarten werden ausgelöscht.[69]

Der Untergang der einen ist mal wieder eine Chance für die anderen. Der Jura bricht vor 201 Millionen Jahren an, und jeder Fan der *Jurassic Park*-Filme weiß sofort, dass jetzt das Zeitalter der Dinosaurier beginnt. Wir selber haben den Startschuss leider verpasst und müssen uns noch etwas gedulden. Wurden die Dinosaurier lange von anderen Reptilien in Schach gehalten, so setzen sie sich nun nach dem massenhaften Sterben endgültig als domi-

vor 201–143 Ma
Jura
Dinosaurier dominieren

nante Landwirbeltiere durch. Als agile und anpassungsfähige Vielfresser sind sie besser in der Lage, sich auf die veränderten Umweltbedingungen einzustellen.[70] Einige der Dinosaurier lernen sogar das Gleiten oder Fliegen – vielleicht waren sie ja auf der Jagd nach den reichlich vorhandenen Insekten. Diese Dinosaurier werden zu den Vorfahren unserer Vögel. Das erste Frühstücksei ist gelegt.

Auch die ersten »echten« Säugetiere entstehen und diversifizieren sich. Es gibt Tiere, die an Mäuse, Otter oder fliegende Eichhörnchen erinnern. Ihr Ziel ist es ursprünglich nicht, die Weltherrschaft zu übernehmen, sondern einfach nur zu überleben. Ihr Trick: Sie bleiben klein und sind meistens in der Nacht aktiv. So werden sie nur schwer von den großen fleischfressenden Dinosauriern gefunden. Wenn man die Sonne scheut, braucht man ein warmes Fell und warmes Blut. Kaltblüter, die sich von der Sonne wärmen lassen, wären als Nachtjäger völlig fehl am Platz.

Hinzu kommen ein verändertes Kiefergelenk und die erstaunliche Wanderung von zwei Kieferknochen der angehenden Säugetiere in ihr Mittelohr, wo diese ehemaligen Scharniere zu feinen Gehörknöchelchen, dem Hammer und dem Amboss, werden.[71] Damit lassen sich gerade hohe Töne prima hören, was in der dunklen Nacht von großem Vorteil ist. Vielleicht war es ja das hochtönige Summen fliegender und schmackhafter Insekten, nach denen unsere frühen Vorfahren lauschen wollten.[72]

Wer schon mal nachts eine Mücke in seinem Zimmer gehört hat, weiß, wie empfindlich wir auf das Summen dieser Viecher reagieren und wie genau wir lokalisieren können, wo sie gerade an unserer Nase vorbeifliegen – allerdings ohne sie erwischen zu können. Heute haben sich die Rollen verkehrt: Das Säugetier Mensch wird zum Gejagten und verbringt schlaflose Nächte aus Angst davor, von dem gestochen zu werden, was in seinen Anfangszeiten einmal eine leckere Mahlzeit gewesen war und heute langsam wieder als nachhaltige Mahlzeit in Mode kommt. Allerdings würden wir ohne die Fähigkeit, hohe Töne zu hören, auch keine Musik in ihrer ganzen Bandbreite erleben können. Die Möglichkeit, die Triangel in einem Sinfonieorchester herauszuhören, ist doch den einen oder anderen Mückenstich wert, oder?

Tiere und Pflanzen profitieren von dem im Großen und Ganzen relativ stabilen und warmen Klima im Jura, selbst wenn es zwischendurch immer wieder mal kurze kältere Perioden und stark schwankende Meeresspiegel gibt. Sind das Anzeichen kurzer Eiszeiten? Auch Aussterbeereignisse fehlen nicht völlig, sind aber nicht ganz so katastrophal wie am Ende des Perms. Die Kohlendioxidkonzentration steigt im Mittel auf das Fünffache des heutigen Wertes, und die Temperatur ist 5 bis 10 Grad Celsius höher als heute.

Durch das Auseinanderbrechen von Pangaea bereits ab der späten Trias vor etwa 230 Millionen Jahren und einen relativ hohen Meeresspiegel entstehen wieder kleinere Kontinente, und das vorher weitverbreitete trockene kontinentale Klima weicht mehr und mehr ausgedehnten Regengebieten. Zeitreisende in den Jura sollten also einen guten Regenschirm mitbringen. Die wiederbelebten Wälder mit ihren reichhaltigen Nadelhölzern hätten auch für meine Großmutter nicht mehr völlig exotisch ausgesehen – abgesehen von den vielen Dinosauriern, die sich zwischen ihnen tummeln.

vor 143–66 Ma
Kreide
Viel Sauerstoff, das Leben floriert

Nach rund 55 Millionen Jahren geht das Jura-Zeitalter vor etwa 143 Millionen Jahren in die Kreidezeit über. Der starke Regen wäscht immer mehr Kohlendioxid aus der Atmosphäre, aber das Niveau ist immer noch auf dem vierfachen Wert von heute. Das Leben floriert und lässt den Sauerstoffgehalt in der Luft wieder mal auf einen sehr hohen Anteil von rund 30 Prozent ansteigen. An den auseinanderdriftenden Kontinenten gibt es große flache Meeresgebiete, in denen es von Leben wimmelt und auf deren Grund in Massen tote kalkschalige Algen hinabsinken, die große Kreideschichten erzeugen. Dies führt zu so beeindruckenden Erscheinungen wie den weißen Kreidefelsen am

Ostseeufer von Rügen oder in Sussex und Kent (Dover) in Südost-England – Zeugen der Massenblüte des Lebens im feuchtwarmen Klima eines auseinandergebrochenen Superkontinents.

Die Blütenpflanzen übernehmen

Mitten in der Kreidezeit treibt eine Entwicklung ihre Blüten, die sich schon Hunderte Millionen Jahre zuvor angedeutet hatte und jetzt zu einer botanischen Revolution wird. Pflanzen packen massenhaft ihre Samen in eine Fruchthülle ein, entwickeln Blüten und Pollen und spannen Tiere dafür ein, dass sie sich selber fortpflanzen und ausbreiten können.[73] Ein cleverer Trick der Pflanzen, die sich wahrscheinlich gedacht haben: »Mit Speck fängt man Mäuse!« Anstelle selber ganz gefressen zu werden, machen sie einen Teil von sich besonders schmackhaft, und zwar genau den Teil von ihnen, den sie unter anderem mithilfe von Kot verteilen wollen – ihre Samen.

Man kann es faul oder gerissen nennen: Statt selber die Fähigkeit zu entwickeln, sich zu bewegen, lassen sie andere für sich arbeiten. Das ist effizienter und lässt als Nebeneffekt ein hochkomplexes Ökosystem entstehen, in dem alles von allem abhängt. Heute sind wir vollständig abhängig von diesen Blütenpflanzen[74] und deren komplexem Ökosystem. Ihr Trick hat funktioniert. Wissenschaftler fragen sich nur halb scherzhaft, wer eigentlich wen herangezüchtet hat: wir die Pflanzen oder die Pflanzen uns.[75]

Zu den Blütenpflanzen gehören Gräser, wie zum Beispiel Reis, Weizen, Mais oder Hirse, Hülsenfrüchte wie Erbsen und Bohnen, Nachtschattengewächse wie Tomaten und Kartoffeln, aber natürlich auch alles Obst. Auch die Vorfahren von Bäumen wie Eiche und Ahorn entstehen in dieser Zeit.[76] Die Landwirtschaft, die eine wichtige Rolle bei der Entwicklung der menschlichen Zivilisation gespielt hat,

vor 100 Ma
Blütenpflanzen

wäre ohne die Blütengewächse gar nicht möglich gewesen, und nicht nur vegane Ernährung wäre ausgesprochen trostlos ohne sie. Ohne Blütenpflanzen müssten wir immer noch den ganzen Tag verzweifelt versuchen Insekten zu schnappen, anstatt Raketen zu entwickeln, Schwarze Löcher zu fotografieren, Sinfonien zu schreiben oder Unmengen von Formularen auszufüllen.

Mit der rapiden Entwicklung der neuen Pflanzen vor 100 Millionen Jahren ändert und erweitert sich das Nahrungsangebot gewaltig. Zunächst ist das eine schlechte Nachricht für die Säugetiere, deren gewohnte Nahrung durch die neuen Arten verdrängt wird. Der Mensch und seine Vorfahren sind halt Gewohnheitstiere, was man daran merkt, wie lange es dauert, Männer davon zu überzeugen, dass es neben Currywust mit Pommes durchaus auch schmackhafte vegetarische Speisen gibt. So sagte einer meiner Söhne, als ihm als Kind wieder Gemüse vorgesetzt wurde: Das ist grün, das kann man nicht essen! Mit dieser Einstellung kämpfen die frühen Säugetiere nun um ihr Überleben, und nicht selten verlieren sie den Kampf.[77]

Nach einiger Zeit aber gewöhnen auch sie sich an das neue Futter. Am Ende der Kreidezeit vor 66 Millionen Jahren haben Säugetiere sich prächtig entwickelt, während die Dinosaurier bereits vor 76 Millionen Jahren wohl schon etwas angeknackst und altbacken wirken.[78] Inzwischen gibt es sogar schon die ersten Säugetiere, die Dinosaurier fressen![79]

Der Einschlag von Mexiko und das Ende fast aller Dinos

Dann passiert ein Schlag aus heiterem Himmel, der sehr deutlich sichtbar ist – zumindest für Dinosaurier und Säugetiere im heutigen Mexiko. Aus den Tiefen des Sonnensystems, weit jenseits der Bahn des Jupiters,[80] nähert sich ein 10 bis 20 Kilometer großer dunkler Brocken der Erde. Er ist einer der wenigen Überlebenden einer Spezies Asteroiden, die in den Anfangsjahren das Sonnensystem durchflutet haben und nach und nach die Planeten bildeten. Er ist reich an Kohlenstoff und Wasser und gehört somit auch zu den Himmelskörpern, die unserer Erde die Atmosphäre und die Ozeane gebracht haben – ein Weltenerschaffer, aber auch ein Weltenzerstörer. Bis jetzt hatte dieser Asteroid sich von allem ferngehalten, war als Einsiedler 4,5 Milliarden Jahre unbehelligt durch das Sonnensystem gezogen. Doch jetzt kreuzt etwas Unerwartetes seinen Weg – die Erde. Unter einem schrägen Winkel von 45° bis 60° zur Horizontalen schlägt er mit einer Geschwindigkeit von mindestens 12 km/s aus Nordosten kommend[81] als großer Feuerball in ein nicht sehr tiefes Meeresgebiet im Golf von Mexiko ein, nahe des heutigen Ortes Chicxulub Pueblo.

Es ist ein ruhiger Frühlingstag,[82] 66,05 Millionen Jahre vor heute. Das Tierreich auf der Nordhalbkugel, wo der größte Teil der Landmassen inzwischen angekommen ist, macht sich auf, um Nachwuchs zu zeugen und großzuziehen. Diese anstrengende Aufgabe erledigt man im Frühling, denn der bietet reichlich Sonne und Nahrung – normalerweise.

Doch plötzlich wird alles anders. Der Einschlag des feurigen Asteroiden erzeugt eine Monsterwelle, die sich zweieinhalb Minuten nach dem Einschlag 4,5 Kilometer hoch auftürmt und durch die Weltmeere rast.[83] Zehn Minuten später ist sie 220 Kilometer weiter immer noch 1,5 Kilometer hoch. Tausende Kilometer weiter nähert sich dann eine Tsunamiwelle mit bis zu 10 Metern Höhe den Küsten Nordamerikas. Was nach nicht mehr viel klingt, wird sich an Land zu einer riesigen Sturmflut aufbauen, die alle Küsten der Welt überspült. Der tödliche Tsunami 2004 im Indischen Ozean war im Meer gerade mal 60 Zentimeter hoch, aber produzierte an Land Flutwellen mit bis zu 40 Metern Höhe. Durch den Einschlag ausgelöste Erdbebenwellen laufen um den Globus, sodass er wie eine angeschla-

vor 66,05 Ma
Einschlag des Chicxulub Meteoriten, Ende der Dinosaurier

gene Glocke noch Wochen lang klingt und vibriert.[84] Heiße Gase, Staub[85] und Tropfen geschmolzenen Gesteins werden in die Luft geschleudert. Diese Tröpfchen, die später am Boden zu kleinen, Tektiten genannten Kügelchen abkühlen, fallen glühend zur Erde zurück und wirken wie ein gigantischer Flammenwerfer, der Pflanzen und Tiere versengt und weltweit gigantische Waldbrände auslöst.

Die Kombination dieser Faktoren verursacht eine Welle der Zerstörung. Den Schrecken dieser ersten Stunden findet man 66 Millionen Jahre später immer noch gut sichtbar etwa in North Dakota – Tausende Kilometer entfernt vom Einschlagsort. Meterdicke Ablagerungen zeigen sich in dem, was einmal ein Fluss war. Sie enthalten im Tod vereint Süßwasserfische und Meerestiere, die von einer Flutwelle gemeinsam flussaufwärts gespült wurden. In den Kiemen der Fische hängen noch die beim Einschlag geschmiedeten und dann in die Luft geschleuderten Tektite. Die kleinen Steinchen sind bis in die Atemwege der Fische vorgedrungen, haben es aber nicht mehr bis in ihre Mägen geschafft – da waren die Fische schon tot. Ihr Sterben erfolgte ganz plötzlich, und anhand der Jahresringe ihrer Gräten lässt sich die Jahreszeit des Einschlags ermitteln – es war Frühling.[86] Erdbebenwellen des Einschlags sorgen dafür, dass das Gewässer hin und her schwappt, wie in einem vollen Eimer, den man mit einem Fahrrad auf Kopfsteinpflaster transportiert. Wellen schaukeln sich auf, das Ufer wird fortgespült, und Sedimentschichten lagern sich ab. Eine Schildkröte wird von einem Pfahl durchbohrt, Fische ersticken, verkohlte Bäume sinken in den Schlamm, der sich 10 Meter hoch lawinenförmig über alles legt.

Es ist eine globale Katastrophe, die sich da abspielt und weit über diesen einen Tag hinaus Not und Verderben bringt. Die Kombination von Zeitpunkt, Ort und Einschlagswinkel erweist sich als maximal tödlich. Der Einschlagsort enthält ein großes Gipslager, und aufgrund des schrägen Einschlagswinkels spritzt extrem viel

Material hoch und verteilt sich in der Atmosphäre. Nachdem der feurige Tektitregen die Wälder in Flammen gesetzt hat, hüllt eine Wolke feinster Staubpartikeln die Erde in tiefe Dunkelheit. Der im Gips gebundene Schwefel schwebt als Schwefelsäure-Aerosole in der Luft, die das Sonnenlicht besonders gut reflektieren und für zusätzliche Abkühlung sorgen. Außerdem fällt er als saurer Regen auf Wälder und Ozeane. Wie bei den sieben biblischen Plagen folgt ein Schrecken nach dem anderen.

Aus der glühenden Hölle der ersten Stunden wird schnell eine scheinbar nicht enden wollende monatelange dunkle und kalte Nacht, gefolgt von jahrelanger Dämmerung. Pflanzen, die noch nicht verbrannt sind, verwelken, erfrieren und versauern gleichzeitig. Ohne frisches Grün aber sterben nach und nach die Pflanzenfresser und ohne Pflanzenfresser irgendwann auch die fleischfressenden Tiere, die sich von Ersteren ernährt haben. Dass der Einschlag in der Fortpflanzungszeit erfolgt, in der der Nachwuchs und die geschwächten Eltern besonders auf gute Verpflegung angewiesen sind, reduziert die Überlebenschancen zusätzlich. Es folgt ein Winter, der sich über viele Jahrzehnte hinzieht. Innerhalb eines Jahrhunderts ist nicht nur ein großer Teil der Vegetation verschwunden, sondern auch alle nicht-fliegenden Dinosaurier. Es ist eine wahre Zeitenwende.

Die Welt braucht vier bis neun Millionen Jahre, um sich von diesem einen Tag zu erholen, wobei es auf der Nordhalbkugel, wo der Einschlag stattgefunden hatte, wohl länger dauerte als auf der Südhalbkugel.[87] Für alle Lebensformen sind die Konsequenzen dieses einen Tages für lange Zeit dramatisch, bis zu drei Viertel aller Arten verschwinden sogar ganz. Für manche Arten ist aber genau das ihre Chance. Getreu dem Tipp »Verschwende niemals eine gute Krise«, den mir mal ein hochrangiger Unternehmensberater mitgab, beginnen einige von ihnen ihre Fähigkeiten auszuspielen, jetzt, wo die großen Platzhirsche beziehungsweise »Platzsaurier« verschwunden sind. Während von den meisten Krisen hauptsächlich Unternehmensberater profitieren, sind wir in diesem Falle ausnahmsweise alle die Profiteure.

Die bereits erwähnten kleinen Säugetiere sind trainiert, im Dunkel der Nacht zu überleben und sich vor den Dinos im toten Unterholz zu verstecken und einzubuddeln. Als Warmblüter überstehen sie auch Kälteperioden, und ihre abwechslungsreiche Diät von Pflanzen, Früchten, Körnern, Insekten und Würmern bietet bessere Überlebenschancen.[88]

Zwar verschwinden auch 90 Prozent aller Säugetierarten durch den Einschlag von Chicxulub, aber eben nicht alle, und die, die bleiben, haben sich als wahre Überlebenskünstler erwiesen – unsere Ahnen. Überleben anfangs hauptsächlich die kleinen Arten mit einem Gewicht von vielleicht 500 Gramm, so sind einige nach nur 100 000 Jahren schon 12mal so schwer und bringen es nach 700 000 Jahren schon auf stattliche 25 Kilogramm.[89]

Doch auch eine Gruppe von fliegenden Dinosauriern überlebt, wahrscheinlich weil auch sie kleiner, mobiler und flexibler in ihrer Nahrungsmittelwahl sind. Das freut die Säugetiere, die sie später in Vogelkäfige sperren und ihre Muskeln als Hühnerkeule und Putenfilet verspeisen werden. Erfreulicherweise hatten sie da schon ihre Zähne im Schnabel verloren.[90]

Ein unglaubliches Comeback – Klimakapriolen im Paläogen

vor 66–23 Ma
Paläogen
(Tertiär)

Nach dem Asteroidenwinter kommt die globale Erwärmung. Im auf den Einschlag folgenden Zeitalter des Paläogens (vor 66 bis 23 Millionen Jahren), dem ersten Teil dessen, was früher Tertiär genannt wurde, steigt die Temperatur in den ersten 16 Millionen Jahren kontinuierlich an und erreicht einen Wert, der bis zu 14 Grad über unserem heutigen Mittelwert der vergangenen Jahrzehnte liegt. Der

Einschlag des Asteroiden hat auch eine Menge Kohlendioxid freigesetzt, das in Meeressedimenten gebunden war, und mehr Treibhausgase führen bekanntlich zu einem heißeren Klima.

Natürlich bewegen sich auch die Kontinente weiter. Indien war nach seinem Bruch mit Gondwana nach Norden gewandert. Dabei hatte es vor 90 Millionen Jahren zuerst Madagaskar verloren und war dann etwas ungelenk über eine riesige Magmablase gestolpert. Die Folge sind mal wieder großflächige Vulkanausbrüche im Westen Indiens vor ungefähr 66,3 bis 65,6 Millionen Jahren,[91] die weiteres Kohlendioxid freisetzen, aber wohl nicht ursächlich waren für das Aussterben der Dinosaurier.

Auch das scheinbar so starre Himmelszelt schläft nicht. Vor 50 bis 60 Millionen Jahren leuchtet ein neuer heller Stern auf – Polaris, der Nordstern.[92] Allerdings markiert er noch nicht den himmlischen Nordpol, denn die Erdachse wackelt, und die Sonne und ihre Nachbarn beschreiben in den Jahrmillionen bis heute mehr als einen Viertelkreis um das Zentrum der Milchstraße und verändern ihre Position relativ zueinander. Seefahrern und auch Astronomen wird er aber später als wichtige Orientierungshilfe dienen.

Was durch den Asteroiden an einem Tag im Frühling zerstört worden ist, braucht Millionen Jahre, um zu heilen, aber es heilt. Unter dem zukünftigen Polarstern breiten sich nun auch die Blütenpflanzen im Zusammenspiel mit den Säugetieren rapide aus. Ihre von der Frucht umgebenen Samen waren etwas besser geschützt gegen die Feuersbrünste und Klimakapriolen nach dem Asteroideneinschlag. Hungrige Tiere helfen bei der Verbreitung und Neuansiedlung dieser Pflanzen. Außerdem sind sie effizienter und wachsen schneller,[93] sodass sie die freigewordenen Flächen als Erste besiedeln können. Hirse und Bohnenfrüchte entstehen – man könnte sagen, das Zeitalter der Bohne bricht an. Auch die Weintraube hat nun freie Bahn, weil die Dinosaurier nicht mehr dauernd auf ihr herumtrampeln. Fossilien von Traubenkernen aus dieser Zeit findet man später in Südamerika.[94] Der Begriff »alter

Wein« erfährt somit eine dramatische Erweiterung seines Zeithorizontes.

Zusammen mit Bohnen und Weintrauben übernehmen auch die meisten anderen Vorfahren der Pflanzen, die heute die Grundlage unserer Lebensmittelproduktion sind, das Zepter. Säugetiere und Blütenpflanzen entwickeln sich auf diese Weise miteinander und helfen sich gegenseitig – dem Asteroiden sei Dank.

Doch das Leben bleibt spannend, denn mit der Klima-Achterbahn ist es noch lange nicht vorbei. Durch die Wärme dehnen sich die Tropengebiete mit ihren Regenwäldern weiter bis zu 40 Grad nördlicher und südlicher Breite aus. Palmen wachsen auch im Norden Europas, und selbst in der Arktis gibt es einen dichten Bewuchs von Pflanzen.

vor 55,8 Ma
PETM
Paläozän/
Eozän-Temperaturmaximum

Plötzlich kommt es vor 55,8 Millionen Jahren zu einem zusätzlichen Klimaausreißer, dem Paläozän/Eozän-Temperaturmaximum, oder kurz PETM.[95] Innerhalb von weniger als 10 000 Jahren steigt die Erdtemperatur um 4 bis 8 Grad an – in geologischen Maßstäben eine extrem kurze Zeit.[96] Übertroffen wird die Schnelligkeit dieser Klimaerwärmung in der Erdgeschichte nur durch den Temperaturanstieg heutzutage – insofern gilt das PETM als das beste, wenn auch immer noch unvollkommene Lehrbeispiel für unsere eigene Klimazukunft. Die Ursache dafür ist ein massiver Anstieg der Kohlendioxidkonzentration in der Atmosphäre,[97] der vor allem durch das Westwärtsdriften von Amerika ausgelöst wird. Das führt zur Abspaltung von Grönland und reißt den Atlantischen Ozean zwischen Amerika auf der einen und Afrika und Europa auf der anderen Seite auf. Heißes Magma durchbricht den Meeresboden und bildet ein Feuerloch, das unter dem bombastischen Namen »Nordatlantische magmatische Großprovinz« firmiert. Es verwandelt Gebiete in Schottland und Irland in eine lavaspeiende Wüste, die selbst Isländer in Angst und Schrecken versetzen würde.

Möglicherweise haben diese Ausbrüche und der damit verbundene Temperaturanstieg dafür gesorgt, dass große Ansammlungen von Methanhydrat am Meeresboden instabil werden und plötzlich riesige Mengen Methan frei werden. Methan ist ein potentes Treibhausgas, das aber innerhalb von Jahrzehnten durch Sauerstoff in der Atmosphäre oxidiert und verschwindet. Andererseits wird das oxidierte Methan in diesem Prozess ausgerechnet zu Kohlendioxid umgewandelt, das Jahrtausende in der Atmosphäre bleiben kann, bis es irgendwann von Ozeanen, Regen und Wäldern aufgenommen und der Atmosphäre entzogen wird.

Die Natur macht in diesen Tagen also genau das, was Menschen heute machen: Unmengen Kohlendioxid in die Luft blasen. Jedoch tun Menschen dies heute hundertmal schneller, als die Natur es jemals vermocht hat. Es wird etwa 200 000 Jahre dauern, bis sich die Lage nach dem PETM wieder halbwegs normalisiert.

In der Antarktis hat es in dieser Zeit angenehme 20 Grad Celsius, aber Teile der Tropen werden völlig unbewohnbar. Wassertemperaturen von 36 Grad Celsius sind etwas für einen Hot Tub, aber nicht für einen Ozean. Die Hitze sorgt für mehr Regen, und wie beim Aufguss in der Sauna heizt die gesteigerte Luftfeuchtigkeit noch mal so richtig ein. Die mittlere Erdtemperatur steigt auf 32 Grad Celsius[98] – das heißt natürlich, dass die Sommertemperaturen tagsüber deutlich höher liegen. Für Menschen wären weite Gebiete der Erde damals schlichtweg tödlich gewesen.

Auch der Meeresspiegel steigt. Warmes Wasser dehnt sich aus und nimmt mehr Raum ein. Die Vulkanausbrüche im Meer verdrängen zusätzlich Wasser und bringen das Fass zum Überlaufen. Teile der heutigen Sahara werden zu einem tropischen Meer.

Tiere reagieren auf den Temperaturanstieg damit, dass sie über Generationen hinweg kleiner werden. Wer kleiner wird, dessen Oberfläche wird im Verhältnis zu seinem Volumen größer und kann so besser kühlen. Nord- und Osteuropäer sind im Durchschnitt größer als Südeuropäer, die höhere Temperaturen ertragen müssen – klimatisch ergibt das durchaus Sinn, kann aber natürlich auch an der Ernährung liegen.[99] Elefanten dahingegen benutzen ihre Ohren zum Kühlen – auch die haben viel Oberfläche im Vergleich zum Volumen, anders als der Rest des Elefanten.

Eine andere Methode, sich Klimaveränderungen anzupassen, ist Migration. Man wandert in Gebiete mit angenehmeren Temperaturen aus, so wie zum Beispiel US-amerikanische Rentner nach Florida ziehen – wenn sie das Geld dafür haben. Auch im Paläozän/Eozän-Temperaturmaximum reagieren Tiere auf die extreme Klimaerwärmung dadurch, dass sie in höhere Breiten wandern. Das Leben floriert weiter, aber viele Tiere verenden auch infolge der schnellen Veränderungen. Nach dem PETM fällt die Temperatur zwar relativ schnell wieder, steigt danach aber noch mehrere Millionen Jahre weiter stetig an.

Es dauert, aber irgendwann haben sich die Ökosysteme angepasst und weiterentwickelt. Fünf Millionen Jahre nach dem PETM findet man auf der Erde Fledermäuse und kleine Pferde, Hasen und Affen. Auch Wale gibt es schon.[100] Die leben aber noch am Meeresufer, haben vier Beine und sind mit Kühen, Schafen und Schweinen verwandt.

Dann wird es vor 50 Millionen Jahren endlich wieder kühler. Nicht nur sinkt mehr und mehr Kohlenstoff mit wieder reichlich vorhandenen Planktonleichen zum Meeresboden, sondern es entstehen auch neue Gebirge, die das Klima beeinflussen.

Das forsch vorpreschende alte und harte Indien prallt auf Eurasien, in der Folge erhebt sich der Himalaya. Auch die Alpen und die Pyrenäen wachsen durch die Kollision von Teilen Afrikas mit kleinen europäischen Kontinentalplatten. Die Welt wird so gebirgig wie lange nicht mehr in den letzten 150 Millionen Jahren.[101] Diversität in der Landschaft erzeugt Diversität im Leben. Es gibt heute Pflanzen und Tiere, die nur auf einem ganz bestimmten Berg vorkommen. Berge werden darüber hinaus zu

vor 50 Ma Indien und Eurasien kollidieren, Berge entstehen, Klima kühlt ab

Barrieren für feuchte Luftmassen und verursachen zusätzliche Regenfälle und Verwitterung. Mit Kohlendioxid gesäuerter Regen löst Felsen auf und spült kohlenstoffreiche Sedimente in die Meere. Der Kohlendioxidgehalt sinkt und die Temperaturen auch. Das Spektakel der kollidierenden Kontinentalplatten hat somit einen überraschend kühlenden Einfluss.

Nur Südamerika, die Antarktis und Australien spielen bei diesem Gerangel nicht mit und bleiben lieber für sich. Die Antarktis bleibt allein am Südpol zurück, und so verändern sich die polaren Meeresströmungen. Es entsteht vor 36 Millionen Jahren der antarktische Zirkumpolarstrom, der kalte Wassermassen im Kreis um den freiliegenden Kontinent herumströmen lässt.[102] Dies blockiert den Transport wärmerer Wassermassen zum Südpol und kühlt die Antarktis zusätzlich ab. Vor etwa 34 Millionen Jahren entstehen so die ersten großen Eiskappen auf dem Südpol – Schnee und Eis können sich das ganze Jahr über halten, wodurch Sonnenlicht zurück in den Weltraum reflektiert wird, was wie auch in früheren Zeitaltern zu einer dramatischen Abkühlung führt – in höheren Breiten sinkt die mittlere Temperatur um 5 Grad.[103]

vor 34 Ma
Polkappen auf der Antarktis

Gräser übernehmen das Kommando

Mit kühleren globalen Temperaturen entstehen wieder große trockenere Gebiete im Inneren der Kontinente – das Neogen (vor 23 bis 2,6 Millionen Jahre) bereitet unserer heutigen Welt den Boden. Wälder ziehen sich zurück, und Gräser nutzen die neuen freien Flächen.[104] Waren sie vorher nur vereinzelt auszumachen, so bevölkern Gräser jetzt riesige Gebiete und erschaffen komplett neue Lebensräume: Steppen, Savannen und Prärien. Dazu nutzen sie ein neues, effizienteres Photosyntheseverfahren,[105]

vor 23–2,6 Ma
Neogen
Graslandschaften und kühlere Temperaturen

das es ihnen erlaubt, mit weniger Wasser und kleineren Blättern mehr Kohlendioxid zu verarbeiten.

Also lernen die Vorfahren von Pferden, Kühen, Ziegen und Schafen, sich von Gräsern zu ernähren. Manche entwickeln sogar mehrfache Mägen, um jene besser zu verdauen. Auch Hamster und Eichhörnchen, die Saatkörner essen, entwickeln sich prächtig. Schnell folgen Raubtiere in die Steppe, und ein wahrer Wettlauf um die Ressourcen beginnt. Schnelligkeit wird in den Weiten der Graslandschaft jetzt überlebenswichtig.

Heute ernähren wir Menschen uns hauptsächlich von Gräsern wie Weizen, Reis und Mais, aber auch von den Tieren, die Gräser fressen (Rinder und Schafe), sowie von ihrer Milch. Auch unsere Vorfahren passen sich also an Klima, Flora und Fauna an. Die Weichen für unsere heutige Diät werden vor 20 bis 30 Millionen Jahren gestellt.

Durch schrumpfende Wälder müssen sich auch die Affen neue Strategien überlegen. Erste Menschenaffen, wie zum Beispiel der Proconsul, tauchen vor etwa 20 Millionen Jahren in Afrika auf. Dieser Kontinent ist wegen seiner Größe und seiner Lage ganz besonders und wird zur Wiege der Menschheit. Er reicht von der Südhalbkugel der Erde über die Tropen und den Äquator bis weit in die Nordhalbkugel hinein und bietet so der Entwicklung des Lebens eine riesige, vielseitige Spielwiese. Klimaveränderungen kann man hier durch Migration in nördlichere oder südlichere Gebiete begegnen, ohne dass Meere einem den Weg abschneiden.

Die ersten Menschenaffen leben immer noch auf den Bäumen des Regenwaldes, aber weil ihr Lebensraum durch die Versteppung kleiner wird, wagen sie sich nun immer wieder in Bodennähe, wo sie auf vier Beinen gemächlich herumstolzieren. Vielseitigkeit zahlt sich eben aus.

Durch die Nordwärtsbewegung von Afrika schließt sich vor rund 19 Millionen Jahren eine Landbrücke zwischen Afrika und Eurasien, und die ersten Menschenaffen wandern nach Europa[106] –

es gibt noch keine Grenzzäune oder Auffanglager. Die Spielwiese der Evolution wird dadurch größer. Das zeigt, wie wichtig und normal Migration für unsere Vorfahren ist, die sich weit aus ihrer angestammten Komfortzone herausbewegen. Ist das schon ein erstes Zeichen von Neugier oder nur der Druck des Klimawandels? Zehn Millionen Jahre später, mit der immer weiter fortschreitenden Abkühlung, verschwinden die Wälder in Europa wieder und mit ihnen die Menschenaffen.[107] Es wird ihnen zu ungemütlich, sie ziehen sich zurück nach Afrika und auch nach Asien.

Die ersten Menschenaffen haben große, nach vorne gerichtete Augen, die eine bessere dreidimensionale Sicht erlauben und die Benutzung von Werkzeugen erleichtern. Dank ihrer ausgeprägten Lenden kann sich die erste Hominidin schon vorsichtig, wenn auch nicht dauerhaft, auf ihre Hinterbeine stellen und in die Weite der Steppenlandschaft schauen, in die es die ersten Menschenaffen wegen deren zunehmender Ausbreitung vor sieben Millionen Jahren zieht.

Kosmischer »Klimawandel«

vor 5–7 Ma
Einflug des Sonnensystems in die »Lokale Blase«

Um diese Zeit herum gibt es auch im Kosmos einen »Klimawandel«, denn das Sonnensystem ruht nicht im All, sondern dreht sich in 200 Millionen Jahren einmal um das Zentrum der Milchstraße herum. Dort lauert ein riesiges Schwarzes Loch mit der Masse von vier Millionen Sonnen. Zum Glück kommen wir ihm nie so nahe, dass es uns lästig werden könnte, und auch seine Schwerkraft wird von der Masse der vielen Sterne im inneren Bereich der Milchstraße übertrumpft. Allerdings benutzen wir es heute als Referenzquelle, um die Rotation der Sonne im großen Karussell der Milchstraße mit einem Netzwerk von Radioteleskopen zu vermessen.[108] So sehen wir innerhalb weniger Wochen, wie sich das ganze Sonnensystem innerhalb der Milchstraße weiterbewegt, und können ihre Bahn zurückrechnen.

Vor sieben Millionen Jahren bewegt sich das Sonnensystem wohl durch eine dichte Wolke interstellaren Staubs. Diese Wolken sind ähnlich denen, aus denen einst auch unsere Erde entstanden ist. In ihrem Inneren herrschen niedrigere Temperaturen, eine höhere Teilchendichte und ein höherer Druck als im Rest der Milchstraße. Das hat Auswirkungen auch auf unser Sonnensystem und die Erde.

Normalerweise bläst unsere Sonne einen schützenden Kokon aus heißem magnetisierten Gas auf, die Heliosphäre. Sie umhüllt das Sonnensystem, also auch die Erde und alle anderen Planeten, isoliert uns von der interstellaren Materie und hält energetische kosmische Teilchen von uns fern. Die Heliosphäre ist unser interstellarer Schutzschild. Bewegt sich die Sonne aber in eine interstellare Staubwolke hinein, wird der schützende Kokon kleiner, und mehr energetische Teilchen prasseln auf die Erde. Dies verändert die obersten Schichten unserer Atmosphäre und kann feine Wolken entstehen lassen, die das Sonnenlicht dämpfen. Um ein paar Prozent kann das die Sonneneinstrahlung reduzieren – immerhin.[109] Eine neue Eiszeit löst dieser Effekt aber noch nicht aus.

Die Wolke, durch welche die Erde fliegt, liegt am Rande einer noch größeren Blase heißen Gases. Sie wird in Forscherkreisen relativ unkreativ *Local Bubble* – lokale Blase – genannt. In ihr sind in den letzten Millionen Jahren aus Staubwolken Tausende junge, heiße Sterne entstanden, die zusammen das Gas um sie herum zum Kochen bringen und den Staub durch ihr Licht und große Sternenexplosionen wegpusten. Tatsächlich sind quasi alle jungen Sterne in unserer Umgebung gemeinsam dort entstanden.[110] Es ist nun mal die Natur der Sternentstehung, dass sie im Haufen passiert und in Blasen endet. Gebiert eine Wolke neue Sterne, dann wirft sie gleich ein ganzes Rudel davon. Vor fünf Millionen Jahren fliegt die Erde in dieses Rudel hinein,[111] und noch heute sitzt sie mitten darin, denn die ganze Blase hat einen Durchmesser von

1000 Lichtjahren. Es dauert ein paar Millionen Jahre, da wieder herauszukommen.

Die Begrüßung ist entsprechend, denn wenn junge Sterne entstehen, explodieren die größten und hellsten auch relativ schnell wieder – sie leben nur einige Millionen Jahre. Bei der Explosion werden kosmische Teilchen beschleunigt, Gamma-Strahlen erzeugt und eine Druckwelle heißen Gases durch den interstellaren Raum geblasen. Passiert so etwas im Abstand von weniger als 30 Lichtjahren, kann das für die Atmosphäre der Erde fatal sein.

Die Wahrscheinlichkeit einer solchen tödlichen Begegnung mit einem explodierenden Stern steigt, wenn man sich in einem solchen Sternentstehungsgebiet aufhält. Und tatsächlich explodiert vor sieben Millionen Jahren ein Stern in unserer Nähe. Erfreulicherweise ist er ein paar hundert Lichtjahre entfernt, und wir sind noch außerhalb seiner Todeszone, aber seine Gammastrahlen verändern trotzdem noch die oberen Schichten unserer Atmosphäre. Heiße Asche fällt auf die Erde – darin enthalten sind seltene Isotopen des Eisens, wie ^{60}Fe. Deren Atomkerne enthalten zusätzliche Neutronen, die sie bei der Explosion abbekommen haben. Auf der Erde kommt das ^{60}Fe-Isotop kaum noch vor, denn es zerfällt mit einer Halbwertszeit von 2,6 Millionen Jahren wieder. Eine kurze Zeit angesichts der Milliarden Jahre des Erdalters, aber lang genug, um heute noch Ablagerungen dieses Isotops von dieser Sternenexplosion in Sedimenten und sogar im Mondgestein zu finden.[112] Welche genauen Auswirkungen eine solche Supernova auf das Leben und das Klima der Erde hat, ist noch umstritten, aber ganz ohne Folgen wird sie nicht sein.

Landbrücken kommen und gehen

Auf der Erde scheinen die Temperaturen zunächst noch relativ stabil zu bleiben. Der Kohlendioxidgehalt ist zwar so weit gesunken, dass er unsere heutigen Werte des Industriezeitalters erreicht hat, aber die Temperatur ist immer noch zwei Grad höher und der Meeresspiegel sogar 10 bis 15 Meter höher als heute. Wie immer gilt, dass nicht alleine der Kohlendioxidgehalt zählt, sondern auch der Weg dorthin. Die Veränderungen der Treibhausgaskonzentrationen erfolgen um ein Vielfaches langsamer als heute, und es wird noch ein paar Millionen Jahre dauern, bis es wirklich kalt wird auf der Erde und das Klima ganz kippt.

Die Kontinente bewegen sich derweil weiter. Die Meerenge von Gibraltar schließt sich vor knapp sechs Millionen Jahren und lässt das Mittelmeer fast komplett austrocknen – es wird zu einer riesigen Salzwüste.[113] Keine 700 000 Jahre später bröckelt dieser natürliche Damm zum Atlantik wieder. Erst ist es nur ein einzelner Fluss, der sich den Weg in die Tiefebene bahnt, aber bald brechen im wahrsten Sinne des Wortes alle Dämme. Eine wahre Sintflut von tausend Amazonasflüssen gleichzeitig überschwemmt das weite Land in nur wenigen Monaten. Unseren hominiden Vorfahren, die das miterlebt haben, wird ein beeindruckendes Schauspiel geboten. Das Bauen von Archen gehört nach all unserem Wissen da aber noch nicht zu ihren Fähigkeiten.

Ich habe einmal neben den Niagarafällen gestanden und habe die Nachwirkungen der großen Flut 2021 in unserer Nachbarschaft im Ahrtal gesehen. Beide Orte zeugen eindrücklich von der Gewalt des Wassers, aber diese wahrhaft biblische Flut ist so viel gewaltiger als alles, was man sich vorstellen kann.

Währenddessen entstehen in Afrika vor etwa vier bis fünf Millionen Jahren Hominiden wie der *Ardipithecus* und der *Australopithecus*. Subtropische Savannen und Grasebenen ersetzen immer mehr Wälder, und Affenbanden machen gemeinsam Jagd auf andere Tiere. In wenigen Millionen Jahren werden die Vorfahren der Menschen auch Europa und Asien erobern, aber Amerika bleibt ihnen lange verschlossen. Die Landbrücke, die lange Zeit Nordamerika mit Eurasien verbunden hatte, wird vor 5,5 Millionen Jahre überspült.[114] Der Austausch und die Migration von Pflanzen und

Tieren zwischen Amerika und Eurasien werden vorerst gestoppt. Die Welten trennen sich. Währenddessen setzt sich der Abkühlungstrend der Erde weiter fort, und vor viereinhalb Millionen Jahren friert zum ersten Mal auch der Nordpol zu.[115]

vor 4,5 Ma
Nordpol friert zu

Kurz darauf, vor 3 Millionen Jahren, dockt dafür Südamerika an Nordamerika an, und Tiere auf beiden Halbkontinenten haben die Chance, neue Territorien zu erobern. Vorher hatte sich in Südamerika eine ganz eigene Flora und Fauna entwickelt, denn Südamerika war nach dem Abbrechen von Gondwana lange Zeit von allen anderen Kontinenten abgeschnitten. Das Kräftemessen wird ein Desaster für den Südkontinent, dessen Fauna größtenteils sang- und klanglos untergeht. Die evolutionäre Spielwiese im Norden war größer und herausfordernder, die Tiere durchsetzungsfähiger. Nur dem Opossum und ein paar anderen gelingt es, zu überleben oder in den Norden auszuweichen.[116]

vor 3 Ma
Süd- und Nordamerika verbinden sich

Mit dem Lückenschluss zwischen Nord- und Südamerika werden auch die Meeresströmungen umgeleitet, und unser heutiger Golfstrom entsteht, der warmes Wasser aus dem Süden in den Norden pumpt. Der Golfstrom ist unsere Wärmepumpe und beschert uns heute in Europa noch ein angenehmes Klima.

Der kosmische Rhythmus der Eiszeiten – Fitnesstraining für das Leben

Nur wenig später, vor 2,588 Millionen Jahren, kommt es zu einer Umpolung des Erdmagnetfeldes. Der magnetische Norden wird zum Süden und umgekehrt. Dadurch schwächelt das Erdmagnetfeld, das normalerweise ein Fangnetz für kosmische Strahlen ist, also energetische, geladene Atomkerne, die in Sternenexplosionen beschleunigt

vor 2,6 Ma–heute
Quartär

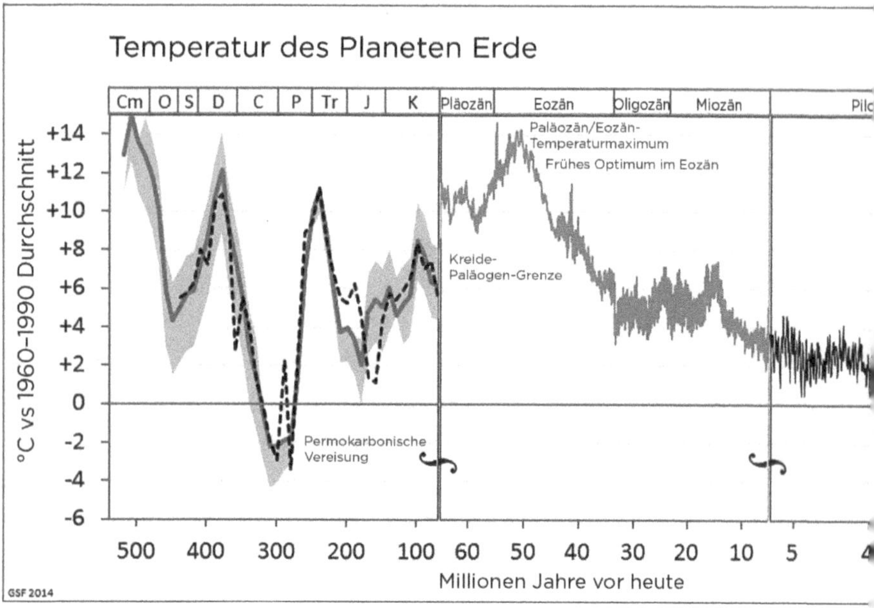

13 Temperaturentwicklung der Erde über die letzten 550 Millionen Jahre mit den dazugehörigen Zeitaltern und besonderen geologischen Ereignissen.

werden, durch die Milchstraße stromern und manchmal auf die Erde prasseln. Das Magnetfeld lenkt sie ab und verhindert ihr Eindringen auf die Erde. Fehlt das Magnetfeld, dann ist das so, als ob das Raumschiff Erde seine Schutzschilde heruntergefahren hätte. Kosmische Strahlen prasseln dann ungehindert auf unsere Ozonschicht ein und zerstören sie teilweise. Die Erde verliert einen Teil ihres Sonnenschutzes, Ultraviolettstrahlung kann viel besser die Erdoberfläche erreichen und das Erbgut in Zellen schädigen und eventuell sogar zum Aussterben einzelner Arten führen – von Plankton oder Algen zum Beispiel.[117] Dieses Ereignis markiert den Beginn des Quartärs, des letzten großen Zeitabschnitts der Erdgeschichte.

vor 2,6 Ma–12,000 a
Pleistozän
Eiszeiten kommen und gehen im Takt

Gleichzeitig beschleunigt sich der Klimawandel wieder,[118] und

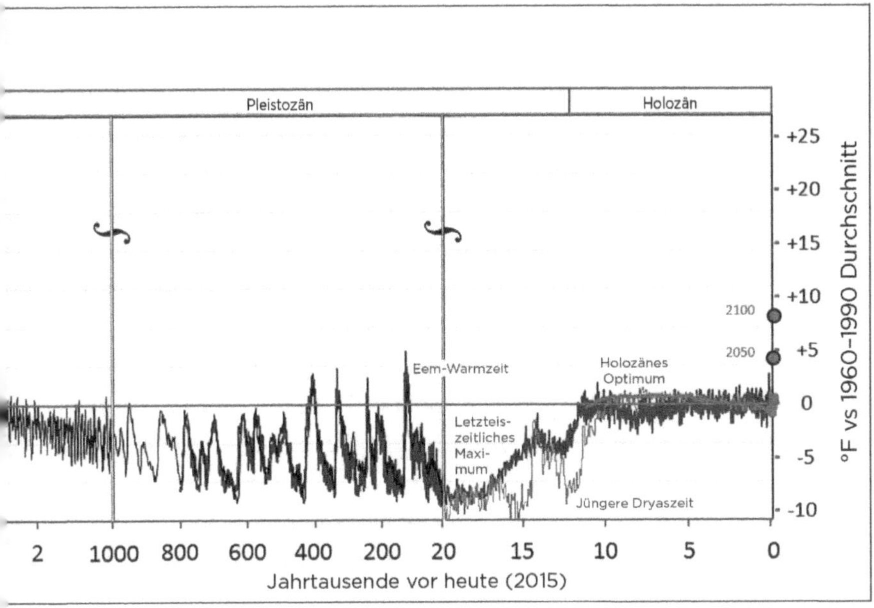

es wird noch kühler – so kalt, dass jetzt auch die Arktis dauerhaft zufriert. Die Welt gleitet in eine Eiszeitperiode ab – die Kohlendioxidkonzentration liegt teilweise unter 200 ppm, weniger als die Hälfte unseres heutigen Wertes. Dem Treibhauseffekt geht die Puste aus, und es friert immer mehr.

Am Himmel explodiert schon wieder ein Stern, doch diesmal in einem Doppelsternsystem ungefähr 300 Lichtjahre von uns entfernt. Einer der beiden sich gegenseitig umkreisenden Sterne wird zu einer Supernova und stößt seine Hülle ab, während sein Kern zu einem riesigen Atomhaufen, einem Neutronenstern, komprimiert und ins All geschleudert wird. Dieser schnelle Neutronenstern sendet heute noch pulsierende Radiostrahlung ab, und aus seiner Bewegung kann man den Ursprungsort der Explosion ableiten, während Sedimente aus dieser Zeit wieder starke Anzeichen des Supernova-typischen Eisenisotops ^{60}Fe zeigen.[119]

Die Eishauben machen die Erde sensibel. Mehr Kälte bedeutet jetzt mehr Eis und mehr reflektiertes Sonnenlicht, wodurch die Erde noch weiter abkühlt und mehr Eis bildet. Durch diesen Eis-Albedo-Effekt wird nun ein kosmischer Faktor klimabestimmend: die Orientierung der Erde relativ zur Sonne. Die Erde taumelt nämlich, und das bestimmt, wie viel Sonnenlicht wann und wo auf die Erdoberfläche trifft. Und so taumelt das Klima mit.[120]

Unser Planet bewegt sich auf einer Ellipsenbahn um die Sonne. Das ist die natürliche Bahn, wenn zwei Körper sich umkreisen. Doch die Erde tut dies nicht allein. Mit ihr drehen sich sieben andere Planeten, diverse Kleinplaneten und unzählige Asteroiden um die Sonne. Sie alle ziehen und zerren mit ihrer Schwerkraft ein klein wenig an der Sonne und an den anderen Planeten. Im Lauf der Jahrtausende verändern sich so auch die Umlaufbahn der Erde um die Sonne und die Neigung ihrer Rotationsachse.

Seit dem Einschlag von Theia vor 4,5 Milliarden Jahren hat unsere Erde bekanntlich einen Schlag weg. Ihre Rotationsachse steht nicht senkrecht auf der Bahnebene, sondern ist geneigt. Dadurch zeigt im nördlichen Sommer der Nordpol ein Stück Richtung Sonne, während der Südpol von ihr abgewandt ist. Folglich bekommt der Nordpol im nördlichen Sommer mehr Licht ab als der Südpol. Ein halbes Jahr später, wenn die Erde auf der anderen Seite der Umlaufbahn um die Sonne steht, ist es umgekehrt.

Unsere Jahreszeiten verdanken wir also dem Mondeinschlag. Allerdings sind der Sommer im Norden und der im Süden nicht exakt gleich, denn heute verläuft die elliptische Umlaufbahn der Erde um die Sonne so, dass sie im Januar der Sonne am nächsten und im Juli am weitesten von ihr entfernt ist. Sommer und Winter sind im Süden also etwas stärker als im Norden, weil die Erde genau zur heißen Jahreszeit im Süden auch mehr Sonnenlicht abbekommt.

Da aber zwei Drittel der Landmasse der Erde auf der Nordhalbkugel sind[121] und das Land die Hitze schneller aufnimmt als das spiegelnde Meer, ist das Klima heute insgesamt ein wenig kälter, als wenn die Erdachse in die andere Richtung geneigt wäre.

Die Orientierung der Erdachse ist über Jahre hinweg relativ konstant, aber über längere Zeiträume »eiert« sie – sie präzediert, so wie ein schnelldrehender Kreisel seine Achsenausrichtung langsam ändert. Die Erde tut das mit einer Periode von 25700 Jahren. In rund 10 000 Jahren werden dann die Sommer im Norden extremer als im Süden sein – unser Klima wird sich dadurch ändern.

Allerdings schwankt auch die Neigung der Erdachse zwischen 22,1° und 24,5° mit einer Periode von 41 000 Jahren. Das ist ein sehr starker Effekt. Wenn der Winkel groß ist, dann ist die Erde wie eine Sonnenblume, die sich der Sonne zuneigt. Im Sommer bekommen die Pole dann besonders viel Sonnenlicht ab, und Eiskappen haben es schwerer, die heiße Jahreszeit zu überstehen. Ist der Winkel kleiner, bekommen die Pole weniger Sonne ab, die Polkappen können besser wachsen und sogar den Sommer überleben. Dann droht eine eisige Kaltzeit.

Genau das passiert zu Beginn des Pleistozäns vor 2,6 Millionen Jahren immer wieder. Etwa alle 41 000 Jahre kommt es zu einer Kaltzeit, gefolgt von einer Warmzeit.[122] Während der Kaltzeit dehnen sich die Polkappen dramatisch aus und bedecken große Teile Nordeuropas und Amerikas. In der Warmzeit – oder besser in der Zwischenkaltzeit – zieht sich das Eis wieder in die Polargebiete zurück. Die Erdachse wackelt hin und her wie der winkende Arm einer Maneki-neko-Katze, die man oft im Eingangsbereich chinesischer Restaurants findet, und das Klima wackelt im Takt mit.[123] Diese eiszeitlichen Perioden werden nach ihrem Entdecker Milanković-Zyklen genannt.

Für die Entwicklung des Lebens ist das ein Fitness- und Wanderprogramm, denn Klimazonen verschieben sich regelmäßig. Das erfordert ein hohes Maß an Flexibilität und Anpassungsfähigkeit.

Eine Disziplin, in der die Nachfahren der Affen es zu einer wahren Meisterschaft bringen.

Vor rund einer Million Jahren wird der Abstand zwischen den Kaltzeiten länger.[124] Sie kommen nur noch ungefähr alle 100 000 Jahre vor. Tatsächlich gibt es noch andere Milanković-Zyklen: So dreht sich die Ausrichtung der Ellipsenbahn der Erde um die Sonne innerhalb der Bahnebene mit einer Periode von rund 112 000 Jahren – Astronomen bezeichnen das als Periheldrehung oder orbitale Präzession. Dafür ist vor allem die Anziehungskraft von Jupiter und Saturn verantwortlich. Auch die Elliptizität der Erdumlaufbahn ändert sich, etwa alle 400 000 Jahre. Tatsächlich gibt es Zeiten, in denen die Bahn der Erde um die Sonne beinahe perfekt kreisförmig ist. Zu anderen Zeiten kann die Ellipsenbahn der Erde bis zu 7 Prozent von der Kreisbahn abweichen. Heute beträgt die Abweichung nur noch 1,7 Prozent mit abnehmender Tendenz – irgendwann fliegen wir wohl wieder ganz richtig im Kreis um die Sonne.

Sogar der Mars könnte einen Einfluss auf die Erde haben, denn es gibt Hinweise in Meeressedimenten, dass sich die Temperatur tiefer Meeresströmungen alle 2,4 Millionen Jahre ändert, was mit einer Resonanz von Erd- und Marsumlaufbahn um die Sonne zu tun haben könnte.[125] Die Planeten üben also tatsächlich, wie in der Astrologie vermutet, eine Kraft auf unsere Erde und das Leben darauf aus. Allerdings ist diese Kraft die Schwerkraft und nicht irgendein esoterisches Energiefeld, und bei dieser Art von astronomisch-physikalischen »Horoskopen« bestimmt nicht der Tag unserer Geburt unser Schicksal, sondern in welchem Jahrzehntausend wir geboren sind.

Der Klimaforscher Gerrit Lohmann vom Alfred-Wegener-Institut in Bremerhaven, der das Paläoklima erforscht, vermutet, dass die 100 000-Jahre-Perioden der letzten Kaltzeiten in Wirklichkeit eine Mischung aus 80 000 und 120 000 Jahren sein könnten, die wiederum Vielfache der 40 000-Jahre-Perioden sind. Dann wäre nur das Nicken der Erdachse wirklich der entscheidende Faktor. Seiner Überlegung nach könnte es sein, dass regelmäßig eine oder zwei stark vereiste Kaltzeiten ausfallen und es dadurch eben 80 000 oder 120 000 Jahre bis zur nächsten dauert. Vielleicht braucht es einfach manchmal einen längeren Anlauf, um genug Eismassen aufzubauen, die sich dann über die Eis-Albedo-Rückkopplung selber verstärken. Diese hatte schon zu Zeiten der Schneeball-Erde dazu geführt, dass sogar der gesamte Globus mit Eis bedeckt wurde. Heute droht uns das wahrscheinlich nicht mehr, weil die Sonne über die Jahrmilliarden hinweg heißer geworden ist.

Ab welchem Moment dieser Effekt aus dem Ruder läuft, hängt von vielen Faktoren ab. Das Klima hat nicht nur einen Regelschalter, sondern mehrere. Neben den Kohlendioxidkreisläufen und Milanković-Zyklen spielt auch eine Rolle, wie die Kontinente auf der Erde verteilt sind, ob Hochgebirge erodiert werden, wie flach die Küstengebiete sind, welche Meeresströmungen vorhanden sind, welche Vulkane wann und wo ausbrechen oder auf welchem Untergrund sich Eis bilden kann.

Die Schwankung der Erdachse oder die Veränderung der Sonnenstrahlung können aber nicht den schwindelerregend raschen Klimawandel von heute erklären, so betont Lohmann. Der kommt eindeutig vom dramatischen Anstieg der Kohlendioxidkonzentration, und der wiederum ist nicht wie in früheren Zeiten auf Vulkanausbrüche zurückzuführen, sondern auf das Verbrennen der alten Kohlenstoffspeicher der Erde durch den Menschen: Kohle, Öl, Gas. Vor ein bis zwei Millionen Jahren lernten unsere Vorfahren das Feuer zu beherrschen.[126] Seitdem ist es nie mehr ausgegangen. Die Freisetzung von Treibhausgasen passiert heute schneller als je zuvor in der Erdgeschichte, und wir steuern innerhalb kürzester Zeit in eine völlig neue Situation hinein. Beim Klima ist eben auch der Weg dorthin entscheidend.

Die Klimakapriolen der letzten zwei Millionen Jahre sind also das perfekte Präludium für eine der vielleicht überraschendsten

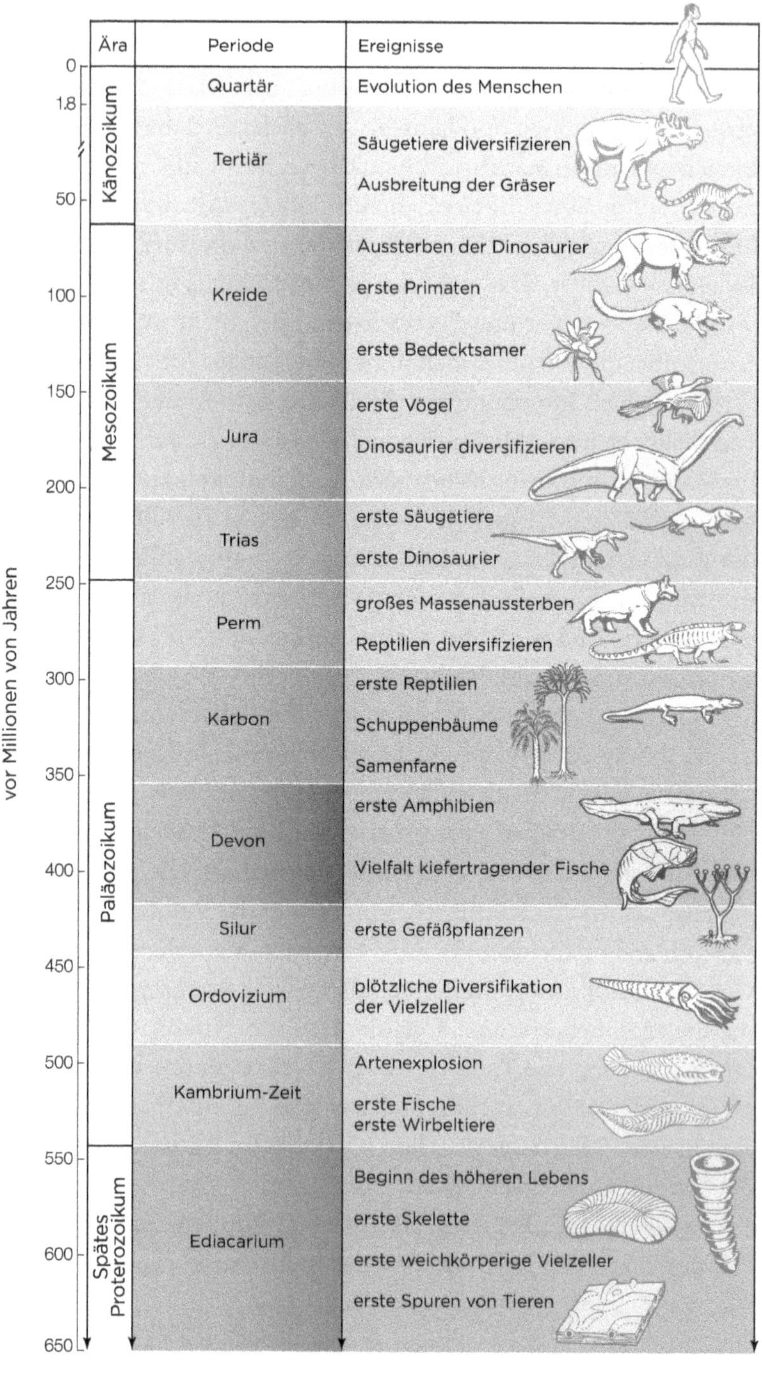
vor Millionen von Jahren
0
1.8
50
100
150
200
250
300
350
400
450
500
550
600
650
Ära
Periode
Ereignisse
Känozoikum
Quartär
Evolution des Menschen
Tertiär
Säugetiere diversifizieren
Ausbreitung der Gräser
Mesozoikum
Kreide
Aussterben der Dinosaurier
erste Primaten
erste Bedecktsamer
Jura
erste Vögel
Dinosaurier diversifizieren
Trias
erste Säugetiere
erste Dinosaurier
Paläozoikum
Perm
großes Massenaussterben
Reptilien diversifizieren
Karbon
erste Reptilien
Schuppenbäume
Samenfarne
Devon
erste Amphibien
Vielfalt kiefertragender Fische
Silur
erste Gefäßpflanzen
Ordovizium
plötzliche Diversifikation der Vielzeller
Kambrium-Zeit
Artenexplosion
erste Fische
erste Wirbeltiere
Spätes Proterozoikum
Ediacarium
Beginn des höheren Lebens
erste Skelette
erste weichkörperige Vielzeller
erste Spuren von Tieren

und tiefgreifendsten Entwicklungen in der Geschichte der Erde. Der sechste Tag der Schöpfung dämmert. Dieser Tag wird wieder einmal den ganzen Planeten mit all seinen Pflanzen und Tieren verändern – denn ein neues Geschöpf betritt die Bühne, das das gesamte Ökosystems des Planeten und sein Klima einschneidend verändern wird und dessen Boten bis in die äußersten Regionen des Sonnensystems vordringen.

> *Und Gott sprach:*[127] *Lasset uns Menschen machen, ein Bild, das uns gleich sei, die da herrschen über die Fische im Meer und über die Vögel unter dem Himmel und über das Vieh und über alle Tiere des Feldes und über alles Gewürm, das auf Erden kriecht. Und Gott schuf den Menschen zu seinem Bilde, zum Bilde Gottes schuf er ihn; und schuf sie als Mann und Frau.*[128]

◀ **14** Geologische Zeitskala über die letzten 650 Millionen Jahre und die dazugehörige Entwicklung des Lebens.

Kapitel 7

DER ERSTE MENSCH

»Wer bin ich«, fragte das Kind?

»Schau auf deine Vorfahren und deren Vorfahren«, sagte der Prophet. »Du bist ein Fisch, eine Maus, ein Affe und ein Mensch, gezeugt von Riesen und Zwergen, von Göttersöhnen und Menschenfrauen. Du bist der Bezwinger des Wetters und des Feuers, ein Wanderer zwischen den Welten, du bist der Erfinder von Geschichten, der Meister der Steine, der Freund und der Feind und der Entdecker der Scham.«

»Du bist du, mein Kind«, sagte die Mutter und gab ihr einen Kuss.

Nach einer zweiwöchigen wunderschönen Pilgertour auf einem historischen Abschnitt des Jakobsweges in Frankreich bekam ich plötzlich Rückenschmerzen. Wochenlang fühlte ich mich schlapp und ausgebrannt. Ein Check beim Arzt brachte ein beunruhigendes Ergebnis. Auf dem MRT-Bild meines Herzens sah ich etwas, das mich an die Aufnahme eines Schwarzen Lochs erinnert. Normalerweise würde ich mich darüber freuen, aber nicht, wenn es um mein Herz geht. Der dunkle Fleck offenbarte eine Mangeldurchblutung. Eine meiner Herzarterien war völlig verstopft, und das, obwohl ich weder trinke oder rauche noch übergewichtig bin. »Stress gehabt?«, fragte der Arzt? »Das kann man wohl sagen«, antwortete ich und dachte an die turbulente Periode, als wir das erste Schwarze Loch fotografiert hatten. Jetzt musste ein Stent her, der die Arterie weitet und das Blut gut fließen lässt. Die Operation im Frechener Krankenhaus erfolgte im wachen Zustand. Ich sah, wie dieses kleine Gitterröhrchen durch meine Pulsadern Richtung Herz geschoben wurde. Auf Bildschirmen sah ich Röntgenaufnahmen meines schlagenden Herzens und die endoskopischen Geräte darin. Zwei Stunden nach der OP saß ich auf dem Bett und spürte, wie meine Lebenskräfte wieder zurückkehrten. Der Effekt war unmittelbar.

Vor hundert Jahren wäre ich wahrscheinlich bald gestorben. Ich bin beeindruckt von der Kunst der Ärzte und dankbar für die Innovationskraft des Menschen. Wie gut können wir inzwischen mit feinsten Werkzeugen umgehen! Keine andere Spezies hier auf der Erde ist nur annähernd zu so etwas in der Lage. Ja, manche Krähen können mit Stöckchen Larven angeln,[1] aber das hier ist noch mal ein ganz anderes Level. Wie haben wir das geschafft: vom Affen zum Herzchirurgen?

Die Jäger der verlorenen DNA

Ich sollte bald die Gelegenheit haben, meine Fragen Experten zu stellen. Noch im Krankenaus ereilte mich eine aufregende Nachricht: Ich sollte den Balzan-Preis erhalten, einer der bedeutendsten und höchstdotierten Wissenschaftspreise der Welt. Die Jury vergibt diesen Preis jährlich an Forscherinnen oder Forscher aus wechselnden, ganz unterschiedlichen Fachbereichen, aus Geistes-, Sozial- und Naturwissenschaften, Physik, Mathematik, Medizin und Kunst.

Die anderen Preisträger waren David Damrosch, Professor für Weltliteratur von der Harvard University, und zwei Wissenschaftler, die in die Vorgeschichte der Menschheit geschaut haben. Der dänische Evolutionsbiologe Eske Willerslev hatte die älteste DNA gefunden, die aus einer Zeit von vor zwei Millionen Jahren aus der Umwelt Nordgrönlands stammt, und die Migration unserer

Vorfahren ausgiebig studiert. Und der Franzose Jean-Jacques Hublin hatte die ältesten Fossilien des *Homo sapiens* aus der Zeit vor 300 000 Jahren in Marokko entdeckt. Ich bin schwer beeindruckt – was ist schon ein Foto von einem Schwarzen Loch im Vergleich zu solchen Entdeckungen!

Die Preisverleihung[2] fand im altehrwürdigen Bundeshaus in Bern unter einer weithin sichtbaren Kuppel statt. Erst bei einem großen Abendessen in einem Kellergewölbe konnte ich mit den anderen Preisträgern persönlich sprechen. Es war leider furchtbar laut dort unten, sodass wir uns kaum verstehen konnten. Ich war trotzdem hin und weg von der prähistorischen Erbgutsuche meiner Kollegen. Hublin schien allerdings mehr für unser erstes Bild von einem Schwarzen Loch zu schwärmen. Dann zeigte er mir seine eigenen Sternenbilder. Hublin ist Amateurastronom und hat ein eigenes kleines, hochwertiges Observatorium in Spanien, das er dank digitaler Technik komplett über seinen Computer fernsteuern kann. Auch von Bern aus plante er mit dem Teleskop Beobachtungen und schaute auf Regionen im All, die Millionen von Lichtjahren von unserer Erde entfernt sind. Für ihn ist das ein faszinierender Blick zurück in die Zeit, die noch weit vor der Entwicklung irgendeiner menschlichen DNA liegt. Auf der anderen Seite saß ich als Astronom und lauschte gespannt den Geschichten von Hublin und Willerslev, die die Vorgeschichte von uns Menschen so spannend erzählen können, als wären sie selber dabei gewesen.

Wir haben kaum Daten über die ersten Sternengucker, aber auch Hublin kann sich gut vorstellen, dass schon unsere Vorfahren vor Millionen von Jahren in den Himmel über Afrika schauten. Vielleicht sogar schon, als der Mensch noch nicht einmal ein richtiger Mensch war und noch mehr ein Affe. Wenn wir heute einen Zoo besuchen und dort Schimpansen oder Gorillas beobachten, dann betrachten wir unsere nächsten Verwandten aus dem Tierreich. Der Mensch gehört zur Gattung *Homo*. Damit ist er ein Menschenaffe, was sich schon an den geringen genetischen Unterschieden von nur ein paar Prozent zeigt, die wir zu Schimpansen oder Orang-Utans aufweisen.

Von den Bäumen, ihr Affen!

vor 6–7 Ma
Menschen und Schimpansen trennen sich

Vor vielen Millionen Jahren, bevor die Entwicklung von Menschen und Affen sich trennt, muss ein gemeinsamer Vorfahre von Schimpansen, Gorillas und uns selbst durch Afrikas Wildnis gestreift sein. Fossilien sind von diesem Primaten bislang leider nicht gefunden worden, das Geschöpf gehört zu den großen Geheimnissen der Wissenschaft.[3] Es ist wohl einerseits an das Leben auf den Bäumen angepasst, es kann sich aber vermutlich bereits auf allen vieren am Boden fortbewegen und manchmal aufrecht stehen.

Vor sieben bis neun Millionen Jahren zieht es unsere Vorfahren dann ganz von den Bäumen herunter. Das führt dazu, dass sie sich mit ihren langen Armen nicht mehr nur von Ast zu Ast hangeln, sondern immer häufiger versuchen, ihre Wirbelsäule von der Waagerechten in die Senkrechte zu bewegen. Am Anfang der menschlichen Evolution steht der aufrechte Gang. Wie meistens im Leben passiert etwas Neues selten ohne einen starken Impuls, der oft von außen kommen muss.

Im Fall unserer Vorfahren in Afrika sind es wohl der Klimawandel[1] und die Versteppung, die ihnen das bequeme Leben auf den Bäumen verleiden. Die unkontrollierbare Bewegung der Kontinentalplatten, das Auftürmen von Himalaya und Alpen führt zu mehr Regen, mehr Verwitterung, weniger Kohlendioxid und sinkenden Temperaturen.

Der tropische Regenwald zieht sich später auf die Gebiete in Zentralafrika zurück, die wir auch heute noch kennen. Im Osten des Kontinents stellt das unsere Ahnen vor Probleme, denn sie

15 Rekonstruktion des Australopithecus-Exemplars »Lucy«: So könnte der in Afrika entdeckte Vormensch ausgesehen haben.

können sich nun nicht mehr einfach von einem Baum zum anderen schwingen, sondern müssen die Graslandschaften, die nun zwischen ihren angestammten Lebensräumen entstehen, irgendwie überwinden. Möglicherweise ist es auch das Bemühen um Überblick in der Savanne, das es für sie lohnenswert erscheinen lässt, sich möglichst oft aufzurichten und am aufrechten Gang zu feilen. Schließlich lauern überall Gefahren wie urzeitliche Tiere, die rechtzeitig bemerkt werden müssen, wenn man überleben will. Bis an die Spitze der Nahrungskette ist es für unsere Vorfahren noch ein weiter Weg.

vor 3,2 Ma
Lucy lernt den aufrechten Gang

Irgendeinen Vorteil muss diese neue Fortbewegungsart jedenfalls bieten. Der Mensch ist noch nicht einmal richtig Mensch, als er schon auf zwei Beinen geht. Menschenaffen wie *Australopithecus* können aufrecht gehen, vielleicht sogar Exemplare schon viel früher

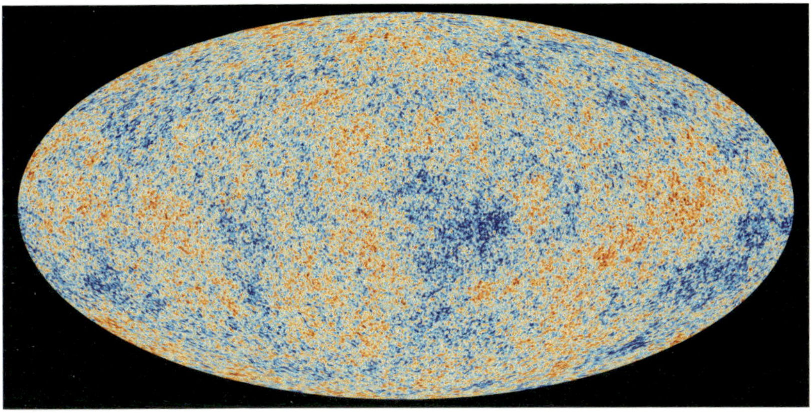

1 Helligkeitsverteilung der kosmischen Hintergrundstrahlung über den ganzen Himmel, gemessen durch die ESA: Die Strahlung entstand rund 380 000 Jahre nach dem Urknall und zeigt die Saatkörner der ersten Galaxien und Galaxienhaufen.

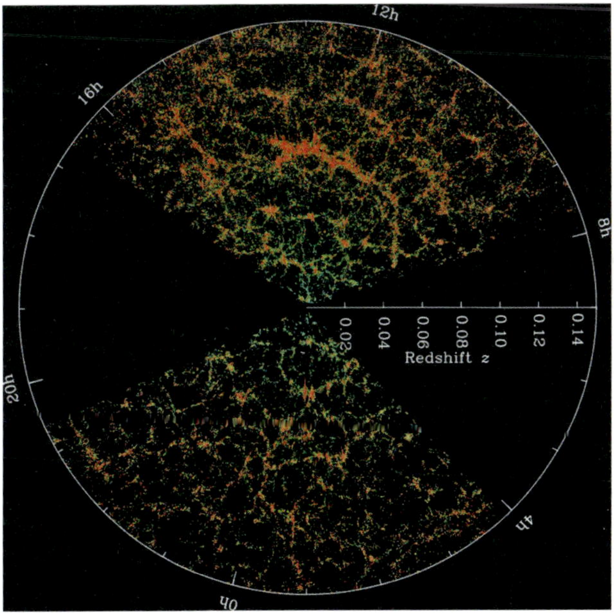

2 Verteilung von Galaxien in einem scheibenförmigen Ausschnitt des Universums, gemessen vom Sloan Digital Sky Survey (SDSS): Der Beobachter ist im Zentrum und die Rotverschiebung ist ein Maß für die Entfernung relativ zu uns. Die Materie im Universum ist nicht gleichmäßig, sondern schaumförmig – in Blasen und Schlieren – verteilt.

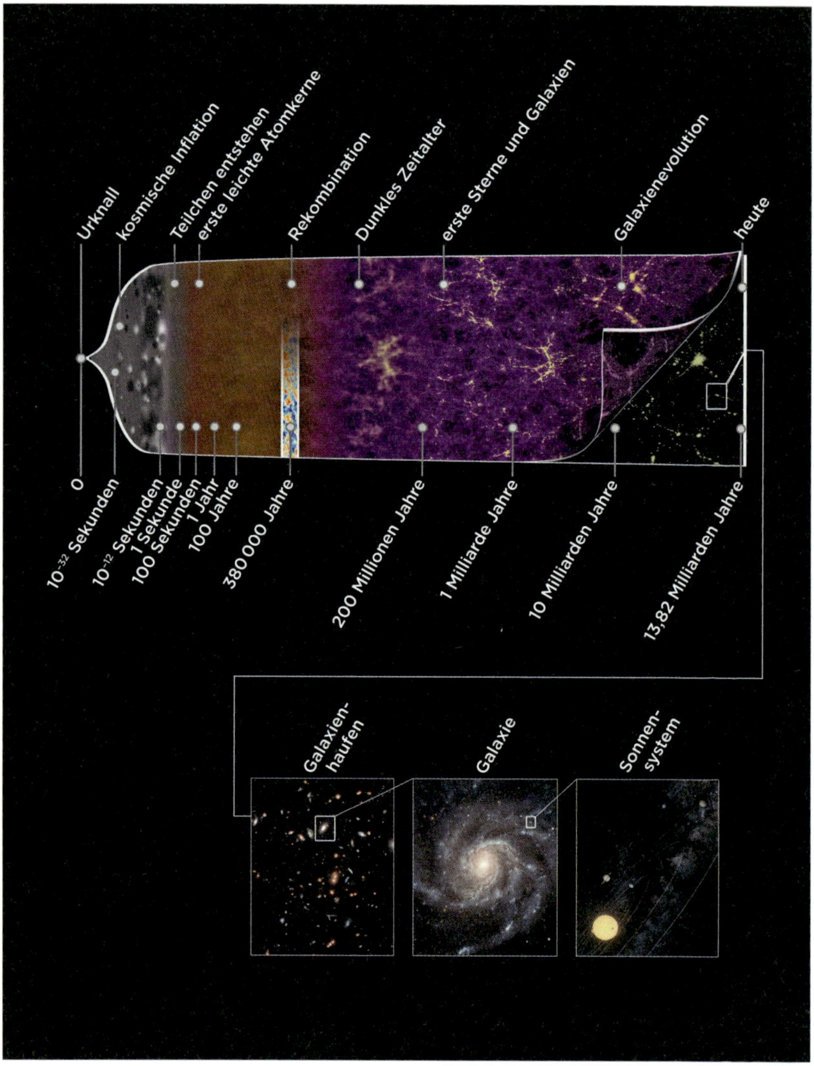

3 Die Entwicklung des Universums

4 Arp 273, »Die Rose«: Aufnahme des Hubble-Weltraumteleskops von zwei Galaxien in 300 Millionen Lichtjahren Entfernung, die sich wahrscheinlich schon einmal durchdrungen haben und in ferner Zukunft miteinander verschmelzen werden.

5 Der Staubwolkenkomplex Rho Ophiuchi, in dem junge Sterne entstehen, gemessen im Nahinfrarotbereich: Er liegt in 390 Lichtjahren Entfernung, das Bild zeigt einen Ausschnitt, der 0,7 Lichtjahre breit ist.

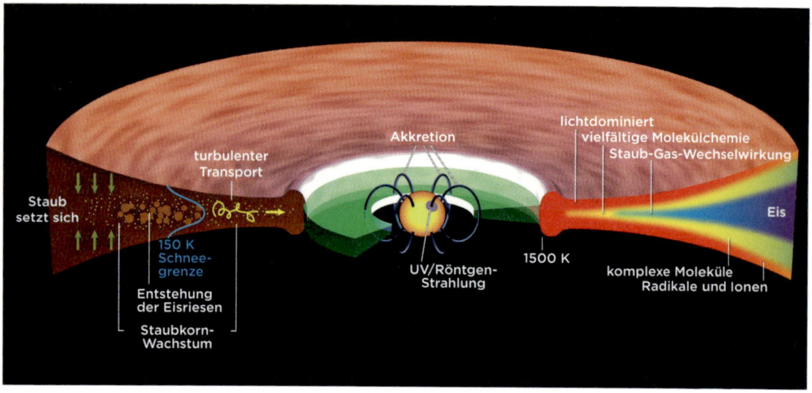

6 Aufbau einer protoplanetaren Scheibe, aus der ein neues Sonnensystem entsteht.

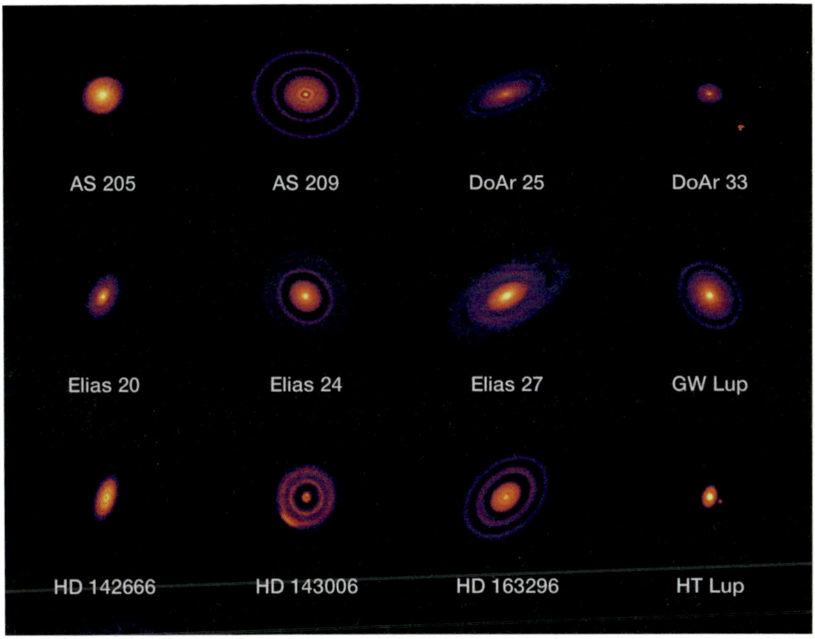

7 Protoplanetare Scheiben um junge Sterne, mit dem ALMA-Radioteleskop aufgenommen

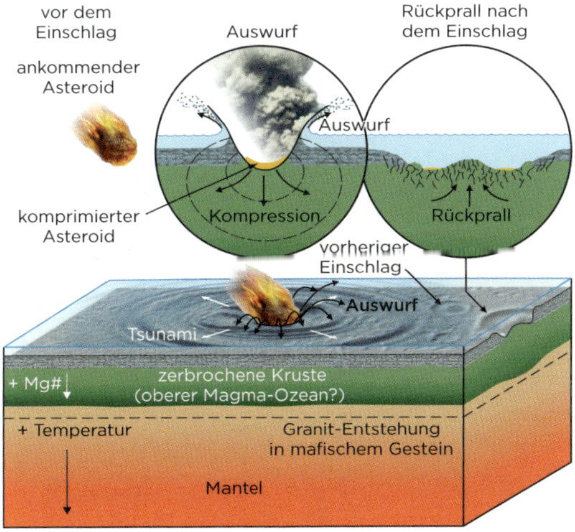

8 Einschlag eines Meteoriten auf die junge Erde und die mögliche Entstehung erster Erhebungen und möglicher erster Vorformen von kontinentalem Krustengestein aus Granit

9 Computersimulation des Einschlags von Theia auf der jungen Erde

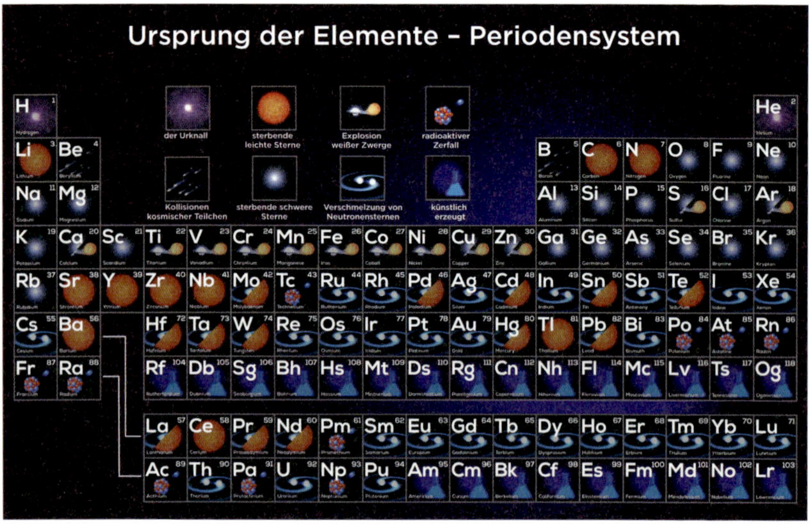

10 Periodensystem und Entstehung der Elemente

11 Reich verzierter Berliner Goldhut: früher astronomischer Kalender?

12 Der erste chinesische Kaiser Qin Shihuangdi: Er gilt als Vater der Chinesischen Mauer.

13 Rekonstruktionszeichnung des Tempels des sumerischen Himmelsgottes Anu in Uruk: Die Stadt war die erste Metropole der Menschheit.

14 Der »Käfer-Nebel« NGC 6302 ist ein planetarer Nebel, der durch einen sterbenden Stern in den letzten Lebensphasen erzeugt wird. Dabei stößt der Stern seine äußere Hülle ab. Der Nebel ist rund 4000 Lichtjahre von uns entfernt und wurde vom Hubble-Weltraumteleskop aufgenommen.

in Europa.[5] »Lucy«, das vielleicht berühmteste Skelett der Weltgeschichte, ist 3,2 Millionen Jahre alt. Ihr Becken zeigt bereits typische Merkmale für die Fortbewegung auf zwei Beinen.

Mit Kopf und Hand

vor 2,6 Ma
Beginn der Steinzeit
Eiszeiten kommen und gehen

Vor rund 2,6 Millionen Jahren ist es dann erneut ein klimatischer Umsturz, der den evolutionären Motor antreibt: der Beginn der Eiszeit mit wechselnden Kalt- und Warmphasen auf der nördlichen Hemisphäre. Schuld daran sind die Milanković-Zyklen, die wir bereits kennengelernt haben. Das bringt ein sehr kaltes, trockenes Klima mit sich, über hunderttausende Jahre hinweg. Die Nahrung der Hominiden ändert sich, ihre bevorzugten Pflanzen werden zäh und spröde, oder sie müssen erst massive Schalen knacken, bevor es etwas zu futtern gibt.

Als Reaktion entwickeln sie zwei Überlebensstrategien: entweder mehr Hirn oder mehr Kraft. Letzteres versuchen die »Nussknackermenschen« (*Paranthropus boisei*).[6] Sie bilden riesige Kiefer mit gigantischen Kauwerkzeugen aus, damit sie die zähe Nahrung vor dem Schlucken zerkleinern können. Wäre diese biologische Strategie der Natur erfolgreich verlaufen, wären heute vermutlich sämtliche Zahnärzte arbeitslos. Letztlich hat die Lebensweise nicht langfristig funktioniert, die »Knacker« sterben wohl vor etwa 1,3 Millionen Jahren aus,[7] vielleicht auch erst etwas später. Nussknackermenschen stehen heute nur noch zu Weihnachten als rotgefärbte Holzfiguren auf unseren Kommoden.

Die erfolgreichere Überlebensstrategie ist eine mit Hand und Köpfchen – der Beginn der kulturellen Evolution: Unsere Vorfahren machen sich mit Werkzeugen, statt mit ihren Kiefern, an den spröden Pflanzen zu schaffen und knacken auf diese Art und Weise die harte Nuss, die ihnen die Umwelt aufgibt. Erst der aufrechte

Gang macht eine solche Strategie möglich, denn sie können ihre Hände jetzt für andere Aufgaben verwenden, statt damit vorwärtszulaufen. Das ist die wahrhaft geniale Idee. Den aufrechten Gang hatten schon andere vor uns erfunden, aber jemand wie Tyrannosaurus rex hatte seine Vorderarme einfach verkümmern lassen, statt damit Werkzeuge herzustellen.[8]

Immer beweglichere und filigranere Finger und Muskeln können Faustkeile halten, mit denen wir die Objekte der Natur bearbeiten können und heute Herzoperationen durchführen. Wenn man so will, ist das der Beginn der Technik und der Faustkeil im Grunde das Smartphone der Steinzeit – damit kann man fast alles machen. Mit dem Beginn der Entwicklung von Werkzeugen und der Weitergabe der Bauanleitungen an nachfolgende Generationen beginnt ein Prozess, der in immer größere Spezialisierung und immer ausgefeilteren Produkten mündet.

Wissen und Erfahrung müssen weitergegeben werden, und das erfordert eine komplexere Sozialstruktur und einen engen Zusammenhalt. Ältere müssen Kinder und Jugendliche immer länger erziehen und ausgiebiger füreinander sorgen. Vielleicht trägt sogar die ungewöhnlich lange Still- und Betreuungszeit der Menschenbabys im Vergleich zu anderen Tieren dazu bei, diesen engen Zusammenhalt und die kulturelle Entwicklung zu stärken.[9] Mit rund drei Jahren ist sie allerdings immer noch ein paar Jahre kürzer als bei anderen großen Affen. Das erlaubt es den Müttern, sich die Aufgaben bei der aufwendigen Aufzucht und Fütterung ihrer hochbegabten Kinder zu teilen. Das Hirn von Kindern ist notorisch energiehungrig. Es verbraucht rund die Hälfte ihrer gesamten Körperenergie.[10] Diese Energie muss erst mal beschafft werden, und wie alle Eltern wissen, erfordert die Erziehung dieser kleinen Schlauköpfchen einen Riesenaufwand an Energie, Zeit und Nerven. Kooperative Aufzucht macht das leichter.[11] Es ist daher vielleicht kein Zufall, dass die formale gemeinsame Erziehung in Deutschland ungefähr mit drei Jahren beginnt – im Kindergarten.

Der Vorteil der technischen oder kulturellen Evolution ist, dass es mit ihr schneller und flexibler vorangeht, als es unsere Gene mit der biologischen Evolution zu leisten vermögen. Heutzutage erfolgt sie sogar so schnell, dass sie viele von uns oft überfordert. Seit den ersten drei Minuten des Kosmos war die Entwicklung nie wieder so schnell wie heute. Die Technik der Digitalisierung kann innerhalb von Jahren unser globales Leben auf den Kopf stellen. Da haben es die Menschen der Steinzeit mit ihren einfachen Werkzeugen noch vergleichsweise leicht.

Streng genommen hätte es das Material für ihre Werkzeuge auf der Erde ohne den Einfluss des Kosmos nie gegeben. Die sonnennahen Planeten unserer Milchstraße, der kleine Merkur, die Venus, der Mars und unsere Erde, sind allesamt Gesteinsplaneten, die sich aus den Staubkörnchen des inneren Sonnensystems zusammensetzen und zu den ersten Felsen der Erdgeschichte heranwuchsen.

Allerdings ist sich die Paläoanthropologie heute weitgehend einig, dass der Gebrauch von Werkzeugen allein den Menschen noch nicht zum Menschen macht. Auch manche Primaten nutzen Werkzeuge, sie stellen sie sogar teils selbstständig her.[12] Es ist ein Mix aus Eigenschaften, der in der Entwicklung des Menschen den Unterschied macht – und ein bisschen Glück gehört natürlich auch noch dazu.

Vom Homo erectus zum Homo sapiens

vor 2 Ma
Homo erectus

Bevor der *Homo sapiens* die Weltbühne betritt, wandeln noch andere Hominini[13] über Afrikas Erde. Die ältesten Arten der Gattung *Homo* sind fast drei Millionen Jahre alt.[14] So richtig interessant wird die Entwicklung hin zum Menschen aber erst mit einem Vertreter, der ein regelrechter Pionier ist, dem *Homo erectus*. Die ältesten Fossilien dieser Art sind rund zwei Millionen Jahre alt und stammen aus Südafrika. Es gibt dort auch erste Hinweise auf den Übergang vom bereits erwähnten *Australopithecus* zum *Homo.*[15]

Homo erectus legt eine lange Karriere mit vielen Entwicklungsschritten hin. Späte Exemplare kommen uns äußerlich schon recht nahe, sie erreichen in etwa unsere Körpergröße, das Gesicht ist aber noch breiter, das Hirn kleiner. Auf ihn gehen einige erstaunliche Fähigkeiten zurück. Möglicherweise baut er bereits hölzerne Behausungen, und höchstwahrscheinlich kann er auch schon Feuer machen. Und noch wichtiger: *Erectus* ist der erste große Entdecker und Auswanderer innerhalb der Gattung *Homo.* Er verlässt den afrikanischen Kontinent vor 1,9 Millionen Jahren[16] und überlebt noch bis vor rund 100 000 Jahren[17] in Südostasien – die ersten modernen Menschen, *Homo sapiens*, können ihm also theoretisch noch begegnet sein.[18] Er ist so etwas wie der Urvater und die Urmutter der Menschheit. Aus ihm entstehen indirekt die Neandertaler, und wahrscheinlich ist er sogar unser direkter Vorfahre.[19]

Diese schrittweise Entwicklung vom *Erectus* zum *Sapiens* darf man sich aber nicht als Einbahnstraße vorstellen. Wahrscheinlich ist unsere Evolution keineswegs ein einfacher Stammbaum, sondern eher ein Stammbusch – mit vielen Zweigen und Ästchen, die in alle möglichen Richtungen wachsen und untereinander vielfältig verzweigt sind, gelegentlich wieder zusammenwachsen oder auch mal einfach enden.

vor 300 000 a
Homo sapiens

In dem Moment, in dem *Homo sapiens* die Weltbühne betritt, ist er nicht allein. In der Altsteinzeit herrscht eine große Vielfalt an Menschenarten, die später nie wieder erreicht wird. Teils höchst unterschiedliche Menschen wandeln umher. Manche sind geradezu zwergenhafte Wesen wie der *Homo floresiensis* von der Insel Flores im heutigen Indonesien, der nur einen Meter Körpergröße erreicht und mit einem Gehirn von der Größe einer Grapefruit ausgestattet ist.[20] Oder der *Homo naledi*, dessen Überreste Paläoanthropologen erst im

Jahr 2013 in einer Höhle in Südafrika fanden und der ein viel kleineres Gehirn hat als der moderne Mensch. Andere Verwandte sind uns schon sehr ähnlich, wie der vor rund 200 000 Jahren ausgestorbene *Homo heidelbergensis*. Er stellt bereits Speere her, mit denen sich eine nur kaum geringere Reichweite erzielen lässt, als Sportler es mit modernen Wurfspeeren vermögen.[21]

Fossilien dieser und anderer Arten wurden in Höhlen der Sierra de Atapuerca in Spanien gefunden, die wegen ihrer vielfältigen Funde UNESCO-Weltkulturerbe geworden ist. Über diese Hügel verläuft auch der Jakobsweg in Spanien, über den ich 2024 mit meiner Frau pilgerte. Als ich die Schilder sah und realisierte, was hier gefunden wurde, war ich ganz aufgeregt. Wir liefen auf historischem Boden – nein, es ist sogar prähistorischer Boden. Spontan besuchten wir die Höhlen und das dazugehörige Museum in Burgos. Die Überreste dieser frühen Menschen anzuschauen, in ihren Fußspuren zu laufen, am frühen Morgen über die Hügel zu gehen und in die Weite des Landes zu schauen, wie sie es damals taten, schafft eine unerklärliche Form der Verbindung mit unseren entfernten Vettern. Fühlten sie schon das, was ich fühlte, dort oben?

In dem Höhlensystem von Atapuerca finden sich die Reste ganz unterschiedlicher Frühmenschen aus den letzten 1,2 Millionen Jahren, bis hin zu Menschen aus dem Mittelalter, die alle diese besondere Geographie für sich nutzen wollten und im selben »Haus« wohnten: verschiedene Menschen – ein Gedanke, könnte man sagen.

Sehr wahrscheinlich kennen wir längst nicht alle unsere ausgestorbenen Vettern und Cousinen, darauf deuten genetische Analysen hin. Forscher entdeckten beim westafrikanischen Volk der Yoruba[22] beispielsweise, dass ein Teil ihres Genoms auf eine bisher noch unbekannte archaische Spezies zurückgehen dürfte.

Und längst nicht bei allen Funden ist sich die Fachwelt einig. Das liegt an einer teils großen Varianz bei den entdeckten Knochen, die

16 Ausgrabungsstätte Atapuerca in der spanischen Provinz Burgos: Vorfahren-Funde in der Nähe des Jakobswegs

es den Wissenschaftlerinnen und Wissenschaftlern nicht leicht machen, sie klar einer bestimmten Spezies zuzuordnen. Die Menge der Funde ist ohnehin überschaubar und beschränkt sich auf meist nur wenige Knochen eines Skeletts. Das gesamte Wissen über die Beschaffenheit der vergleichsweise gut dokumentierten Neandertaler beschränkt sich auf kaum mehr als einige hundert Individuen.[23] Die Aufgabe von Paläoanthropologen ist ein wenig so, als müsste man das gesamte Computerzeitalter anhand von ein paar Disketten erforschen, die irgendwann in der Zukunft zufällig mal jemand findet.

Kein Wunder, dass sich die Erzählung über unsere Herkunft immer wieder ein wenig ändert. Menschliche Evolution, so weiß man heute, ist keineswegs ein geradliniger Pfad, auf dem eine Hominidenart auf die nächste folgt und die Entwicklung immer nur

Schritte in eine Richtung und nach vorne macht. Die Geschichte des *Homo sapiens* hat sich gerade zuletzt etwas gedreht. Nun gibt es eine neue Erzählung zu unserer Herkunft, und immer mehr Funde und Erkenntnisse untermauern sie.

Afrika – die Wiege der Menschheit

Lange ging die Wissenschaft davon aus, dass der *Homo sapiens* vor rund 200 000 Jahren und damit verhältnismäßig spät in Ostafrika entstanden ist und von dort aus die Welt erobert hat. Der Out-of-Africa-Hypothese liegen berühmte Funde zugrunde, die einem berühmten Clan von Paläoanthropologen[24] einst im Tal des Omo-Flusses im Süden Äthiopiens und anderswo gelungen sind.

Aber diese Geschichte unseres Ursprungs ist unvollständig. Der Mensch, *Homo sapiens*, wird wohl an unterschiedlichen Orten in Afrika flügge, nicht nur im Osten des Landes, am berühmten Großen Grabenbruch. Die Suche nach dem einen Ursprung unserer Art ist möglicherweise vergebens. Stattdessen hat *Homo sapiens* sich aus verschiedensten Teilen der Bevölkerung Afrikas herauskristallisiert. Deshalb sind wir gewissermaßen ein panafrikanisches Phänomen.[25]

Homo sapiens lebt wohl in mehreren kleinen Populationen auf dem gesamten Kontinent verteilt und entwickelt sich in unterschiedliche Richtungen. Diese Gruppen stehen längst nicht immer in Kontakt miteinander und sind teils isoliert. Die Sahara ist mal eine wasserreiche, fruchtbare Region, dann wieder eine trockene Wüste. Durch den kosmisch getakteten regelmäßigen Wechsel zwischen Kalt- und Warmzeiten ergeben sich immer wieder natürliche Barrieren, aber auch offene Wege. Als Wüste hat diese Region die frühe Menschheit teils getrennt, als blühende Landschaft sie aber auch wieder zusammengeführt.[26] Unterschiedliche klimatische Phasen haben also einmal mehr unsere Geschichte geprägt, wieder hat das Universum über die Milanković-Zyklen seine Finger im Spiel.

Auch Hublin hat durch seinen *Homo-sapiens*-Fund in Marokko maßgeblich zur Neuerzählung dieser Geschichte beigetragen. Rekonstruktionen der Menschen von dort zeigen einen drahtigen, großgewachsenen Mann mit dunkler Haut. Seine definierte Statur ähnelt der gut trainierter Ausdauersportler.[27]

Die Überreste dieses Menschen wurden in Jebel Irhoud, einer kargen Region rund 100 Kilometer nordwestlich von Marrakesch, gefunden, in der einst Bergbau betrieben wurde. Die Ergebnisse von Hublins Team waren eine kleine Sensation, als sie vor einigen Jahren veröffentlicht wurden.[28] Nach dem bisherigen Kenntnisstand könnten Adam und Eva also Nordafrikaner statt Ostafrikaner gewesen sein. Die Überreste dieser frühen *Homo sapiens* sind an die 300 000 Jahre alt,[29] weit älter als bisherige Funde.

Damals sieht es zunächst nicht danach aus, als würde der *Homo sapiens* irgendwann einmal die Welt beherrschen. Die Anfänge unserer Spezies sind unauffällig und unterscheiden sich kaum von denen anderer archaischer Menschenarten. Die Entwicklung des Gehirns geht nur langsam voran.[30]

Genanalysen zeigen auch: Wichtige Veränderungen in unserer Erbsubstanz, die für die gesteigerte Leistungsfähigkeit unseres Gehirns wichtig sind, treten erst auf, als sich *Sapiens* und Neandertaler voneinander trennen. Das ist wahrscheinlich vor bis zu 500 000 Jahren der Fall, vielleicht sogar etwas früher.[31] Zwar verfügen die Menschen von Jebel Irhoud schon über ein Hirnvolumen, das mit 1400 Millilitern demjenigen von heute lebenden Menschen nahekommt, aber die Art, wie unser Gehirn organisiert ist, bildet sich erst vor rund 100 000 bis 35 000 Jahren heraus.

Und auch bei der Herstellung von Werkzeugen stechen unsere ersten klobigen Faustkeile kaum hervor. Zudem haben wir in dieser Zeit kräftige Konkurrenz. Der Neandertaler ist schon vor uns aus Afrika ausgewandert. Bald sollten wir ihn wieder treffen.

Der Neandertaler

Der Choral »Lobe den Herren, den mächtigen König der Ehren« ist ein Evergreen der Kirchenmusik. Kaum ein altes Kirchenlied wird so vollmundig und kräftig gesungen wie dieses, wenn ich es mal in einem Gottesdienst anstimmen lasse. Es wurde einst von Joachim Neander verfasst, nach dem dann ein kleines Tal bei Düsseldorf benannt wurde.

Hier finden Arbeiter 1856 in einem Steinbruch ein paar Knochen, die sie für unbedeutend halten. Sie landen zunächst im Abraum. Erst der Wissenschaftler Johann Carl Fuhlrott ordnet die Knochen korrekt als Überbleibsel eines Frühmenschen ein, später wird dieser nach seinem Fundort benannt und damit indirekt nach dem erfolgreichen Liederdichter Neander. Im Grunde ist das ein Zufall, denn der Neandertaler hätte leicht auch nach Fundorten in Belgien oder Gibraltar benannt werden können. Dort werden bereits früher Überreste dieser Spezies gefunden, sie werden nur nicht als solche erkannt. Manchmal braucht man in der Wissenschaft auch ein bisschen Glück auf dem Weg zu Ruhm und Ehre.

Allerdings hält man das Wesen, dem die Paläoanthropologie damals auf die Spur kam, zunächst für eine ziemlich tumbe Nuss. Der Neandertaler, dieses Ungetüm, dessen Name schon hinterwäldlerisch klingt, könne doch nicht viel mit dem Menschen gemein haben. Nur wir seien die alleinige Krone der Schöpfung, so damals die landläufige Meinung. Ein Blick auf Neandertaler-Knochen offenbart eine gedrungene, kräftige Statur mit ausladenden Gesichtsknochen. Dabei ist sein kompakter, maximal 1,70 Meter großer Körper sehr gut an die kühleren Klimabedingungen Europas angepasst.[32]

In der Brockhaus-Enzyklopädie von 1894 ist von einer »Rasse des europäischen Höhlenmenschen mit einem wilden, fast tierischen Ausdruck im Gesicht« die Rede.[33] Auch das Bild vom keulenschwingenden Grobian wird mit dem Neandertaler in die Welt gesetzt, obwohl es nicht die geringsten Hinweise auf den Einsatz dieser Waffen gibt.

Der arme Neandertaler würde sich vermutlich verlegen am Kopf kratzen, wenn er hören würde, wie man lange über ihn dachte. Dabei entstammt er einem gemeinsamen afrikanischen Vorfahren von uns. Neandertaler sind weit früher als *Homo sapiens* in Europa. Ihr Siedlungsgebiet reicht von Portugal und Spanien im Westen bis in den Nahen Osten und in das westliche Sibirien. Die ältesten Fossilien, die ihm zugeordnet werden, sind mehr als 400 000 Jahre alt.[34]

Trotz seiner ausgeprägten Augenbrauenwülste und der fliehenden Stirn ist der Neandertaler unser nächster Verwandter. Sein Gehirn ist sogar größer als das von uns heutigen Menschen.[35] Und er ist ein deutlich komplexeres Wesen, als es selbst die moderne Wissenschaft lange angenommen hatte. Erst in den letzten Jahren hat sich eine neue Sichtweise auf unseren Verwandten durchgesetzt, die ihm weit mehr zutraut, als wir es lange vermutet haben.

Neandertaler leben in kleinen Grüppchen, sie sind erfahrene Großwildjäger, die mit technisch versierten Waffen unterwegs sind. Sie legen sogar Wert auf ihre Erscheinung, tragen Schmuck und Federn.[36]

Wenn wir heute von Menschlichkeit reden, dann meinen wir damit moralische Verhaltensvorstellungen, die wir nur unserer Spezies zutrauen. Aber auch der Neandertaler ist dazu in der Lage. Er kümmert sich um alte und schwache Mitglieder seiner Sippe und bestattet sogar seine Toten. Irgendeine spirituelle Vorstellung wird er wohl auch haben, der Neandertaler, auch wenn wir ihn nicht danach fragen können. Er soll sich sogar mit der Heilung von Knochenbrüchen auskennen.[37]

Zumindest ein Fall ist bekannt, bei dem ein Neandertaler-Kind, das wahrscheinlich unter dem Down-Syndrom litt, etliche Jahre von seiner Gruppe gepflegt worden ist, wozu die Mutter alleine nicht in der Lage gewesen wäre.[38]

Auch Kunst ist ihm zuzutrauen. Höhlenmalereien werden ihm zugeschrieben, sowie aufwendige Verzierungen von Knochen. Darauf deutet etwa ein rund 50 000 Jahre alter Fund in der Einhornhöhle im Harz hin.[39]

Nicht zuletzt könnte der Neandertaler auch in der Lage gewesen sein, Sprache zu entwickeln und zu verstehen. »Die Frage ist aber, wie komplex die Gesprächsthemen waren«, gibt Hublin zu bedenken.[40] Ob er auch Choräle gesungen hat – diese Frage kann mir Hublin nicht beantworten. Noten sind aus dieser Zeit nicht erhalten.

Ob sich Neandertaler oder der erst vor wenigen Jahren entdeckte Denisova-Mensch, der im Osten Eurasiens vor über 200 000 bis weniger als 50 000 Jahren lebte,[41] und *Homo sapiens* miteinander verständigen konnten, bleibt unklar. Immerhin haben sich die drei untereinander fortgepflanzt, manche nur einige tausend Jahre lang.[42] Das geht zur Not natürlich auch ohne Worte. Gut denkbar, dass bei diesem Steinzeit-Sex zumindest teilweise auch Gewalt im Spiel ist. Selbst die Genesis berichtet von nicht einvernehmlichem Sex in der Frühzeit der Menschen, wobei merkwürdige Göttersöhne die schönen Töchter Evas rauben.[43]

Die Spuren dieser Paläo-Liaisons können wir noch heute in unserer Erbsubstanz finden. Ein paar Prozent unserer DNA gehen auf den Neandertaler zurück, auch Spuren des Denisovaner finden sich wohl. Wir sind uns also sehr viel näher, als es lange angenommen wurde.

Umso mehr verwundert es mich, dass am Ende nur der Mensch übriggeblieben ist, während Denisova-Mensch, Neandertaler sowie alle anderen verschwinden, als sich ihre Wege mit unserer Spezies immer häufiger kreuzen. Warum?

Zyniker werden dafür eine schnelle Antwort haben: Gewalt. Aber die Gründe dafür liegen im Nebel der Vorzeit verborgen, und wahrscheinlich sind sie äußerst vielfältig und komplex. Der Neandertaler bekommt irgendwann im westlichen Eurasien merkwürdige neue Nachbarn – den *Homo sapiens*. Spätestens ab rund 70 000 Jahren vor heute ziehen diese Migranten aus Afrika in verschiedenen Wellen über die Levante endgültig auch nach Norden.* Wobei wir uns derartige Wanderbewegungen als einen sehr langsamen Prozess vorstellen müssen. Wahrscheinlich liegt die Geschwindigkeit bei weniger als fünf Kilometern pro Generation.[44]

Die frühesten Nachweise für die Anwesenheit des *Homo sapiens* in Mitteleuropa sind nach neuesten Forschungsergebnissen bis 47 000 Jahre alt,[45] zuvor hat er auf seiner Wanderung aus Afrika heraus bereits den Nahen Osten und Südostasien besiedelt. Zwar hatte *Homo sapiens* schon Zehntausende Jahre vorher in unterschiedlichen Migrationsbewegungen versucht, den afrikanischen Kontinent zu verlassen, doch waren diese Unternehmungen nicht von dauerhaftem Erfolg gekrönt.[46]

In der Ilsenhöhle in Ranis, Thüringen, konnten Wissenschaftlerinnen und Wissenschaftler Werkzeuge dem *Homo sapiens* zuordnen, die man vorher für das Werk des Neandertalers gehalten hatte.[47] Diese Wesen sehen zu dieser Zeit schon aus wie wir und denken vielleicht auch wie wir. Sie bahnen sich nun den Weg zu einer zukünftigen globalen Dominanz.

Nur einen erdgeschichtlichen Wimpernschlag später ist *Homo sapiens* alleiniger Mensch auf der Welt. Die Steinzeit ist also im Grunde unsere persönliche Genesis. Unsere Menschheitsgeschichte umfasst gerade einmal ein paar Millionen Jahre, davon hat

* Homo sapiens gab es laut Hublin bereits vor 180 000 Jahren in der Levante. Es scheint, als habe es mehrere Wanderungsbewegungen aus Afrika in Richtung Naher Osten und Südasien gegeben. Der moderne Mensch war bereits vor 80 000 Jahren in Südostasien. Die Ausbreitung in die mittleren Breiten erfolgte größtenteils nach 50 000 vor heute. Ein kritischer Punkt ist, dass die Pionier-Populationen ausstarben oder durch Neuankömmlinge ersetzt wurden. Der gemeinsame Vorfahr aller nicht-afrikanischen Menschen ist zwischen 55.000 und 50.000 Jahre alt, so Hublin.

Sapiens 250 000 Jahre mit und neben anderen Menschenarten gelebt. Aber vor rund 40 000 Jahren stirbt der Neandertaler als letzte weitere Menschenart aus. Seitdem haben wir keine menschlichen Vettern und Cousinen mehr und breiten uns nach und nach auf der ganzen Welt aus. Vielleicht ist es nur ein kosmischer Zufall, aber bemerkenswert ist es schon, dass sich vor etwa 42 000 Jahren auch ein Ereignis zuträgt, das einige Jahrhunderte lang weitreichende Folgen für das Erdklima hat.[48] Zu jener Zeit, die sich mit dem Ende der Neandertaler überschneidet, kehrt sich das Erdmagnetfeld für einige hundert Jahre um. Die Folgen des sogenannten Laschamp-Ereignisses[49] sind eine Umweltkrise von globalem Ausmaß. Das Erdmagnetfeld ist eine Art Schutzschirm gegen kosmische Strahlung und den Sonnenwind. Bei einer Polumkehr schwächt sich dieser Schutzschild ab – mit teils weitreichenden Folgen.

vor 42 000 a
Umkehr des Magnetfeldes
Mensch wird einziger Überlebender der Gattung Homo

Auf der Südhalbkugel verschieben sich die Monsunwinde, eine Dürreperiode lässt in Australien Seen austrocknen, und auf der Nordhalbkugel wird es kälter. Das könnte den Neandertalern zum Verhängnis geworden sein oder ihr Ende zumindest begünstigt haben. Denn vielleicht hat sich der Wettbewerb um Nahrung und gute Siedlungsplätze durch die klimatischen Veränderungen verschärft.

Geschichten vom Lagerfeuer

»Der *Homo sapiens* war im Grunde eine invasive Art«, sagt Hublin. Überall, wo er auftaucht, verdrängt er andere Menschengruppen. Über die Gründe kann die Wissenschaft bisher nur spekulieren. Aber irgendetwas muss bei diesem »Big Bang unserer Art«, wie Hublin es nennt, passiert sein. Denn plötzlich hat *Homo sapiens* offenbar einen Evolutionsvorteil.

Aber worin besteht er? Jeder der Faktoren, die in der Evolution eine größere Rolle gespielt haben, liefert alleine keine befriedigende Antwort. Wahrscheinlich sind es mehrere Fügungen, die uns zum heutigen dominierenden Säugetier gemacht haben.

Da ist zum Beispiel das Feuer. Die Zähmung der Flammen trägt sicher dazu bei, dass sich der Mensch weiterentwickeln kann. Er gart nun seine Speisen. Dadurch werden Fleisch und manche Pflanzen bekömmlicher und liefern die Energie, die unser Gehirn zum Wachstum braucht. Es ist gerade unser besonders komplexes Gehirn, das uns in mancher Hinsicht überlegen macht, weil es Lösungen für komplexe Aufgaben ersinnen kann.

Unser Gehirn ist rund dreimal so groß wie das von heute lebenden Menschenaffen. Besonders Teile der Großhirnrinde haben sich im Laufe der Zeit massiv vergrößert. Diese auch Kortex genannten Areale sind an komplexen kognitiven Funktionen wie Kreativität und abstraktem Denken beteiligt.[50] Im Gegensatz zu den Denkorganen anderer Primaten können wir verschachtelte Szenarien überblicken und entwerfen und uns mit unseren Artgenossen austauschen – in dieser fortgeschrittenen Form ist dazu einzig das Gehirn des *Homo sapiens* in der Lage.[51]

Aber so ein Gehirn benötigt Energie. Im Verhältnis zu seiner Größe verbraucht es sogar sehr viel Energie. Unser Denkorgan macht nur rund zwei Prozent unseres Körpergewichts aus, zwackt sich aber rund 20 Prozent der täglich benötigten Kalorien ab.[52] Das bedeutet, wenn man nur an Essen denkt, wird man alleine davon schon hungriger.

Durch gegarte Speisen muss der Körper weniger Energie für die Nahrungsverarbeitung und Verdauung aufbringen, und gebratene Steaks halten sich länger als rohe. Das Feuer hat also stark zu unserer biologischen Evolution beigetragen. Doch vor mindestens einer Million Jahre hat bereits der *Homo erectus* Feuer genutzt,[53] wie Spuren aus der südafrikanischen Wonderwerk-Höhle zeigen. Am

Ende hat sich das für ihn nicht als entscheidender Evolutionsvorsprung erwiesen, denn die Art ist ausgestorben und in uns aufgegangen.

Vielleicht ist der soziale Faktor, den das Feuer mit sich bringt, am Ende noch wichtiger. Feuer hält wilde Tiere ab, macht Licht im Dunkeln und liefert Wärme. Ich kann mir gut vorstellen, wie Menschen damals im kalten Europa und anderswo dicht gedrängt um ein paar brennende Holzscheite hocken und in die Flammen schauen. Wie sie sich anschauen und nach und nach versuchen, miteinander zu kommunizieren, denn sie haben noch keine komplexe Sprache, mit der sie sich verständigen können. Vielleicht sind es zu Beginn nur kleine Gesten, Grimassen oder einzelne Laute. Aber irgendwann wird aus dieser Art zu kommunizieren ein System, eine Sprache.

Vorausetzung für diese Entwicklung ist natürlich regelmäßiges Zündeln, denn am Anfang kommt der Mensch mit dem Feuer nur hin und wieder, eher zufällig in Berührung, etwa bei Vegetationsbränden aufgrund von Blitzschlag. Doch irgendwann entwickeln die Steinzeitvölker eigene Feuerzeuge. Sie bestehen aus Feuerstein, Schwefelmineralien und getrocknetem Baumschwamm. Solche Gegenstände hat man beispielsweise in Israel gefunden.[54]

Die Zähmung des Feuers führt die Menschen vielleicht zusammen, sodass sie beginnen, sich untereinander auszutauschen – ohne dass es einen unmittelbaren Nutzen hat. Vielleicht erzählen sie sich etwas über die Abenteuer, die sie in der Wildnis erlebt haben, oder über die mühsame Kinderbetreuung. Und irgendwann entstehen vielleicht die ersten Mythen und Legenden, gute Geschichten über ihre Vorfahren, die weiter- und weitergegeben werden.

Das Feuer hat nämlich noch einen weiteren Vorteil: Der Mensch entdeckt das Nachtleben! Im Licht des Feuers werden die Tage länger, er hat mehr Zeit, die er für den Austausch untereinander und für das Spinnen neuer Ideen nutzen kann. Dass wir soziale Wesen sind, sogar stärker und klüger werden können, wenn wir uns mit anderen zusammenschließen und austauschen, lernen wir vielleicht zum ersten Mal an einer Feuerstelle. Wir sind im kosmischen Feuer des Urknalls geboren, aber unsere Geschichte wird erst im Feuer der Steinzeit geschmiedet.

Noch heute ist bei unseren Familien- und Jugendfreizeiten mit dem CVJM das Stockbrotbacken am Lagerfeuer ausgesprochen beliebt. Es reicht schon, einfach nur in das lodernde Feuer zu schauen, den Geist schweifen zu lassen und eben einander Geschichten zu erzählen. Das verbindet uns mit archaischen Zeiten.

Geschichten vom Sternenhimmel

Und wenn das Feuer erlischt, ist da immer noch der gestirnte Himmel über uns. Eines der auffälligsten Sternbilder ist dabei das Siebengestirn, die Plejaden – ein Sternenhaufen, der zur Zeit der Dinosaurier vor 100 Millionen Jahren aus einer riesigen Staubwolke entstanden ist. Viele Kulturen verbinden dieses Sternbild mit einer Geschichte des Verlustes. Bei den Griechen sind es die sieben Schwestern des Titan, die aus Angst vor Vergewaltigung vom Göttervater Zeus im Himmel in Schutz genommen werden. Eine von ihnen verliebt sich dabei in einen Sterblichen und bleibt zurück, sodass es nur noch sechs sind. Das Siebengestirn heißt auf japanisch Subaru. Wer das Logo der gleichnamigen Automarke betrachtet, findet dort jedoch genau sechs Sterne. Auch Geschichten der Aborigines in Australien, die griechische Mythologie nicht in der Schule gelernt haben, erzählen von »Seven Sisters«, die mit den Plejaden in Verbindung gebracht werden; als sich eine versteckt, bleiben nur noch sechs übrig.

Tatsächlich kommt es vor 100 000 Jahren zu einer auffallenden Veränderung am Sternenhimmel. Zwei der sieben hellsten Sterne des Siebengestirns kommen sich so nah, dass sie kaum noch mit bloßem Auge zu unterscheiden sind. Aus sieben werden im Laufe der Jahrtausende sechs. Ist dieser scheinbare Verlust eines Sterns in Form von Mythen über die Jahrtausende weitererzählt worden? Ist dies eine der ältesten Geschichten der Menschheit?[55]

Genau wissen wir es nicht, aber ganz sicher ist, dass wir viele Lebensweisheiten mit Geschichten weitergeben. Die Bibel und viele andere religiöse Texte sind voller Geschichten, die bis heute weitererzählt werden. Selbst in der modernen Wissenschaftskommunikation wird einem heute beigebracht: Erzählt eine Geschichte!

Der Blick in die Sterne ist ein Blick auf eine andere Welt. Kein Wunder, dass dies der Ort ist, an dem in vielen Kulturen und Erzählungen die Götter wohnen. Nur in der Genesis werden Sterne zu reinen Lichtern degradiert, die erst in einem Intermezzo am vierten Tag, fast nebenbei, entstehen. Aber auch biblische Texte und Lieder reden und singen von einer unermesslichen Weite, die sich hinter dem Dunkel verbirgt. Liegen die Wurzeln unserer spirituellen Vorstellungen, Erzählungen und Mythen im nächtlichen Lagerfeuer und dem Blick in den Sternenhimmel?

Das ist vielleicht eine sehr romantische Vorstellung, die ich hege. Aber es ist leicht nachvollziehbar, dass das Feuer und der gemeinsame Blick in den Himmel einen Einfluss auf das Leben der Menschen, vielleicht sogar auf ihr Zusammengehörigkeitsgefühl als Gruppe haben und am Ende zur Entstehung von so etwas führen, das wir heute Kultur nennen.

Wir müssen mal miteinander reden

Geschichten erzählen funktioniert natürlich nur mit Sprache. Ohne Sprache können Menschen wichtiges Wissen beispielsweise über die Herstellung von Werkzeugen, über essbare oder giftige Pflanzen nicht so leicht teilen. Selbst die Jagd auf gefährliche Tiere ist mit sprechfähigen Menschen sehr viel leichter zu planen – obwohl man da natürlich auch lernen muss, im richtigen Moment die

Klappe zu halten. Eine Kunst, die heute wieder zu verschwinden droht.

Dass die Sprache aber den entscheidenden Vorteil für den Siegeszug des *Homo sapiens* darstellt, ist nicht erwiesen. Wahrscheinlich liegen die Wurzeln unserer sprachlichen Kommunikation in der Zeit vor rund 500 000 Jahren,[56] andere halten sie für noch älter. Direkte Nachweise sind nicht möglich, die Wissenschaft kann nur nach Indizien suchen. Vielleicht besitzt bereits der letzte gemeinsame Vorfahr von Neandertaler und modernem Menschen die Fähigkeit, Laute zu artikulieren. Der Neandertaler ist wohl anfänglich ähnlich sprachbegabt wie wir. Das haben Analysen seines Hörsystems[57] und seines Zungenbeins[58] ergeben, das mit unseren Versionen vergleichbar ist. Das Zungenbein sorgt für die Beweglichkeit der Zunge, die zum Formen von Lauten notwendig ist. Hier setzen Sehnen und Bänder an. Vielleicht hat es mit dem Choralsingen ja einst doch geklappt?

Aber das alles erklärt nicht, warum der *Homo sapiens* letztlich erfolgreicher ist als andere Menschenarten. Schließlich reichen viele unserer Evolutionsfaktoren bis zu 30 Millionen Jahre zurück.[59] Sie waren schon bei den ersten Primaten angelegt.

Und dazu kommt, dass wir mehr als einmal beinahe ausgestorben wären. Vor knapp einer Million Jahre kann niemand ahnen, dass die Erde einmal von mehr als acht Milliarden *Sapiens* bevölkert sein wird. Damals schrumpft die Anzahl unserer Vorfahren nach Ansicht mancher Forscher um fast 99 Prozent auf knapp über 1000 Individuen.[60] Auch hier könnte das Universum eine Rolle gespielt haben, denn wahrscheinlich sind klimatische Veränderungen der Grund für den Schwund der Sapiens-Population. Ähnliche Gründe liegen dem zweiten Schwund zugrunde, zu dem es vor rund 195 000 Jahren in Afrika kommt, als wegen einer Kaltzeit vielleicht nur noch wenige Hundert Sapiens über den Kontinent ziehen. Und vor rund 74 000 Jahren ist es dann die Super-Eruption des Vulkans Toba auf Sumatra, welche die Durchschnittstemperatur auf der Erde um bis zu 10 Grad Celsius senkt und eine kleine Eiszeit innerhalb der Eiszeit auslöst, welche die Menschheit an den Abgrund rückt.[61] Doch jedes Mal erholen wir uns von der Klimakatastrophe.[62]

Sex mit den neuen Nachbarn

Vielleicht braucht es noch weitere Erfolgsfaktoren, die die Auswanderung des *Homo sapiens* aus Afrika zu einer Erfolgsgeschichte gemacht haben. Wie wäre es zum Beispiel mit der Entdeckung des engen Miteinanders?

Bei seiner Wanderung trifft *Homo sapiens* in den verschiedenen Regionen seiner Route nicht nur auf Konkurrenten um wichtige Ressourcen, sondern er macht diese archaischen Menschen manchmal auch zu Komplizen. Genetische Analysen belegen, dass zwischen Sapiens und anderen Hominiden wie Neandertaler und Denisova-Mensch in Osteuropa und Asien ein Austausch stattgefunden hat – und zwar ein sehr intimer.

Die Gene unserer ausgestorbenen Vettern beeinflussen unter anderem Eigenschaften wie Hautton oder Haarfarbe und haben Einfluss auf unser Immunsystem. Und sogar darauf, ob eine Person einen Hang zum Rauchen hat oder nicht. Manche dieser Merkmale hängen mit der Sonneneinstrahlung zusammen. Der aus menschlicher Sicht wichtigste Stern des Universums hat also auch hier wieder mitgewirkt.[63]

Einen wichtigen Hinweis auf eine größere Vermischung von *Homo sapiens* und Neandertaler fanden Forscher erst kürzlich. Sie sequenzierten die bislang ältesten bekannten Genome des modernen Menschen, die aus Knochen aus der Ilsenhöhle in Thüringen und einem ähnlichen Unterschlupf in Tschechien stammen. Die Daten zeigen, dass der moderne Mensch nach der Auswanderung aus Afrika und schon kurz vor der Ankunft in Mitteleuropa ein ausgedehntes Stelldichein mit den Neandertalern hatte. Nach diesen Daten muss es schon über 80 bis 100 Generationen hinweg oder etwa 2000 Jahre, bevor die Grüppchen in den erwähnten Höhlen lebten, zum Geschlechtsverkehr zwischen Sapiens und Neandertaler gekommen sein. Diese Vermischung findet vor etwa 45 000 Jahren statt, sie liegt damit kürzer zurück, als bisherige Rechnungen es nahelegten.[64] Auch Vertreter des erst vor wenigen Jahren durch genetische Analysen in einer Höhle im russischen Altaigebirge entdeckten Denisova-Menschen haben sexuelle Kontakte zum *Homo sapiens*. Genanalysen von heutigen Menschen, die in Papua-Neuguinea leben, zeigen einen Denisova-Anteil von teils über drei Prozent in ihrem Genom.[65] Die heutigen Bewohner von Tibet können dem Denisova-Menschen sogar für eine Genvariante danken, durch die sie besser an das Leben in großen Höhen angepasst sind, wo die Luft weniger sauerstoffreich ist.[66]

Vielleicht ist es genau diese Art von Fortpflanzung, die den modernen Menschen zum Primus der Evolution macht und ihm einen Vorteil verschafft: Anpassung durch Sex mit Einheimischen. Denn die ihm unbekannte Erbsubstanz seiner Verwandtschaft kann ihm einen Vorteil bei der Besiedlung neuer Lebensräume verschaffen.

Schließlich muss sich Sapiens bei der Erschließung neuer Regionen auch mit ihm bisher unbekannten Krankheitserregern auseinandersetzen. Ein genauer Blick auf unsere Neandertaler-Gene offenbart, dass wir durch diese Erbsubstanz ein besseres Immunsystem haben.[67]

Und vielleicht ist es einfach leichter für den modernen Menschen, sich mit der jeweils regionalen Bevölkerung aus archaischen Menschen zu kreuzen, statt zu warten, bis der eigene Genpool sich an die neue Umwelt angepasst hat. So entstehen Hominiden, die schneller als alle Arten zuvor eine Antwort auf die sich wandelnde Umwelt haben.

Der Siegeszug des modernen Menschen ist vielleicht einer vielfältigen Kombination von unterschiedlichen Abstammungslinien zu verdanken. Und vielleicht hatten wir bei dieser Rekombination einfach ein glückliches Händchen, weil wir auf unserem Weg gut angepasste Fortpflanzungspartner trafen. Es gehört eben doch ein wenig Glück zum Überleben dazu und auch der Mut, zu neuen Horizonten aufzubrechen. So sitzen das Wandern und Auswandern irgendwie in unseren Genen.

Letztlich kann sich offensichtlich in einem entscheidenden Moment der Erdgeschichte niemand so gut seiner Umwelt anpassen wie der moderne Mensch. Die Hegemonie des *Homo sapiens* geht aber nicht nur auf ihn alleine zurück – andere archaische Menschen haben daran mitgewirkt.

Soziale Intelligenz – die Kraft der Gemeinschaft

Am Ende hat dem modernen Menschen bei diesem Wettkampf sicher auch seine Fähigkeit genutzt, mit seinesgleichen oder anderen zu kooperieren. Wenn es um den Zugang zu wichtigen Ressourcen wie Nahrung und Rohstoffen geht, können wir uns innerhalb einer Gruppe gegen andere verbünden, damit wir zusammen entschlossen agieren können. Damit das gelingt, ist es notwendig, sich auf einen Plan, ein gemeinsames Vorgehen zu einigen. Das setzt ein Talent zu Verhandlungsfähigkeit, zu Argumentation und zu taktischem und strategischem Denken voraus, aber auch die Fähigkeit, sich in andere hineinzuversetzen und moralische Kategorien von Gut und Böse zu entwickeln. Dauerhafte Zusammenarbeit verlangt auch die Fähigkeit, aufeinander zu achten und sich darauf zu einigen, was richtig und was falsch ist – alles komplexe soziale Interaktionen. *Homo sapiens* besitzt dieses Talent. Er verfügt über soziale Intelligenz, und er vermag für seinesgleichen zu sorgen.

Der moderne Mensch könnte sich diesen Bereich der sozialen Evolution bereits in Afrika erschlossen haben, kurz bevor er aufbricht, die Welt zu erobern.[68] In Afrika finden sich Muschelbänke an der Küste, die wohl schon vor etwa 160 000 Jahren als Ernährungsgrundlage dienten. Diese Art der Ernährung ist derart reichhaltig, dass es sich gelohnt haben könnte, um den Zugang zu streiten oder gar zu kämpfen.[69]

Dafür müssen sich einzelne Parteien organisieren. Die Herausbildung dieser Fähigkeit hat natürlich eine Kehrseite, die später auch andere Zeitgenossen zu spüren bekommen, denen Sapiens auf seinem Weg um die Welt begegnet. Denn diese Fähigkeit bedeutet auch, dass wir uns zu erbarmungslosen Kriegen gegen feindliche Gruppen verbünden können. Dafür sind Absprachen in der eigenen Gruppe oder mit potenziellen Verbündeten nötig. Das passiert noch heute in Kriegen, im Fußball oder in Multiplayer-Computerspielen. Die erfolgreiche Umsetzung der sozialen Interaktion mit den eigenen Leuten, aber auch mit solchen, mit denen man nicht verwandt ist, hat möglicherweise zu einer evolutionären Selektion eines derartigen Verhaltens geführt.

Es ist wohl diese geplante, gezielte Zusammenarbeit, die den modernen Menschen zu einer Eroberungsmaschine macht, die überall, wo er auftaucht, jede Konkurrenz vertreibt. Dabei hilft ihm auch eine überlegene Waffentechnik. Der Archäologe Curtis Marean glaubt, dass *Homo sapiens* bereits in Afrika in der Lage gewesen ist, Speerschleudern mit Speeren und kleinen, scharfen Steinspitzen[70] und -klingen herzustellen. Mit solchen Fernwaffen und seiner überlegenen Fähigkeit zur Kommunikation und Kooperation ist der Mensch ein effektiver Krieger. Allerdings gibt es keine deutlichen Belege für Gewalt zwischen Neandertalern und modernen Menschen.[71] Es bleibt also Spekulation.

Auf meine Frage, was denn *Homo sapiens* wirklich von anderen Hominiden unterscheidet, verweist auch Hublin auf dessen soziale Kompetenz. Dies, so sagt er mir, zeige sich auch in Objekten, die eigentlich völlig überflüssig sind. Er berichtet von einem Ausgrabungsort in Marokko in der Nähe »seiner« Grabungsstätte, mit rund 100 000 Jahre alten Objekten, darunter etwa 300 kleine Perlen aus Muscheln. Möglicherweise dienten diese Perlen als Schmuckstücke, vielleicht wurden sie irgendwann auch getauscht. Im Laufe der Jahre entdecken die Archäologen immer mehr davon, teils sind sie sogar eingefärbt. Die Perlen deuten nach Ansicht von Hublin auf eine komplexe Gesellschaft hin, in der sich Menschen voneinander unterscheiden wollen, in der sie vielleicht sogar Wert auf ihr Aussehen legen und auf diese Weise einen sozialen Status ausdrücken wollen, wie Menschen das heute mit einem teuren Armband oder einer wertvollen Uhr tun. Es zeugt von der Fähigkeit zu symbolischem Denken.

»Die gesamte Menge der Perlen, die man in ganz Europa bei Neandertalern aus dieser Zeit findet, passt insgesamt in eine kleine Schachtel«, fügt Hublin hinzu. Das zeigt, dass sich in Afrika beim *Homo sapiens* vielleicht bereits etwas entwickelt hat, das in Europa beim Neandertaler noch fehlt – ein komplexes Sozialsystem.

Möglicherweise ist die Population der Neandertaler am Ende schlicht in der des Menschen aufgegangen. Vor 100 000 Jahren gibt es wohl kaum mehr als 10 000 bis 15 000 Neandertaler.[72] In Westeuropa, insbesondere im heutigen Spanien, können sie sich noch etwas länger halten, bevor sich vor etwa 40 000 Jahren ihre Spuren endgültig verlieren.

Die Frucht der Erkenntnis

Die Menschen der Steinzeit mögen uns heute primitiv und rückständig vorkommen. Und wenn wir an lebenswichtige Errungenschaften der Moderne wie Antibiotika, Herzoperationen oder Motoren denken, dann ist da vielleicht auch etwas dran. Aber die Steinzeit hat uns zu dem gemacht, was wir heute sind. Die ersten Hominiden unterschieden sich noch wenig von felltragenden Primaten, die rezenteren Menschenarten hingegen kaum von uns selbst. Unsere Evolution ist ein steiniger Weg, der keineswegs so gradlinig verläuft, wie lange angenommen wurde.

Streng genommen ist die Steinzeit nur eine Periode, die sich durch ihre Werkzeuge definiert. Werkzeuge, die die meisten von uns heute herzustellen oder zu bedienen nicht imstande wären. Doch die Epoche ist die längste der Menschheitsgeschichte, sie reicht per definitionem von den ersten Schneidewerkzeugen vor rund 2,6 Millionen Jahren bis in die Zeit vor rund 5000 Jahren, als die Steinzeit im Nahen Osten mit der Entwicklung der ersten Metallgegenstände zu Ende geht.

Die Beherrschung des Feuers, Kommunikation und soziales Verhalten, die Art und Weise, wie wir Informationen über Generationen hinweg bewahren und weitergeben konnten, die Fähigkeit, komplexe Situationen zu bedenken und zu planen, der Mut, immer wieder aufzubrechen und neue Gebiete zu erkunden – all das hat einen Clan namens *Homo sapiens* erfolgreich gemacht.

Heute grübeln wir über uns selber, verwenden viel Energie und Zeit darauf, über unseren Ursprung nachzudenken und dazu Nachforschungen anzustellen. Genau das macht uns aber zu dem, was wir sind: ein neugieriges Wesen, das immer wieder Grenzen überwinden und Neues entdecken will, das hinter jeden Horizont schaut. Vielleicht sind wir deshalb so erfolgreich und so zerrissen.

In der Genesis gibt es die Vision vom unbeschwerten, ursprünglichen Leben im Paradies, mit einer großen Warnung:

> *»Und Gott der Herr gebot dem Menschen und sprach: Du darfst essen von allen Bäumen im Garten, aber von dem Baum der Erkenntnis des Guten und Bösen sollst du nicht essen; denn an dem Tage, da du von ihm isst, musst du des Todes sterben.«*[73]

Es ist der Auftakt zur berühmten Geschichte über den ersten Menschen, über Adam und Eva, über Mensch und Menschin.[74] Tatsächlich sterben die beiden nicht, sondern werden sich ihrer selbst und ihrer Sterblichkeit bewusst. Was stirbt, ist ihre kindliche Naivität. Sie verstecken sich aus Scham vor Gott, nachdem sie von der verbotenen Frucht der Erkenntnis gegessen haben, und hängen sich ein Feigenblatt vor ihre Scham. Das Paradies, die Unbeschwertheit des Lebens, haben sie verloren.

Das Feigenblatt ist das Zeichen der Scham, der Verletzlichkeit und der Angst. Mir ist kein Affe bekannt, der sich ein Feigenblatt oder ein Schnürchen vor seine Geschlechtsteile hängt. Kleine Kinder tun es auch nicht, nur wir Erwachsenen – über alle Kulturen hinweg. Mit Augenzwinkern gefragt: Ist das Feigenblatt vielleicht das wahre unterscheidende Kennzeichen des Menschen?

Der *Homo sapiens* hat irgendwann von der Frucht der Erkenntnis genossen, langsam, Biss für Biss. Kein anderes Tier denkt seitdem so sehr über sich selber nach, kein anderes Tier versteht so sehr die Konsequenzen seines Handelns, und kein anderes Tier ist sich so sehr seines eigenen Schicksals bewusst.

Zu erkennen und zu wissen bedeutet, dass wir planen und uns viel schneller auf unsere Umwelt einstellen können als durch natürliche Selektion. Das macht uns so erfolgreich. Zu erkennen und zu wissen bedeutet aber auch, dass wir moralische Kategorien von Gut und Böse entwickeln und uns schämen können. Keine Gesellschaft – ob bäuerlich oder industrialisiert, ob klein oder groß – kommt ohne Moral und Scham aus.

Zu erkennen und zu wissen bedeutet aber auch, dass wir uns unserer eigenen Sterblichkeit bewusst sind. All das konfrontiert den *Homo sapiens* mit völlig neuen Herausforderungen – er muss seitdem nicht nur mit seiner Umwelt, sondern auch mit sich selber klarkommen – und mit dem Wissen um seinen unausweichlichen Tod.

Kapitel 8

VOM JÄGER ZUM BAUERN – VON DER SINTFLUT ZUR ZIVILISATION

»Warum hat der Mensch ein Herz aus Stein und Eis? Warum ist Gold alles und Liebe ist nichts?«, fragte das Kind.

»Eis, Stein und Gold haben uns groß und mächtig gemacht«, sagte der Prophet. »Das Eis haben wir besiegt und doch wohnt es immer noch in uns. Als die Gletscher schmolzen und Fluten stiegen, haben wir überlebt, und es entstand eine neue, eine bessere Welt. Die Erde war gut zu uns und gab uns reichlich zu essen. Wir halfen der Erde, und sie gab uns noch mehr. Wir nahmen Tiere zu uns. Von jedem ein Paar, und sie wuchsen und gediehen und gaben uns Wärme, Schutz und Nahrung. Wir machten uns irdene Gefäße, um unseren Besitz zu sammeln. Wir bauten Häuser aus Stein, nahmen die Erde in unseren Besitz und wollten mehr. Aus Zelten wurden Dörfer, aus Jägern wurden Hirten, und aus Hirten wurden Bauern. Der Hirte erschlug den Jäger, und der Bauer erschlug den Hirten, denn wir wollten mehr. Dann machten wir uns Waffen aus Bronze und Eisen und machten uns Götter aus Gold, denn wir wollten mehr. So wurde unser Herz hart vom Stein und Gold und vom Verlangen nach mehr. Die Liebe aber hat überlebt, mein Kind, sie lebt in dir.«

Im Gletschergarten

Im Frühjahr 2024, als ich an diesem Buch arbeitete, war ich zu ein paar Vorträgen in der Schweiz und hatte einige freie Stunden in Luzern, dessen pittoresk gedeckte Holzbrücke aus dem Mittelalter ein beliebtes Fotomotiv für soziale Medien ist. Auf der Stadtkarte entdeckte ich einen Gletschergarten, der meine Aufmerksamkeit weckte. Ich erwartete nicht viel von dieser privaten Touristenattraktion aus dem 19. Jahrhundert, die irgendwie in der Zeit stehen geblieben ist. Zu sehen sind ein paar Quadratmeter von Eis glatt geschliffenem Gestein, darin ein paar Gletschertöpfe, die beim Schmelzen eines Gletschers durch senkrecht fallende, wirbelnde Sturzbäche in den Untergrund gefräst wurden. Die Gletschertöpfe sind durchaus beeindruckend, wenn man bedenkt, dass diese mehrere Meter tiefen Kuhlen teilweise innerhalb eines Sommers aus dem harten Gestein geschliffen wurden. Meine Fantasie ging zurück in die letzte Eiszeit, deren Ende unsere Zivilisation möglich gemacht hat. Über mir, so lernte ich, war vor rund 20 000 Jahren eine 800 Meter hohe Eisdecke. Eine unvorstellbare Menge Wasser hat sich danach in Flüsse und Meere ergossen und die Welt hinterlassen, die wir heute kennen. Es ist eine Erinnerung an die dramatischen Klimawandel, die unsere Spezies meistern musste, und die vielen Katastrophen, die damit einhergingen.

Die Eroberung des Planeten durch nur eine Art ist einzigartig in der Erdgeschichte, vielleicht sogar in unserer Milchstraße – wer weiß. Bei der Menschwerdung hat das Universum mit seinen zahlreichen Mechanismen, die auf die Erde und ihr Klima eingewirkt haben, einen gehörigen Einfluss ausgeübt. Vielleicht hätte sich unsere Art ohne die Herausforderung, sich immer wieder neu an eine wandelnde Umwelt anpassen zu müssen, ganz anders entwickelt.

Amerika war lange isoliert, Nordeuropa oft zugefroren, die entscheidende Phase der Menschheitsentwicklung fand anderswo statt. Afrika mit seiner riesigen Landmasse und vielen Klimazonen hat dahingegen eine ideale Größe für eine vielschichtige Entwicklung.[1] Kleine Populationen von Sapiens-Grüppchen entwickeln sich dort an unterschiedlichen Orten, vielleicht ist jede etwas anders. Das führt letztlich auch zu einer großen genetischen Vielfalt, zur Ausbildung von sozialer Interaktion, die sich wiederum bei einer Vermischung der Populationen positiv auswirkt. Oder anders ausgedrückt: Je mehr Zutaten man in den Kochtopf wirft, umso größer ist die Wahrscheinlichkeit, dass ein neues, aufregendes Gericht dabei entsteht, das es zuvor vielleicht noch nicht gegeben hat.

Mit der Auswanderung des *Homo sapiens* aus Afrika sind die Würfel gefallen. Er macht sich die Erde im Eiltempo untertan, zumindest in Relation zur Dauer der Erdgeschichte. Und er ist nun offenbar auch gewappnet, sich bewusst klimatischen Veränderungen und den Launen des Universums anzupassen.

Als sich in Afrika in der Zeit zwischen 74 000 und 60 000 Jahren vor unserer Zeit das Klima erneut stark abkühlt und manche Teile des Kontinents trockenfallen, scheint dem modernen Menschen diese massive Umweltveränderung nicht mehr sonderlich zuzusetzen. In Südafrika hat sich seine Population weiter ausgebreitet, und er unterhält durchgehend eine rege Werkzeugproduktion.[2]

Aber Anpassungsfähigkeit und Kreativität können offenbar auch negative Kräfte entfalten. Das 540 Millionen Jahre alte Erbe der kambrischen Explosion mit seinem Rüstungswettlauf und dem Prinzip »Fressen und gefressen werden« steckt auch in uns. Wir wollen endlich an die Spitze der Nahrungskette! Überall, wo der moderne Mensch auftaucht, zeigen sich Spuren der Vernichtung.

Der *Homo sapiens* zieht nun in Regionen, die nie zuvor ein menschliches Wesen gesehen hat. Seine Wanderungsbewegungen korrelieren mit einigen markanten Umweltveränderungen. Er erreicht die arktischen Regionen Asiens, und vor mindestens 65 000 Jahren setzt *Homo sapiens* seinen Fuß erstmals auf den australischen Kontinent.[3] Anschließend stirbt die dortige Megafauna aus. Unklar ist der Zeitpunkt der Besiedlung Amerikas, eindeutig nachzuweisen ist Sapiens in Nordamerika spätestens vor 14 000, vielleicht sogar 23 000 Jahren.[4] Wenige Jahrtausende später ist der gesamte Kontinent bis hinunter nach Südamerika besiedelt. Wir sind Wanderer, Eroberer, Entdecker und Jäger.

Gleichzeitig verschwinden große Tiere von dem Kontinent wie der Amerikanische Mastodon oder das Riesenfaultier, ein bis zu sechs Meter langes und über vier Tonnen schweres Ungetüm.[5] Auf clevere Jäger, die mit Waffen anrücken, ist die amerikanische Megafauna nicht vorbereitet. Ist das ihr Untergang?

Große Beutetiere braucht man damals vor allem in Nordeuropa zum Überleben. Die Weichsel-Kaltzeit, die bislang letzte Kaltphase der Erde, tobt. Die Gletscher sind teils auf mehrere Kilometer Höhe angewachsen, aufgrund der gefrorenen Wassermassen liegt der Meeresspiegel mehr als 120 Meter tiefer. Eis bedeckt die Hälfte der Britischen Inseln und reicht bis zum heutigen Berlin.[6] Das Doggerland verbindet die Britischen Inseln mit dem Festland – man kann zu Fuß von Dänemark nach England gehen. Vom heutigen Spanien bis nach Russland erstreckt sich eine baumlose Tundrenlandschaft mit Permafrostböden.

Darauf tummeln sich riesenhafte Tiere, die uns heute wie Bestien oder doch zumindest wie Fabelwesen vorkommen müssen: bis zu drei Meter hohe und sechs Tonnen schwere Wollhaarmammuts, Höhlenlöwen, Sibirische Einhörner und Wollnashörner. Die Steinzeitbewohner machen Jagd auf manche dieser Geschöpfe der Megafauna. Vielleicht spielt aber auch der Klimawandel eine wichtige, wenn nicht sogar entscheidende Rolle beim Aussterben der Urzeitriesen. Was ist Ursache und was ist Wirkung hier? Denn derselbe Klimawandel hat ja auch die Migration des Menschen erst angetrieben.[7]

Unsere Vorfahren entwickeln sich in vielerlei Hinsicht weiter. Im Lonetal nördlich von Ulm erschaffen Jäger und Sammler vor

vor 40 000 a
Erste Kunstwerke

41 000 bis 35 000 Jahren frühe Kunstwerke: kleine Statuen und Objekte wie den Löwenmenschen, eine Arbeit aus Mammutelfenbein, die ein Mischwesen aus Löwe und Mensch zeigt.[8] Derartige Arbeiten zeugen von einer schon sehr komplexen Vorstellungswelt.

Es taut – die große Flut

vor 15 000 a
Das Eis taut

Vor rund 15 000 Jahren ziehen sich die Gletscher langsam zurück, die Erde erlebt mehrere Phasen der Klimaerwärmung.[9] Der Meeresspiegel steigt in den nächsten Tausenden von Jahren um mehr als 120 Meter. In Nordamerika brechen große Eisdämme, und riesige Mengen Süßwasser fluten die Ebene, füllen die großen Seen und ergießen sich sintflutartig in den Atlantik. Der Süßwasserdeckel verändert schlagartig die Meeresströmungen, und Europa kühlt kurzfristig wieder ab. Der Klimawandel verläuft nicht immer linear, sondern kann auch mal hin- und herspringen.

Mit der Zeit versinken weite Küstengebiete im Wasser. In Europa wird Doggerland überflutet wie auch große Gebiete im Persischen Golf. Ist es Zufall, dass viele Kulturen von Europa bis zu den Aborigines in Australien Überflutungsmythen kennen,[10] wovon die biblische Sintflut nur einer ist?

»Und die Sintflut war vierzig Tage auf Erden, und die Wasser wuchsen und hoben die Arche auf und trugen sie empor über die Erde. Und die Wasser nahmen überhand und wuchsen sehr auf Erden, und die Arche fuhr auf den Wassern. Und die Wasser nahmen überhand und wuchsen so sehr auf Erden, dass alle hohen Berge unter dem ganzen Himmel bedeckt wurden. Fünfzehn Ellen[11] hoch gingen die Wasser über die Berge, sodass sie ganz bedeckt wurden.«[12]

Bis heute tobt ein Expertenstreit darüber, was der historische Kern dieser biblischen Erzählungen ist. Tatsache ist, dass der Meeresspiegelanstieg global ist, er sich aber über Jahrhunderte und Jahrtausende hinzieht. Regional kann es natürlich auch zu der einen oder anderen plötzlichen Überschwemmung kommen, aber das ist nur ein Detail im Vergleich zu den vielen dramatischen Veränderungen, die sich auf dem ganzen Globus abspielen. Es scheint mir aber nicht völlig ausgeschlossen, dass sich die Erfahrung vom Versinken weiter Landstriche tief in das kollektive Bewusstsein der Menschheit einbrennt, selbst wenn es sich über viele Generationen hinzieht. Dieser globale Klimawandel markiert nichts weniger als einen ganz entscheidenden Übergang in der Menschheitsgeschichte – die lange Geburt unserer Zivilisation, die Mensch und Tier verändern wird.

In Nord- und Mitteleuropa entwickelt sich in den folgenden Jahrtausenden nach und nach eine baumreiche Region, ähnlich den Wäldern, wie wir sie heute kennen.[13] In dieser Region leben um 14000 bis 13000 v. Chr.,[14] auch bedingt durch die Vereisung, nur sehr wenige Menschen. Im gesamten heutigen Dänemark und im Süden Schwedens sind es nach Schätzungen nicht einmal 700 Menschen, vielleicht auch nur wenig mehr als 200.[15] Sie führen immer noch ein Leben als Jäger und Sammler, ziehen umher und folgen dem Rhythmus der Natur. Sie leben in kleinen, einfachen Hütten. Die Nahrung besteht vorwiegend aus allerlei Pflanzlichem, dazu fangen sie Fische. Fleisch kommt eher selten in den Kochtopf. Die berühmte Paläo Diät, heute bei manchen für ihre kohlenhydratarme Kost beliebt, ist also gar nicht so fleischlastig, wie viele denken.

Die Erfindung der Landwirtschaft

Anderswo vollzieht sich bereits eine Entwicklung, die nicht nur die Ernährung der Welt grundlegend verändern wird. Irgendwann, vor vielleicht 10 000 Jahren, folgen ein paar Jäger einer Herde wilder Ziegen in ein Tal. Es ist ein schönes Fleckchen mit grünen Bäumen und schattigen Plätzen darunter. Vielleicht fließt ein kühler Bach, also schlagen die Jäger dort ihr Lager auf. Die Tiere können nicht entwischen, denn das Tal verengt sich zum Ende hin.

9500 v. Chr. Neolithische Revolution im Fruchtbaren Halbmond

Nun haben die Jäger eine Idee: Statt unter der Herde ein Massaker anzurichten, töten sie nur hin und wieder ein Tier, wenn sie Fleisch brauchen. Aber nur so viele Tiere, dass der Nachwuchs den Bestand der Herde sicherstellt.

Die Jäger haben erkannt, dass es viel mehr Vorteile mit sich bringt, wenn sie die Tiere langfristig kontrollieren, denn nun brauchen sie ihnen nicht ständig in unwegsames Gelände zu folgen. Deshalb entschließen sie sich bald sogar dazu, die Tiere gegen Fressfeinde zu verteidigen, die nachts kommen, um die Ziegen zu reißen. Also bauen sie Zäune.

Mit der Zeit gewöhnen sich die Ziegen an die Jäger, irgendwann melken die Menschen die Tiere sogar. Nun haben sie sogar regelmäßig Milchprodukte zur Verfügung. Es dauert allerdings noch ein paar tausend Jahre, bis sie dieses neue Nahrungsmittel wirklich vertragen können.[16]

Die Jäger wissen bereits von ihren Vorfahren, dass es sich lohnt, die Samen von manchen Pflanzen wie etwa Süßgras nicht gleich zu verspeisen, sondern sie in gezogene Furchen in die Erde zu streuen. Schließlich wachsen daraus mit der Zeit neue Getreidepflanzen. Aus den Ähren lernen sie ein Pulver zu gewinnen, indem sie die Samenkörner mit Steinen kleinreiben. Und daraus lässt sich eine teigige Masse herstellen. Die daraus geformten Fladen sind eine bekömmliche Mahlzeit, wenn sie unter Hitzeeinwirkung fest werden. Nach und nach ergänzen die Jäger ihre Mahlzeiten mit dieser Speise, die wir heute als Brot kennen. Und irgendwann ernten sie so viel Getreide, dass sie Vorräte anlegen können.

Hin und wieder treiben sie ihre Tiere noch in andere Täler oder Gegenden, wo das Gras noch nicht so abgefressen ist. Aber weil sie nun weniger umherziehen, lohnt es sich, die provisorischen Hütten, in denen sie bisher lebten, fester zu bauen. Mit kräftigeren Wänden und einem stabilen Dach.

Niemand weiß, ob es sich so zugetragen hat, aber so oder so ähnlich könnte eine Entwicklung in Gang gekommen sein, die nach und nach um die Welt geht. An vielen Orten übernehmen die Menschen diese Lebensweise oder erfinden sie unabhängig voneinander.

Diese Entwicklung, die Erfindung der Landwirtschaft, ist unter der von dem Archäologen Vere Gordon Childe[17] geprägten Bezeichnung »neolithische Revolution« bekannt geworden. Childe, Sohn eines Pfarrers aus Sydney, hat bei der Namensgebung die industrielle Revolution im Hinterkopf, die tatsächlich verhältnismäßig schnell innerhalb von einigen Jahrzehnten ab dem Ende des 18. Jahrhunderts die Welt auf den Kopf stellt. Aber im Fall des Beginns der Landwirtschaft führt der Begriff »Revolution« in die Irre, denn tatsächlich handelt es sich um einen langen Prozess. Das Tempo der Ausbreitung dieser neuen Lebensform, ausgehend vom Nahen Osten, liegt bei weniger als einem Kilometer pro Jahr.[18] Die Revolution ist eher eine Evolution. Aber eine, die zu den größten Innovationen der Menschheitsgeschichte führt. Die regelmäßige Verfügbarkeit von Nahrung ermöglicht ein Wachstum der Bevölkerung, dazu kann mit Feldbau Überschuss erwirtschaftet werden. Eine derartige Lebensweise mit einer langfristigen Wirtschaftsplanung funktioniert erst, wenn die Menschen nicht mehr umherziehen, sondern dauerhaft an einem Ort leben.

Die Gemeinschaften benötigen nun Lager für pflanzliche Produkte. Allerdings ist die Landwirtschaft wohl nicht die Ursache der Sesshaftigkeit, eher eine Folge. Die Menschen der Natufien-Kultur, die in der Levante[19] leben, haben wohl die Vorzüge von festen Siedlungsplätzen schon geschätzt, bevor der Beruf des Bauern erfunden wurde. Sie leben bereits eine Zeit lang in Steinhäusern, aber ziehen auch noch als Jäger und Sammler umher und entdecken Wildgetreide. Der Feldbau mit domestizierten Pflanzen hält dort erst später Einzug.[20]

Noch heute sehen wir die Folgen der Entwicklung von Landwirtschaft, wenn wir durch den Supermarkt laufen und Lebensmittel kaufen. Brot, Fleisch von Zuchttieren, letztlich auch Müsli, Quark oder Käse, das alles sind landwirtschaftliche Produkte, die die Menschen schon lange herstellen und verzehren.

Aber ähnlich wie bei der Menschwerdung ist es ein heterogener Prozess, der Tausende Jahre dauert und in vielen Regionen der Welt vor rund 9500 Jahren teils unabhängig voneinander beginnt. In manchen Gebieten wechselt das Wirtschaftssystem tatsächlich schnell, in anderen dauerte es. Zudem ist die Erfindung der Landwirtschaft keineswegs nur ein Entwurf für ein neues Wirtschaftsmodell, sie ist auch mit umfangreichen Bevölkerungsbewegungen verbunden.

Ihren Anfang nehmen Ackerbau und Viehzucht im Nahen Osten an den Flüssen Euphrat und Tigris, im Gebiet des sogenannten Fruchtbaren Halbmonds, das Israel, Palästina, Teile Syriens, den Südosten der Türkei sowie Teile von Iran und Irak umfasst. Die Region gilt als vergleichsweise fruchtbar, weil hier auch im Winter Niederschläge fallen.[21] Es sind auch genau die Gebiete, in denen die Geschichten der Genesis ihre Wurzeln haben sowie drei der fünf großen Weltreligionen.

Der Grund, warum die Menschen gerade hier auf die Landwirtschaft setzen, liegt in der Natur: Hier finden sie in den natürlich wachsenden Getreide-Urformen wie Emmer, Gerste oder Einkorn die idealen Pflanzen für Zucht und Ernte vor.[22] Und auch die Vor-

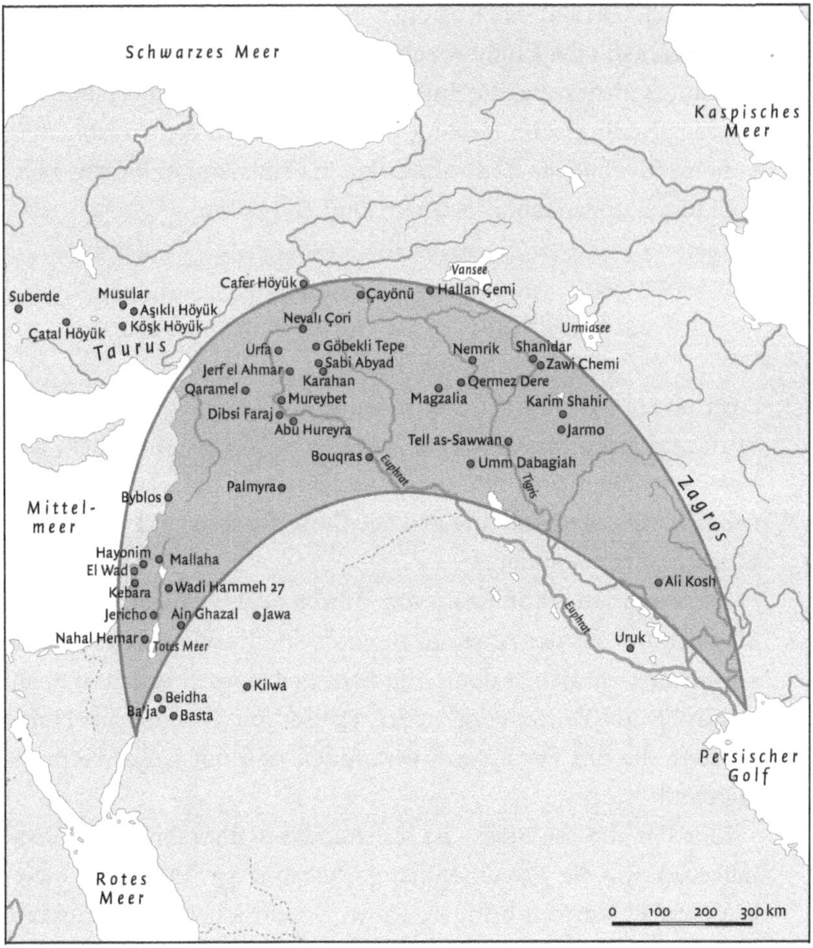

17 Zwischen Mittelmeer und Persischem Golf: Die Region des Fruchtbaren Halbmonds gilt als Ursprung der Landwirtschaft.

fahren von Hausziege und -schaf sowie die idealen Rinderarten leben in dieser Region. In den kalten Regionen hätten die Menschen es mit der Megafauna deutlich schwerer gehabt. Wer will schon ein Mammut oder einen Riesenhirsch als Haustier bei sich auf der Terrasse haben?

Aber auch in anderen Regionen kommen die Menschen bald auf die Idee, es mit der Landwirtschaft zu versuchen, obwohl sie wahrscheinlich nichts über die Entwicklung im Fruchtbaren Halbmond wissen. Neolithische Revolutionen vollziehen sich unabhängig voneinander auch in Zentralmexiko, in China und in Indien, weltweit insgesamt an mehr als einem Dutzend Orten.

Feste Siedlungen, Dörfer und erste Städte

Aber nirgendwo sind die Menschen so früh auf die Idee der Landwirtschaft gekommen wie im Nahen Osten. Hier sind auch, wie bereits weiter oben im Zusammenhang mit der Natufien-Kultur erwähnt, die ersten festen Siedlungsformen und Städte der Menschheit entstanden.

Zwar wurden schon Reste von Hütten oder wenigen, einzelnen Siedlungen[23] aus der Altsteinzeit entdeckt, die dem *Homo erectus* zugeordnet werden,[24] doch nun baut der Mensch erstmals Siedlungen, ganze Dörfer oder Städte. Häuser mit Wänden aus Holzpfosten, die mit Flechtwerk verbunden und mit Lehm verputzt werden.[25]

Eine der ältesten Städte ist Jericho, das in der biblischen Überlieferung für die Posaunenklänge bekannt ist, die seine Mauern zum Einstürzen bringen. Im 10. vorchristlichen Jahrtausend wird der Ort erstmals besiedelt, 8300 v. Chr. steht hier eine echte Stadtmauer, die irgendwann Opfer eines Erdbebens wird. Das beschwingte Spiritual »Joshua fought the battle of Jericho« wurde von vielen berühmten Musikern interpretiert und klingt mir immer noch in den Ohren, wenn ich den Namen nur höre, auch wenn der eigentliche Anlass wahrscheinlich kein schöner ist.

Weiter nordwestlich grub der britische Archäologe James Mellaart, eine schillernde Figur der Altertumskunde, ab 1961 in der Türkei einen Hügel aus, der ebenfalls Erstaunliches offenbarte.

Eine Siedlung, wie sie bis dahin wohl noch nicht gefunden worden war. In Çatalhöyük leben die Menschen bereits in komfortablen Häusern, Wand an Wand gebaut, mit nur kleinen Fenstern. Das Leben in dieser ersten Großsiedlung der Menschheit spielt sich aber nicht auf Straßen oder Plätzen ab, so etwas gibt es in dem ab 9500 v. Chr. entstehenden Ort noch nicht. Stattdessen leben und arbeiten die Menschen offenbar vorwiegend auf den Hausdächern, in die Innenräume gelangen sie per Leiter.

Bisher ist nur ein Bruchteil des Ortes freigelegt worden. Das liegt auch daran, dass Mellaart Daten fälschte und in eine dubiose Affäre um eine schöne junge Frau und einen Schatz verwickelt wurde, den es sehr wahrscheinlich nicht gab, und er deshalb seine Grabungserlaubnis verlor.[26] Erst seit den 90er-Jahren wird in Çatalhöyük wieder gegraben.

In dem Ort, indem zu seiner Blütezeit schätzungsweise bis zu 2500 Einwohner leben, ernähren sich die Menschen bereits überwiegend von der Landwirtschaft.[27] Neben Getreide werden Erbsen angebaut, Schafe und Ziegen gehalten. Auch Tierknochen wurden dort gefunden. Die ältesten stammen noch von wilden Tieren, jüngere von bereits domestizierten Rindern.

Auffällig ist, dass Gebäude wie Tempel oder solche für große Versammlungen, die auf administrative Funktionen hindeuten, hier nicht zu finden sind. Es gibt auch keine Werkstätten. Die einzelnen Haushalte scheinen noch völlig autark zu wirtschaften. Auf den Dächern und in den Räumen stellen die Menschen das her, was sie zum Leben brauchen – Werkzeuge, Lehmziegel, Utensilien zur Getreideverarbeitung. Der Begriff »Siedlung« trifft daher auf Çatalhöyük in besonderem Maße zu, der Ort ist noch keine Stadt im heutigen Sinne. Eine echte Arbeitsteilung gibt es noch nicht.

Die Umstellung auf die neue Lebensweise bringt auch Nachteile mit sich. Das zeigt sich bereits in Çatalhöyük. Parasiten werden zum ständigen Begleiter, der Ort zieht Mäuse an, und die Menschen werden von Würmern geplagt, wie an ihren Ausscheidungen nachweisbar ist.[28]

Während des Neolithikums treten die ersten Zivilisationskrankheiten verbreiteter auf. Die Menschen in Çatalhöyük beispielsweise leiden verstärkt unter schlechten Zähnen – wahrscheinlich eine Folge der getreidelastigen Ernährung.[29] Zahnbürste und fluorhaltige Zahnpasta sind noch nicht erfunden. Im Vergleich mit der alten Lebensweise des Jagens und Sammelns bringt die neue gesundheitliche Nachteile mit sich. Die frühen Bauern sind von kleinerer Gestalt als die Jäger, ihre durchschnittliche Lebensdauer ist kürzer. Sie werden von mehr Krankheiten geplagt, weil die Menschen nun dichter beieinanderleben und die Haustiere Krankheiten übertragen. Dazu zeigen sich in den Skeletten von Bauern Mangelerscheinungen aufgrund der einseitigen Ernährung, und die harte Arbeit auf dem Feld hinterlässt ihre körperlichen Spuren. Auch diese Erfahrung klingt in der Genesis an, wenn Adam bei der Vertreibung aus dem Paradies zu hören bekommt:

> *»Verflucht sei der Acker um deinetwillen! Mit Mühsal sollst du dich von ihm nähren dein Leben lang.«*[30]

Dazu kommt, dass Ackerbau und Viehzucht ziemlich viel Zeit verschlingen. Das gilt im Grunde noch heute: Wer in seinem Leben viel Freizeit haben möchte, der sollte lieber nicht Landwirt werden. Schon damals haben Jäger und Sammler wohl mehr vom Tag, dafür allerdings ist ihre Nahrungsgrundlage nicht immer gesichert. Oft müssen sie bangen, dass die nächste Mahlzeit vielleicht karg ausfällt. Davon abgesehen, birgt das Leben in der Wildnis vielfältige Gefahren. Hinter jedem Busch kann der Tod lauern. Angst ist eine starke Kraft, und eine feste Siedlung verspricht ein gewisses Maß an Sicherheit und Planbarkeit. Sind es die Angst vor dem Tod und die Suche nach Sicherheit, die Menschen in die Siedlungen treiben? Oder ist es die Gier?

Mit dem Übergang zur Landwirtschaft spielt nun erstmals in der Menschheitsgeschichte Besitz eine Rolle. Menschen, die ihren Herdentieren folgen und als Nomaden leben, können im Grunde nur so viel besitzen, wie sie selbst tragen oder vielleicht Lastentieren zumuten können. Die Sesshaftigkeit ändert das, denn nun kann man allerlei Nützliches und Unnützes anhäufen. Den meisten von uns wird das klar werden, wenn sie einen Blick in ihren vollen Keller werfen. Für manche kann Shopping sogar zur Sucht werden. Übertragen auf die Zeit des Neolithikums, hat Besitz daher auch negative Aspekte, denn nun haben die Menschen Gründe, sich um Dinge zu zanken. Gewalt spielt sich nicht mehr nur zwischen Einzelnen ab, sondern auch unter größeren Gruppen. Das legt den Grundstein für Streit um Ressourcen, soziale Ungerechtigkeit und letztlich für Kriege, wie wir sie noch heute erleben. Allerdings haben sich Jäger früher wohl auch schon um gute Jagd- und Fischgründe gestritten.[31] Die Idee, dass der Übergang zur Landwirtschaft der alles entscheidende Sündenfall der Menschheit ist, dürfte etwas zu kurz gedacht sein.

Solange wir keine schriftlichen Quellen haben, können wir nur schwer nachvollziehen, was die Gründe für damalige Konflikte sind. Aber es ist leicht vorstellbar, dass beispielsweise um Zugang zu Wasser gestritten wird. Dass wir heute in Zeiten des menschengemachten Klimawandels vermehrt ähnlich gelagerte Konflikte erleben, verdeutlicht, dass uns die Menschen der Steinzeit nicht so fremd sind.

Unter dem Strich hat die Umstellung auf die Landwirtschaft also Vor- und Nachteile. Letztere sind dabei nicht unerheblich. Warum also haben sich die Menschen für eine neue Wirtschaftsform entschieden, wenn sie doch klar erkennbare Nachteile mit sich bringt?

Klima macht mobil … und sesshaft

Welche Rolle spielt hier der Klimawandel? Das Ende der letzten Kaltzeit in Mitteleuropa sorgt endlich für wärmeres Klima, doch das hat auch teils unangenehme Folgen. Ökosysteme geraten aus dem Gleichgewicht, weil sich warme, feuchte Bedingungen mit trockenen, kühleren Zeiten abwechseln. Vor rund 12 000 Jahren steigt die Durchschnittstemperatur an manchen Orten auf der nördlichen Hemisphäre innerhalb weniger Jahrzehnte um bis zu zehn Grad Celsius. Das ist selbst im Vergleich zu den heutigen Prognosen der Folgen des menschengemachten Klimawandels eine gewaltige Veränderung, die Einfluss auf das Leben der Menschen gehabt haben muss, wenn auch über einige Generationen hinweg.[32]

Und natürlich haben die klimatischen Veränderungen auch einen Einfluss auf die Nahrungsgrundlagen. Riesige Herden von wichtigen Beutetieren werden wegen Nahrungsknappheit kleiner und kleiner. Andererseits hat der Mensch mehr Zugang zu anderen Nahrungsquellen, die eine sesshafte Lebensweise erleichtern. Der US-Forscher Lewis Binford, der in den 1960er-Jahren maßgeblich an einer neuen, umfassenderen Archäologie beteiligt war, sieht die Sesshaftigkeit durch das Abschmelzen des Eises begünstigt. Nun muss der Mensch durch den Anstieg des Meeresspiegels und den Rückzug des Eises sowie die Verschiebung von Klimazonen neue Lebensräume erobern. An den neuen Küstenlinien haben die bis dahin umherziehenden Grüppchen Zugriff auf Fischschwärme und Zugvögel und können sich so neue Nahrungsquellen erschließen. Das hat seiner Ansicht nach eine sesshafte Existenz ermöglicht, denn nun kann man sogar jagen und sammeln, wenn man an einem Ort bleibt.[33]

Der Beginn der Land- und Viehwirtschaft schreibt auch das Kapitel der Migrationsgeschichte der Menschheit fort. Das erzählt mir Eske Willerslev, mein Mit-Preisträger des Balzan-Preises. Willerslev ist ein ungewöhnlicher Typ, er lebte nach einigen Expeditionen in Sibirien eine Zeit lang dort mit seinem Zwillingsbruder, als Abenteurer und Fallensteller, bevor er mit 33 Jahren der damals jüngste Professor in Dänemark wurde.[34] Der Däne gehört zu einer Gruppe Wissenschaftler, die mit neuen Techniken seit einigen Jahrzehnten die Altertumswissenschaft revolutionieren. Die Rede ist von der Paläogenetik, dabei entschlüsseln die Forscher alte Erbsubstanz von Mensch, Tier und Umwelt und rekonstruieren so, wie sich Populationen verändert haben. Willerslev hat sogar schon zwei Millionen Jahre alte DNA aus Grönland untersucht.[35]

Irgendwann haben Eske und ich Zeit für ein tieferes Gespräch. Er berichtet davon, dass Landwirtschaft keineswegs so rasch und einfach die Welt erobert hat, wie es etwa bei der Erfindung der ersten Fernseher der Fall war, die man schon bald überall auf der Welt kaufen konnte. Vielmehr erfolgte die Verbreitung der Landwirtschaft langsamer und war mit umfangreichen Wanderbewegungen verbunden. Dieses Wissen verdanken wir Forschern wie Willerslev und ihren aus DNA-Analysen von alten Skeletten gewonnenen Erkenntnissen.

Bevor die Landwirtschaft in Mitteleuropa ankommt, setzen sich unterschiedliche Gruppen in mehreren Phasen in Bewegung. »All diese Wanderbewegungen haben die Gene von uns modernen Europäern geprägt. Wir sind das Ergebnis von Migration«, sagt Eske. »Ötzi«, die berühmte jungsteinzeitliche Gletschermumie, sieht beispielsweise ganz anders aus, als es sich selbst Fachleute lange vorgestellt haben. Der Mann hatte Vorfahren aus Anatolien und entsprach mit seiner dunklen Haut und den schwarzen Haaren, die ihm vielleicht schon ausgegangen waren, dem dortigen Typus Mensch.[36]

Im Nahen Osten haben Archäologen Spuren aus der Zeit der ersten Bauern gefunden; sie deuten auf Bevölkerungswachstum hin. Möglicherweise kam es zu Migrationswellen. Die neue Lebensweise lässt sich auch in Anatolien nachweisen. Aber wahrscheinlich hatten Ackerbau und Viehzucht eine diffuse Entstehungsgeschichte und haben sich nicht nur von einem einzigen Ort aus verbreitet. Denn genetische Vergleiche mit der zentralanatolischen Bevölkerung und Menschen aus dem Fruchtbaren Halbmond zeigen deutliche Unterschiede – es handelt sich um unterschiedliche Bevölkerungsgruppen.[37] Auch mithilfe der frühen Schifffahrt[38] verbreitet sich diese Lebensweise entlang der Mittelmeerküste, braucht allerdings bis Griechenland immerhin etwa 2000 Jahre.[39]

Keramik – Landwirtschaft in Topfform

ca. 5500 v. Chr. Töpferhandwerk – Linienbandkeramik-Kultur

Bei der Ausbreitung der Landwirtschaft nach Mitteleuropa tritt ab der Mitte des 6. Jahrtausends v. Chr. eine Kultur auf den Plan, die nach einer ganz besonderen Verziertechnik ihrer Töpferwaren benannt ist, der Linienbandkeramik. Die Wurzeln des Töpferhandwerks reichen zurück bis in das Jungpaläolithikum vor fast 30 000 Jahren,[40] es ist auch in Japan und China verbreitet. Mit der Einführung der Landwirtschaft im Nahen Osten erlebt die Herstellung von Keramik nun einen Boom. Für Jäger ist es unpraktisch, große Tontöpfe herumzuschleppen, aber in den ersten Haushalten von Sesshaften sind sie eine nützliche Sache. Das Töpferhandwerk ist eine Kunst, die sich über viele Jahrtausende halten wird. Meine kleine Heimatstadt Frechen war noch bis ins 18. Jahrhundert für ihre Bartmannskrüge berühmt, die man in alle Welt exportierte – sogar bis nach Australien gelangten diese Töpferwaren. Jeder Krug trug als Erkennungszeichen das Abbild eines charakteristischen bärtigen Mannes am schlanken Hals.

Die Bandkeramiker fügen ihren Gefäßen ebenfalls eine besondere Verzierung hinzu, die aus linienförmigen Mustern besteht. Ursprünglich kommen diese Menschen aus Anatolien, wie genetische Analysen von bandkeramischen Skeletten zeigen.[41] Doch liegt das Siedlungsgebiet der Bandkeramiker nun bereits im heutigen Ungarn, südlich des Plattensees. Dort betreiben sie Land- und Viehwirtschaft und errichten teils über 30 Meter lange, schmale Häuser mit massiven Eichenpfosten und mit Lehm verputztem Flechtwerk.[42] Sie bauen, auch mithilfe von Erntemessern mit scharfen Steinklingen, allerlei Getreide an, dazu Erbsen und Linsen sowie Fenchel, Senfkörner und Oregano. Neben Schafen und Ziegen halten sie auch Hausschweine und Rinder, die bereits mitgebracht wurden. Noch früher leben auch Hunde mit den Menschen zusammen – tatsächlich einer der ältesten und treuesten Freunde des Menschen. Und sie bestatten ihre Toten nicht mehr innerhalb ihrer Dörfer, sondern zusammen mit Schmuckbeigaben und Alltagsgegenständen in Gräberfeldern abseits der Siedlungen. Der Friedhof ist geboren, wenn man das so sagen darf.

Migration – neue Bauern, alte Jäger und Jamnaja

Dann zieht es die Bandkeramiker mit ihren Herden und den neuen Kulturpflanzen im Gepäck plötzlich weiter. Innerhalb von nur einem Jahrhundert wandern sie aus dem Karpatenbecken entlang der Donau in weite Teile Mitteleuropas, bis zum Rhein und an die Mittelgebirge, etwas später sogar bis ins heutige Frankreich und im Osten bis in die Steppen der Ukraine. Offenbar geht es den Menschen nicht um Eroberungszüge, denn sie siedeln nicht flächendeckend, sondern eher auf kleinen »Inseln«, überall dort, wo die Erde fruchtbar genug für die Landwirtschaft ist.

Für die Jäger und Sammler Mitteleuropas muss der Einzug der neuen Nachbarn ein befremdliches Ereignis gewesen sein. Die Neuen sehen ganz anders aus als sie selbst, haben dunklere Haut, braune Augen und meist dunkle Haare, so wie wir es von den Menschen kennen, die heute im Mittelmeerraum leben.[43]

Vermutlich läuft es auch damals nicht anders ab als heute, wenn Menschen auf Fremdes stoßen: Von den alteingesessenen Wildbeutern werden die Bauern, die eine so völlig andere Lebensweise pflegen, andere Lebensmittel essen, anders aussehen, kritisch beäugt. Austausch findet statt, beschränkt sich aber eher auf Gegenstände. Die Bandkeramiker zeigen beispielsweise Interesse an den Feuersteingeräten der alten Mitteleuropäer.

Doch in vielen Teilen Europas bleiben die Neuankömmlinge zunächst unter sich. Die freiheitsbewussten Jäger und Sammler sehen offenbar lange keinen Anlass, die neue Lebensweise zu übernehmen, vermutlich erkennen sie zunächst keinen Vorteil im Ackerbau, für sie stellt er generell nicht die bessere Art zu leben dar.

Selbst später, nachdem die Landwirtschaft bereits übernommen worden war, gibt es immer wieder Phasen, wo man zur Jagd zurückkehrt, weil der Ackerbau nicht mehr erfolgreich ist. Fruchtbare Böden sind teils begrenzt und können nur eine gewisse Menge an Menschen ernähren.

In manchen Regionen bleiben die Menschen noch lange bei ihrer althergebrachten Lebensweise, beispielsweise vor 6000 Jahren in der Schweiz, wo Jäger und bäuerliche Gesellschaften lange nebeneinanderher leben.[44] Erst nach und nach kommt es zu einer Vermischung von Fremden und Einheimischen. Die Erbsubstanz des durchschnittlichen Bandkeramikers stammt zu zwei bis sieben Prozent von europäischen Jägern und Sammlern.[45]

Im Grunde ist es eine Geschichte von Love & Peace, wie Willerslev bemerkt. Nur vereinzelt lässt sich über Gewaltexzesse spekulieren.[46] Doch gibt es tatsächlich Regionen, in denen es nicht so friedlich zugeht und die Neuen die Alten geradezu in Rekordzeit verdrängen.[47] »In Dänemark verschwanden die Jäger und Sammler innerhalb von nur ein bis zwei Generationen, nachdem die ersten Bauern dort eingewandert sind«, sagt Willerslev. Dort seien aus dem Süden Menschen zugezogen, die sich bereits mit den etablierten Grüppchen weiter südlich vermischt hatten,[48] teils alte Jäger und Sammler, teils bereits migrierte Bauern.

Die »alteingesessene« Bevölkerung ist innerhalb von nur einigen

Dekaden geradezu ausgewechselt worden. Ganz freiwillig werden sie nicht gegangen sein. Möglicherweise hat das Verschwinden der Jäger in Dänemark gewaltsame Ursachen, so Willerslev. Das deuten zumindest archäologische Funde an. Die neolithische Revolution hat am Ende auch Opfer gefordert und noch heute werden von Verschwörungsdenkern mit dem Gespenst eines angeblich geplanten »Bevölkerungsaustauschs« Ängste geschürt.

Unwillkürlich denke ich an die alte Geschichte von Kain und Abel in der Genesis. Der eine, Abel, ist Schäfer und zieht mit seinen Schafen durch die Landschaft, der andere, Kain, ist Ackermann. Neidisch merkt Kain, dass Abels Arbeit von Gott gesegnet ist, seine aber nicht. Die Geschichte eskaliert:

»Da sprach Kain zu seinem Bruder Abel: Lass uns aufs Feld gehen! Und es begab sich, als sie auf dem Felde waren, erhob sich Kain wider seinen Bruder Abel und schlug ihn tot. Da sprach der Herr zu Kain: Wo ist dein Bruder Abel? Er sprach: Ich weiß nicht; soll ich meines Bruders Hüter sein? Er aber sprach: Was hast du getan? Die Stimme des Blutes deines Bruders schreit zu mir von der Erde. Und nun: Verflucht seist du auf der Erde, die ihr Maul hat aufgetan und deines Bruders Blut von deinen Händen empfangen. Wenn du den Acker bebauen wirst, soll er dir hinfort seinen Ertrag nicht geben. Unstet und flüchtig sollst du sein auf Erden.«[49]

Auch in dieser Geschichte merkt man, dass Bauern nicht nur friedlich sind und die Landwirtschaft schon in frühen Zeiten nicht nur als Segen wahrgenommen wird, sondern ebenso als Beginn von Neid, Krieg und eines harten Arbeitslebens.

3300–2600 v. Chr.
Jamnaja-Kultur

Tausend Jahre nach der Verdrängung der dänischen Jäger und Sammler durch die Bauern werden diese wiederum Opfer einer neuen Eroberungswelle durch Steppenvölker. DNA-Untersuchungen haben in den letzten Jahren die Jamnaja-Kultur ins Rampenlicht gerückt, die in vielen von uns heute weiterlebt.

Dieses Nomadenvolk hat seine Wurzeln vor mehr als 6000 Jahren in den Steppen des Nordkaukasus und am Unterlauf der Wolga. Dort könnte die indogermanische Ursprache entstanden sein. Später, als die Jamnaja im Gebiet der heutigen Ukraine schon ihre charakteristischen Grabhügel errichtet hatten, breiten sie sich weiter nach Westen aus.

Sie reiten auf Pferden, benutzen das Rad und schöpfen ihre Energie auch aus dem Konsum von Milch. Diese Kombination macht sie fast unaufhaltsam und sorgt dafür, dass sie entscheidenden Einfluss auf den Beginn der Bronzezeit in Mitteleuropa haben.[50]

Sie prägen die Gene von Europäern wie Indern, bei modernen Nordeuropäern bis zu 50 Prozent, und bringen mit Schnüren verzierte Keramik mit. Auch nach Anatolien und Nordafrika gibt es Verbindungen, wie genetische Analysen zeigen.[51] Neben den eiszeitlichen Jägern und Sammlern sowie den anatolischen Bauern zählen die Jamnaja somit zur dritten großen Gruppe Einwanderer, die moderne Europäer ausmachen.[52] Bis nach Afrika haben sie es aber nicht mehr geschafft. Mit ihnen kommen ein verbessertes Immunsystem gegenüber Krankheiten, die von Schafen und Rindern überspringen, sowie hellere Haut, aber auch Krankheiten wie Multiple Sklerose oder Alzheimer nach Europa.[53] Die Jamnaja bringen außerdem die Laktosetoleranz zu uns, Milch und Käse sind bereits Bestandteil ihrer Nahrung. Laktose-Intoleranz ist somit keine moderne Erscheinung, vor dem Erscheinen der Jamnaja waren die meisten Europäer laktose-intolerant.[54] Erst im Zeitraum von 2000–1000 v. Chr. fangen die Europäer an, Milch zu vertragen.

Kalender – Leben im Rhythmus von Planeten und Sternen

Die Landwirtschaft hat aber auch neues Wissen über die Gesetze des Universums zementiert und damit meinen Berufsstand hoffähig gemacht. Damit es mit der Landwirtschaft überhaupt etwas werden kann, ist der Blick in den Himmel unerlässlich. Die ersten Sternengucker dürften schon in der Altsteinzeit in den Himmel geschaut haben, vielleicht erfreuten sich sogar schon die ersten Frühmenschen des Nachts am Sternenlicht. Natürlich konnten sie nicht ahnen, dass der gleißend helle Himmelskörper, der jeden Tag an ihrem Horizont vorbeizieht, genauso ein Stern ist wie die Tausende kleiner Pünktchen am Nachthimmel.

Sicher ist den Menschen der Altsteinzeit bereits der wechselhafte Mond aufgefallen, vielleicht können sie seinen 29,5-Tage-Rhythmus auch schon zählen. Darauf deuten Höhlenmalereien hin, aber auch Ritzungen auf einem mehr als 34 000 Jahre alten Knochen.[55] Der astronomische Charakter dieser Funde ist allerdings spekulativ. Es fehlen einerseits ausreichend eindeutige Funde, zudem bleibt die Interpretation ohne schriftliche Quellen vage. Doch spätestens mit dem Beginn der Landwirtschaft besteht eine Notwendigkeit zur ersten Vermessung des Himmels. Wer im Sommer ernten will, der will wissen, wann er mit der Aussaat beginnen muss. Und das geht nur mit fundierten Daten zu den kosmischen Zyklen auf unserer Erde. Oder anders gesagt, mit präzisen Kalendern, die eine Orientierung im Zeitverlauf des Jahres angeben. Niemand weiß heute, wie diese Kalender damals aussahen. Vielleicht wurden große Monumente wie Stonehenge[56] oder andere[57] dafür genutzt.

Die ersten eindeutigeren Nachweise für einen Kalender finden wir erst in den späteren Hochkulturen. Selbst bei der berühmten Himmelsscheibe von Nebra, die aus der Bronzezeit stammt und manchen als älteste halbwegs präzise Himmelsdarstellung gilt, ist die genaue Verwendung unklar.

Wie wichtig die Zeitmessung ist, zeigt sich auch in der Genesis, wo der gesamte vierte Tag, die Mitte der Sieben-Tage-Woche, dem Sternenhimmel und der Zeit gewidmet ist:

> *»Und Gott sprach: Es werden Lichter an der Feste des Himmels, die da scheiden Tag und Nacht. Sie seien Zeichen für Zeiten, Tage und Jahre und seien Lichter an der Feste des Himmels, dass sie scheinen auf die Erde. Und es geschah so. Und Gott machte zwei große Lichter: ein großes Licht, das den Tag regiere, und ein kleines Licht, das die Nacht regiere, dazu auch die Sterne.«*[58]

Sonne und Mond sind in diesem Text – im großen Widerspruch zu anderen Kulturen in dieser Zeit – keine Götter, die magische Kräfte haben, sondern es sind nur einfache »Lichter«, sie sind Geschaffenes und keine Schöpfer. Deshalb stehen sie auch nicht am Anfang der Schöpfung, sondern in deren Mitte, eingebettet in die Entstehung der ganzen Welt und des Lebens. Eine entscheidende Bedeutung haben sie aber doch: Sie geben dem Leben seine Zeit. Tiere und Pflanzen richten ihre innere Uhr nach dem Lauf der Sonne aus. Menschen machen daraus Kalender – mal nach der Sonne, mal nach dem Mond.

Der Punkt am Horizont, an dem die Sonne aufgeht, definiert den Tag im Jahreslauf und die Jahreszeiten. Auf der Nordhalbkugel wandert der Aufgangsort vom Nordosten im Sommer zum Südosten im Winter und danach wieder zurück. Der Zyklus vom Vollmond über den Neumond wieder zurück zum Vollmond gibt eine praktische Monatseinteilung. Daher ist das Wort für Monat in der weltweit sprecherreichsten indogermanischen Sprachfamilie[59] fast überall in seiner ursprünglichen Form als Ableitung des Wortes für Mond erhalten geblieben, während der Mond selber später oft einen anderen Namen bekam.[60] Im Lateinischen ist der Monat noch

»mensis«, aber der Mond heißt inzwischen »luna«, während in Persisch »ماه« [māh] sowohl Mond als auch Monat bedeutet.

Auch die Woche, also rund ein Viertel des Monates, was jeweils ungefähr dem Abstand zwischen den vier Mondphasen entspricht, scheint eine praktische Zeiteinteilung zu sein, die bis heute überdauert hat. Sie geht auf die Babylonier zurück, auf deren Weltbild auch die Genesis mit ihren sieben Tagen fußt.

Der Mondkalender wird in der Bronzezeit ein Hit, wie ich selber einmal in einem Berliner Museum entdecken konnte. An einem schönen Septembertag stand ich auf der Berliner Museumsinsel vor einem wuchtigen Monumentalbau. Ich war nach einer Podcast-Aufnahme mit meinem Co-Autor Jörg Römer unterwegs, und gemeinsam wollten wir ins Neue Museum. Vor allem die berühmte Büste der Nofretete, einer altägyptischen Pharaonengemahlin von zeitloser Anmut, zog uns an.

Wir schlenderten an allerlei monumentalen Steinzeugnissen aus uralten Zeiten vorbei. In einem turmartigen Raum, der nach oben, zum Himmel, geöffnet ist, fanden wir die Statue des griechischen Sonnengotts Helios. Nach ihm ist das Element Helium benannt. Es ist das erste, das per teleskopische Spektrallinienbeobachtung im Weltall entdeckt wurde, noch bevor wir auf der Erde eine Ahnung von diesem Edelgas hatten.[61]

Schließlich blieb ich gebannt vor einem besonderen Exponat stehen. Es ist ein völlig überdimensionierter goldener Hut. Die Krempe ist recht schmal, dafür wölbt sich das Stück zu einem großen Kegel, fast 75 Zentimeter hoch. Der Hut besteht tatsächlich fast vollständig aus Goldblech.[62] Darin sind verschiedene Ringe und Symbole wie Kugeln und Kreise eingearbeitet.

Über die Herkunft solcher Hüte ist wenig bekannt, aber es gilt als sicher, dass sie in der Bronzezeit hergestellt wurden. Nicht einmal eine Handvoll Exemplare sind aufgetaucht. Der Berliner Goldhut stammt wahrscheinlich aus einer Raubgrabung, sein Fundort ist nicht überliefert.

Haben Priester diesen Hut getragen? Manche glauben, es handele sich vielleicht um eine frühe Darstellung eines Kalenders, der den Lauf von Sonne und Mond in Einklang bringt. Aber so etwas lässt sich stets nur sehr schwer beweisen,[63] erklärte Jörg mir. Die vielen Symbole, darunter Mondsicheln, erlauben womöglich komplizierte Kalenderberechnungen. Mondkalender sind die ältesten Kalender der Menschheit, schließlich kann man die Phasen des Mondes gut mit bloßem Auge wahrnehmen.

Man spricht in diesem Zusammenhang von lunisolaren Kalendern, doch laufen Mond- und Sonnenkalender schnell auseinander. Ein Monat entspricht 29,5 Tagen, daraus folgt, dass ein Mondjahr bei zwölf Monaten nur 354 Tage hat – elf Tage weniger als das Sonnenjahr mit seinen 365 Tagen. So lange braucht die Erde halt, um einmal um die Sonne zu kreisen.

Den Unterschied lunarer und solarer Zyklen erfährt jeder Muslim bei der Feier des Ramadans. Der Fastenmonat ist nach dem Mondkalender definiert und findet jedes Jahr rund 11 Tage früher statt als im Jahr davor. Die Verlegung eines religiösen Festes ist theoretisch kein Problem, bei der Planung von Saat und Ernte wird es aber schwieriger. In gewisser Weise führt so ein Goldhut dann irdische und himmlische Zeiten wieder zusammen.

Metallverarbeitung – es ist nicht nur Gold, was glänzt

3300 v. Chr.
Bronzezeit
Mittlerer Osten

Fundstücke wie der Berliner Goldhut mit seiner filigranen Gestaltung – die Wandstärke beträgt weniger als 0,1 Millimeter – sind auch ein eindrucksvolles Zeugnis meisterhafter Metallverarbeitung. Aus einfachen Bauern sind in der Bronzezeit, die um 3300 v. Chr. in Vorderasien beginnt, geschickte Handwerker geworden.

In Mitteleuropa markiert die allmähliche Verbreitung der Metallverarbeitung etwas später, um 2000 v. Chr., das Ende der Steinzeit und den Beginn der Bronzezeit. Damit und mit dem Hüttenwesen tritt der Mensch in eine neue Phase ein. Der systematische Bergbau, der für die Förderung des Rohmaterials, der Erze, notwendig ist, ermöglicht eine neue Form der Beherrschung der Umwelt. Schon mit der Landwirtschaft, mit umgepflügten Äckern und Weideflächen für Zuchttiere, hat der Mensch die Umwelt verändert. Nun gräbt er auch die Schätze der Erde aus.

2000 v. Chr.
Bronzezeit in Mitteleuropa

Letztlich verdanken wir auch die Metallurgie dem Weltall. Kupfer und auch andere Elemente wie Gold oder Silber entstehen durch das Sterben vor allem in großen Sternen, deren Kollaps und der Verschmelzung ihrer Überreste. Durch Supernovae, also die Explosionen von massereichen Sternen, werden Metalle ins All hinausgeschleudert, sammeln sich in Staubwolken und sinken am Ende ins Innere der Erde, von wo aufsteigendes heißes Gestein sie wieder nach oben befördert.

Das erste Metall, das in der Weltgeschichte verarbeitet wird, ist Kupfer. Wie auch die Landwirtschaft entwickelt sich der frühe Metallbau in unterschiedlichen Regionen der Erde unabhängig voneinander. Nicht nur in Europa und Asien, auch in Amerika entdecken die ersten Schmiede die Metallverarbeitung.

In Europa verbreitete sich die Technik um 5000 v. Chr. vom Balkan und dem Nahen Osten aus, aber auch frühere Fundorte sind bekannt. In Çatalhöyük findet sich schon vor 8500 Jahren Kupferschlacke. Allerdings wurde dieses Kupfer noch nicht gewollt hergestellt, sondern entstand zufällig aus einem natürlich vorkommenden, stark kupferhaltigen Mineral.[64] Auch anderswo entsteht so Metall, vermutlich bearbeiten es die Menschen mit Hämmern oder anderen Steinwerkzeugen.

Für die systematische Kupferverarbeitung bauen die Menschen Brennöfen, die hohe Temperaturen erreichen – der Schmelzpunkt von reinem Kupfer liegt oberhalb von 1000 Grad Celsius. Davor experimentieren die Menschen vermutlich mit offenen Gruben,[65] erst später entstehen richtige Meiler. Doch die Hüttentechnik, bei der sich durch das Erhitzen Metall von Gestein löst, ist komplexer, als man meint. Im Meiler braucht man ein exaktes Mischverhältnis von Erz und Holzkohle, dazu muss die Brennkammer ausreichend gut belüftet werden. Kupfer und auch Gold eignen sich gut für die Metallurgie, denn die beiden Elemente sind verhältnismäßig leicht zu bearbeiten, da sie recht weich sind. Wenn das Metall dann richtig flüssig wird, kann es zu Waffen, Werkzeugen oder Schmuck gegossen werden, darunter auch komplexere Formen wie Axtklingen, in die ein Holzschaft geschoben wird.

Zu den ältesten Gegenständen aus verhüttetem Kupfer gehören rund 7500 Jahre alte Äxte und Meißel der Vinča-Kultur,[66] die im heutigen Serbien gefunden wurden. Auch Schmuckgegenstände aus Kupfer finden sich in Gräbern dieser Zeit.

Der aber wahrscheinlich bekannteste Kupfergegenstand aus alten Zeiten gehört zur berühmten Gletschermumie »Ötzi«. Bei meinem Besuch an seiner momentan letzten Unruhestätte in Bozen war ich vor allem von seiner Ausrüstung beindruckt. Als der Mann etwa 3300 v. Chr. in den Ötztaler Alpen seinen Verletzungen erliegt, hat er einiges bei sich: einen Tornister mit Gestell, Werkzeuge, gut gepolsterte Schuhe, verschiedene Lagen Kleidung – nichts ist zu viel, alles ist gut durchdacht. Das kenne ich aus eigener Erfahrung. Ich selber war zusammen mit meiner Frau über 2300 Kilometer von Köln über Frankreich nach Spanien auf dem Jakobsweg unterwegs. Das Erste, was man dabei lernt, ist, wenig einzupacken und dennoch viel damit machen zu können. »So hätte ich damals unterwegs sein können«, denke ich mir und fühle mich sofort mit ihm verbunden. Er hätte ein Mitpilger auf meinem Weg sein können. Welche Gespräche hätten wir dort auf dem Weg miteinander geführt?

Doch nicht alles ist wie heute. Was ich nie dabeihatte, war ein Beil – Ötzi schon.[67] Es hat die Zeit im Eis nahezu unbeschadet überstanden und ist ein besonderer Fund. Der einzige vollständig erhaltene dieser Art. Der Schaft besteht aus Eibenholz, die Beilklinge dagegen zu mehr als 99 Prozent aus Kupfer. Die Spezialisten der damaligen Zeit besitzen schon hohe handwerkliche Fähigkeiten, denn reines Kupfer herzustellen ist kompliziert.

Die Beilklinge ist mit Lederschnüren und Birkenteer, dem Alleskleber der Steinzeit, am Schaft fixiert. Mit dem Gerät könnte man auch heute noch problemlos einen Baum fällen. Gleichzeitig ist das Beil eine gefährliche Waffe. Es muss damals ein extrem wertvoller Gegenstand gewesen sein, möglicherweise war Ötzi ein Mann von hohem Rang. Erstaunlich, dass seine Mörder es nicht mitgenommen haben – sie müssen es eilig gehabt haben wegzukommen.

Mit der Metallurgie vollziehen sich auch gesellschaftliche Umbrüche. Die Technik und die Gegenstände, die sich damit herstellen lassen, breiten sich immer mehr aus. Das neue Material ist schnell hoch begehrt und erfordert Beziehungen zu weit entfernten Gebieten. Das Kupfer von Ötzis Beil stammt chemischen Analysen zufolge aus der südlichen Toskana.[68] Möglicherweise kam das Kupfer als Barren in die Alpen. Vielleicht waren vollständig gefertigte Beilklingen damals schon ein seltenes und teures Handelsgut. Auch nördlich der Alpen tauchen in Gräbern aus dem 5. Jahrtausend v. Chr. nun importierte Kupfergegenstände auf[69] – Armreife, Äxte oder Messerklingen. Solche Gegenstände finden sich also auch in Regionen, in denen es gar keine Kupfererze gibt, sie gelangen sogar bis nach Dänemark. Nach und nach werden sie unter Menschen von Reichtum und Stand begehrte Modeartikel.

Der Beginn der Metallverarbeitung geht einher mit der Herausbildung von Eliten. Während die einfache Bevölkerung immer noch mit Feuersteinklingen bestattet wird, werden den Gräbern von wichtigen Clanmitgliedern immer häufiger Kupferringe, Metallwerkzeuge, Waffen, auf dem Balkan teils sogar schon Goldschmuck beigegeben. Ab etwa 3000 v. Chr. besitzen ranghohe Männer in der Regel ein Kupferbeil.[70] In dieser Zeit kommt es auch vermehrt zu Einzelbestattungen – in Europa und auch anderswo, etwa in Ägypten,[71] bildet sich eine hierarchische Gesellschaft heraus.

Kupfer hat als Material aber einen Nachteil. Es ist relativ weich. Dadurch lässt es sich zwar gut zu einer Klinge formen, aber die Schneide verliert schnell ihre Schärfe. Die ersten Metallurgen der Menschheit erkennen bald, wie es besser funktioniert. Aus Kupfer entsteht ein weitaus härteres Metall, wenn Zinn hinzugegeben wird. Diese Mischung – Bronze –, die wahrscheinlich erstmals vor gut 5000 Jahren in Vorderasien hergestellt wird und sich von dort ins Alte Ägypten und schließlich bis nach Nordeuropa ausbreitet, ermöglicht viel härtere Schneidkanten und einen noch besseren Guss.[72] So lassen sich nicht nur bessere Metallgegenstände herstellen, sie sind durch die Gusstechnik auch verhältnismäßig leicht zu vervielfältigen. Dazu ist Bronze korrosionsbeständiger als Kupfer, und der leicht goldene Glanz dürfte damals wie heute eine besondere Eleganz versprüht haben. Schon das Experimentieren mit flüssigem Metall muss eine besondere Faszination ausgeübt haben. Es kommt uns noch heute wie Magie vor, wenn die glänzende Flüssigkeit zu einer neuen Form erstarrt.

Bronze erreicht damals jedoch nicht alle Regionen des Globus. In Westafrika finden die Archäologen keine prähistorischen Objekte aus diesem Material, dort sind die Menschen von Steinwerkzeugen direkt zu ersten Metallgegenständen aus Eisen übergegangen und haben die Bronze erst später entdeckt. In anderen Teilen der Welt ist die Bronzetechnik unabhängig von der europäisch-asiatischen Entwicklung entstanden. In Nord- und Südamerika sind Bronzefunde für einzelne Kulturen zwar nachgewiesen, aber rar. Die Chimú-Kultur, die später vom Inka-Reich erobert wird, hat Zinn aus Bolivien importiert und damit Bronze hergestellt.[73] In Mittelamerika spielt das Metall dagegen keine große Rolle.[74] Und im Alten China wird die Bronze erst vor knapp 4000 Jahren verbreiteter. Dort gibt es Holzkohle-Brennöfen, in denen Bronze in einem Kupfer-Zinn-Verhältnis von 90 zu 10 produziert wird.[75] Dieses Mischverhältnis ist aber nicht überall in der Bronzezeit dasselbe.

In der Stadt Shimao im Norden Chinas werden in dieser Zeit Messer und Werkzeuge hergestellt, die ältesten ihrer Art im Lande.[76] Noch beeindruckender als sogar die berühmte Terrakotta-Armee sind die Objekte in Sanxingdui. Dort finden sich riesige Bronzemasken und -köpfe mit übergroßen Ohren und kantigen Gesichtszügen, auch eine 2,60 Meter große menschliche Figur und ein fast vier Meter hoher Baum aus Bronze, auf dem Vögel sitzen.[77] Das Gießen von so großen schweren Gegenständen ist offenbar aufgrund eines metallurgischen Verfahrens möglich, bei dem zu Kupfer und Zinn noch Blei hinzugegeben wird, um die Festigkeit zu erhöhen. Außerdem werden die Gegenstände teils aus mehreren Teilen zusammengefügt.

Die ersten Schwerter schmieden Metallmeister in Kleinasien.[78] In der Siedlung Arslantepe, übersetzt »Löwenhügel«, die in der heutigen Türkei liegt, wird dafür arsenhaltige Bronze verwendet, ein recht kurzlebiger Trend in der Metallurgie, der sich nicht wirklich durchgesetzt hat.[79]

Bronze wird in solchem Ausmaß zur Mode, dass in Europa, wo offenbar erste Bronzegegenstände als Importwaren auftauchen, die alten Handwerker die Gussnähte der Bronze bei ihren Steingeräten nachahmen, obwohl sie natürlich keinerlei praktischen Nutzen haben.[80] Das Prinzip hält sich bis heute: Man klebt an eine klapprige Karre ein paar Spoiler und tut so, als wäre es ein teurer Rennwagen.

Die bereits mit der Metallverarbeitung einsetzende Hierarchisierung der Gesellschaft intensiviert sich in der Bronzezeit. Persönlicher Reichtum, soziale Unterschiede und Hierarchien sind stark ausgeprägt. Genetische Analysen aus Süddeutschland zeigen, dass sich Arm und Reich über Generationen hinweg innerhalb einer Familie manifestieren. Besitz und Status wird innerhalb von Familien vererbt[81] – so wie es auch heute oft noch ist.

Üppig mit reich verzierten Gegenständen ausgestattete Gräber aus dieser Epoche einerseits und ärmliche Bestattungen ohne jegliche Grabbeigaben andererseits sind ein Spiegel dieser bronzezeitlichen Gesellschaft. Als sich die Bronze in Europa etabliert, kommt es den Eliten offenbar nicht mehr nur auf die reine Funktion ihrer Werkzeuge und Waffen an, sondern diese werden auch ein symbolisches Mittel, das Rang und Status ihrer Träger anzeigt.

Im heutigen Thüringen bei Sömmerda ragt ein Hügel mehrere Meter hoch über die eher flache Landschaft. Darin befindet sich im 3. Jahrtausend v. Chr. eine Holzkammer, in der ein Mann beigesetzt wurde, der zu seinen Lebzeiten eine mächtige Person gewesen sein muss. Als Grabbeigaben finden sich dort unter anderem Schmuck und Waffen, darunter ein massiver Armreif aus Gold und fein verzierte Bronzestücke – Beile und Dolchklingen.[82] Auch Amboss und Meißel sind mit dabei – Werkzeuge, die für die Metallverarbeitung essentiell sind. Der Fürst von Leubingen, wie der Mann heute genannt wird, ist ein Beispiel für den Wohlstand, den die Bronze damals wohl in die Region bringt.

Das Leben wird vergoldet

Dass es den Menschen zu jener Zeit in Mitteldeutschland gut gehen muss, zeigt auch der Blick auf ihre Skelette. Männer und Frauen sind plötzlich größer als ihre Vorfahren.[83] Dem Fürsten von Leubingen werden sogar Objekte aus Gold in sein luxuriöses Grab für die Reise ins Jenseits mitgegeben. Ab dem 3. Jahrtausend v. Chr. ist dieses Edelmetall in Mittel- und Nordeuropa immer öfter Bestandteil der Grabbeigaben.[84] Dieses Metall, das einst bei der Explosion von Sternen und der Verschmelzung von Neutronensternen entstand und mit Asteroiden unsere Erde formte,[85] wurde bereits in der Kupfer(stein)zeit (je nach Region etwa 5500–2200 v. Chr.) gewonnen.

Reines Gold ist für Alltagsgegenstände ungeeignet, da es geschmeidig und für Klingen zu weich ist.[86] Doch das an der Erdoberfläche selten vorkommende Schwermetall ist für seine hohe Korrosionsbeständigkeit bekannt, da es sich über lange Zeiträume kaum verändert. Das macht Gold zum idealen Metall für Schmuck.

Gold ist bis heute ein Zeichen für hohen Status und hat unsere Vorstellung von Wert maßgeblich geprägt. Das zeigt sich auch in zahlreichen Mythen, die sich bis heute um dieses Metall ranken. In Grimms Märchen gibt es Prinzessinnen mit goldenen Kugeln oder Dummlinge, die eine goldene Gans finden. In der Bibel tanzen Menschen um ein goldenes Kalb, das ein Götzenbild darstellt. Immer wieder tauchen mystische Goldländer auf, der biblische König Salomo soll sein Gold aus Ophir beziehen, das vermutlich mit dem altägyptischen Goldland Punt in Zusammenhang steht.[87] In Südamerika befeuert eine Legende die Gier der spanischen Eroberer nach Gold, dort sucht man nach Eldorado (*el dorado*, spanisch für »der Goldene«). Und auch der Goldrausch im Wilden Westen Amerikas und in Alaska hat Geschichte gemacht und die Besiedlung durch weiße Siedler vorangetrieben.

Die Einführung von Schwertern deutet darauf hin, dass es häufiger zu gewaltsamen Konflikten kommt. Eines der ersten Gemetzel der Weltgeschichte trägt sich wohl um 1250 v. Chr. im Tollensetal, einem heute idyllischen Flecken in Mecklenburg-Vorpommern, zu. Dort schlagen sich mehrere Hundert, möglicherweise sogar Tausende Menschen die Köpfe ein und durchbohren einander mit Pfeilen.[88]

Der Wohlstand in der sogenannten Aunjetitzer Kultur (2200 – 1500 v. Chr.) im heutigen Tschechien ist wohl ebenfalls der Bronze zu verdanken. Denn die Kunde über das Metall, das aus dem Osten kommt, bringt nicht nur komplexere Gesellschaften hervor, es befeuert auch Handel und Mobilität. Kupfer und Zinn, die Zutaten für das neue Hightech-Material, sind auf der Erdoberfläche sehr ungleich verteilt. Sie sind selten beide am selben Ort zu finden. Insbesondere Zinn, das weiche, silbrig glänzende Element, kommt in Asien und Europa nur relativ selten vor.[89] Deshalb entstehen innerhalb von wenigen Jahrhunderten verzweigte Handelsnetze, deren Routen bis auf die Britischen Inseln, aber auch weit nach Asien und Nordafrika reichen.[90] Die Menschen aus Skandinavien beziehen schon vor 4000 Jahren Metalle von den Britischen Inseln, aus Deutschland oder anderen Regionen in Mitteleuropa.[91] Die Freihandelszone der heutigen EU ist historisch also keineswegs neu.

Die hohe Mobilität führt auch zu einer gewissen Durchmischung der Bevölkerung. In Bayern zeigen genetische Belege aus der Bronzezeit, dass Frauen teils Hunderte Kilometer Entfernung überbrücken, um zu ihren zukünftigen Ehemännern zu wandern.[92] Dort kommen zahlreiche Frauen aus der Fremde, der Brauch scheint über Jahrhunderte tradiert worden zu sein. Viele Fragen um diese Wanderungen sind ungelöst. Aber die Frauen spielen offenbar eine wichtige Rolle bei der Vermittlung von Wissen, beispielsweise bei der Metallverarbeitung.

Die Bronze-Revolution führt somit zu einer gewissen Globalisierung und verbindet große Teile der damals bekannten Welt miteinander.[93] Menschen in Mitteldeutschland, von Böhmen bis zur Mittelelbe-Saale-Region, sind so etwas wie die Drehscheibe des europäischen Handels, ähnlich wie es heute etwa die belgische Stadt Antwerpen für Diamanten ist. Sie beziehen Metalle aus dem slowakischen Erzgebirge oder Kupfer aus den Alpen und treiben damit Handel.

Kunst und Religion – der Himmel wird in Metall gegossen

Die Bronze bringt noch weitere Veränderungen mit sich. Aufgrund der Fortschritte in der Metallurgie verfügt der Mensch nun über neue Möglichkeiten. Das neuartige Material ermöglicht nicht nur bessere Erntegeräte, Messer oder Beile, die den Alltag erleichtern, die formbare Legierung macht es auch leichter, sich künstlerisch auszudrücken. Weil Bronzegegenstände in der Regel die Zeit besser überdauern als organisches Material, haben wir heute einen besseren Einblick in die Lebens- und Glaubenswelt der Menschen der Bronzezeit, als es in den Epochen davor möglich war. Und sofort können wir erkennen, wie der Himmel, die Sterne, der Lauf von Sonne und Mond das Leben der Menschen beeinflussen und steuern.

Das zeigt sich nicht nur an dem auffälligen Goldhut, den ich in Berlin im Neuen Museum gesehen habe, sondern auch an der berühmten Himmelsscheibe von Nebra, dem vielleicht spektakulärsten und geheimnisvollsten Fund der Bronzezeit, übrigens ein Bestandteil der weiter oben erwähnten Aunjetitzer Kultur. Die pizzagroße Scheibe ist auf abenteuerlichen Wegen ins Landesmuseum für Vorgeschichte in Halle an der Saale gelangt: 1999 von Raubgräbern in Sachsen-Anhalt auf einem Hügel gefunden, gelangte sie erst nach einem Polizeieinsatz in die Hände von Fachleuten. Inzwischen wurde die 32 Zentimeter große Bronzeplatte,[94] auf der das Firmament mit Sternen, Sonne und Mond dargestellt ist, mit ihren Goldapplikationen ausführlich untersucht. Um ihr Alter tobt ein erbitterter Streit, aber die Mehrheit der Forscher geht davon aus, dass sie mehr als 3600 Jahre alt ist.

1600 v. Chr. Himmelsscheibe von Nebra

Möglicherweise haben die Schmiede von Nebra mit der Herstellung der Scheibe einen konkreten Zweck verfolgt. Hier werden nicht nur ein paar Himmelskörper auf der Platte verewigt, um der Allmacht des Kosmos zu huldigen. Sondern darin spiegelt sich, mag die Scheibe auch so einfach wie ein Verkehrsschild aussehen, vielleicht ausgefeiltes astronomisches Wissen wider.

Ganz praktisch ist sie wohl auch ein Kalender. Die sieben goldenen Punkte auf der Scheibe stellen dann die Plejaden dar, das Siebengestirn mit seiner verlorenen Schwester – der markante Sternenhaufen in unserer Milchstraße, den damals wie heute jeder mit bloßem Auge am Himmel erkennen kann. Zwar geht die Anzahl der

Sterne in die Hunderte, aber von der Erde aus sieht das menschliche Auge meist nur die Hauptsterne, je nach Sicht sechs bis neun.[95]

Für die Menschen früher sind die Plejaden nicht nur ein funkelndes kleines Wunder am Himmel, sondern auch Taktgeber. Wenn der Sternenhaufen das letzte Mal neben dem sichelförmigen Mond auftritt, ist es Frühling und Zeit für die Aussaat. Erscheint er später im Jahr am Morgenhimmel neben dem Vollmond, ist es Herbst und Zeit für die Ernte.[96]

Die Himmelsscheibe von Nebra ist darüber hinaus möglicherweise – genau wie der Berliner Goldhut – ein ganz früher Lunisolarkalender, der die zwei unterschiedlichen Zeitmesszyklen nach Mond beziehungsweise Sonne in Einklang bringt. Die Himmelscheibe zeigt dann an, wann im Mondzyklus Schalttage oder -monate eingefügt werden müssen. Die Plejaden auf der Scheibe liefern in Kombination mit dem Sichelmond einen wichtigen Hinweis zur Schaltregel. Wenn diese Sichel ein mehrere Tage alter, zunehmender Mond ist und beim Siebengestirn erscheint, wäre es das Signal für das Einfügen eines Schaltmonats.[97]

Man kann sie darüber hinaus flach auf den Boden legen und nach astronomischen Konstellationen ausrichten. Wenn man dies am Fundort auf dem mehr als 250 Meter hohen Mittelberg Richtung Harz tut, soll sich an den goldenen Horizontbögen am Rand der Scheibe, von denen nur noch einer erhalten ist, grob Sommer- und Wintersonnenwende ablesen lassen.

Diese berühmte Himmelsscheibe ist auch ein Beleg dafür, wie sehr die damals bekannte Welt vernetzt ist. Die Metalle für die Scheibe müssen lange Distanzen zurücklegen, bevor sie in einem mehrstufigen Verfahren verarbeitet werden: Gold und Zinn stammen aus Cornwall, das Kupfer für die Bronze wird aus Lagerstätten in Österreich abgebaut, und das astronomische Wissen, das in der Scheibe steckt, stammt vermutlich aus dem Vorderen Orient.

Von der Bronze zum Eisen

Auch der nächste metallurgische Trend kommt aus dem Nahen Osten und wandert von dort nach Westen: Eisen. Das schwere Element ist das letzte Element, das bei der Kernfusion großer Sterne erzeugt wird, bevor diese explodieren. In der frühen heißen protoplanetaren Staubscheibe schmilzt es in Brocken und sinkt in der jungen Erde zum Zentrum, wo es einen riesigen Erdkern bildet. Fast ein Drittel der Erdmasse besteht aus Eisen,[98] während Wasser nur 0,02 Prozent der Masse der Erde ausmacht. Wir kommen halt nur leichter an das wenige Wasser an der Oberfläche als an das viele Eisen im Erdkern heran.

Auf der Erde ist ein Leben ohne Eisen im Grunde nicht möglich, schon weil das Metall ein essentielles Spurenelement für fast alle Lebewesen ist. Die Mitochondrien in unseren Zellen benötigen Eisen, um uns mit Energie zu versorgen. So besteht unser Körper zwar nur aus 2,5 bis 4 Gramm Eisen, aber diese geringe Menge ist lebenswichtig.[99] Eisenmangel kann zu Blutarmut und Müdigkeit führen.

Der Übergang von der Bronze- zur Eisenzeit verläuft nur schleppend. Das Wissen über die Herstellung des Materials, den Umgang mit unterschiedlichen Eisenerzen wandert ab der zweiten Hälfte des 2. Jahrtausends v. Chr. über Anatolien nach Südosteuropa und von dort nach Mitteleuropa.[100] Erst ab rund 600 v. Chr. wird Eisen in vielen Teilen Europas regelmäßig verhüttet.[101]

Die Eisenverhüttung unterscheidet sich nicht grundsätzlich von derjenigen für Bronze. Der Vorteil der Eisenverarbeitung liegt allerdings darin, dass die Menschen nur einen Rohstoff benötigen und nicht mehr wie bei der Bronze zwei. Eisen kommt zudem relativ häufig in der Natur vor. In der Vorgeschichte verwenden die Menschen teils sogenannte Raseneisenerze, die leicht abgebaut werden können, weil sie nur wenige Zentimeter unter der Erdoberfläche vorkommen.[102]

Um Eisen aus dem Gestein zu lösen, sind aber höhere Temperaturen notwendig. Brennöfen aus Lehm oder Steinen werden deshalb oft mit Blasebälgen aus Tierhäuten betrieben. Solche Öfen nutzen Römer, Kelten und Germanen bereits in vorchristlicher Zeit, und sie sind im Grunde bis zur Frühen Neuzeit in Gebrauch.[103]

Vor der Gewinnung von Eisen aus Erzen hat der Mensch aber schon das »Eisen des Himmels« verwendet – gewissermaßen außerirdisches Eisen, das über metallhaltige Meteoriten auf die Erde kam. Der wohl bekannteste Fund stammt vom berühmtesten aller altägyptischen Pharaonen: Im Grab von Tutanchamun entdeckten die Altertumsforscher einen Dolch mit einer Klinge aus Meteoreisen.

Aus Eisenerzen lassen sich noch härtere Legierungen herstellen, das gelingt aber erst nach und nach. Das erste Eisen ist noch recht weich und spröde. Doch langfristig verbessert sich die Qualität von Schwertern und Pflugscharen. Bessere Pflüge oder Sensen ermöglichen eine leistungsfähigere Landwirtschaft, die mehr Menschen ernährt.

In der Eisenzeit kommt es zu Umbrüchen und allmählichen Veränderungen von Machtstrukturen. In Mitteleuropa gewinnen diejenigen Siedlungen an Einfluss, die die Technik der Eisenverarbeitung beherrschen oder über Zugang zu entsprechenden Lagerstätten verfügen. Die Bedeutung des Eisens hat sich bis in unsere Zeiten gehalten. In Deutschland ist das einstmals idyllische Ruhrgebiet zur größten Konzentration von Menschen und Industrie durch Kohle und Stahl – eine Eisen-Kohlenstoff-Legierung – geworden.

Umbrüche durch Eisen und Klima

Durch das Eisen verändern sich die politischen und ökonomischen Verhältnisse. Neue Machtzentren entstehen, neue politische Bündnisse bilden sich heraus, ebenso neue Handelsnetze und Zentren. Die Bedeutung von Bronze geht zurück – Bronzeobjekte sind zwar noch lange gefragt, aber die während der Bronzezeit dominierenden Kulturen im Nahen Osten und im Mittelmeerraum erleben am Ende des 2. vorchristlichen Jahrtausends Krisen und Niedergang. In Anatolien bricht das Großreich der Hethiter zusammen, im östlichen Mittelmeerraum werden wichtige Handelszentren zerstört, die Pharaonen des Alten Ägypten müssen sich gegen feindliche Angriffe verteidigen.[104] Man kann sogar von einem Zusammenbruch in der Spätbronzezeit sprechen, den kaum ein Reich oder eine Kultur unbeschadet überstanden hat. Im alten Griechenland verlassen Einwohner Ortschaften, brechen mit alten Handelspartnern, Gebäude werden zerstört,[105] Invasionen erfolgen. Deshalb wird die Zeit zwischen dem 12. und 8. vorchristlichen Jahrhundert auch »Dunkle Jahrhunderte«[106] genannt.

12.–8. Jh. v. Chr.
Dunkle Jahrhunderte

Diese Entwicklung im Mittelmeerraum könnte einmal mehr auf klimatische Ursachen zurückzuführen sein. Bohrkernanalysen von Sedimenten aus dem Toten Meer oder einem Salzsee auf Zypern deuten auf den Beginn einer Trockenphase im östlichen Mittelmeerraum hin, die in den Übergang von der Bronze- zur Eisenzeit fällt. Das führt möglicherweise zu Ernteausfällen – Folgen wie Hungersnöte und Flüchtlingswellen sind nicht auszuschließen. Auch andere Auslöser oder ein Mix aus verschiedenen Ursachen kommen in Betracht: Erdbeben oder ein Wandel der Sonnenaktivität. Ebenso könnte der Ausbruch des Vulkans Hekla auf Island ein Faktor gewesen sein.[107] Diese Eruption führte maßgeblich zu einem kühleren Klima am Ende der Bronzezeit. Der Vulkanstaub reduzierte die Sonneneinstrahlung, die Bezeichnung »Dunkle Jahrhunderte« ist treffend gewählt. Manches deutet aber darauf hin, dass es nicht überall ganz so dunkel zugegangen ist. Im Südosten der Türkei konnten die Menschen in dieser Zeit einigermaßen prosperierend in Frieden miteinander leben.[108]

Die Eisenzeit dauert eigentlich noch an

Der Beginn der Metallurgie mit Kupfer, Zinn, Eisen, aber auch mit Gold und Silber, also die Verarbeitung von Elementen, die letztlich von den Sternen zu uns auf die Erde gekommen sind, hat das Leben der Menschen nachhaltig verändert. Noch heute ist eine Welt ohne Metalle kaum vorstellbar. Offiziell ist die Eisenzeit in Europa seit 1000 Jahren vorbei, aber die Stahlproduktion gehört nach wie vor zu den größten Zweigen der Industrie. Stahl, also Eisen mit Kohlenstoff, ist zentral für die Herstellung von Kriegswaffen, er ist in der Fahrzeug- oder Bauindustrie und in vielen Bereichen des täglichen Lebens kaum zu ersetzen. Und letztlich sind auch für moderne Computer und Chips in unseren Smartphones die sogenannten Seltenen Erden, die nichts anderes als Metalle sind, essentiell.

Die Bronze und ihr Einfluss auf die frühen Gesellschaften haben einst den Grundstein für die moderne Welt gelegt, wie wir sie heute kennen. Metalle und Metallurgie haben zur Entstehung von neuen Siedlungen, Metropolen, Großreichen geführt. Das Metall verbindet Menschen aus allen Teilen der Welt, es macht manche reich und mächtig, aber es sorgt auch dafür, dass wir uns sozial weiter voneinander entfernen, sich Hierarchien verfestigen und Imperien entstehen können. Technik und Klima verändern die Welt und schaffen große Reiche.

Kapitel 9

VON STÄDTEN ZU IMPERIEN

»Warum ist der König alles und ich bin nichts?«, fragte das Kind.

»Könige haben wir gemacht, um größer zu sein als wir selbst«, sagte der Prophet. »Als wir wenige waren, waren wir frei, schwach und arm. Dann bauten wir Dörfer und Städte. Wir wurden Viele und sprachen viele Sprachen, sodass wir uns nicht mehr verstanden. Wir versteckten uns hinter Mauern, um uns und unseren Reichtum voreinander zu schützen. Wir erfanden die Schrift, das Rechnen und die Buchhaltung, um unseren Reichtum zu zählen. Wir machten Gesetze, Aufseher, Richter und Beamte, um unseren Reichtum zu verwalten. Wir bekamen Tempel und Priester, um uns unseren Reichtum zu segnen. Wir erstellten große Heere und Waffen, um unseren Reichtum auszubreiten. Wir bauten Imperien, um noch größer zu werden und andere Reiche zu beherrschen, dass nicht sie uns beherrschten. So salbten wir auch Könige, um jedermann unsere Macht und unseren Reichtum zu zeigen – und die Könige beherrschten uns. Alles, was wir heute besitzen, besitzen wir durch die Hand, das Leid und den Glauben der Vielen. Du bist alles, wenn du an dich glaubst, und dein König ist nichts, wenn keiner an ihn glaubt, mein Kind.«

Ein Prachtbau, verwinkelt wie ein Labyrinth

Nur ein paar Kilometer von den touristischen Mittelmeerstränden um Kretas Hauptort Iraklio entfernt führt eine sanft geschwungene Straße in ein schattiges Tal. Dort stehen Reste von verwinkelten Mauern, umrandet von alten Bäumen. Die Gebäude sind teils so verschachtelt, dass es schwerfällt, Etagen und Ebenen zu zählen.[1] Der Ort ist in der Antike, im 16. Jahrhundert v. Chr., eine schillernde Metropole: reich, groß und prächtig. Bis zu 100 000 Menschen leben hier, in Knossos, zur Blütezeit. Sie erbauen eine bis zu fünf Stockwerke hohe Palastanlage. Möglicherweise besteht sie aus 1300 Räumen voller verwinkelter Ecken und mit einer von mächtigen Säulen gestützten Decke, gebaut um einen riesigen Innenhof. Es ist der Ursprung des sagenhaften Labyrinths,[2] in dem der Minotaurus, ein menschenfressendes Ungeheuer, versteckt gewesen sein soll. Der Palast verfügt über eine ausgeklügelte Wassertechnik, es gibt schon Toilettenspülungen, Badewannen und Warmwasserheizungen.

In den Gebäuden residiert ein König,[3] die Reste seines Thronsaals mit roten Fresken und merkwürdigen Tiergestalten sind noch heute erhalten. Er umgibt sich mit einer Vielzahl von Menschen, seiner Familie, Soldaten, Verwaltungsbeamten. Jede Menge Handwerker arbeiten hier: Steinmetze, Töpfer, Schmiede, Weber. In den Räumen tauschen sie Waren und machen den Ort zu einem wichtigen Wirtschaftszentrum für die Region und auch darüber hinaus. In den Vorratsräumen lagern mannshohe Krüge, sogenannte *Pithoi*, gefüllt mit Wein, Getreide, Olivenöl oder Honig, herangeschafft aus dem fruchtbaren Hinterland von Knossos, wo auch Schafherden genügend Nahrung finden. Derartige landwirtschaftliche Erzeugnisse werden über das Meer nach Griechenland und in andere Mittelmeerregionen gehandelt. Dafür laufen in den Häfen Kretas Schiffe mit Rohstoffen ein, sie bringen Gold und Silber,

Kupfer, Zinn, Elfenbein. Die Handwerker der minoischen Kultur verarbeiten diese Metalle zu kunstvollen Gegenständen. Sie stellen beispielsweise Doppeläxte aus Gold her, keine Waffen, sondern Kultgegenstände oder Statussymbole.[4]

Künstler schaffen damals auf Kreta Gegenstände von zeitloser Eleganz, darunter Wandbilder mit dunkelhaarigen Schönheiten, die feine Kleider und üppigen Haarschmuck tragen, oder eine perfekt gearbeitete Skulptur eines Stierkopfes mit goldenen Hörnern. Stiere sind bei den Minoern heilige Tiere, verehrt, aber auch gefürchtet. Wandmalereien zeigen, wie junge Männer und Frauen über Stiere springen, eine lebensgefährliche Mutprobe – ein Brauch, den ich bei meiner Wanderung durch das französische Baskenland noch in live miterleben konnte.

Die minoische Kultur, benannt nach dem mythischen König Minos, wächst während der Bronzezeit, ab etwa 2600 v. Chr. für mehr als 1000 Jahre, zur ersten Hochkultur Europas heran. Sie verbindet eine Reihe unterschiedlicher Orte auf der Insel, zu denen neben Knossos beispielsweise Phaistos oder Malia gehören. Laut Homer, dem ersten Dichter des Abendlandes, sollen es 90 verschiedene Städte sein, wie er in der *Odyssee* schreibt. Aufgrund der zahlreichen Frauendarstellungen wird immer wieder auch über ein Matriarchat spekuliert, auch im religiösen Kontext. In Knossos gibt es eine Statuette einer Frau, gekleidet in ein bodenlanges Gewand. In ihren Händen hält sie jeweils eine Schlange. Diese Frau könnte eine Priesterin oder eine Göttin sein,[5] in der Forschung ist die Figur aber umstritten, da an ihrer Echtheit gezweifelt wird.

2600 v. Chr.
Minoische Kultur

Darüber hinaus gibt es eine ganze Reihe von Darstellungen, die als Götter interpretiert werden und mit dem Kosmos in Verbindung stehen. Da ist etwa eine Sonnengöttin, meist eine sitzende Gestalt mit einer reifen, mütterlichen Figur. Ihre Söhne könnten der Mondgott und der Wettergott sein. Das Weltbild dieser Menschen ist wohl von einem Kosmos geprägt, in dem zahlreiche Gestalten und Figuren religiös verehrt werden, denen jeweils ein bestimmter Bereich des Lebens zugeschrieben wird. Wie die Physik heute unterschiedliche Kräfte kennt, die verschiedene Phänomene erklären, so kennen die Minoer verschiedene Götter mit eigenen Aufgaben. Allerdings sind es bewusst handelnde Charaktere mit bestimmten Eigenschaften. Das ist ein typisches Merkmal des Polytheismus, der in der Antike weit verbreitet ist. Auch bei den Griechen, Römern und anderen Kulturen. Auf Kreta spielt diese Religionsform bereits in der Bronzezeit eine wichtige Rolle.

Obwohl die Insel über keine nennenswerten, wertvollen Rohstoffe verfügt und dort aufgrund der fruchtbaren Böden vor allem mit landwirtschaftlichen Erzeugnissen gehandelt wird, gelingt es den Minoern mit den importierten Rohstoffen, künstlerisch hochwertige Gegenstände herzustellen. Das zeugt von einem hohen Grad der Spezialisierung und Arbeitsteilung innerhalb ihrer Gesellschaft. Auch die leicht abgeschiedene Lage vom griechischen Festland und die Distanz zur dortigen mykenischen Kultur stellen offensichtlich kein Hindernis dar. Knossos' früheste Siedlungsspuren stammen aus der Jungsteinzeit und reichen zurück bis ins 7. Jahrtausend v. Christus. Spätestens im 3. Jahrtausend v. Chr. entwickelt sich der Ort zu einer richtigen Stadt. Damit vollzieht er einen der wichtigsten Schritte in der Entwicklung unserer Zivilisation, hin zu einem organisierten Leben. Auf Kreta finden wir einige der frühesten Städte Europas. Aber diese Entwicklung hat nicht auf Kreta angefangen, sie beginnt im südlichen Mesopotamien und sie vollzieht sich unabhängig an unterschiedlichen Orten auf der Welt. Nicht nur zwischen den Flüssen Euphrat und Tigris, sondern auch im Tal des Indus, am Nil oder im Norden Chinas.[6] Teils gibt es erstaunliche Parallelen.

Als letzte große mythische Erzählung der Urgeschichte steht in Bibel und Tora die berühmte Geschichte des Turmbaus zu Babel. Nicht mehr Familien und Stämme, sondern eine große, selbstbewusste, multikulturelle Stadtgesellschaft präsentiert sich dort.

Einen Turm will sie bauen, bis zum Himmel: als Identifikationssymbol für die unterschiedlichen Bewohner der mächtigen Stadt und als Zeichen der Emanzipation von den Göttern. Die Metapher »Babylon« als Sinnbild des Sündenpfuhls einer modernen Großstadt hat hier ihren Ursprung. In der biblischen Geschichte scheitert der Versuch an der babylonischen Sprachverwirrung.

Unwillkürlich wird man an unsere modernen Probleme erinnert, dass unsere Gesellschaften gefühlt in immer mehr Milieus zerfallen, die kaum noch miteinander reden oder eine gemeinsame Sprache sprechen. Hinzu kommen die Herausforderungen der Migration, die jede große und erfolgreiche Zivilisation hat: Wer wächst und erfolgreich sein will, braucht Arbeitskräfte und zieht Menschen aus aller Welt an. Wie integriere ich die richtig? Entstehen vielleicht Parallelgesellschaften?

Man merkt an der Geschichte vom Turmbau zu Babel, dass schon in vergangenen Zeiten der nächste Quantensprung in der Menschheitsentwicklung, die Erfindung großer Städte und Imperien, mit kritischen Augen gesehen wird. Der Glanz von Königen und Prachtbauten wird mit vielfältigen sozialen Problemen erkauft. Dennoch sind technologische Durchbrüche ohne große Zivilisationen kaum möglich. Ein kleiner Stamm von Jägern und Sammlern könnte keinen Eiffelturm bauen oder das Internet erfinden. Das geht nur im Zusammenspiel der Vielen. Dieses Zusammenspiel ist es erst, das es *Homo sapiens* ermöglicht, einen ganzen Planeten zu erobern und zu verändern.

Von der Stadt zur Megacity

Um den Titel der ältesten Großstadt der Menschheit stritten sich lange Orte wie Jericho im Westjordanland, Tell Brak im Nordosten Syriens oder Uruk im Irak.[7] Letzteres entsteht im 4. Jahrtausend v. Chr., rund 200 Kilometer Luftlinie südlich des heutigen Bagdad,

4000–3000 v. Chr. Uruk: Älteste Großstadt entsteht in Mesopotamien

in einer der flachsten Landschaften, die man sich vorstellen kann. Die Stadt, errichtet von den Sumerern, ist mehr als ein Jahrtausend lang der größte Ort in der von archäologischen Stätten reichen Region. Ihr Rest erinnert heute teils an eine große Sandburg, die Kinder an einem Strand erbaut haben. Doch diese Burg hat Wissenschaftsgeschichte geschrieben, als sie 1849 der britische Archäologe William Kennett Loftus wiederentdeckt.

Um den Ort liegt heute eine wüstenartige Landschaft. Damals ist er zunächst von Sümpfen, später von fruchtbarem Acker- und Weideland umgeben, das durch Gräben bewässert wird. Weizen oder Datteln bieten eine der Nahrungsgrundlagen für Uruks Menschenmassen. Zur Blütezeit leben Zehntausende in dem Ort, geschützt von einer kilometerlangen Stadtmauer.[8] Wie auch in Knossos gehen die Menschen unterschiedlichsten Berufen nach, Handwerker stellen wertvollen Schmuck her, verzieren Wände mit Mosaiken aus farbigen Steinen. Töpfer formen filigrane Keramik und tausendfach den sogenannten Glockentopf, ein eher grobes Massenprodukt für den täglichen Gebrauch. Aber der Topf wird zum Erfolgsmodell.

Als Behausungen dienen den einfachen Bewohnerinnen und Bewohnern Lehmhäuser, die dicht an dicht enge Gassen bilden, ähnlich wie wir es heute von großen Städten kennen.[9] Manche beschäftigen sich mit der Konstruktion von großen Gebäuden, in Uruk stützen bereits Säulen das Dach einer Halle.[10]

In dem Ort entsteht mit der Zeit eine strenge Hierarchie: An der Spitze ein König, darunter sein Staatsapparat. Es gibt religiöse und militärische Führer, Beamte, Schreiber, Handwerker und schließlich einfache Arbeiter und Bauern. Ohne die kulturellen Leistungen, die diese Menschen damals erbringen, wäre urbanes Leben, wie wir es heute kennen, nicht denkbar.[11] Denn in Uruk entwickeln die Menschen ab Mitte des 4. Jahrtausends v. Chr. die Schrift, davon

4. Jahrtausend v. Chr. Erfindung der Schrift in Uruk

zeugen mehr als 5000 Tontafeln mit merkwürdigen Ritzungen und Zeichen, die Keilschrift. Auch die Literatur entsteht hier. Geschichten über den sagenhaften König Gilgamesch werden aufgeschrieben, dessen Heldentaten im ersten Epos der Weltgeschichte beschrieben werden.

Schrift ist kein Luxus, sie ist eine Notwendigkeit. Denn die Organisation der Gesellschaft in Uruk wird komplexer. Immer mehr Menschen brauchen eine Bleibe, müssen ernährt werden oder wollen Handel treiben. Um diese Menschen zu versorgen und ihren Bedürfnissen gerecht zu werden, sind Regeln notwendig, es braucht eine Buchführung. Der immerwährende verzweifelte Ruf nach Bürokratieabbau ist wahrscheinlich auch hier schon erklungen. Bis heute ohne Erfolg.

Die Buchhaltung beginnt zunächst mit der einfachen Aufzeichnung von Zahlen, dann folgt die Darstellung von Haustieren. Solche Texte, vergleichbar mit heutigen Lieferscheinen oder Kassenzetteln, über den Handel mit Schafen sind auch für Uruk überliefert. Sie werden mit einem Stück Schilfrohr in weichen Ton gedrückt.[12] Allmählich werden die verwendeten Symbole abstrakter, aus den Bildern werden nach und nach komplexe Zeichen, eine Schriftsprache entsteht. Irgendwann lassen sich auch Chroniken aufzeichnen, Gesetze festhalten oder Nachrichten austauschen. Die ersten SMS der Weltgeschichte werden so in Ton geschrieben.

Der Ursprung dieser Entwicklung liegt in Uruk, aber auch in anderen Städten der Region bleiben erstmals schriftliche Quellen über das Leben erhalten. Das ist eine Revolution nicht nur in der Kommunikation der damaligen Zeit, auch Tausende Jahre später. Plötzlich erschließt sich Altertumsforschern ein ganz anderes Verständnis der Geschichte. Es ist ein wenig so wie in der Renaissance, als Astronomen plötzlich mit einem Fernrohr statt nur mit dem bloßen Auge in den Himmel schauen können und sich ihnen ganz neue Einblicke bieten.

Lange Zeit war es rätselhaft, warum gerade in Mesopotamien

die erste Metropole entstand. Die Archäologin Margarete van Ess,[13] die in Uruk Ausgrabungen durchgeführt hat, glaubt an klimatische Gründe. Sollte wirklich einmal mehr das Klima der Weltgeschichte eine entscheidende Wendung gegeben haben?

Ihre Argumentation klingt zumindest schlüssig. Vor rund 6000 bis 7000 Jahren befinden sich am fischreichen Euphrat Sümpfe, die bis nach Uruk reichen. Aber aufgrund von Trockenphasen im Nahen Osten[14] verschwinden diese Sümpfe – das entzieht den Menschen in ihren Siedlungen die Lebensgrundlage. Sie müssen sich der veränderten Umwelt anpassen. Also beginnen sie, das trockene Land in blühende Felder zu verwandeln. Der Schlüssel dazu sind Bewässerungskanäle. Sie leiten frisches Wasser vom Fluss, der damals noch direkt bei Uruk liegt, auf die Felder. Spuren von einer ausgiebigen Wasserwirtschaft entdecken van Ess und ihr Team im Boden um Uruk. Bis in die Stadt hinein ziehen Arbeiter die Kanäle, Abwassergräben führen das Wasser wieder heraus. Die Menschen werden durch dieses planvolle Vorgehen zur Zusammenarbeit gezwungen. Um die Kanäle anzulegen, müssen immer mehr Arbeiter angeworben werden, sie benötigen Nahrung und Unterkünfte, denn sie bauen auch Uruk auf, errichten öffentliche Gebäude und Tempel. Der Kampf des Menschen gegen den Klimawandel hat also womöglich die Erfindung der Urbanisation, aber auch der Schrift begünstigt.

Wie Knossos und die Minoer haben die Menschen von Uruk keinen Zugang zu besonders wertvollen Ressourcen wie Erzen. Der Schlüssel zu ihrer Kultur sind die Landwirtschaft, der Handel und letztlich die Fähigkeit der Menschen, miteinander in Kontakt zu treten, zu kooperieren und neue Ideen umzusetzen. Uruk ist ein internationaler Knotenpunkt. Durch die günstige Lage am Fluss können Waren über weite Strecken herbeigeschafft werden. Aus dem heutigen Iran, von der Arabischen Halbinsel sowie aus dem Osten Anatoliens erreichen Silber, Blei oder Kupfer Uruk. Edle Steine kommen aus Pakistan und Afghanistan, wertvolle Zedernhölzer aus der Levante. Datteln oder Produkte aus Wolle gehen im Gegenzug in den Export.

Uruk ist die erste Megacity der Menschheit, aber sie bleibt es nur für eine begrenzte Zeit. Die Idee vom urbanen Zusammenleben wird von anderen nachgeahmt. In Mesopotamien entstehen weitere bedeutende Städte, erbaut von den Sumerern, später auch von anderen Völkern der Region. Beispielsweise Ur, Assur, Ninive oder eben Babylon. Der letztere Ort übertrifft Uruk um 600 v. Chr. in der Größe. Zudem zieht Uruks Wohlstand, der sich in überaus reich ausgestatteten Grabstätten von mächtigen Herrschern spiegelt,[15] Kriege und Eroberungen durch andere Städte nach sich. In den ersten Jahrhunderten nach Christi Geburt ändert sich das Klima erneut, und Uruk wird verlassen. Städte entstehen und verfallen – auch das ist der Lauf der Zeit.

Städte erweitern Horizonte

Eine Urbanisierung wie in Mesopotamien vollzieht sich auch in anderen Regionen auf dem Globus. Zu ähnlichen Entwicklungen kommt es etwas später im Alten Ägypten, in China oder im Nordwesten des indischen Subkontinents.[16] Hier blüht im 3. Jahrtausend v. Chr. die Indus-Kultur auf. Städte wie Harappa und Mohenjo-Daro gehören wahrscheinlich zu den größten der damaligen Zeit. Dass wir den Menschen in dieser Region recht nahe sind, zeigt noch heute ein Blick auf die indogermanischen Sprachen, zu denen weitgehend auch unsere europäischen gehören.[17] In Indien gesprochene Sprachen wie Hindi und Urdu gehören dazu, natürlich Deutsch, Englisch, Französisch, Spanisch, aber auch Russisch und Persisch, während Baskisch, Ungarisch, Finnisch oder Türkisch, die Mitteleuropa geografisch näher sind, nicht dazuzählen. In jedem Fall muss die Ausbreitung und Entwicklung der in-

3. Jahrtausend v. Chr. Frühe Städte am Indus

dogermanischen Sprachen mit massiven Migrationsbewegungen verbunden gewesen sein.

Ursprung und Verbreitung der indogermanischen Sprachen sind bis heute nicht vollständig geklärt, wahrscheinlich reichen ihre Wurzeln in die Pontisch-Kaspische Steppe nördlich des Schwarzen Meeres zurück, von wo aus sie sich mit den Jamnajas zu uns und letztlich in fast die ganze Welt ausgebreitet hat. Heute spricht beinahe die Hälfte der Weltbevölkerung eine Sprache dieser Familie. Nach einer alternativen Theorie haben sie sich vor 8000 bis 9000 Jahren im heutigen Anatolien[18] entwickelt und gemeinsam mit der Landwirtschaft ausgebreitet. Vielleicht ist aber auch eine Mischung aus der Ackerbau- und der Steppenhypothese die richtige Antwort.[19]

Inzwischen haben Archäologen frühe Städte nahezu überall[20] auf der Welt entdeckt, auch in der Neuen Welt gibt es sie, lange bevor die Europäer in Amerika ankommen. Aber sie entstehen nicht überall unter denselben Bedingungen. In Südamerika untersucht ein US-amerikanischer Forscher Mitte des 20. Jahrhunderts die Ruinen von Caral; der Ort, etwa 150 Kilometer vom heutigen Lima entfernt, entsteht ca. 2600 bis 2000 v. Chr. und gilt als älteste Stadt des Kontinents.[21] Hier kennen die Bewohner weder das Rad noch verarbeiten sie Metall.[22] Auch im tropischen Tiefland des Kontinents herrscht vor mehr als 2000 Jahren schon ein Hauch von Großstadtflair. Neuere Ausgrabungen haben größere Siedlungsspuren im heutigen Ecuador am Rio Upano, auf der Moxos-Ebene im bolivianischen Tiefland oder in der oberen Xingu-Region im Süden des brasilianischen Amazonasregenwaldes[23] zu Tage gefördert. Erstaunlich ist diese schnelle Entwicklung auf dem Kontinent schon, denn die Einwanderung nach Amerika erfolgt wahrscheinlich vor über 14 000 bis 23 000 Jahren vor oder während der letzten Hochphase der Eiszeit, als der Meeresspiegel tief genug ist, um die Beringstraße zwischen Alaska und Sibirien überqueren zu können. Seitdem ist die Landbrücke überflutet.

Durch den Bau von Städten erreicht die Zivilisation ein neues Level. Aus dem Bauen wird eine Ingenieurskunst, große Gebäude werden errichtet. Neue Berufe und immer komplexere Gesellschaften entstehen, der Grad der Spezialisierung nimmt zu. Der Steinzeitmensch konnte vielleicht noch jede Aufgabe seines täglichen Lebens selbst erledigen, das ist nun lange vorbei. Heutzutage sitzt ein Großteil der Menschen am Schreibtisch. Sie können weder ihr Essen erzeugen, ihre Kleider herstellen, noch ihr Auto reparieren.

In den ersten Städten bildet sich ein Verwaltungsapparat, ein Stadt- oder Staatswesen, das zentral wichtige gemeinschaftliche Aufgaben plant und steuert. Der Schlüssel dieser urbanen Kulturen ist jeweils eine florierende Landwirtschaft, denn sie entsteht an den Ufern von großen Flüssen, die fruchtbare Böden und ausreichend Wasser für den Ackerbau liefern. Am Nil und im Industal ist das ein natürlicher Vorgang, denn hier treten die Flüsse zu bestimmten Zeiten im Jahr über die Ufer und hinterlassen fruchtbares Schwemmland, wenn das Hochwasser sich wieder zurückzieht. In China, wo entlang des Gelben Flusses unter der Shang-Dynastie prächtige Bronze-Arbeiten gefertigt werden, und in Mesopotamien ist es der Mensch, der durch eine komplexe Wasserwirtschaft für einen ähnlichen Effekt sorgt. Dies hat die Urbanisierung stark begünstigt, denn nun erzielen die Gemeinschaften so große Erträge, dass viele Menschen ernährt werden können. Jetzt können es sich beträchtliche Teile der Bevölkerung erlauben, sich nicht mehr nur mit dem täglichen Lebensunterhalt zu beschäftigen, sie können anderen Tätigkeiten nachgehen, ohne befürchten zu müssen, dass sie verhungern. Essen holt man sich vom Markt und nicht mehr vom Acker.

Die Idee vom Stadtleben folgt wahrscheinlich keinem vorgezeichneten Plan, sie ist eher ein Zufallsprodukt, weil immer mehr Menschen an einem Ort zusammenleben und neue dazukommen. Es ist wie heute in manchen schnell wachsenden Megacitys wie Kairo, Mumbai oder São Paulo, in denen teilweise Wildwuchs herrscht. Auch die frühen Städte der Menschheit wachsen weitgehend unreguliert. Aber ihre Bewohner reagieren oft planvoll auf die neuen Herausforderungen und Probleme.[24] Sie entwickeln Abwassersysteme oder bauen in die Höhe, wenn es notwendig ist.

Grundsätzlich wird die Idee vom urbanen Leben trotz aller Probleme deshalb ein Erfolgsmodell. Wenn wir bedenken, dass der *Homo sapiens* seit rund 300 000 Jahren über die Erde wandelt, aber erst seit einigen tausend Jahren in Städten lebt, ist dies noch eine verhältnismäßig junge Idee. Aber Städte entstehen und verschwinden wieder, heute gibt es keine Metropole, deren Wurzeln bis in die Zeit der ersten Städte zurückreichen.[25] »Von diesen Städten wird bleiben: der durch sie hindurchging, der Wind!«, schrieb Bertolt Brecht passend in einem Gedicht.[26] Nur Jericho existiert heute noch.

Das bunte Leben in der Stadt damals dürfte auch auf die sozialen Interaktionen einen Einfluss haben. Hier treffen sich plötzlich Menschen, die sich in dörflichen Gemeinschaften mit ein paar wenigen Großfamilien niemals getroffen hätten. In der Stadt ist man nun nicht mehr nur von der eigenen Familie umgeben, sondern auch von Fremden. Da, wo fremde Menschen aufeinandertreffen, gibt es aber nicht nur Probleme, es entsteht auch ein fruchtbarer Nährboden für Neues. Die frühen Städter können einander zuhören, voneinander lernen, sie übernehmen Ideen und spinnen gemeinsam neue. Ausgerechnet in der Stadt erweitert sich der Horizont des Menschen. Gleichzeitig gibt die Stadt Sicherheit. Mächtige Mauern halten Feinde ab. Dazu entstehen nun Eliten, die die Führung der Gesellschaft übernehmen und irgendwann andere kontrollieren. Die größer werdenden sozialen Unterschiede zeigen sich auch in den Ruinen der Gebäude, die wir heute noch vorfinden. Wer den Ton angibt, lebt pompöser als der Rest. Auch das macht Städte wie Uruk aus und unterscheidet sie von kleineren Siedlungen.

Allerdings gibt es auch Schattenseiten bei der Verstädterung der Welt. Die Vielfalt der Nahrung nimmt ab, die Menschen ernähren sich teils einseitiger, weil sie weniger Zugang zu pflanzlichen Produkten haben als auf dem Land.[27] Schädlinge wie Ratten, Mäuse, Flöhe oder Läuse breiten sich aus. Seuchen haben leichteres Spiel, wenn Menschen eng zusammenleben. Die Pest, eine von Flöhen übertragene Infektionskrankheit, gelangt vorwiegend über Ratten zum Menschen. Sie wütet erst so richtig, als die ersten Städte auf der Welt errichtet sind. Zu frühen Epidemien, noch im 2. Jahrtausend v. Chr., kommt es im Alten Ägypten, aber auch in Vorderasien zur Zeit der Hethiter.[28] Noch vor Christi Geburt peinigt die Attische Seuche[29] die Großstadt Athen, der Erreger ist bis heute unbekannt. Erst jüngst ist auch die letzte Pandemie der Weltgeschichte, ausgelöst durch das Coronavirus, nach dem Stand der aktuellen Forschung von einer Großstadt in China aus um die Welt gegangen – so viel hat sich also gar nicht verändert. Das gilt auch für den Umgang mit dem Abfall, dieses Problem stinkt damals wohl schon mancherorts zum Himmel.[30] Die Tatsache, dass in New York erst im Sommer 2024[31] die Einführung von hierzulande stinknormalen Mülltonnen als Maßnahme gegen Ratten gefeiert wird, als hätte man gerade das Rad erfunden, zeigt: Noch heute kämpfen wir mit ziemlich archaischen Problemen.

Städte befeuern Religionen

Die Städte bieten aber auch einen fruchtbaren Nährboden für die Religion. Erst die Götter machen die Städte. An eine höhere Macht hat der Mensch sicher schon immer geglaubt. Vielleicht wähnt er sie damals irgendwo im endlosen Sternenhimmel. Er verehrt Sonne und Mond, schließlich sind die Gestirne nicht nur die Taktgeber für den Alltag, sondern auch die größte Konstante, die sich in seinem Leben Tag und Nacht darbietet.

In der Steinzeit finden wir naturgemäß nur wenige Belege für einen konkreten Glauben, für genaue Vorstellungen vom Kosmos oder von einem Jenseits. Lediglich Funde von frühen Bestattungen in der Altsteinzeit vor rund 100 000 Jahren deuten auf solche Vorstellungen hin.[32]

Früher neigten Archäologen manchmal dazu, Funde, die sie sich nicht erklären können, schnell in einen kultischen Zusammenhang zu rücken. Inzwischen sind sie vorsichtiger geworden, vielleicht auch, weil die Naturwissenschaften in der Altertumsforschung inzwischen stärker den Ton angeben und Spuren von Glauben nur schwer im Rasterelektronenmikroskop oder in DNA-Sequenzierautomaten zu finden sind.

Gleichwohl ergeben einige Monumente in einem religiösen Kontext Sinn. Da ist der berühmte Hügel von Göbekli Tepe[33] im Südosten der Türkei, den ein deutscher Archäologe ausgrub. Die Anlage mit einem Alter von etwa 11 000 bis 12 000 Jahren gilt als eine der ältesten bekannten Kultstätten der Menschheit. Vielleicht kommen hier in der Steinzeit Jäger und Sammler um beeindruckende T-förmige Steinpfeiler zusammen und halten inne, wenn sie auf die Reliefs von Tieren und stilisierten menschlichen Figuren blicken. Göbekli Tepe ist einer der vielleicht ersten Tempel der Menschheit, errichtet, noch bevor die Menschen in Siedlungen leben oder Landwirtschaft betreiben.

Auch woanders entstehen Kultstätten, etwa in Sachsen-Anhalt, unweit der Elbe beim Städtchen Barby. Dort legen die Menschen geheimnisvolle, kreisförmige Gräben und Zäune an. Das Ringheiligtum Pömmelte[34] spielt Ende des 3. Jahrtausends v. Chr. eine wichtige Rolle in den religiösen Praktiken der damaligen Menschen. Hier finden Archäologen später Relikte von Bestattungen, auch Gruben mit einzelnen Menschen- und Tierknochen sowie Schädel. Sind es Spuren von rituellen Handlungen, die heute niemand mehr kennt? Pömmelte wird vielleicht auch für Feste aufgesucht, wenn bestimmte astronomische Konstellationen am Himmel zu sehen sind. Zwei Zugänge sind so angelegt, dass sie mit den Auf- und Untergängen der Sonne zu bestimmten Jahreszeiten korrespondieren. Das kann natürlich Zufall sein, aber vielleicht wird die Anlage auch zur Beobachtung von Himmelserscheinungen genutzt. So genau weiß das niemand.

Pömmelte erinnert in seiner Anordnung an die sogenannten Henges, die etwa zeitgleich vor allem auf den Britischen Inseln entstehen. Die berühmteste dieser runden Anlagen ist Stonehenge in der englischen Grafschaft Wiltshire. Der Steinkreis von Stonehenge ist Versammlungsort, aber vielleicht auch ein gigantischer Sonnenkalender, der das Sonnenjahr schon auf 365 Tage misst.[35] Zeit, Kosmos, Handel und Spiritualität liegen hier wohl eng beieinander. Noch heute ist unser Kalender stark von religiösen Festen dominiert, die gleichzeitig auch eine riesige ökonomische Bedeutung haben – denken wir nur an Weihnachten.

In den Anfangstagen der Religion verehren die Menschen vor allem die Natur und deren Rhythmus. Bergen, auf denen die Steinzeitbewohner dem Himmel und seinen Gestirnen näher sind, werden vielleicht spirituelle Kräfte zugeschrieben. Das liegt auch nahe, schließlich ist es ihre Umwelt, die im täglichen Leben immer wieder über Leben und Tod, über Hunger oder Sättigung entscheidet. Aber vieles aus der Vorstellungswelt unserer damaligen Vorfahren wird für immer im Dunst der Vergangenheit verborgen bleiben – etwas von diesen Urerfahrungen ist aber vielleicht noch in alten Worten, Geschichten und Erinnerungen übriggeblieben.

Mit sesshaften Gesellschaften entstehen nicht nur komplexere soziale Strukturen, es kommt auch zu einem Wandel in den Glaubensvorstellungen der Menschen. Die neue Lebenswirklichkeit und die wachsende Kontrolle über die Umwelt durch die Landwirtschaft manifestieren sich in spirituellen Bedürfnissen. Nun werden Götter für unterschiedliche Bereiche des Alltags und der Umwelt benötigt, manche sind für Fruchtbarkeit zuständig, andere werden verehrt, weil sie für reiche Ernten sorgen sollen. Vielen dieser Götter werden menschliche Eigenschaften zugeschrieben.

In den ersten Städten Mesopotamiens erkennen wir eine umfangreiche Götterwelt,[36] oft mit einem Bezug zum Kosmos und seinen von der Erde aus damals erkennbaren Himmelskörpern. Da ist die Erdgöttin Uraš, Gemahlin von An, dem Stadtgott von Uruk. Dieser wird in der Keilschrift als Stern mit acht Strahlen dargestellt, der auch vor alle anderen Götternamen gesetzt wird. Auch gibt es »Herr Wind«, so die Übersetzung von Enlil, dem wichtigsten Gott bei den alten Sumerern. Er ist für die Luft und die Vegetation zuständig. Darüber hinaus gibt es einen Gott für die Sonne oder Nanna, den Mondgott; zusammen mit der Fruchtbarkeitsgöttin Inanna nehmen diese drei eine wichtige Stellung ein. In der Vorstellungswelt der Sumerer werden zunächst die Götter erschaffen, dann durch das Aussprechen von göttlichen Worten der Mensch. Das Wort erschafft.

In diesem mesopotamischen Schöpfungsmythos aus dem Gilgamesch-Epos finden wir Motive, die wir in vielen Mythen und Religionen entdecken: Reisen durch eine Totenwelt, Wiederauferstehung, eine Rückkehr ins Reich der Lebenden. Auch die Jahreszeit, der jährliche Rhythmus der Zeit, spiegelt sich in diesem Mythos wider. Dazu wächst nach der Vorstellungswelt der Sumerer am Beginn der Zeit ein Weltenbaum auf der Erde, der den Kosmos in drei Teile, Unterwelt, Erde und Himmel, trennt. Das Motiv findet sich auch in anderen Ursprungsmythen in der Neuen Welt wieder, etwa bei den alten Maya in Mittelamerika. Heute ist das Bild des Baumes nicht mehr so präsent, das Bild der Unterwelt schon.

Auch in anderen Mythen an Euphrat und Tigris wurzeln Motive, die uns heute bekannt vorkommen. Im Gilgamesch-Epos ist die Rede von einer großen Flut, die auf der Erde alles Leben vernichtet und vor der ein Gott einen sumerischen König warnt. Er rät ihm, ein Schiff zu bauen. Das erinnert stark an die Sintflut und Noahs Arche, die wir aus der Bibel kennen, genauso wie an eine Geschichte zur Vertreibung aus einem Paradies. Das ist kein Zufall, denn der Ursprung der Bibel liegt zweifellos in Mesopotamien. Sie fällt nicht vom Himmel, sondern wächst auf dem Boden des

Fruchtbaren Halbmondes und aus den Glaubenserfahrungen der Menschen dort – und setzt doch andere Akzente.

Der Einfluss der Religion spiegelt sich nun auch in der Architektur wider. In den Städten entstehen große Tempel, das zentrale Heiligtum von Uruk ist das Eanna,[37] das »Haus des Himmels«, in dem die Stadtgöttin Inanna verehrt wird. In der Stadt bauen die Menschen schon um 3000 v. Chr. einen Tempelkomplex mit Höfen und einem mächtigen terrassenförmigen Monumentalgebäude, einer sogenannten Zikkurat.[38] Solche Bauten entstehen auch in anderen Städten der Region, die berühmteste Zikkurat wird in Ur zu Ehren Nannas,[39] des Mondgotts, aufgetürmt. Es sind die Kathedralen der Vorzeit. Das dreistufige, 25 Meter hohe Gebäude, das inzwischen von Archäologen rekonstruiert wurde, ist damals wie heute von Weitem sichtbar. Auf der Spitze dieses mehr als 4000 Jahre alten Kolosses ist man dem Mondgott Nanna nahe – wie in der Geschichte vom Turmbau zu Babel beschrieben. Aber Götter sind hungrig. An dem Lehmziegelgebäude finden Altertumsforscher Inschriften, die von regelmäßigen Opfergaben zeugen – Tontafeln mit Quittungen für Lebensmittel wie Butter oder Öl. Die Speisen für Nanna werden in einer eigenen Küche zubereitet, Abend- sowie Morgenmahlzeiten.[40]

In den Tempeln leben Priester, die gleichzeitig auch das weltliche Leben beherrschen. Wenn es um Macht geht, geht es auch um den richtigen Draht zu den Göttern, um eine irdische Verbindung zum Spirituellen. In Ur werden die Könige im Süden des heiligen Bezirks bestattet, ein Privileg der Mächtigen. Die Gräber sind prunkvoll ausgestattet für das Leben nach dem Tod. Um die Herrscher findet man den umfangreichen persönlichen Besitz der Könige, manchmal müssen mit ihnen auch einige Gefolgsleute in den Tod gehen. Die weltlich sowie spirituell Mächtigen setzen sich offenbar immer mehr vom Großteil der Gesellschaft ab, und sie bestimmen, wie man zu leben, was man zu glauben und was zu denken hat. Auch das tun Eliten bis heute gerne: egal, ob sie links, rechts, libertär oder sogar anti-elitär sind und sich angeblich für das freie Denken einsetzen.

In den ersten schriftlichen Quellen erkennen wir, dass schnell ein Bewusstsein für das Leben als Stadtmensch aufkommt. Die ersten Städter wollen sich vom Landleben abgrenzen, sie wollen nicht unzivilisiert erscheinen, wahrscheinlich entwickeln sie einen gewissen Stolz auf die Größe der Stadtmauern, die Warenvielfalt auf den Märkten oder die kolossalen Tempelbauten. Auch das ist heute nicht anders. Als geborener Kölner weiß ich, dass man in meiner Heimatstadt oft stolzer auf seine Stadt, seinen Dom und seinen Fußballverein als auf sein Land ist, selbst wenn Stadt und Verein oft nur noch in der zweiten Liga spielen.

Religion findet in den Städten also einen fruchtbaren Nährboden. Sie sorgt für stabile soziale Strukturen, sie modelliert die Gesellschaft. Wer an der Macht ist, braucht eine gute Geschichte. Er muss begründen können, warum er und nicht andere an der Spitze stehen. Warum er bestimmt, wie das tägliche Leben abläuft und welche Regeln befolgt werden müssen. In Mesopotamien und auch anderswo finden die Herrschenden offenbar gute Erklärungen für ihre hegemoniale Stellung und dafür, warum die Hierarchie gottgegeben ist. Nach Ansicht einiger Forscher sind es nicht so sehr die Steine oder die Gebäude, die die ersten Städte prägen, es ist, wie wir bei den Sumerern gesehen haben, der Glaube[41] – und der Glaube wird zumindest zum Teil auch durch den Blick in den Kosmos inspiriert, wie die Himmelsgötter zeigen.

Ist Religion also nur ein Trick der Mächtigen? Opium des Volkes sozusagen? Das schiene mir allerdings arg verkürzt. Der Glaube hat eine Kraft, die auch jenseits von bestimmten Gesellschaftssystemen funktioniert. Der Glaube an göttliche Mächte wäre nicht so tief in Menschen verankert, wenn er nicht schon lange vor den großen Religionen ein wichtiger Teil unseres Menschseins gewesen wäre. Der Mensch ist einfach auch ein spirituelles Wesen.

Der Monotheismus hat in Mesopotamien aber noch keine

Chance. Die Entstehung von einzelnen Städten lässt den Glauben an einen einzigen Gott eher als unwahrscheinlich erscheinen. Die Menschen pflegen in ihren Städten jeweils eigene Kulte und Riten. Auch Stadtgründungen werden in den mythologischen Erzählungen häufiger mit göttlichen Wesen in Verbindung gebracht.[42]

Das Göttliche hat oft einen klaren Ortsbezug, das gilt für das Zweistromland genauso wie für andere Städte der Weltgeschichte, etwa das alte Rom. Wer regelmäßig in den heiligen Bezirk einer Stadt pilgert oder zu einem kleinen Altar um die Ecke, der hat für sich selbst einen gewissen Ritus gefunden, der Identität stiftet.

Babylon übertrumpft Uruk

Die Sumerer gelten als die erste Hochkultur der Menschheit. Nachdem sie im 23. Jahrhundert v. Chr. an Einfluss verlieren, beginnt die kurze Blütezeit der Akkadier. Ihre Hauptstadt Akkad, die irgendwo in Mesopotamien liegt, ist zwar bis heute nicht gefunden, aber den Akkadiern gelingt es offensichtlich, die Stadtstaaten zu einen und zu einem gemeinsamen Reich auszubauen. Wie im frühen Universum aus kleinen Galaxien große werden, so werden aus vielen kleinen Stadtstaaten große Reiche. Doch anders als Galaxien zerfallen sie auch wieder schnell. Nach nur rund 150 Jahren ist dieses erste große vorderasiatische Reich Geschichte, möglicherweise führt eine Änderung des Klimas zu häufigeren Dürrephasen und Missernten.[43] Nach einer kurzen Phase der Fremdherrschaft übernimmt in der Region schließlich eine andere Stadt die Vormachtstellung: Babylon. Und sie bringt einige Entwicklungen hervor, die selbst heute noch modern erscheinen.

Unter König Hammurapi entsteht im 18. Jahrhundert v. Chr. ein Rechtscodex mit hunderten Paragrafen, die etliche Aspekte des täglichen Lebens regeln und öffentlich aufgestellt werden. Hier können die Bürger

1800 v. Chr.
Rechtscodex des König Hammurapi

nachlesen, sofern sie dazu in der Lage sind, welche Entscheidungen Rechtsgelehrte in Streitfragen bisher gefällt haben.

Die Babylonier profitieren von den Sumerern, sie drücken den alten Städten ihren Stempel auf, übernehmen die Keilschrift oder andere kulturelle Errungenschaften ihrer Vorgänger in Mesopotamien. Sie erweitern auch das Wissen, vor allem im astronomischen und mathematischen Bereich. Aus Babylon und Uruk sind Schrifttafeln mit Daten für astronomische Berechnungen von Mond und Planeten überliefert.[44] Der babylonische König Ammi-saduqa lässt die Venus beobachten, seine Tafeln gelten als die ältesten Schriftdokumente zur Beobachtung von Planeten.[45] Und erstmals können wir nachvollziehen, dass die Menschen etwas später mit Mathematik versucht haben, den Lauf von Sternen und Planeten zu verfolgen.[46] Damals beobachten ganze Teams von Priesterastronomen den Himmel, sie drücken Tausende Keilschrifttafeln mit astronomischen Daten voll – und das aus religiösen Gründen. Das Universum wird in ihrer Vorstellung von Göttern gesteuert. Durch Gesetzmäßigkeiten, die sich aus der Himmelsbeobachtung ergeben, lassen sich die Götter vielleicht in die Karten schauen, so wohl die damals verbreitete Vorstellung. Je genauer die Zyklen der Planeten oder von Sonne und Mond berechnet und vorhergesagt werden können, desto besser können die Priester in die Zukunft sehen. Im Grunde ist diese Sterndeuterei zusammen mit der Einführung der zwölf Tierkreiszeichen[47] die Geburtsstunde der Astrologie. Nach unseren modernen Maßstäben ist sie eine Pseudowissenschaft – nicht, weil sie die Bahnen der Planeten falsch berechnen würde, sondern weil sie behauptet, aus dem Lauf der Planeten den Willen der Götter und das Schicksal selbst vorhersehen zu können. Das funktioniert leider so nicht.

Aber ohne Astrologie wäre wohl auch die Astronomie nie so früh so weit entwickelt worden. Lange sind Astrologie und Astronomie eng miteinander verwoben. Selbst Astronomen wie Johannes Kepler oder Galileo Galilei, die in der Renaissance unser Weltbild verändern, schreiben noch Horoskope für die Reichen und Mächtigen, um sich etwas hinzuzuverdienen und die Gunst ihrer Gönner zu erhalten.[48] Zum Glück muss ich das heute nicht mehr tun.

Durch die Schrift können die Menschen ihre astronomischen Daten bewahren und auch zukünftigen Generationen ihr Wissen vererben. In gewisser Weise ist das der Beginn wissenschaftlichen Archivierens und Publizierens.

Den Babyloniern verdanken wir außerdem grundlegende Errungenschaften, die bis heute Bestand haben. Sie rechnen mit einem Zahlensystem, das auf der Zahl 60 beruht – einer der Gründe, warum unsere Stunde 60 und nicht 100 Minuten hat. Sechzig sind fünf mal zwölf – ein Dutzend. So viele Dutzend kann man mit den Fingern einer Hand abzählen. Die Zwölf steht für die Monate im Jahr. Entsprechend teilen sie den Tag in 24 Stunden ein – zwölf Stunden für den Tag und zwölf Stunden für die Nacht. Den administrativen Monat selber runden sie auf 30 Tage. Zwölf mal dreißig Tage ergibt 360 Tage. Danach wiederholt sich der Jahreszyklus. So bekommt der Kreis eine Einteilung in 360 Grad – genau so kennen wir es heute noch.[49]

In besonderen Schaltjahren fügen Babylons Astronomen einen weiteren Monat hinzu. Die Namen der Monate aus dem mesopotamischen Reich finden sich noch leicht verändert heute im jüdischen Kalender wieder, ebenfalls ein Lunisolarkalender.[50]

Das Alte Ägypten – von Klimaflüchtlingen zum Pharaonenstaat

Während um Euphrat und Tigris die frühen Kulturen Mesopotamiens erblühen, entwickelt sich auch am Nil in Afrika nach und nach eine Kultur, deren Bauten bis heute einzigartig sind. Kein

Reich hat länger Bestand als das der gottgleichen Herrscher am Nil und ihrer Dynastien.[51] Rund 3000 Jahre lang bestimmten mindestens 170 Pharaonen, je nach Zählweise und Quellenlage auch viel mehr, das Leben im Nordosten des afrikanischen Kontinents. Noch heute ist es ein besonderes Gefühl, in das Angesicht von Nofretete oder Tutanchamun, des wohl berühmtesten aller Pharaonen, zu schauen. Es sind Gesichter wie heute, als wären sie noch lebendig, obwohl die Menschen seit Tausenden Jahren tot sind.

Der Geburtsmythos des jüdischen Staates mit dem Auszug Moses und der Israeliten aus Ägypten hat hier seine Wurzeln; die Genesis endet in der Tora mit der Joseph-Geschichte – dem Aufstieg eines verstoßenen Juden im ägyptischen Großreich und der Migration jüdischer Stämme dorthin. Erfahrungen aus dem Alten Ägypten haben also zumindest über den Umweg über die Bibel auch europäische Denkweisen mit beeinflusst.

Die Geschichte der Hochkultur am Nil beginnt mal wieder mit dem Klima. Die frühen Ägypter kommen ursprünglich aus der Wüste an den längsten Fluss der Welt. Sie sind im Grunde Klimaflüchtlinge aus der Steinzeit, die sich nach dem Ende der Eiszeit vor der sich ausbreitenden Sahara an den Nil retten.[52] Im Niltal werden aus den Jägern und Sammlern nach und nach Bauern, Fischer und Viehzüchter, die in dörflichen Gemeinschaften leben. Den Rhythmus des Lebens geben der Nil und seine jährlichen Überschwemmungen vor. Als diese meterhohen Fluten aufgrund von Kanälen und Dämmen kontrolliert werden können, entsteht dauerhaft fruchtbares Ackerland. Wie wichtig der Fluss für das Leben der Menschen ist, zeigt sich bis heute an seinen Ufern. Der Nil ist die Lebensader in Ägypten. Um seinen Lauf zieht sich ein fruchtbares Band aus saftigem Grün, gut sichtbar sogar aus dem Weltall.[53] An den Rändern dieses grünen Streifens nagt die Wüste. Aber solange im Nil Wasser fließt, kann er die karge Landschaft zurückhalten.

Im Niltal nimmt die Bevölkerung ab 4000 v. Chr. zu, Technik und Handwerk erleben einen Aufschwung, zu dieser Zeit wird bereits Kupfer verarbeitet. Die ersten Städte entstehen, in Naqada und Nechen, das die Griechen später Hierakonpolis nennen. Dort schützen schon Stadtmauern die Bewohner vor Feinden. Aber erst vor mehr als 5000 Jahren entsteht das erste altägyptische Großreich mit der Hauptstadt Memphis, das durch das ägyptische Niltal bis zum Mittelmeer reicht.[54] Dort entwickelt sich ein Staatssystem, das in seiner Komplexität heraussticht. An der Spitze herrscht ein König, offiziell erst ab dem Neuen Reich (etwa 1550–1070 v. Chr.) heißt er Pharao. Er ist unantastbar, ein absoluter Monarch, der alle Gesetze erlässt. Und er ist nicht nur ein weltlicher Herrscher, sondern auch ein göttliches Wesen, der Pharao gilt insbesondere als Verkörperung des Gottes Horus.[55] Zu seinen Aufgaben gehört die Vermittlung zwischen Göttern und Menschen. Damit ist er auch verantwortlich für die Aufrechterhaltung der kosmischen Ordnung. Der Mensch schickt sich an, den Kosmos zu beherrschen – zumindest gedanklich.

3000 v. Chr.
Erstes Großreich aus Ober- und Unterägypten

In der Einhaltung der weltlichen Ordnung sind die Ägypter besonders gut, sie haben die Bürokratie, wie wir sie heute kennen und fürchten, perfektioniert. Ähnliche Errungenschaften gab es bereits in Mesopotamien. Dabei ist die Hieroglyphenschrift, ein komplexes System aus Hunderten Bildern und Zeichen, ein nützliches Werkzeug. Unterhalb des Pharaos steht ein komplizierter Verwaltungsapparat aus Priestern, Ministern, Wesiren, Generälen, Schreibern und Beamten, der hinabreicht bis auf lokale Ebenen. Allein die Liste der möglichen Titel, darunter solche wie »Oberster Vorlesepriester« oder »Vorsteher des Doppelschatzhauses«, klingt nach Regulierung für alle möglichen Bereiche des Lebens.[56] Vermutlich geht es ähnlich zu wie heute bei uns, wenn jemand seine Steuererklärung machen muss oder Kindergeld beantragen will.

Die größten Grabsteine aller Zeiten

Welche Macht die Pharaonen besitzen, zeigt sich nicht zuletzt in den gigantischen Pyramiden, die als Grabstätten errichtet werden. Keine Kultur der Weltgeschichte pflegt einen derart aufwendigen Totenkult wie die alten Ägypter. Der Gedanke an den Tod lässt den Menschen einfach nicht mehr los. Heute zahlen manche Superreiche, die wohl keine Jenseitshoffnung mehr haben, Unsummen, um ihr Leben mithilfe angeblich wissenschaftlicher Wundermittel zu verlängern.[57] Unter dem Stichwort *Longevity* beschäftigt sich inzwischen eine ganze Industrie mit lebensverlängernden Maßnahmen – hinter das große Geheimnis des Lebens ist sie noch nicht gekommen.

Dabei ist die Pyramide nicht mal eine rein ägyptische Idee. Solche Bauten entwickeln sich in unterschiedlichen Formen unabhängig voneinander in verschiedenen Weltregionen. In Afrika genauso wie in Mittelamerika oder in China,[58] wo die berühmte Terrakotta-Armee in einer frühchinesischen Grabanlage aufgestellt wird. Die Entwicklung der Pyramide vollzieht sich am Nil in unterschiedlichen Stufen. Zunächst werden wichtige Menschen in einfachen Grabplattformen bestattet, die irgendwann immer höher aufgetürmt werden. So entsteht eine Stufenpyramide, die erste dieser Art findet sich noch heute südlich von Kairo in der Nekropole Sakkara. In der flachen Region kommt sofort das Gefühl auf, mitten in der Wüste zu sein. Ebenfalls auf der westlichen Nilseite, ein paar Kilometer weiter Richtung Norden, türmen sich bereits vor 4500 Jahren schließlich Bauten für die Ewigkeit auf, die Pyramiden von Gizeh. Die größte ragt fast 150 Meter hoch in den Himmel. Wer heute in ihre Grabkammer, die für den namensgebenden König Cheops gebaut wurde, klettern will, muss nicht nur an den zahlreichen ausgesprochen tüchtigen Souvenirhändlern vorbei, man muss auch durch einen engen Gang klettern, vorbei an Hundertausende Tonnen schweren Steinblöcken, sodass auch nur der leiseste Anflug von Klaustrophobie zu Panikattacken führt.

Auch wenn bis heute unklar ist, wie die Pyramiden genau entstanden sind – der Aufwand für ein so einzigartiges Grabmal ist auf alle Fälle gigantisch. Noch heute würde so ein Projekt den Ingenieuren einiges Kopfzerbrechen bereiten. Zum Glück für die altägyptischen Baumeister ändert sich der Totenkult. Die Ägypter gehen später dazu über, ihre Herrscher in unterirdischen Gräbern, in Nekropolen, zu begraben. Die bekannteste ist das Tal der Könige unweit von Theben, wo auch das Grab von Tutanchamun liegt – der vielleicht größte archäologische Fund aller Zeiten. Die Mumifizierung des Toten und das außergewöhnlich reich ausgestattete Grab mit Tausenden Gegenständen,[59] viele davon extra für das Begräbnis angefertigt, zeugen von sehr genauen Jenseitsvorstellungen und dem Glauben an das Leben nach dem Tod.

Diese Vorstellungen und eine enge Verbindung von Diesseits und Jenseits sind in Ägypten allgegenwärtig. Neben den Pyramiden von Gizeh werden riesige Boote vergraben, damit der tote Herrscher zusammen mit dem Sonnengott über den Himmel segeln kann. Das wäre in etwa so, als wenn man bei den Begräbnissen der britischen Royals unweit eine vollständig segelfähige 25-Meter-Luxusyacht im Erdreich versenken würde.

Im Alten Ägypten ist diese Vorstellung normal. Wie auch in Mesopotamien verehren die Ägypter Hunderte Götter.[60] Die Menschen glauben an eine göttliche Ordnung in allen Aspekten des Lebens. Einige Götter sind für elementare Bereiche zuständig, wie der Sonnengott Re, der Totengott Osiris oder die Himmelsgöttin Nut, die überall im Reich angebetet werden. Solche elementaren Götter bilden eine Art Staatsreligion, dafür werden in Luxor oder Abu Simbel riesige Tempel erbaut. Aber daneben verehren die Menschen immer auch regionalere Götter, die für ihren Beruf oder das alltägliche Leben eine wichtige Rolle spielen.

In der Vorstellung der alten Ägypter leben die Götter vor allem im Kosmos. Nicht nur deshalb müssen die Menschen oft zum Himmel blicken. Die jährlichen Nilschwemmen haben ihre Vorboten am jährlich wiederkehrenden Nachthimmel und sind existentiell. Sie geben den Rhythmus der Landwirtschaft vor, der Fluss verkörpert in der Mythologie einen ewigen Kreislauf von Leben und Tod, von Wiedergeburt und Vergänglichkeit.

Aber die Zähmung der Zeit ist auch aus ganz praktischen Gründen wichtig, dafür müssen astronomische Hinweise wie der Lauf von Sonne und Mond und die Stellung der Gestirne beobachtet und ihr Takt begriffen werden. Es gibt also auch schon so etwas wie wissenschaftliches Denken, nicht nur in der Astronomie, sondern auch in der Medizin oder der Mathematik.

Auch das Weltbild der Ägypter ist ohne kosmische Dimensionen nicht greifbar. Ihre Vorstellungen sind typisch für die Antike, sie halten die Welt für eine große Scheibe, in deren Mitte das Land vom Nil geteilt wird, dem großen Lebensspender ihrer Kultur. Die Scheibe stellt die Oberwelt dar, sie trägt auf vier riesigen Säulen das Himmelsgewölbe, das ist der Körper der Göttin Nut. Bei ihrer Darstellung vermuten Forscher das Abbild der Milchstraße entdeckt zu haben.[61] Unter der Oberwelt liegt die Unterwelt Duat, das Reich von Osiris und Anubis, Gott des Totenkults. Mit Osiris ist das Sternenbild Orion verknüpft. Auch ein himmlischer Nil-Fluss sorgt für den Rhythmus des Lebens, auf ihm wandelt am Tag die Sonne und in der Nacht die Sterne. Hier folgt die Mythologie vielleicht realen Beobachtungen: Auch Sonne, Mond und alle Planeten ziehen in etwa auf einer bestimmten, scheinbaren Bahn am Himmel entlang, der Ekliptik – ihre Orientierung wird durch die Geburtsstaubscheibe unseres Sonnensystems vorgegeben, in der alle Planeten entstanden sind.

Anders als die Bibel mit den zwei verbundenen Schöpfungsmythen[62] in der Genesis kennt die altägyptische Religion ganz verschiedene Ursprungserzählungen. Das liegt an den verschiedenen Städten und Kultzentren, die am Nil im Laufe der Zeit Bedeutung erlangen.[63] Die wohl älteste stammt aus Heliopolis, einem Ort, der schon vor der Zeit der großen Könige besteht. Nach der Erzählung aus der »Sonnenstadt«, so die altgriechische Übersetzung, ist der Sonnengott Atum der Urschöpfer, der einst einem Urmeer entsteigt und alles weitere Leben erschafft, auch das der Götter. Das Bild des Urmeeres findet sich dann auch am Beginn der Genesis.

Die altägyptische Gesellschaft wäre ohne ihre spirituellen Vorstellungen vom Kosmos nicht vorstellbar. Nur der Glaube an eine höhere Macht, an den Lauf der Sonne und den gottgleichen König ermöglicht eine so komplexe und hierarchische Weltordnung. Die bekommt im Lauf der Zeit hin und wieder Risse, Ägypten durchlebt immer wieder schwere Krisen. Vor 4200 Jahren[64] bricht über Dekaden eine Hungersnot aus, der Nil führt schon länger wenig Wasser. Das sogenannte 4,2-Kilojahr-Ereignis löst wohl in Mesopotamien den Zusammenbruch der akkadischen Kultur aus.[65] Selbst in den weit entfernten Städten am Indus leiden die Menschen darunter, dort werden einige Siedlungen nach Südosten verlegt. Was der Auslöser dieser Klimakatastrophe ist und ob es sich wirklich um ein einziges globales Ereignis handelt oder vielleicht um mehrere regionale Anomalien, ist bis heute umstritten.[66] Für große Zivilisationen, die viele Menschen ernähren müssen, ist beides ein Problem.

Das sich wandelnde Klima kann einzelne Zivilisationen groß machen und sie wieder zerstören. Auch im 12. Jahrhundert v. Chr. steigen in Ägypten die Getreidepreise, Nahrungsmittel werden knapper. Es kommt 1159 v. Chr. sogar zu Arbeitsverweigerungen bei den privilegierten königlichen Handwerkern in Theben – der erste dokumentierte Streik der Weltgeschichte.[67] Gewerkschaften sollten dieses Ereignis also neben dem 1. Mai endlich einmal in ihren Festkalender aufnehmen.

Im letzten Jahrtausend vor Christus verlieren die Pharaonen endgültig an Einfluss. Spannungen zwischen der weltlichen und der religiösen Macht sind die Folge, das Ansehen als göttliche Herrscher schwindet. Zudem ist das fruchtbare Land am Nil auch für andere begehrenswert. In der Spätzeit des Reiches, in den letzten Jahrhunderten vor Christi Geburt, greifen in Ägypten fremde Herrscher nach der Macht, das Land erlebt eine unruhige Zeit. Persische Truppen drängen ins Land und zerstören Theben. Aber die Besatzermacht hält sich keine 200 Jahre. Denn als bei Issos 333 v. Chr. die »große Keilerei«, wie es in einem bekannten Merkspruch heißt, stattfindet, fällt Ägypten mit der Niederlage der Perser an einen neuen Herrn: Sein Name ist Alexander der Große, er leitet am Nil die ptolemäische Zeit ein. Der letzte Pharao und ptolemäische Herrscher ist schließlich eine Frau, was im Alten Ägypten nicht ungewöhnlich aber doch selten ist. Es ist Kleopatra. Ihr Leben und ihr Ende sind legendär. Die gewiefte Machtpolitikerin zieht im Römischen Bürgerkrieg gegen den späteren Kaiser Augustus letztlich den Kürzeren und nimmt sich das Leben, anschließend wird das Land am Nil eine römische Provinz.

Die Wiege des europäischen Denkens – das antike Griechenland

Der Eroberer Ägyptens, Alexander der Große, stammt aus Griechenland, das ist weit weg vom Nil. Diese Region prägt unser Leben und vor allem unser Denken bis heute. Das antike Griechenland tritt mit den militärischen Eroberungszügen des Mannes aus Makedonien, einen einst eher unbedeutenden Kleinstaat im Norden Griechenlands, in besonderem Maße auf die Karte der Weltgeschichte. Seine Eroberungszüge machen Alexander zur Legende und die hellenische Lebensweise in weiten Teilen der damals bekannten Welt bekannt und beliebt.[68]

356–323 v. Chr. Alexander der Große

Es sind auch solche Heldenerzählungen, die den Menschen und

seine Geschichte ausmachen. Das Wort macht uns zum Menschen und unterscheidet uns von den Tieren. Und das Wort ist es auch, das in Griechenland eine entscheidende Rolle spielt und Ideen transportiert. Griechische Redner, Dichter, Wissenschaftler und Philosophen wirken noch bis in die Gegenwart nach.

Im südlichen Griechenland entsteht – nach der bereits erwähnten minoischen Kultur – in der Bronzezeit vor rund 3500 Jahren eine weitere frühe Hochkultur, diesmal um den Ort Mykene. Es ist ein Geflecht aus verschiedenen kleinen Stadtstaaten, mehr als ein Dutzend. Im Zentrum dieser Orte liegt meist ein Palast oder eine Burg. Das bergige Terrain in Griechenland mit fruchtbaren Ebenen ist prädestiniert, um solche Kleinstaaten wachsen zu lassen. Die Mykener treiben Handel im Mittelmeerraum, und ihre Waren gelangen in viele Regionen. Ihre Kultur ist stark von den Minoern auf Kreta beeinflusst, sie übernehmen nicht nur die Freskotechnik von dort,[69] mit der die mykenischen Palastwände denen von Knossos ähneln. Auch ihre Schrift, die weiterentwickelt wird, stammt ursprünglich von den Minoern. Fachleute haben ihr den etwas sperrigen Namen Linear B gegeben,[70] sie ist seit den 50er-Jahren des 20. Jahrhunderts entziffert.

Im Gegensatz zu den Minoern weiß die Forschung auch, mit welcher Sprache die Mykener miteinander kommunizierten, es war eine Frühform des Griechischen. Die Mykener sind nicht nur Kaufleute, ihre Könige sind mächtige Krieger, die furchteinflößende Helme aus Eberzähnen tragen und mit Streitwagen fahren, gewissermaßen eine Frühform des Schützenpanzers. Diese Männer sind wohl derart beeindruckende Gestalten, dass ihr Ruhm noch lange nach dem Niedergang der mykenischen Kultur nachhallt. Mythische Figuren wie König Agamemnon, sein Bruder Menelaos, König von Sparta, und seine schöne Frau Helena oder der beinahe unverwundbare Achilles finden als Helden Einzug in die Geschichten von Homer, dem großen Dichter. Seine Werke entstehen wenige Jahrhunderte später im antiken Griechenland.

Der historische Wert von Epen wie der *Ilias* oder der *Odyssee* ist zwar umstritten, doch reflektieren die Texte durchaus die gesellschaftliche Lage der damaligen Zeit.[71] Und sie sind bis heute beliebt, demnächst soll mal wieder eine Hollywood-Version mit Starbesetzung als »mythisches Action-Epos« in die Kinos kommen.[72] Homer hätte sich wohl gewundert, was aus seinem Werk so alles geworden ist. Von den Tantiemen hätte er sich ein Luxusleben gönnen können.

Es sieht allerdings nicht danach aus, als hätte König Agamemnon tatsächlich existiert, auch wenn Heinrich Schliemann, der berühmte Entdeckter des bronzezeitlichen Troja, eine goldene mykenische Maske Agamemnon zuschreibt. Dennoch spiegelt sich der Ruhm der damaligen Herrscher in den Königsgräbern wider. Sie sind mit Gold teils geradezu überladen.

Doch der Reichtum währt nicht ewig. Bevor die Phase des klassischen Griechenlands beginnt, geht die mykenische Kultur zu Beginn des 12. Jahrhunderts v. Chr. unter. Ob innere Krisen oder feindliche Angriffe zur Plünderung von Palästen oder verlassenen Städten führen, ist unklar.[73] Nach ein paar *Dark Ages*, dunklen Jahrhunderten, aus denen kaum etwas bekannt ist, erblüht in Griechenland ab dem 8. Jahrhundert v. Chr. eine neue Gesellschaft. Wieder entstehen kleine Stadtstaaten, auf dem Festland genauso wie in der griechischen Inselwelt. Später, als die Bevölkerung wächst und der Handel gedeiht, werden im Mittelmeerraum und auch am Schwarzen Meer Kolonien gegründet. Der Expansionsdrang des Menschen scheint universell zu sein.

In diesen Städten entwickeln die Bürger gesellschaftliche und politische Ideen, die uns heute noch sehr fortschrittlich vorkommen. Das zeigt schon der Begriff für die Städte, *Polis*. Davon leitet sich unser heutiges Wort »Politik« ab. Zu den bekanntesten Städten gehören Athen, Sparta, Theben und Korinth. Obwohl sich diese Städte aufgrund der geografischen Besonderheiten in der hügeligen, von Küsten dominierten Landschaft jeweils recht unabhängig voneinander entwickeln und einige miteinander in Konkurrenz stehen oder sich bekriegen, verbindet sie eine gemeinsame Sprache und eine gemeinsame Kultur. Mit der Zeit stechen vor allem zwei Städte heraus: Athen, das geistige Zentrum, und Sparta, das vor allem durch militärische Leistungen auffällt. Hirn tritt gegen Muskeln an, könnte man sagen.

In den Städten bauen die Menschen urbane Zentren, mit einer zentralen Wehranlage, der Akropolis. Die Reste der bekanntesten dieser Hügelanlagen, in denen mit der Zeit auch die wichtigsten Heiligtümer Platz finden, ziehen in Athen heute immer noch unzählige Touristen an. Noch wichtiger ist: Die Griechen legen Plätze an, auf denen sich Menschen treffen, Geschichten erzählen, miteinander diskutieren, Feste feiern oder Handel treiben, die *Agora* – ein soziales Medium mitten in der Stadt, aber analog und von Angesicht zu Angesicht. In Athen wird dieser Platz ständig erneuert und erweitert, eine Seite wird von einer von Kolonnaden umgebenen Markthalle, der Stoa des Attalos, gesäumt.[74] Auf diesen Plätzen werden nicht nur neue Ideen geschmiedet, sie fördern auch eine gemeinsame Identität. Homer jedenfalls hält eine Stadt ohne Agora für eine, in der Gesetzlosigkeit herrschen müsse.[75] Heute sind die digitalen Agoras in den Händen reicher amerikanischer oder chinesischer Oligarchen, deren Algorithmen bestimmen, wer was zu sagen hat und wer nicht. Je größer das Geschrei, desto größer die Aufmerksamkeit.

Unbestritten ist, dass im Griechenland der damaligen Zeit dem Miteinander-Reden und dem Denken eine besondere Stellung eingeräumt wird. Es ist die Geburtsstunde der Philosophie, die berühmte Gelehrte hervorbringt wie Sokrates, Platon oder dessen Schüler Aristoteles, der für unser Weltbild eine wichtige Rolle spielt. Sie machen sich grundlegende Gedanken zum Kosmos und zum Ursprung der Erde, der Rolle des Menschen darin und zu vielem mehr. Und sie erweitern, aus heutiger Sicht. den Begriff der Wissenschaft. Platon denkt darüber nach, wie der Mensch gesichertes Wissen erlangen kann, das sich von bloßer Meinung unterscheidet. Ein Thema, das heute aktueller ist denn je.

Die Philosophen machen sich auch Gedanken über das Staatswesen.[76] In Athen entsteht unter dem Eindruck von sozialen Spannungen aufgrund der wachsenden Bevölkerung eine revolutionäre neue Idee – vielleicht ist es auch nur eine Wiederentdeckung: Was wäre, wenn in der Stadt nicht nur einige Adelsfamilien die Macht innehaben würden, sondern alle freien Bürger an wichtigen Entscheidungen beteiligt wären? Aus dem Gedanken, dessen Grundzüge schon Aristoteles formuliert,[77] wird im Laufe der Zeit Realität. Eine Volksversammlung von einigen zehntausend Bürgern stimmt im 5. Jahrhundert v. Chr. über wichtige Entscheidungen und Ämter mehrheitlich ab.

5. Jh. v. Chr.
Demokratie in Griechenland

In Athen wurden sogenannte *Ostraka* gefunden, bekritzelte Tonscherben,[78] die für Abstimmungen benutzt wurden. Darauf sind Namen von bekannten Staatsmännern wie Perikles geritzt – die Demokratie ist erfunden! Das Wort leitet sich von *demos* (Volk) und *krátos* (Macht, Herrschaft) ab. Aber ganz so fortschrittlich, wie wir es heute manchmal glauben, sind die Griechen nicht. Frauen, Sklaven und sogenannte Metöken, fremde Einwohner der Stadt, dürfen sich nicht an den Abstimmungen beteiligen. Am Ende bestimmt auch nur eine Minderheit der rund 200 000 Einwohner[79] über die Geschicke der Stadt, denn nach Schätzungen hat nur rund ein Viertel von ihnen den Status als freie Bürger. Die Männerrunde ist also ein ziemlich exklusiver Club. Und sie stimmt auch nur über größere Fragen ab, den politischen Alltag und die Verwaltung dominiert weiter der Adel.

Dennoch ist die attische Demokratie mit dem Prinzip der Volksherrschaft eine Regierungsform, die funktioniert und bis heute nachwirkt. Vielleicht ist es ja auch nur eine Rückbesinnung auf alte Zeiten, auf die Frühgeschichte der Menschheit, wo es noch keine Könige und Adligen gab. Aber echte Demokratien sind fragil und in der Weltgeschichte eher ein seltenes Privileg. Auch im wahren Ursprungsort der Demokratie,[80] in Athen, besteht sie nur eineinhalb Jahrhunderte. Der gewaltsame Einfluss der Makedonen verhindert eine längere Blütezeit. Unter Alexander dem Großen ist es gänzlich vorbei mit der Volksherrschaft, er etabliert eine Oligarchie.[81] Und Alexander wird angetrieben von dem starken Willen, sein Reich zu erweitern und es so groß zu machen, wie es in der Antike bis dahin ohne Beispiel ist. Der Feldherr bricht mit seinen Truppen und der makedonischen Phalanx, einer ausgeklügelten militärischen Infanterieformation, zu legendären Feldzügen auf, mit denen er einen Großteil der damals bekannten Welt[82] einnimmt, von Ägypten bis Indien. So verbreitet sich griechische Kultur bis nach Südasien – man spricht in diesem Zusammenhang vom Hellenismus. Er ist geprägt von Werten, die uns bis heute nahestehen. Die Leistungen der Griechen in den Bereichen Bildung, Wissenschaft, Philosophie, Architektur und Kunst sind bahnbrechend. Im Grunde erfinden sie mit den Olympischen Spielen auch den Sport. Sie liefern eine Definition von Kultur, so wie wir sie heute verstehen und wie sie seit dem Zeitalter der Aufklärung wieder in den Fokus gerückt ist.

Von Weltbildern und Wissenschaftlern

Sogar in den kolonisierten Gebieten werden die hellenistischen Errungenschaften adaptiert. Griechische Bildhauerei und die Gestaltung von feiner Keramik setzen neue Maßstäbe in der realistischen Darstellung des menschlichen Körpers. Diese künstlerische Tradition steht selbst in den abgelegenen Außenposten der Kolonien, zum Beispiel im heutigen Afghanistan, in hohem Ansehen. In der Stadt Ai Khanoum[83] im Nordosten des Landes, wie viele andere Städte im Zuge von Alexanders Feldzug gegründet, gibt es zahlreiche griechische Statuen und Kunstgegenstände, deren Stilistik sich für den Laien kaum von derjenigen auf dem griechischen Festland unterscheidet. Der Ort ist kurz nach dem Tod von Alexander organisiert wie eine griechische Polis – mit einem Theater und einem Gymnasion, in dem junge Männer zu Erwachsenen reifen und für den Militärdienst trainieren sollen. Der Begriff *Gymnasion* steht später Pate für eine in Deutschland verbreitete Schulform und für die überdachte Sportanlage in der englischen Sprache.

Der Hellenismus setzt das Fundament für die westliche Zivilisation. Es entstehen umfangreiche Bibliotheken, die das Wissen der damaligen Zeit speichern. Die Bibliothek von Pergamon, die um 200 v. Chr. im heutigen Bergama in der Türkei gegründet wird, besitzt wohl bis zu 200 000 Schriftrollen. Noch bedeutender ist die Bibliothek von Alexandria in Ägypten, die bis heute geradezu mythisch verehrt wird, obwohl über sie recht wenig gesichertes Wissen besteht. Auch moderne Wissenschaftler brauchen anscheinend ihre mythischen Geschichten. Solche Bibliotheken sind damals Teil einer kulturpolitischen Strategie und dienen auch repräsentativen Zwecken.[84]

Die Leistungen der griechischen Wissenschaft sind beindruckend. Griechische Gelehrte leisten bedeutende Beiträge zu Mathematik, Astronomie und Medizin. Pythagoras, Euklid und Archimedes sind noch heute gefeierte und gefürchtete Namen im Mathematik- und Physikunterricht. Bereits im 6. Jahrhundert v. Chr. gelangt Pythagoras[85] zu der Einsicht, dass die Erde eine Kugel ist. Und der Universalgelehrte Eratosthenes von Kyrene berechnet bereits zur Blütezeit der hellenistischen Wissenschaft den Erdumfang, indem er in Ägypten in zwei voneinander weit entfernten Städten die Schattenwinkel misst.[86] Andere beobachten, dass der Mond nicht von selbst leuchtet, sondern nur das Sonnenlicht reflektiert.[87] Viele Leistungen von griechischen Astronomen bauen auf den Messungen der Babylonier auf, und sie erweitern diese. Der Gelehrte Thales von Milet soll bereits auf Studienreise in Mesopotamien und Ägypten gewesen sein. Womöglich gelang ihm sogar die Vorhersage einer Sonnenfinsternis im Jahr 585 v. Chr.

Solches Wissen existiert parallel zum damaligen weit verbreiteten mythologischen Weltbild. Die Griechen glauben an den typischen Aufbau des Kosmos der Antike, mit Ober- und Unterwelt, in dem eine umfangreiche Götterschar den Lauf der Dinge bestimmt, die uns bekannt vorkommt. Schon in der *Ilias* beschreibt Homer, wie der Sonnengott Helios am Morgen aus dem Weltmeer aufsteigt, seine Bahn über den Himmel zieht und abends wieder in den Fluten versinkt. Auch die Mondgöttin Selene folgt diesem Kreislauf. Dazu eröffnet sich in Griechenland ein ganzer Kosmos von Göttern und Helden. Es sind Geschichten von mythischen Königen, Ungeheuern und magischen Gegenständen, wie der Büchse der Pandora oder einem goldenen Widderfell, die geradezu märchenhaft erscheinen. Vielleicht ist das einer der Gründe, warum sie bis heute so beliebt sind und immer noch unzählige Menschen in solchen mythischen Fantasy-Welten leben.

Von diesem mythologischen Weltbild gehen wahrscheinlich auch die damaligen griechischen Wissenschaftler und Denker aus. Aber irgendwann muss ihnen gedämmert haben, dass die Erde nicht eine riesige Insel sein kann, die im Urmeer schwimmt. Nachdem die Kugelform bekannt war, entwickelt sich in der griechischen Wissenschaft das geozentrische Weltbild,[88] das für lange Zeit das bestimmende ist. Darin steht die Erde im Zentrum des Kosmos und wird von Sonne, Mond und den fünf damals bekannten Planeten auf Himmelssphären umkreist – kugelförmige und durchsichtige Schichten, die die Erde wie Matrjoschka-Puppen umgeben. In der äußeren dieser Kugelschalen liegen die Fixsterne.

Vor allem Aristoteles entwickelt eine derartige Vorstellung vom Kosmos, und seine Dominanz überstrahlt alle weiteren Ideen. Obwohl schon einige wenige Astronomen wie Aristarchos von Samos im 3. Jahrhundert v. Chr. richtig erkennen, dass in Wahrheit die Sonne im Zentrum des Sonnensystems steht, setzen sich solche Erkenntnisse nicht durch. Es ist schließlich Claudius Ptolemäus, ein in Ägypten im 2. nachchristlichen Jahrhundert lebender Grieche, der das geozentrische Weltbild für 1500 Jahre zementiert. In seinem 13-bändigen *Almagest* sammelt er das astronomische Wissen der Antike und schafft das Ptolemäischen Weltbild. Der *Almagest* bleibt bis zum Ende des Mittelalters das Standardwerk der Astronomie im europäischen Raum und prägt die Vorstellung vom All. Doch auch Astronomen in China, Indien oder in der islamisch-arabischen Welt folgen diesem Modell.

Die geografische Welt ist für die europäische Antike damals noch sehr überschaubar. Das Wissen über die damals erforschten Gebiete hat etwa der griechische Gelehrte Hekataios von Milet[89] im 5. Jahrhundert v. Chr. skizziert. Im Süden kennt man gerade einmal den Bereich bis an die Sahara, während im Norden noch nicht einmal Skandinavien und die Britischen Inseln verzeichnet sind. Diese gesamte Welt, die vor allem um das Mittelmeer angelegt ist, wird nach der damaligen Vorstellung von einem großen Ozean umgeben. Das ist zwar nicht völlig falsch, aber es fehlen halt ein paar Kontinente.

Nach diesen Maßstäben hat das Reich von Alexander dem Großen tatsächlich einen großen Teil der Welt eingenommen, der Feldherr hat im Grunde ein Weltreich geschaffen. Ähnlich weiträumige Reiche hatten die Perser bereits kurz zuvor erobert, aber keines dieser Reiche hat lange Bestand und kann sich konsolidieren. Alexander arbeitet in Babylon an neuen Feldzügen, die sein Reich vergrößern sollen, als er einen Tag nach einem Saufgelage an einem Fieber erkrankt und 323 v. Chr. stirbt. Um sein Reich entbrennt unter seinen Feldherren und ihren Söhnen in den folgenden Jahrhunderten eine lange Reihe von Bürgerkriegen, 30 v. Chr. ist das Schicksaal der hellenistischen Monarchien mit dem Tod Kleopatras endgültig besiegelt.

Der Hellenismus aber wirkt fort, vor allem im östlichen Mittelmeerraum und dem Nahen Osten. In Ägypten, Syrien und Teilen Kleinasiens wird noch viele Jahrhunderte lang Griechisch gesprochen. Die hellenistische Kultur hat auch Einfluss auf das Judentum und später auf die ersten Christen. Der Apostel Paulus,[90] einer der wichtigsten Missionare des frühen Christentums, ist ein hellenisierter Jude mit ausgezeichneter Bildung, der die Paulusbriefe in griechischer Sprache verfasst. Auch das Neue Testament ist auf Griechisch geschrieben. Letztlich übt der Hellenismus auch auf die nächsten Welteroberer, die Römer, großen Einfluss aus. Sie schicken sich an, ein Imperium von gigantischer Größe zu errichten, das selbst in der heutigen Zeit kaum vorstellbar ist.

Das Römische Reich

3. Jh. v. Chr.
Aufstieg Roms

Das Römische Reich durchlebt eine lange und wechselvolle Geschichte voller Gegensätze, durchzogen von erfolgreichen Expansionen und inneren Unruhen bis hin zu Bürgerkriegen. Während seiner Dauer von etwa tausend Jahren herrschen verschiedene politische Systeme vor, überliefert sind eine frühe Zeit der Könige, die Römische Republik und später das Kaiserreich.

Zunächst entwickelt sich Rom in der Eisenzeit ab dem 9. Jahrhundert v. Chr. von ein paar Hütten zu einem Stadtstaat. In den Jahren um 270 v. Chr. kontrolliert Rom ganz Mittel- und Süditalien.[91] Das Tempo der Expansion ist erstaunlich, schon kurz darauf werden mit Sizilien und Sardinien die ersten Provinzen gegründet. Die ehrgeizigen Pläne müssen zwangsläufig mit den Interessen der See- und Handelsmacht Karthago kollidieren, der damals reichsten Stadt am Mittelmeer, gelegen an der nordafrikanischen Küste. Als die Römische Republik nach mehr als einem Jahrhundert die Punischen Kriege gewinnt, ist bereits fast das gesamte Mittelmeer unter römischer Kontrolle. Doch die Römer ziehen weiter, gründen auf drei Kontinenten eine Provinz nach der anderen und werden zur Supermacht der Antike. Zur Zeit seiner größten Ausdehnung im 2. nachchristlichen Jahrhundert sind es von der West- bis zur

Ostgrenze des Imperium Romanum etwa 4000 Kilometer. Und etwa 3700 Kilometer von Nord nach Süd.[92] Damals leben auf rund fünf Millionen Quadratkilometern[93] schätzungsweise 70 Millionen Menschen, eine für die damalige Zeit beeindruckende Zahl.

Zu den Errungenschaften der Römer gehört vor allem ihr Organisationsgeschick, das sich auch in Weiterentwicklung und Ausbau des Militärs zeigt. Roms Soldaten sind taktisch hervorragend ausgebildete Krieger, die im Nahkampf auch dank ihrer Ausrüstung mit Kurzschwert und Panzerung kaum zu besiegen sind. Die römische Legion ist eine selbstständig operierende Einheit von bis zu 6000 Soldaten, die über ein dichtes Straßennetz oder per Schiff verhältnismäßig schnell an ihre Einsatzorte verlegt werden kann. Ende des 1. Jahrhunderts n. Chr. zählt das römische Heer mit Flotte rund 350 000 Mann.[94] Gemessen an der Einwohnerzahl ist das nicht einmal viel. Es sind jedoch die Effizienz und die Organisation, die den Unterschied machen.

Auch in der Politik, im Rechts- und Staatswesen, entwickeln die Römer neue Ideen. Römische Begriffe wie »Senat«, »Konsul« oder »Kaiser« sind in unserem Sprachgebrauch verankert. Und auch der Begriff »Republik« kommt aus dem Lateinischen, er bedeutet so viel wie »öffentliche Sache«[95] und stammt aus jener Zeit, als Roms Staatsform starke demokratische Tendenzen aufweist und damit den Grundstein für eine Politik legt, wie wir sie heute kennen. Das gilt in ähnlicher Weise für unsere Vorstellung von Zivilisation. Das Konzept dahinter haben die Römer eingeführt, indem sie einen Archetypus für den Bürger im Staate schaffen – das lateinische Wort *civis* bedeutet auf Deutsch Stadtbewohner oder Bürger.[96]

Hinter dem Erfolg des römischen Imperiums stecken nicht zuletzt auch imponierende Entwicklungen im Ingenieurwesen. Im 3. Jahrhundert v. Chr. gelingt es den Römern, einen besonderen Beton, *Opus caementitium*, herzustellen, aus dem imposante, langlebige Bauwerke errichtet werden, unter anderem die Kuppel des Pantheons in Rom, aber auch zahlreiche Aquädukte, die zu den großen Innovationen gehören und die Menschen mit sauberem Trinkwasser versorgen. Während heute mancherorts Brücken nach wenigen Jahrzehnten einstürzen, können wir viele römische Bauwerke noch immer bewundern. Das liegt zum einen an ihrem besonderen Beton-Rezept[97] mit einem wichtigen Kalkbestandteil, ist aber auch darin begründet, dass die Römer ihrem Beton noch keinen Stahl, der bei Kontakt mit Luft und Wasser erodieren kann, hinzugeben, wie es bei modernen Konstruktionen der Fall ist. Erst Ende 2024 entschied sich die Stadt Athen dazu, ein fast 2000 Jahre altes Aquädukt wieder in Betrieb zu nehmen, das unter Kaiser Hadrian entstand.[98] Vor allem in der Wasserwirtschaft entwickeln antike Tüftler Erstaunliches. Druckpumpen werden gebaut, sogar mit Dampfturbinen wird laut alten Berichten experimentiert.[99]

Noch vor Christi Geburt übernehmen die Römer in Griechenland die Macht. Die griechische Sprache lebt fort, vor allem im Osten des Imperiums, das nach der Reichsteilung 395 in West- und Ostrom zum Byzantinischen Reich wird. Dort ist Griechisch später Staatssprache.[100] Aber schon davor ist es in Rom schick, des Griechischen mächtig zu sein. Die griechische Kultur hat einen enormen Einfluss auf die römische. Die Kenntnis von griechischer Literatur und Kultur wird zum Statussymbol des gebildeten Römers. Selbst bei der Wahl ihrer Götter orientieren sich die Römer an ihren östlichen Nachbarn, der Glaube ist im Grunde eines der früheren Importprodukte im Imperium. So wird aus Zeus, dem griechischen Göttervater, Jupiter, aus Poseidon Neptun und aus der Liebesgöttin Aphrodite Venus. Allerdings ist die römische Götter- und Heldenwelt nicht ganz so stark ausprägt wie bei den Griechen. Die Römer übernehmen auch die Zuordnung der Planeten zu den griechischen Göttern und ersetzen deren Namen durch ihre eigenen, die wir heute noch benutzen: Merkur, Venus, Mars, Jupiter, Saturn. In romanischen Sprachen sind die meisten dieser fünf Planeten plus Mond immer noch Namensgeber für die Wochentage.

Auch die Zeitzählung veränderten die Römer, ihre Reform wirkt noch heute bei einigen Kirchenfesten nach. Im Jahr 45 v. Chr. führt Julius Caesar den julianischen Kalender ein. Er basiert auf dem Sonnenjahr und löst einen zwölfmonatigen Mondkalender ab, der zu ungenau ist und nicht ohne regelmäßige Schaltzeiträume auskommt. Der julianische Kalender wird erst im 16. Jahrhundert von Papst Gregor XIII. durch unseren heutigen gregorianischen Kalender ersetzt. Die Köpfe hinter dem komplexen Kalenderwerk sind ein deutscher Jesuit und ein italienischer Astronom.

Aber auch der julianische Kalender lebt noch weiter und sorgt dafür, dass in der orthodoxen Kirche das Weihnachtsfest auf den 7. Januar fällt.[101] So wird das Osterfest wird zwischen Ost- und Westkirche unterschiedlich gefeiert, wobei es inzwischen Bestrebungen gibt, das zu vereinheitlichen.[102]

Letztlich bringen die Römer auch das Christentum hervor und prägen seine Entwicklung nachhaltig. Rom ist noch heute das Machtzentrum der katholischen Kirche. Wohl hier stirbt der Apostel Petrus als Märtyrer. Laut der römisch-katholischen Kirche ist er erster Bischof der Stadt und damit Begründer des Papsttums. Aber von den Ursprüngen des monotheistischen Glaubens aus dem Judentum heraus im 1. Jahrhundert bis zum Ende des 4., wo er zur römischen Staatsreligion wird, ist es ein langer und wechselvoller Weg.

Der Aufstieg des Christentums – ein geistliches Imperium

Der Aufstieg des Christentums zur heute größten aller Weltreligionen ist wohl eine der überraschendsten und unwahrscheinlichsten Entwicklungen in der Weltgeschichte. Sein Ursprung ist ein kleines, aber selbstbewusstes Wüstenvolk, das eine radikale Idee entwickelt: Es kann nur einen Gott geben. Es ist der Kerngedanke des Judentums, mit weitreichenden Konsequenzen. Die gesamte Welt hat demnach einen gemeinsamen Ursprung und einen gemeinsamen Schöpfer. Da ergibt es keinen Sinn, für jeden Ort und jeden Bereich einen eigenen Gott zu haben, wie es damals üblich ist. Ja, Gott übersteigt Raum und Zeit. Tausend Jahre sind für Gott nur wie ein Tag, sagen sie, und Gott war schon, bevor der erste Tag ist.

In einer Welt, in der Imperien um goldene Kälber tanzen und ihre jeweils eigenen vielfältigen Götterwelten feiern, sagen jüdische Priester und Gelehrte, dass das alles nur hohle Götzen sind. Gott kann man nicht abbilden, man weiß noch nicht mal seinen Namen, aber dieser eine Gott herrscht über die ganze Welt und sogar den ganzen Kosmos.

Mit einer solchen Haltung stellt man sich zu allen Zeiten gegen alle Mächte, die sich immer wieder ihre eigenen Götter schaffen. Für ein Volk, das im Grunde nur eine Fußnote in der Weltgeschichte ist, ist das eine ziemlich steile These. Und tatsächlich kann dieses Volk weder militärisch noch ökonomisch mit den großen Imperien der Zeit mithalten. Zwar bildet sich im 8./9. Jahrhundert v. Chr. ein Königreich Juda, aber nicht nur einmal wird seine Hauptstadt, Jerusalem, erobert, werden seine Eliten vertrieben und seine Kultstätten zerstört. So geschieht es 597 v. Chr., als König Nebukadnezar II. Jerusalem erobert und die Juden ins babylonische Exil zwingt. Das letzte Mal passiert dies im Jahr 70 n. Chr. durch die Römer. Erst fast 2000 Jahre später sollte es wieder jüdische Staatlichkeit geben, als 1948, nach dem Massenmord der Deutschen an den Juden im Holocaust, der Staat Israel neu gegründet und das historische Jerusalem im Sechstagekrieg 1967 zurückerobert wird.

Der Urmythos dieses Volkes wird in der Tora erzählt, die mit der Genesis beginnt. Im babylonischen Exil setzen sich jüdische Gelehrte mit dem dortigen Weltbild auseinander, verwenden einiges davon, setzen sich aber auch davon ab. Im Tanach und im Talmud werden Denktraditionen, Glaubenserfahrungen, Gedichte, Lieder, prophetische und historische Texte gesammelt. Ihre Schriften und das Argumentieren darüber sind jüdischen Gelehrten wichtig, so entsteht eine Wertschätzung für das Denken und die Bildung.

Als etwa im Jahr 29 nach ihm selbst[103] ein jüdischer Wanderprediger namens Jesus von Nazareth in Palästina auftritt und nach nur drei Jahren von den Römern gekreuzigt wird, kann sich, außer einigen seiner Anhänger, keiner vorstellen, dass daraus einmal eine weltprägende Religion werden sollte. Seine zentrale Botschaft spiegelt so gar nicht das Erfolgsrezept damaliger oder heutiger Herrscher wider. Jesus redet von seiner innigen Beziehung zu Gott als einem liebenden, fürsorglichen Vater. Er predigt Nächstenliebe und Vergebung, setzt sich mit den Ausgestoßenen der Gesellschaft an einen Tisch, segnet Kinder und preist sie als Vorbild. Ja, er rät sogar, seine andere Wange hinzuhalten, wenn man geschlagen wird – statt zurückzuschlagen. Damit erobert man keine Imperien. Oder doch?

ca. 29–33 n. Chr. Jesus Christus predigt und wird gekreuzigt

Palästina ist zu dieser Zeit römische Provinz. Zwar hat Jesus eher eine kritische Haltung gegenüber den Römern,[104] aber er stellt ihre Herrschaft nicht infrage. *»Gebt dem Kaiser, was des Kaisers ist, also Steuern, und Gott, was Gottes ist.«*[105] Damit trennt er sehr pragmatisch Kirche und Staat.

Der neue Glaube verbreitet sich nach seinem Tod schnell, vor allem im Osten des Reiches, wo der Apostel Paulus, der sich seines römischen Bürgerrechtes rühmt, christliche Gemeinden gründet. Die exzellente Vernetzung durch Straßen und Briefverkehr im Römischen Reich macht es möglich. Kleine, diverse Gruppen von frühen Christen sind überall zu finden und stehen in engem Kontakt miteinander. Hauskirchen entstehen, und gerade Frauen spielen darin eine wichtige Rolle. Nur zwanzig Jahre nach der Kreuzigung sind Jesu Anhänger selbst in der Hauptstadt Rom zu finden.

Obwohl unter den ersten Christen wohl mehr Privilegierte mit Besitz des römischen Bürgerrechts sind als lange angenommen, werden sie von Roms Staatsapparat gnadenlos verfolgt. Die revolutionäre Kraft der Botschaft Jesu riechen die Herrscher wohl drei

Meilen gegen den Wind. Schon Kaiser Nero lässt im Jahr 64 beim Brand Roms Christen als Sündenböcke hinrichten. Im 3. Jahrhundert wird die Verfolgung für zwei Dekaden sogar staatlich angeordnet, anschließend ebbt sie wieder ab,[106] und das Christentum wird mehr und mehr populär. Kaiser Konstantin lässt sich Anfang des 4. Jahrhunderts schließlich bekehren und am Ende seines Lebens sogar taufen. Seine Mutter Helena unternimmt Reisen nach Palästina auf der Suche nach den Wirkungsstätten Jesu. Sie bringt die ersten Reliquien mit, die im Mittelalter überall verehrt werden, darunter angeblich Stücke vom Kreuz Jesu oder Knochen der heiligen drei Könige,[107] die heute noch in einem prächtigen goldenen Schrein im Kölner Dom liegen.

313 n. Chr. Konstantinische Wende: Christentum wird anerkannt, bald Staatsreligion

Mit der »konstantinischen Wende« im Jahr 313 wird das Christentum im Römischen Reich endlich anerkannt und zur Staatsreligion. Später macht Kaiser Theodosius I. den Glauben an einen einzigen christlichen Gott nahezu verpflichtend. Er legt damit das Fundament für eine über tausendjährige gemeinsame Identität dessen, was wir heute die westliche Welt nennen. Gleichzeitig schafft er damit die alte Götterwelt ab und erklärt sie zum Heidentum. Ein revolutionärer Schritt, schließlich prägt der Polytheismus nicht nur die römische Welt, sondern die gesamte Antike. Dass das Christentum zu einem dauerhaften Erfolgsmodell wird, hat sicher vielfältige Gründe. Wie alle Imperien der Geschichte verbreitet es sich auch durch Waffengewalt, aber eben nicht nur. Wanderprediger und Mönche spielen genauso eine Rolle wie einflussreiche Frauen. Außerdem ist es nicht an ein einzelnes weltliches Imperium gebunden. Die Hoffnung auf Erlösung, die bedingungslose, egalitäre Liebe Gottes gegenüber allen Menschen, unabhängig von ihrer sozialen Herkunft – das sind nicht nur Gedanken, die viele Menschen ansprechen, sondern es sind für die damalige Zeit auch radikal neue Ideen. Gerade in Krisenzeiten kann eine solche Botschaft überzeugen, etwa während der Cyprianischen Pest,[108] die das Reich im 3. Jahrhundert heimsucht und an der damals allein in Rom täglich bis zu 5000 Menschen sterben. Einen Impfstoff gegen diese Pandemie kann da noch niemand entwickeln, aber Christen kümmern sich um die Kranken.

Das Fundament für die Verbreitung des Christentums legt auch eine ausgeprägte Erinnerungskultur. Jesus selber hat keine schriftlichen Quellen hinterlassen, es gibt keinen zentralen Tempel oder klare kultische Traditionen. Die ersten Christen aus Palästina sind deshalb auf ihre Erinnerungen angewiesen, sie sprechen miteinander, denken über ihren Glauben nach und verfassen relativ bald nach Jesu Wirken etliche Schriften, die weithin verbreitet und verteilt werden. Tatsächlich ist kein anderes antikes Manuskript besser und öfter erhalten als das Neue Testament des Christentums. Tausende Schriften und Fragmente reichen bis ins 2. Jahrhundert zurück.[109] Zum Vergleich: Die älteste noch erhaltene Abschrift von Julius Caesars *De Bello Gallico*, den Millionen von Schülern im Lateinunterricht lesen mussten, stammt aus dem 9. Jahrhundert.

Das führt zu einer großen Vielfalt im frühen Christentum, mit vielen lokalen Traditionen. Diese Vielfalt zeigt sich schon sprachlich. Jesus spricht wahrscheinlich vor allem Aramäisch, viele frühe Schriften stehen aber in hellenistischer Tradition und werden auf Griechisch verfasst. Der christliche Missionierungsgedanke hilft auch bei der Bewahrung von Wissen: Im 5. Jahrhundert entwickeln Kirchenleute für die drei kaukasischen Sprachen Armenisch, Georgisch und Kaukasisch-Albanisch erstmals Alphabete, damit christliche Schriften in diesen Sprachen aufgezeichnet werden können. In Armenien können deshalb erste literarische Werke in dieser Sprache entstehen. Auch in vielen anderen Regionen befeuert die Christianisierung die Entstehung von Kultur und Wissen.[110] Noch heute ist kein Buch in so viele Sprachen übersetzt wie die Bibel, und christliche Missionare sind oft die Ersten, die eine Sprache dokumentieren.

Im Zuge der Missionierung Europas entsteht auch ein Netzwerk von Klöstern. Sie unterstützen die Mission, leisten aber durch ihre Güter und Skriptorien auch einen wichtigen Beitrag zur wirtschaftlichen Entwicklung und zur Bewahrung und Weiterentwicklung von Wissen. Im Mittelalter wird die Kirche schließlich auch zur politischen Macht, die mit dem Zentrum Rom beziehungsweise Vatikan großen Einfluss auf Herrscher und Regierungen hat. Päpste krönen Kaiser und legitimieren damit deren Herrschaft, aber weltliche und geistliche Macht bleiben getrennt – zumindest offiziell. Es gibt keine Gottkönige mehr. Dazu hat die Kirche großen Einfluss auf Bildung, Rechtsprechung und das öffentliche Leben. Der Preis dafür ist, dass sich die Kirche immer weiter von der Botschaft ihres Stifters entfernt und zum Komplizen der Mächtigen wird. Weltliche und kirchliche Macht entwickeln sich – oft miteinander. Den Grundstein dafür haben die Römer gelegt.

Trotz aller Erfolge der Römer hat das Imperium Romanum schon früh mit Problemen zu kämpfen.[111] Bürgerkriege und häufige Machtwechsel schwächen das Reich von innen, dazu kommen wirtschaftliche Probleme und Inflation. Selbst zu friedlichen Zeiten, etwa während der Pax Romana, plagen Umweltprobleme die Römer. Die Silberverhüttung hat massive Bleiemissionen zur Folge. Das giftige Metall könnte sogar im Hirn der Römer Schäden angerichtet haben. Um das riesige Imperium und den erheblichen Verwaltungsapparat besser kontrollieren zu können, entschließt man sich nach dem Tod von Theodosius im Jahr 395 zur Teilung in West- und Ostrom, mit Konstantinopel, dem heutigen Istanbul, als Hauptstadt des östlichen, »Byzantinischen Reiches« und Ravenna als Hauptstadt des weströmischen Reiches. Doch das kann den Verfall nicht aufhalten, vor allem der westliche Teil des Imperiums steckt in der Krise.

Von außen greifen immer wieder Roms Feinde an, in der Spätantike üben Germanen, die Hunnen, die aus Asien vorrücken, und andere benachbarte Völker Druck aus. Das weströmische Reich kann den angreifenden Stämmen auf die Dauer wenig entgegensetzen.

Möglicherweise setzt auch ein Verfall der römischen Armee ein, bedingt durch germanische Krieger, die dort Dienst leisten und sich vielleicht weniger mit dem römischen Militär identifizieren können.

Immer wieder wird auch die spätrömische Dekadenz als einer der Gründe für das Ende Westroms diskutiert. Der Wohlstand im Reich ist ungleich verteilt, eine kleine Elite lebt im Überfluss, feiert wilde Feste und leistet sich jeden damals nur erdenklichen Luxus. Oder anders ausgedrückt: Die Reichen werden immer reicher, die Armen immer ärmer. Ein bekanntes Phänomen. Das führt unweigerlich zu sozialen Spannungen, die Rom irgendwann die Lebenskraft rauben. Allerdings wird diese These in der jüngeren Forschung heftig kritisiert.[112]

Wenn Klimaturbulenzen durch die Jahrhunderte fegen

Dafür rücken andere Gründe in den Fokus, auch klimatische. Zu Roms goldenen Zeiten herrscht ein günstiges Klima. Milde Temperaturen und überdurchschnittlich hohe Feuchtigkeit dominieren im 2. und 3. Jahrhundert n. Chr. im Mittelmeerraum und teils auch darüber hinaus – das sogenannte Klimaoptimum der Römerzeit. Laut dem Chronisten Tacitus werden in England damals sogar Oliven und Wein angebaut.[113]

Doch nach einigen Jahrhunderten ist es mit der römischen Warmzeit vorbei, eine Phase mit Klimaturbulenzen bricht an. Es regnet weniger, die Temperaturen fallen.[114] Sogar vom »Late Antique Little Ice Age« (LALIA) ist die Rede, von einer spätantiken kleinen Eiszeit. Haben Vulkanausbrüche mit dem Klimawandel zu tun? Bis heute konnte nicht klar zugeordnet werden, welche Feuerberge mit dem LALIA-Ereignis in Verbindung stehen. Standorte in Papua-Neuguinea, Mittelamerika, Island und Indonesien sind in der Diskussion. Wie bei derartigen Eruptionen üblich, werden gigantische Mengen Asche und Schwefelverbindungen in die Atmosphäre geschleudert, die dort lange Zeit umherschwirren können. Wenn sich die Partikel anreichern, reflektieren sie das Sonnenlicht. In der Folge dringt nicht nur weniger Licht zur Erdoberfläche, was die Temperaturen dort sinken lässt. Es kann zu langanhaltenden Niederschlägen kommen, auch zu drastischen Auswirkungen in vom Ausbruchsgebiet weit entfernten Gegenden. Welche Krisen so eine Eruption nach sich zieht, sehen wir beim Ausbruch des indonesischen Vulkans Tambora 1815, als es im darauffolgenden Jahr in Europa so wenig Sonne und so viele Niederschläge gibt, dass es als Jahr ohne Sommer in die Geschichtsschreibung eingeht. Der Maler Caspar David Friedrich hat die Himmelsverfärbungen infolge des Ausbruchs wahrscheinlich unbewusst auf seinem Bild des Greifswalder Hafens festgehalten, und auch auf einem Bild von William Turner findet sich ein vom Ausbruch geprägter Sonnenuntergang von besonderer Pracht.[115]

Ähnliches kann dem antiken Rom zum Verhängnis geworden sein, und vielleicht war es auch ein Vulkanausbruch, der zum Untergang der Ptolemäer in Ägypten mit beigetragen hat.[116] Die durchschnittlichen Sommertemperaturen infolge der spätantiken kleinen Eiszeit sinken für mehr als hundert Jahre um beachtliche zwei Grad Celsius. Als Ursache stehen erneut Vulkane in Verdacht: Mitte des 6. Jahrhunderts brechen innerhalb von elf Jahren drei bisher unbekannte Feuerberge aus. In Teilen Asiens sinken die Temperaturen sogar noch mehr. Die Folgen für Europa sind wohl beachtlich. Die Sonne verliert ihre Strahlkraft, sie entspricht nur noch der des Mondes, berichtet der Geschichtsschreiber Prokop von Caesarea im Jahr 536.[117] Seuchen und Kriege häufen sich, auch das bringt der Chronist mit dem Klima in Verbindung.

Tatsächlich plagen Hungersnöte die Menschen, dazu wütet eine gewaltige Epidemie im Mittelmeerraum und auch nördlich der Alpen, die Justinianische Pest. Ihr fallen im 6. Jahrhundert so viele Menschen zum Opfer, dass sie als apokalyptische Seuche beschrieben wird.[118] Sogar in Skandinavien wirkt sich die spätantike kleine Eiszeit noch aus. Sie steht im Verdacht, gewaltige gesellschaftliche Veränderungen ausgelöst zu haben. Die Menschen geben plötzlich auffällig viele Siedlungen auf, sie opfern sogar häufiger Gold, vermutlich weil sie sich göttlichen Beistand in dieser schweren Zeit erhoffen. Sogar noch Hunderte Jahre nach dem Ende des Klimaphänomens taucht es in den Aufzeichnungen auf, etwa im nordischen Weltuntergangsmythos *Ragnarök*.

Solche zumindest aus heutiger Sicht kurzfristigen Klimaveränderungen haben die Menschen auch später noch geplagt. Auch für die Kleine Eiszeit, die von etwa 1200, spätestens aber 1550, bis in das 19. Jahrhundert hinein wirkt,[119] sind möglicherweise Vulkanausbrüche mitverantwortlich. Darüber hinaus werden Veränderungen der Sonnenflecken diskutiert. Es können aber auch nur zufällige Klimavariationen sein, die für geringere Temperaturen in Mitteleuropa sorgen.

Weit vor dem Beginn der Wetterdatenaufzeichnung sammeln die ostfriesischen Astronomen Johann Fabricius und sein Vater David meteorologische Details aus ihren Lebzeiten im 16. und frühen 17. Jahrhundert, die als wertvolle Zeugnisse gelten. In Frankreich halten die Winter 1660, 1695 oder 1709 teils so lange an, dass eine Aussaat nicht möglich ist. In London friert sogar die Themse zu, und auf den Großen Seen in Nordamerika hält sich das Eis manchmal bis in den Sommer hinein. Die Folgen sind dramatisch. Kurze Wachstumsphasen führen zu Missernten, teils steigen die Getreidepreise in astronomische Höhen. In Europa backen die Bäcker sogenannte Hungerbrötchen und -brote. Das Mehl ist teils mit Stroh, Moos und Heu gestreckt.[120]

In Irland wird auch die berüchtigte Große Hungersnot zwischen 1845 und 1849, der zwölf Prozent der irischen Bevölkerung zum Opfer fallen, mit der Kleinen Eiszeit in Verbindung gebracht. Auch hier reagiert der Mensch mit Migration: Mehr als zwei Millionen Menschen wandern damals von der Grünen Insel aus, viele gehen nach Amerika.[121] Nicht zuletzt ist vielleicht auch die Französische Revolution, die in Europa die Grundlage für die Demokratie legt, durch die Folgen der Kleinen Eiszeit so richtig ins Rollen geraten. Kurz vor 1789 plagen Dürre, Hagel und Überschwemmungen die französische Landbevölkerung, und die Lebensmittelverknappung bringt die Menschen gegen den absolutistischen Königsstaat auf.

Rom und die Antike sind zu jener Zeit längst Geschichte. Während Ostrom im Byzantinischen Reich aufgeht und noch fast 1000 Jahre besteht, stirbt mit Julius Nepos im Jahr 480 der letzte von Byzanz anerkannte Kaiser Westroms. Offiziell geht das Heilige Römische Reich aber erst am 6. August 1806 durch die Napoleonischen Kriege unter. Die Idee und der Mythos des Römischen Reiches hatten lange weitergelebt.

Der ewige Kreislauf der Imperien

Mit der Erschaffung eines Weltreichs wie des Römischen Imperiums hat der Mensch gezeigt, wozu er in der Lage ist. Er verfügt nun über Werkzeuge, um sich die Welt vollends untertan zu machen. Imperien kommen und gehen genauso, wie Sterne im All entstehen und sterben. Imperatoren, Katastrophen und Kriege erzeugen unfassbares Leid für den Einzelnen, aber die Menschheit als Ganzes wächst und gedeiht.

Die Antike ist dabei vielleicht so etwas wie die Genesis für unsere heutige Gesellschaft. Bereits seit den ersten Reichen um 3000 v. Chr. erkennen wir eine Tendenz zu immer größeren, umfassenderen staatlichen Organisationen. Das Verwaltungs- und Kontrollsystem wird komplexer, dazu dehnt sich auch das Wirtschaftssystem mit immer weitreichenderen Handelsrouten aus, der Mensch wird mobiler, wehrhafter und globaler. Das Handwerkszeug dazu haben verschiedene Kulturen entwickelt. Vereinfacht gesagt erfinden die Mesopotamier die Schrift, die Ägypter die

Bürokratie, die Griechen die Demokratie, und die Römer revolutionieren das Militär, zudem konsolidieren sie die größte monotheistische Religion der Menschheit.

Natürlich ist dieser Blick ziemlich stark durch eine europäische Perspektive geprägt. Auch anderswo entstehen riesige Reiche, wird eine Schrift entwickelt oder Bahnbrechendes geleistet. Eine weitere monotheistische Religion, der Islam, erobert weite Teile des arabischen Raumes. Seine Wurzeln sind dieselben wie die des Judentums und des Christentums, und die manchmal befruchtenden, aber öfter blutigen Spannungen zwischen den drei Geschwistern unter den großen Religionen prägen die Geschichte bis heute. Von den beeindruckenden Leistungen islamischer Astronomen zeugen heute immer noch die Namen der hellsten Sterne wie Wega, Beteigeuze und Atair. Der Sternenhimmel mit seinen babylonischen, griechischen, römischen und eben auch islamischen Namen reflektiert somit unsere gemeinsame Geschichte.

Eines der größten Imperien der Menschheitsgeschichte ist allerdings kaum bekannt, es ist das Mongolische Reich, das im 13. und 14. Jahrhundert in Asien und Osteuropa entsteht. Das von Dschingis Khan begründete Herrschaftsgebiet ist größer als das russische Kaiserreich und umfasst zum Zeitpunkt seiner größten Ausdehnung mehr als 16 Prozent der Landoberfläche der Erde.[122]

Das künftige dominierende Imperium könnte China werden. Großreiche gab es dort immer wieder. An Chinas Flüssen entwickeln sich schon früh erste Imperien, insgesamt blickt China auf rund 5000 Jahre Zivilisationsgeschichte und Hochkulturen zurück,[123] was von westlichen Fachleuten lange weitgehend übersehen oder ignoriert wurde. Städte wie Zhengzhou oder Anyang gehören um 1800 v. Chr. zu den ersten der Weltgeschichte.[124] Auch hier bauen die Menschen befestigte Siedlungen, in denen hierarchische Gesellschaften leben. Später, in den letzten Jahrhunderten vor Christi Geburt, sticht die Qin-Dynastie heraus. Damals entsteht unter dem ersten chinesischen Kaiser Qin Shihuangdi an der

Nordgrenze ein riesiges Bauwerk, aus dem später die berühmte Chinesische Mauer wird. Dass sie mit bloßem Auge aus dem Weltall zu sehen ist, ist allerdings eine Legende.[125]

Auch andere Bauten der chinesischen Kulturgeschichte beeindrucken noch heute. Da sind etwa die prächtigen Gräber der Han-Dynastie. In Nanchang in der Jiangxi-Provinz befindet sich das größte und prächtigste Grab Chinas mit gut 10 000 Gegenständen aus Bronze, Jade oder Gold. Dabei ist der Tote, der hier kurz vor der Geburt Christi bestattet wird, nicht einmal Kaiser.[126] Etliche Han-Gräber erinnern in Pracht und Reichhaltigkeit der Grabbeigaben an das Alte Ägypten. In neueren Zeiten entsteht ab dem 18. Jahrhundert unter der Qing-Dynastie eines der größten Reiche der Weltgeschichte. China erreicht damals seine größte territoriale Ausdehnung und ist verantwortlich für ein Drittel der Weltwirtschaftsleistung.

Der Mensch scheint in seiner Entwicklung manchmal doch einem ähnlichen Pfad zu folgen. Das zeigt sich auch in Amerika. Auch dort entstehen große Reiche und Hochkulturen, errichtet durch Maya, Inkas und Azteken. Auch in der Neuen Welt finden wir Hinweise auf die fundamental wichtige Eigenschaft des Menschen, sich an seine Umwelt anzupassen – in ungewohnter Richtung. Die Maya leben in Mittelamerika zunächst in großen Städten, die als Stadtstaaten fungieren. Zwar sind sie im Grunde ein »Steinzeitvolk«, dem der Aufstieg zur Hochkultur ohne nennenswerte Metallverarbeitung gelingt. Aber ihre expansive Lebensweise, ihre Kultur passt auf Dauer nicht zu ihrer Umwelt im tropischen Regenwald – die Landwirtschaft kann im ersten nachchristlichen Jahrtausend eine immer größere Stadtbevölkerung nicht mehr versorgen. Nach Unruhen, Kriegen, Ungleichgewichten in politischen Bündnissen und auch klimatischen Veränderungen verlassen die Maya ihre Städte und kehren zu einem einfacheren Leben in weniger komplexen und dörflichen Gemeinschaften zurück. Wahrscheinlich ist diese Anpassung an ihre Umwelt am Ende die effizienteste Art, in ihrer natürlichen Umgebung zu leben.

Ähnlich sieht es auf dem afrikanischen Kontinent aus. Die Annahme, dass es dort abseits der altägyptischen keine Hochkulturen gibt, ist nicht nur falsch, sie geht auch noch auf koloniale Denkweisen zurück. Pyramiden werden nicht nur für Pharaonen errichtet. In Nubien, südlich von Ägypten, entstehen sie zum Beispiel im ersten vorchristlichen Jahrtausend im Reich von Kusch. Und mit dem spätantiken Reich von Aksum[127] bildet sich ab etwa Christi Geburt im heutigen Äthiopien und Eritrea das erste Königreich Afrikas heraus, das später christlich geprägt ist. Es ist ein bedeutendes Handelszentrum und für seine monumentalen Stelen bekannt.

Die ersten Groß- und Weltreiche zeichnen sich durch einige gemeinsame Merkmale aus: Ihre Herrscher verfügen über beträchtliche militärische Ressourcen, sie erobern fremde Territorien und halten sie durch komplexe Verwaltungssysteme und ausgeklügelte Infrastruktur unter Kontrolle. Steuern sorgen für Einnahmen, Handel und teils auch technische Innovationen für eine prosperierende Wirtschaft. Bis heute hat sich an diesen Zutaten eigentlich kaum etwas geändert.

Wenn die Neugier neues Wissen schafft

Ganz unbegründet ist der europäische Blick auf die Weltgeschichte aber nicht, denn hier passiert überwiegend der letzte große Quantensprung in der Menschheitsgeschichte: die Entwicklung der modernen Wissenschaft. Begünstigt von der mittelalterlichen Warmzeit[128] von etwa 900 bis 1400 blühen europäische Gesellschaften als Nachfolger des Römischen Reiches auf. Die Gründe für den Anstieg der Bevölkerung damals sind allerdings vielfältig, auch technischer Fortschritt in der Landwirtschaft wird damit in Verbindung gebracht.

Aber dass das Mittelalter dunkel ist und Glaube und Wissenschaft in einem ewigen Konflikt stehen, ist ein Mythos des 19. Jahrhunderts, der bis heute immer noch gern propagiert wird. Weltliche und geistliche Eliten des Mittelalters wissen, dass die Erde rund ist und dass eine Sonnenfinsternis durch den Mond verursacht wird. Schon vor der Aufklärung entstehen im mittelalterlichen Europa im 12. Jahrhundert die ersten Universitäten. Baumeister bauen gotische Kathedralen, die in Stein gehauene Gebete, aber auch ingenieurstechnische Meisterwerke sind. Noch heute gehören sie in vielen Städten zu den markantesten und schönsten Gebäuden. Musik und Kunst entwickeln sich rapide und sind in Kirchen und Museen in ganz Europa noch heute zu erleben.

Im 15. Jahrhundert erlaubt die Erfindung des Buchdrucks die massenhafte Verbreitung von Information. Im 16. Jahrhundert erobern europäische Seefahrer die Weltmeere und bis dahin fremde Kontinente – trotz oder vielleicht auch wegen der sich verschlechternden Klimaverhältnisse in Europa aufgrund der Kleinen Eiszeit.[129] Spanische, portugiesische, französische, britische und niederländische Eroberer teilen fast den gesamten Erdball unter sich auf.

Europäisches Wissen und europäische Technik und europäisch-christlicher Glaube werden so in die ganze Welt getragen. Gleichzeitig wird damit auch der Grundstein gelegt für den Kolonialismus, die leidvolle Unterdrückung und Ausbeutung vieler Völker in Asien, Afrika, Amerika, und zu unermesslichem Reichtum der Eroberer. Kirchen aus dieser Zeit quellen oft über von geraubtem Gold. Mit einem Teil dieses Reichtums werden große Kunstwerke finanziert und Gelehrte und Wissenschaftler angestellt und entlohnt, die wir heute bewundern. Die moderne Wissenschaft steht somit nicht nur auf den Schultern einzelner genialer großer Geister aus Antike und Mittelalter, sondern verdankt sich auch der Ausbeutung ungezählter kolonialer Opfer.

Genau in dieser Zeit der Konquistadoren macht sich also die Wissenschaft auf zu neuen Ufern und verändert unser Weltbild dramatisch. Am eindrücklichsten ist das vielleicht am Beispiel der

16. und 17. Jh. n. Chr. Kopernikus, Galileo, Kepler, Newton – Heliozentrisches Weltbild & erste physikalische Naturgesetze

Astronomie zu sehen. Nikolaus Kopernikus und Johannes Kepler revolutionieren ab der Mitte des 16. Jahrhunderts unseren Blick auf den Kosmos und rücken die Sonne in den Mittelpunkt des Universums. Kopernikus, Domherr im Dienst der Kirche sowie Arzt und Astronom, beschreibt in einem Buch 1543 das neue, heliozentrische Weltbild, nach dem die Erde zu den Planeten gehört und sich um die Sonne dreht. Seine Gedanken sind revolutionär für die damalige Zeit. Spätestens als Galileo Galilei rund hundert Jahre später erstmals das von dem deutsch-niederländischen Brillenmacher Hans Lipperhey[130] in Middelburg erfundene Fernrohr auf die Jupitermonde richtet, die den riesigen Gasplaneten umkreisen, ist klar, dass am kopernikanischen Modell des Kosmos etwas dran sein muss. Denn seine Beobachtungen zeigen, dass nicht alle Himmelskörper um die Erde kreisen.

Mindestens genauso wichtig sind die Errungenschaften von Johannes Kepler. Der Gelehrte postuliert, auf Basis der genauen Messungen des dänischen Astronomens Tycho Brahe, in den drei »Kepler'schen Gesetzen«, dass die Planeten auf Ellipsen statt auf Kreisbahnen um die Sonne laufen und dass sie sich umso schneller bewegen, je näher sie der Erde kommen. Die Ideen von Kepler und seinen Zeitgenossen sind damals revolutionär, aber sie knüpfen letztlich an Ideen an, die wir schon in der Antike finden. Damit stoßen Kopernikus, Kepler und Galilei das ptolemäische Weltbild vom Thron. Zwar sind lange Zeit chinesische, arabische und indische Astronomen führend, aber nun streben europäische Wissenschaftler zu neuen Horizonten. Und dies nicht unbedingt trotz, sondern vielleicht auch wegen ihres jüdisch-christlichen Denkens.

Denn auch wenn Galileo mit Teilen des kirchlichen Machtapparats in Konflikt gerät, so ist er genau wie Kopernikus und insbesondere Kepler gläubiger Christ. In der Genesis sind Sterne und

Planeten eben keine Götter, sondern nur einfache Lichter, die man auch untersuchen kann.

Keplers Gesetze der Planetenbewegung führen dann den englischen Theologen und Naturforscher Isaac Newton im 17. Jahrhundert dazu, die Gesetze der Schwerkraft zu entwickeln. Dies wird eine Blaupause für das Verständnis der anderen fundamentalen Kräfte der Physik, die später gefunden werden, wie etwa der Elektrizität und des Magnetismus, die heute nicht nur Elektromotoren bewegen, sondern im Grunde unsere ganze digitale Ökonomie.

Newtons Bild von Raum und Zeit wird dann von Albert Einstein zu Beginn des 20. Jahrhunderts grundlegend erweitert. Einsteins Allgemeine Relativitätstheorie zeigt, dass Raum und Zeit relativ sind, weil sie von verschiedenen Beobachtern unterschiedlich wahrgenommen werden und die Gravitation Raum und Zeit verändert. Seine Theorie legt die Grundlage für das Verständnis des Urknalls, von Schwarzen Löchern und letztlich des ganzen Kosmos.

In den letzten hundert Jahren haben neue Teleskope, neue Techniken und neue Theorien uns einen völlig neuen Blick auf das Weltall und seinen Ursprung geschenkt. Wir sind ein Planet von vielleicht tausend Milliarden in einer Galaxie unter Hunderten Milliarden anderer Galaxien im All mit ebenso vielen Planeten. Aber dieser unser Planet wird von Menschen bevölkert, die das ganze All in den Blick nehmen, darüber nachdenken und es erobern wollen. In uns denkt der Kosmos über sich selber nach. Die Erfolge der Wissenschaft sind das Ergebnis einer Milliarden Jahre langen kosmischen Entwicklung und der Zusammenarbeit unzähliger Menschen über Zeit und Raum hinweg.

Wissenschaft ist längst nicht mehr nur auf einen Kontinent beschränkt. Wie die Entwicklung von Landwirtschaft, die Entdeckung der Schrift, die Verarbeitung von Metallen oder die Entwicklung staatlicher Strukturen nach und nach die ganze Welt erfasst haben, so ist auch die Wissenschaft heute global. Ohne die

Entwicklung von Imperien wäre die moderne Wissenschaft nicht möglich gewesen, und ohne Technik und Wissenschaft wären auch keine Imperien möglich.

Heute sind die Probleme, die Imperien, Wissenschaft und Technologie verursachen, global, und sie drohen uns über den Kopf zu wachsen. Kommt also nach der Genesis irgendwann die Apokalypse?

Kapitel 10

APOKALYPSE UND HOFFNUNG

»Was bist du so besorgt?«, fragte der Prophet.

»Mich sorgt die Zukunft«, sprach das Kind. »Wird es dort einen Platz für mich geben? Wer wird meine Schritte lenken? Stimmt es, was die Leute sagen? Werden Rache, Hass und Gier uns regieren? Werde ich meinen Kopf noch auf grüner Erde betten und frische Luft atmen können? Wird das Meer zu Blut und das Wasser bitter werden? Wird Feuer vom Himmel fallen und die Welt zur Wüste machen? Werden die Berge stürzen und wird die Erde aufreißen? Wird sich das Licht der Sonne verdunkeln und die Sterne aus ihrer Bahn gerissen werden? Wer wird mich begleiten? Sag: Wirst du mich verlassen, wenn die apokalyptischen Reiter uns niedertrampeln? Was soll ich tun, wenn die Schalen des Zorns ausgegossen werden und die letzte Posaune erschallt?«

Der Prophet schaute lange zu Boden und schwieg. »Ich weiß es nicht«, sprach er sodann. »Die Zukunft ist ein Buch mit sieben Siegeln. Aber du kannst dein eigenes Buch schreiben, wenn du mutig hoffst.«

Zukunftsängste

An dem Morgen, an dem ich darüber nachdachte, wie ich mit diesem letzten Kapitel beginnen könnte, das vielleicht das schwierigste aller Abschnitte ist, weil es um das Ende geht, las ich wie fast jeden Morgen ein paar Verse in den Herrnhuter Losungen.

Die Losungen gehen auf die Herrnhuter Brüdergemeine zurück, die als protestantische Glaubensflüchtlinge aus Mähren beim Grafen Zinzendorf 1722 im sächsischen Herrnhut Zuflucht fanden. Heute sind sie auf vier Kontinenten aktiv, und ihr mathematisch ausgeklügelter Weihnachtsstern erhellt in der dunklen Jahreszeit weltweit Häuser, Einkaufsstraßen und ganze Flughafenterminals. In einer fast 300 Jahre alten Tradition werden für jeden Tag des Jahres zufällig Bibelsprüche ausgelost, zu denen die Mitarbeiter der Gemeinschaft dann weitere kurze Verse und Texte aussuchen.

In gewisser Weise sind die Losungen also die christliche Version chinesischer Glückskekse, obwohl es nicht immer nur um Glück geht. Der Zufall sorgt dabei für manch interessante Gegenüberstellung des aktuellen Tagesgeschehens mit tiefen jahrtausendealten Gedanken und Erfahrungen. Für mich ist der Zufall ein kreatives Element, das uns immer wieder aus gewohnten Bahnen werfen und auf eine neue Spur setzen kann.

Einer der beiden Bibelverse an diesem Tag ist aus der Offenbarung des Johannes. Im griechischen Originaltext heißt das Buch ἀποκάλυψις, Apokalypse (»Enthüllung«). Es sind prophetische Worte über den Untergang der Welt und die letzten Tage der Menschheit. Es ist das letzte Buch der Bibel, und so spielen sich alle biblischen Erzählungen zwischen Genesis und Apokalypse ab.

Die Bilder aus der Apokalypse sind aus der Kulturgeschichte nicht wegzudenken, und man findet sie auch heute noch in vielen Bereichen: Das Spektrum reicht von alten Gemälden bis zu Texten und Plattencovern aktueller Metal Bands. In der Apokalypse kommen alle Untergangszenarien vor: soziale, moralische und Naturkatastrophen, darunter sogar kosmische.[1] Auch aus wissenschaftlicher Sicht ist die Apokalypse, der Untergang des Planeten und des ganzen Kosmos, unvermeidlich. Viele Menschen machen sich Sorgen um die Erde und gerade junge Menschen bei uns schauen heute pessimistischer in die Zukunft als vorherige Generationen.[2]

Dennoch ist die biblische Apokalypse auch ein Hoffnungsbuch, und sie lehrt uns die Weisheit, mit scheinbar aussichtslosen Situationen und dem Ende der Dinge umzugehen. In der Apokalypse entsteht nämlich auch eine neue Welt – ein neuer Himmel und eine neue Erde. Eines lehrt uns die Apokalypse aber nicht: sie selber herbeizuführen.

Zu dem Vers der Apokalypse in meinen Losungen gesellte der Redaktionskreis der Losungen für diesen Tag einen Text vom 15. Juli 1944 aus dem Tagebuch von Anne Frank, einem jüdischen Mädchen, das sich mitten in den Schrecken des Zweiten Weltkriegs und des Holocausts in einem Haus im besetzten Amsterdam versteckt hält.

Der Holocaust ist die industriell und systematisch geplante massenhafte Ermordung von rund 6 Millionen europäischen Juden durch die Generation meiner Großeltern. Sie ist Teil der großen Katastrophe des 20. Jahrhundert, die in einem weltumspannenden Krieg unsägliches Leid, Tod und Verderben über zig Millionen Menschen brachte. Diese apokalyptische Erfahrung war kein kosmischer Schicksalsschlag, sondern ein durch Menschenmacht herbeigeführtes Inferno.

Geradezu prophetisch sieht dieses gerade mal fünfzehnjährige Mädchen nicht nur das Donnern des Krieges, der erst mit dem Zünden der Atombombe in Japan enden wird, sondern auch ihren eigenen Tod vor Augen. Was mich an dem Text besonders erschüttert und gleichzeitig beschämt, ist der klare Blick von Anne Frank auf ihr Schicksal und die trotzige Hoffnung, die aus ihren Worten klingt. Sie steht so ganz im Gegensatz zur Resignation, die uns manchmal angesichts heutiger Probleme ergreift. Am 15. Juli 1944 schreibt sie:

> »Es ist für mich absolut unmöglich, alles auf der Basis von Tod, Elend und Verwirrung aufzubauen. Ich sehe, wie die Welt langsam immer mehr in eine Wüste verwandelt wird, ich höre den anrollenden Donner immer lauter, der auch uns töten wird, ich fühle das Leid von Millionen Menschen mit. Und doch, wenn ich zum Himmel schaue, denke ich, dass sich alles wieder zum Guten wenden wird, dass wieder Ruhe und Frieden in die Weltordnung kommen werden.«[3]

Ein knappes dreiviertel Jahr später stirbt sie im Konzentrationslager Bergen-Belsen, nur wenige Wochen vor dessen Befreiung. Den prophezeiten Frieden darf sie selber nicht mehr erfahren; wir verdanken ihm unseren heutigen Wohlstand, und Anne Franks Vermächtnis bleibt uns Überlebenden Mahnung und Auftrag bis heute. Kinder und Jugendliche haben manchmal einfach einen schärferen Blick auf die Zukunft. Sie zwingen uns Ältere dadurch, selber in die Zukunft zu schauen und Verantwortung zu übernehmen. Denn es ist ihre Zukunft und ihre Hoffnung, über die wir reden, und nicht die unsere.

Die Weltgeschichte ist dabei voll von Propheten, die einen Blick nach vorne gewagt haben: angefangen mit den Propheten in der Bibel, die ihr Volk immer wieder zur gesellschaftlichen und moralischen Umkehr gemahnt haben, weil sonst eine Katastrophe drohe, bis hin zu den Wissenschaftlern unserer Zeit, die auf Basis ihres mithilfe von Messungen und Modellen gewonnenen Wissens über die Zusammenhänge in der Natur und der Gesellschaft ein Stück nach vorne schauen und uns vor Gefahren und Irrwegen warnen. Es gibt in der Menschheitsgeschichte keinen Mangel an Voraussicht, aber leider oft einen Mangel an zeitiger Einsicht. Heute ist es wieder so weit. Große Umwälzungen stehen uns bevor, die unser Leben dramatisch verändern werden. Viele davon werden durch uns selber verursacht.

Über Jahrmilliarden, Jahrmillionen und Jahrtausende wurde die Geschichte dieses Planeten, der Menschwerdung und der Zivilisationen in entscheidendem Maße durch das Klima geprägt. Die Erde und der Kosmos haben unser Klima verändert. Das Klima hat das Leben verändert, aber irgendwann hat das Leben angefangen, das Klima und die Erde zu verändern.

Die wohl dramatischste Veränderung des Klimas in den vergangenen zig Millionen Jahren steht uns jetzt bevor, und zwar durch einen vom Menschen gemachten Klimawandel. Einher geht er mit vielen technischen Entwicklungen, die unser Zusammenleben immer schneller verändern und eine neue Klasse von Autokraten und Oligarchen an die Macht bringen.

Seinen Anfang nimmt diese Entwicklung mit dem Einsetzen der auch durch Wissenschaft befeuerten industriellen Revolution vor gut 200 Jahren. Ihr haben wir heute viel zu verdanken: größere Mobilität, Befreiung von harter körperlicher Arbeit, den Alltag erleichternde Techniken, bessere Gesundheit und ein längeres Leben, aber eben auch massenhafte Umweltzerstörung und industrielles Töten.

Industrielle Revolution

1765 n. Chr. Spinning Jenny – Beginn der industriellen Revolution und des fossilen Zeitalters

Dabei tragen die Namen der ersten Ikonen dieser Revolution harmlos klingende Namen: »Spinning Jenny«, »Fritz« oder »Tin Lizzie«. Die Bezeichnungen wirken so, als handelte es sich um Spielzeuge. Aber hinter den Namen stecken Maschinen, die teils tiefgreifende Veränderungen unserer Arbeits- und Lebenswelt auslösen. Die »Spinning Jenny« erfindet um das Jahr 1765 ein englischer Weber. Es ist ein unscheinbar wirkendes Gerät mit ein paar Garnspulen und einem Holzrahmen, über den Fäden laufen. Diese Maschine revolutioniert die Arbeit in der Textilherstellung überall auf der Welt. Plötzlich kann die Tätigkeit mehrerer Spinner viel schneller und von nur einer Person erledigt werden, ein Meilenstein auf dem Weg zur Massenproduktion. Und nicht der letzte. Als Dampfmaschinen die Muskelkraft ersetzen, sind wenige Jahre später Maschinen mit bis zu hundert Spindeln im Einsatz.[4]

Die industrielle Revolution ist ab der zweiten Hälfte des 18. Jahrhunderts sowie im 19. Jahrhundert erst in England und bald in weiten Teilen der Welt in vollem Gang. Spinnmaschinen füllen bald ganze Fabrikhallen, und auch anderswo ersetzen Maschinen den Menschen. »Fritz« ist der Name für einen 50 Tonnen schweren Dampfhammer, den der deutsche Unternehmer Alfred Krupp 1861 in seiner Stahlfabrik in Essen einführt.[5] Und »Tin Lizzie« ist der Spitzname für das erste in den USA auf Fließbändern hergestellte Auto »Modell T« von Ford, das die motorisierte Mobilität für eine breite Masse erschwinglich macht. Denn auch die Mobilität ist ein wichtiger Baustein der Industrialisierung.

An vielen Orten auf dem Globus übernehmen die Maschinen die Arbeit von Menschen. Bis dahin war der Zugewinn von Macht und Ressourcen großer Imperien immer auch mit der Ausbeutung menschlicher und tierischer Arbeitskraft verbunden. Jetzt kommt eine neue Dimension hinzu: Maschinen.

Sie geben nun den Takt des Lebens vor. Während sich so manch andere Revolution der Menschheitsgeschichte über Tausende Jahre hinzog, hat die industrielle Revolution vor allem Europa und Amerika in nur wenigen Dekaden überrollt. Im Grunde wirkt sie noch bis heute nach und schreitet in weiten Teilen der Welt immer noch weiter voran. Mit dem digitalen Zeitalter wird jetzt der nächste Schritt vollzogen, der unsere Gesellschaften gnadenlos umkrempelt.[6] Der erste Akt dieser Revolution wird von Dampfkraft angeschoben, der zweite von der Elektrizität und Energie aus Öl und Gas und der dritte von Computerprozessoren und digitalen Netzwerken.

Kurz vor Beginn der industriellen Revolution hat die Aufklärung die Köpfe der Menschen erreicht und versucht, sie von allerlei irrationalen Gedanken zu befreien. Oder wie Immanuel Kants es 1784 in seinem aufklärerischen Leitspruch ausdrückt: »Habe Mut, dich deines eigenen Verstandes zu bedienen!«[7]

Der Glaube an die Vernunft, an die Wissenschaft oder an die Bildung als erstrebenswertes Gut stößt die Tür zu dieser Revolution auf. Zwar dringt davon erst einmal wenig in den Alltag der meisten Menschen, doch zahlreiche neue Ideen sprießen auf in Politik, Gesellschaft, Kunst, Religion oder Philosophie. Vor allem in der Wissenschaft knüpft die Aufklärung an antike Traditionen an und legt den Grundstein für ein modernes Verständnis von Forschung. Im 17. Jahrhundert werden die ersten naturwissenschaftlichen Akademien gegründet, darunter die bis heute wirkende Royal Society in England, der eine Zeit lang auch Isaac Newton vorsteht. Solche Gelehrteninstitutionen wecken auch ein staatliches Interesse an Forschung, dabei emanzipiert sich die Wissenschaft aber auch von den Herrschenden. Nun geht es um überprüfbare empirische Ergebnisse, die den Traditionen und Botschaften von Machtinstitutionen wie Kirche und Staat überlegen sind – es ist die Grundlage für eine säkularisierte, demokratische Gesellschaft. Ganz neu ist das nicht, denn schon im Mittelalter hatten sich Bürger und Zünfte von Adel und Klerus emanzipiert, in der protestantischen Reformation des 16. Jahrhunderts taten dies Christen gegenüber Kardinälen und Priestern, und jetzt eben Wissenschaft und Kultur.

Dass die industrielle Revolution und damit der Wandel von der Agrar- zur industriellen Gesellschaft ausgerechnet auf der verhältnismäßig kleinen Britischen Insel beginnt, ist vielleicht ein Zufall, der aber durch einige Faktoren begünstigt wird. Am Vorabend der industriellen Revolution hat England im Vergleich zum kontinentalen Europa eine recht lange Phase des Friedens hinter sich und bietet gute Bedingungen für Unternehmer. Zudem setzen Fortschritt und Entwicklungen in der Landwirtschaft Arbeitskräfte frei, die zunehmend in den Städten ihr Glück suchen[8] und in den Fabriken Anstellung finden. Dazu bietet die Insel mit zahlreichen Flüssen und immer mehr Kanälen günstige Verkehrswege, denn ein stetiger Fluss von Rohstoffen und Absatzmöglichkeiten ist die Voraussetzung für die Massenproduktion.

Ab der ersten Dampfmaschine dauert es nicht lange, bis solche Ungetüme mobil werden. In Wales zieht 1804 die erste Dampflokomotive fünf Wagen mit Kohle und Dutzenden Personen auf einer Bergwerksstrecke von 15 Kilometern Länge.[9] Kurze Gleisstrecken gibt es zwar schon vorher, aber damals ziehen Pferde die Wagen. Nun wird die neue, dampfbetriebene Form der Fortbewegung zu einem der wichtigsten Pfeiler der Industrialisierung und zu einer eigenen kleinen Revolution der Mobilität. Pferdestärken werden durch Motoren ersetzt.

Eisenbahngleise bahnen sich schließlich in Amerika den Weg Richtung Westen und durchqueren ganz Russland und Sibirien. Dampfkraft beschleunigt den Personen- und Güterverkehr in einem bis dahin nicht gekannten Ausmaß. Immerhin fährt der »Adler«, im Winter 1835 die erste Dampflok des deutschen Personenverkehrs, auf der Strecke von Nürnberg nach Fürth bereits mit einer Reisegeschwindigkeit bis zu 28 Kilometern pro Stunde.[10] Das ist zwar nur ungefähr so schnell wie ein flott bewegtes Fahrrad, Ärzte warnen damals aber davor, dass Menschen bei solchen Geschwindigkeiten ernsthaft Schaden nehmen könnten[11] – allein durch das Fahren, nicht durch einen Aufprall, wohlgemerkt!

Für die Industrialisierung ist die Eisenbahn ein Meilenstein. Der Ausbau des Schienennetzes potenziert die Produktionsketten gewissermaßen aus sich selbst heraus: Mehr Stahl für neue Schienen und Strecken erfordert gleichzeitig eine immer größere Metallproduktion. Die ist nur möglich durch einen fortwährenden Lieferstrom von Erzen und Kohle in die Eisenhütten, für deren massenhaften Transport es noch mehr Eisenbahnen braucht. Die Dampfloks werden zu einem Katalysator der industriellen Revolution.

Kein Wunder, dass in der zweiten Hälfte des 19. Jahrhunderts in Europa ein dichtes Netzwerk aus Schienen und Schloten entsteht. Das Ruhrgebiet, das noch in den 1820er-Jahren als wald- und wiesenreiches Naturparadies beschrieben wird, entwickelt sich innerhalb von nur wenigen Jahrzehnten zu einem Moloch der Moderne, geprägt durch Hunderte Kilometer Eisenbahnschienen, rauchende Fabrikschlote und Zechentürme, denn tief unter der Erdoberfläche hat die Natur dort aus Biomasse über Millionen von Jahre den Brennstoff Kohle gepresst.

In den ersten Zechen schuften noch Bauern im Nebenerwerb.[12] Aber mit dem Beginn der Dampfkraft und den Eisenhütten entstehen schnell große Förderbetriebe, die jede Menge Arbeitskräfte benötigen. Aus Dörfern werden düstere Städte voller Menschen, die in beengten Wohnungen in Mietshäusern leben.[13] Die Bevölkerung wächst rasant, nicht nur in den Kohlegebieten. Allein in Deutschland hat sich die Zahl der Menschen zwischen 1871 und 1914 mehr als verdoppelt.[14] Die Zahl der Einwohner Berlins explodiert im Laufe des 19. Jahrhunderts von 172 000 auf 1,9 Millionen.[15] Das liegt auch am Fortschritt der Medizin. Die Erkenntnisse zu Mikrobiologie, Viren und Bakterien durch Forscher wie Robert Koch, Louis Pasteur oder Rudolf Virchow[16] tragen zu einem neuen Verständnis von Hygiene bei und ersetzen die seit der Antike gültige Krankheitslehre von den Körpersäften endgültig.[17] Der Bau von Kanalisationssystemen in den großen Städten – in Deutschland erstmals ab 1842 in Hamburg durch englische Ingenieure – verbessert die hygienischen Verhältnisse beträchtlich und hilft, Seuchen wie Cholera zurückzudrängen. Auch die Säuglings- und Kindersterblichkeit geht zurück.[18] Viele Menschen zieht es in die Städte, die Landflucht macht sich in etlichen Teilen Mitteleuropas breit.

Wie in der neolithischen Revolution ziehen Menschen also erneut in die Städte, getrieben von der Hoffnung auf Wohlstand und

Sicherheit. In den großen Ballungszentren entsteht daraus aber schnell eine neue, bisher kaum gekannte Form der Verelendung. Wie schon vorangegangene Umwälzungen der Menschheitsgeschichte trennt die industrielle Revolution die Menschen in Verlierer und Gewinner. Da sind einerseits die geradezu märchenhaften Karrieren von Männern wie Alfred Krupp, der mit Eisenbahnrädern und Kanonen reich wird, oder William Armstrong, Krupps britischem Konkurrenten, der seine Artilleriegeschütze an etliche europäische Armeen verkauft.[19] Aber der neuen Klasse der Großindustriellen steht die große Masse der Lohnarbeiter gegenüber, die in beengten Verhältnissen leben. In der bisherigen landwirtschaftlichen Gesellschaft hat der Tag-Nacht-Rhythmus das Leben geprägt, nun leben die Menschen in den Fabriken nach dem Takt der Maschinen.

Der Mensch verändert Umwelt und Klima

Die Diktatur der Maschinen beeinträchtigt noch andere Bereiche des Lebens. Die Umwelt leidet massiv unter der industriellen Fertigung. Mit der Industrialisierung hat der Mensch so stark wie nie zuvor in seine Umgebung eingegriffen. Dort lagern sich zahlreiche Gifte wie Schwermetalle ab, der Himmel verrußt, die Luftverschmutzung macht die Menschen krank. Meine Großmutter erzählte noch von der ersten Hälfte des 20. Jahrhunderts im rheinischen Braunkohlerevier, dass sie dort die Wäsche oft nicht aufhängen konnte, weil sie sonst grau vom Kohlestaub wurde.

Flüsse und Seen werden durch schädliche Industrie- und immer mehr Haushaltsabwässer belastet. Erst Ende des 19. Jahrhunderts entstehen Kläranlagen.[20] An den Ursprungsorten der Industrialisierung wie beispielsweise dem Ruhrgebiet, wo die Flüsse einst massiv belastet waren, hat sich die Umwelt nach der Deindustrialisierungswelle Ende des 20. und zu Beginn des 21. Jahrhunderts inzwischen durch Naturschutz- und Rekultivierungsmaßnahmen wieder erholt. Aber anderswo spüren wir die Folgen der rücksichtslosen Industrialisierung bis heute.

Nationen wie China oder Indien erlebten in den vergangenen Dekaden einen massiven Aufschwung, die Umwelt dieser Länder scheint dabei eine ähnliche Entwicklung durchzumachen wie die der westlichen Industrienationen im 19. Jahrhundert. Mein erster Besuch einer wissenschaftlichen Konferenz in Neu-Delhi vor zwei Jahrzehnten fand zu einem Zeitpunkt extremen Smogs statt. Das berühmte *India Gate* – eine Art Triumphbogen – war aus einigen hundert Metern nicht mehr zu sehen, und die Luft roch nach Lagerfeuer. Chinesische Kollegen erzählten mir noch vor wenigen Jahren hinter vorgehaltener Hand, dass ihre Eltern früh an Lungenkrankheiten gestorben seien – das sei dort nicht ungewöhnlich. Die Folgen des massenhaften und unkontrollierten Verbrennens fossiler Energieträger kann man so am eigenen Leibe spüren.

Smog kann man zum Glück riechen, andere Stoffe nicht, was sie viel gefährlicher macht. Einer davon ist Kohlendioxid, der durch die Verbrennung von Erdgas, Öl und Kohle vor allem durch die Schwerindustrie in großen Mengen in die Atmosphäre gepustet wird. Im Jahr 1856 zeigt die Amerikanerin Eunice Foote, dass Kohlendioxid (CO_2) bei Sonneneinstrahlung die Temperatur wie in einem Treibhaus steigen lässt. Sie kommt zu dem Schluss, dass »eine Atmosphäre mit diesem Gas unserer Erde eine hohe Temperatur verleihen« würde.[21] Schon 1912 warnt ein heute wiederentdeckter und in den letzten Jahren viral gegangener Zeitungsartikel aus Neuseeland die Bevölkerung vor den Folgen übermäßiger Kohleverbrennung für das Klima.[22]

1856 n. Chr.
Entdeckung des Treibhauseffekts

Die Freisetzung von Treibhausgasen wird mit dem Beginn des Kohlezeitalters massiv befeuert und hat auch durch die Nutzung von weiteren fossilen Brennstoffen wie Erdöl und Erdgas allen Warnungen zum Trotz weiter zugenommen.

In der Europäischen Union hat die Energieerzeugung, Strom und Heizung, mit knapp 30 Prozent heute den größten Anteil am Treibhausgasausstoß, gefolgt von Transport mit 24 Prozent und Industrieproduktion mit rund 20 Prozent.[23] Aber auch die gute alte Landwirtschaft trägt heute noch rund 11 Prozent zum Gesamtausstoß von Treibhausgasen bei – unter anderem durch Methanausstöße in der Viehhaltung und Lachgasemission durch den Einsatz von Stickstoffdünger, dessen Herstellung natürlich auch wieder Energie kostet.[24]

Nahrungsmittel fressen Energie! Die Energie, die wir früher in das Anbauen, Ernten, Sammeln und Jagen gesteckt haben, kam hauptsächlich aus der Muskelkraft von Mensch und Tier. Diese Arbeit musste zwangsläufig mehr Kalorien liefern, als Mensch und Tier dabei verbrauchten, sonst wären wir verhungert.

Für Jäger und Sammler konnte der Energieertrag, der »Energy Return on Investment«, schon mal bei über 25 zu 1 liegen – mit einer erfolgreichen Jagd kann man sich tagelang ernähren und viel Freizeit genießen.[25] Mit der Erfindung der Landwirtschaft war der Energiegewinn zwar geringer, vielleicht ungefähr 5 zu 1, dafür im Allgemeinen aber stabiler. Dies schloss allerdings auch die Ausbeutung von Tier und Mensch ein, etwa durch Sklavenhandel, der lange Zeit ein lukratives Geschäft war, um ein Imperium zu ernähren und am Laufen zu halten.

Heute haben wir menschliche Arbeit immer mehr durch Maschinen ersetzt. Seitdem ist der Energieertrag unserer agrarischen Nahrungsmittelproduktion kleiner als 1 geworden. Die Erzeugung von Nahrungsmitteln kostet uns also mehr Energie, als sie liefert. Diese Extra-Energie ist vor allem fossiler Natur. War die neolithische Revolution dadurch geprägt, dass wir effizient Nahrungsenergie produzieren konnten, so hat die industrielle Revolution dies umgekehrt: Die moderne Nahrungsmittelproduktion frisst Energie auf. In gewisser Weise essen wir jetzt Öl, Gas und Kohle.

60 Prozent des gesamten Energieaufwands bei der Nahrungsmittelproduktion gehen dabei in die Viehzucht, obwohl sie weniger als 20 Prozent der Kalorien liefert.[26] Finanziell kann sich die Bevölkerung der reicheren Länder diese Ineffizienz noch leisten, der Planet kann es langfristig nicht. Aus rein physikalischer Sicht haben Vegetarier also durchaus einen Punkt.

Revolution in der Physik – das Atomzeitalter

Parallel zum Siegeszug von Kohle, Öl und Gas werden aber auch schon früh mögliche alternative Energiequellen gefunden. Bereits im 19. Jahrhundert wird die Photovoltaik entwickelt,[27] die aus Sonnenlicht Strom erzeugen kann, ohne dabei Kohlendioxid auszustoßen, aber die ersten Sonnenzellen sind da noch nicht reif für den industriellen Einsatz. Als die Physik zu Beginn des 20. Jahrhunderts mehr und mehr in den Nanokosmos vorstößt, entdecken Forscher wie Lise Meitner, Otto Hahn, Fritz Straßmann oder Enrico Fermi[28] die Macht der Atome. In den folgenden Jahrzehnten lernen wir, dass die Energie der Sterne durch die Fusion von Atomkernen erzeugt wird und dass auch Kernspaltung enorme Mengen Energie freisetzen kann.

Während des Zweiten Weltkriegs baut Enrico Fermi mit dem »Chicago Pile 1« im Keller eines Sportstadions[29] 1942 den ersten Atomreaktor der Welt. Auch der berühmte deutsche Physiker Werner Heisenberg arbeitet an dieser Technik und verursacht 1942 den ersten Reaktorunfall der Weltgeschichte. Radioaktives Uranpulver entzündet sich, sprengt den Reaktorkörper und setzt das Labor in Brand.[30] Die Menschheit träumt von einer neuen

1942 n. Chr.
Erster Atomreaktor – Beginn des Atomzeitalters

Energiequelle, aber unterschätzt beharrlich die möglichen Gefahren und Folgeschäden.

Mit der Kernspaltung entsteht gleichfalls eine neue Waffe, wie sie furchtbarer nicht sein kann. Das Höllenfeuer der ersten militärisch eingesetzten Atombomben, die von der US-Air Force 1945 auf Hiroshima und Nagasaki abgeworfen werden, schockiert die Welt noch bis heute. Entwickelt wurde die Atombombe unter Leitung des Physikers Robert Oppenheimer am Los Alamos National Laboratory, der zuvor am Kollaps von Neutronensternen und der Entstehung Schwarzer Löcher gearbeitet hat. Bis heute forscht das Laboratorium auch an Supernovaexplosionen und anderen Themen der Astrophysik. Die Physik des Kleinen kann man nicht von der Physik des Großen trennen. Der Kosmos beeinflusst die Weltgeschichte jetzt durch Inspiration statt durch katastrophale Einschläge. Neue Formeln können nun die Welt verändern.

Mit Oppenheimers Bombe beginnt das Atomzeitalter. Manche Wissenschaftler schlagen sogar vor, ein neues Erdzeitalter auszurufen, das Anthropozän. Es bezeichnet das Zeitalter, in dem der Mensch den Zustand der Welt messbar verändert. In den geologischen Schichten ist es durch den radioaktiven Niederschlag aus den Atomwaffentests der 1950er Jahre deutlich zu identifizieren. Der Vorschlag wurde von den zuständigen Geologen allerdings erstmal abgelehnt, unter anderem, weil der vorgeschlagene Zeitraum zu kurz ist. Vielleicht ist die heutige planetare Zivilisation ja nur ein flüchtiges Ereignis in der langen Erdgeschichte?[31] Die Atombomben, die den Beginn definieren, können unsere Zivilisation ja auch in kürzester Zeit wieder auslöschen.

Vom Atomzeitalter zum Informationszeitalter

In der Nachkriegszeit taucht die Wissenschaft noch tiefer in das Geheimnis der Materie ein. Fast unbemerkt und ungewollt wird diese Forschungsreise unsere Welt mindestens genauso dramatisch verändern wie die Erfindung der Atombombe – nicht explosionsartig, sondernd schleichend und tiefgreifend.

Die Quantenphysik macht schon bald den Transistor und letztlich den Computerchip möglich. Komplizierte Rechnungen können nun in Sekundenbruchteilen ausgeführt werden und Informationen massenhaft gespeichert und verarbeitet werden.

Die Teilchenphysik selber wird zur Paradedisziplin der Physik und bekommt einen Nobelpreis nach dem anderen. Ihre Reise wird 2012 mit der Entdeckung des Higgs-Teilchens am europäischen Teilchenbeschleuniger am CERN, dem »Conseil Européen pour la Recherche Nucléaire«, in Genf gekrönt. Der mysteriöse Higgs-Mechanismus, der dafür gesorgt hat, dass aus den lichtähnlichen Teilchen des frühen Urknalls die Materie mit Masse wurde, aus der wir heute bestehen, ist endlich experimentell nachgewiesen – ein weiterer fundamentaler Durchbruch in unserem Verständnis der Welt.

1989 n. Chr. World Wide Web entsteht – Beginn des Informationszeitalters

Mindestens genauso fundamental ist aber das, was unbemerkt von der Weltöffentlichkeit am 12. März 1989 an diesem Institut der Grundlagenforschung passiert. Tim Berners-Lee schlägt vor, ein einheitliches Informationssystem unter Verwendung von Hyperlinks zu entwickeln. Heute nennen wir es das World Wide Web.[32] 1993 wird der erste populäre Web-Browser »Mosaic« vom National Center for Supercomputing Applications (NCSA) an der University of Illinois in Urbana-Champaign ein durchschlagender Erfolg. Zu der Zeit war ich mit meiner Promotion über Schwarze Löcher beschäftigt und begann noch im selben Jahr, mit der neuen Technik zu spielen und meine erste Webseite zu erstellen. Mit meinen Kollegen überlegte ich sogar, ob man mit diesem Ding nicht vielleicht Pizzas oder Bücher an Studenten verkaufen könnte. Was für eine verrückte Idee – jeder Finanzinvestor in Europa hätte mich ausgelacht, aber irgendwie wurmt es mich heute immer noch, dass ich damals nicht *Amazon* gegründet habe.

Doch das Internet kommt dann auch ohne mich in Fahrt. Schon im Jahr 2011 ist es 1,7 Billionen Dollar wert, ungefähr 3 Prozent der Bruttoinlandsprodukte (BIP) der großen Industrienationen.[33] Im Jahr 2022 erwirtschafteten die 43 größten Wirtschaften schon 27 Billionen Dollar[34] mit digitalen Diensten.

Am Ende dieser ganzen Entwicklung steht heute das komplexeste System der Erdgeschichte – eine globale, in Echtzeit vernetzte, energiehungrige Supergesellschaft. Etwa zwei Drittel der 8 Milliarden Menschen auf dieser Erde sind über das Internet miteinander verbunden.[35] Gleichzeitig verändern diese Menschen die Umwelt und das Klima unseres Planeten.

Gaia, das sich selbst regulierende Gesamtsystem unserer Erde,[36] ist zu einer analog-digitalen Chimäre geworden, mit dem Internet als weltumspannendes Nervensystem. Die Zukunft des Erdklimas bestimmen nicht mehr nur Sonne, Vulkane und Wälder, sondern auch der Mensch und seine sozialen Medien. TikTok oder Facebook verändern unser Klima, nicht nur weil die Datenserver dieser Dienste Unmengen von Energie verbrauchen,[37] sondern auch weil ihre Algorithmen unser Verhalten verändern und uns mehr oder weniger CO_2 ausstoßen lassen. All das treibt den Energiehunger und den Ausstoß von Klimagasen weiter nach oben.

Klimawandel – ein Blick in die Zukunft

Wie wird es weitergehen? Die Wissenschaft ist keine Kristallkugel, und die Welt ist zu komplex, als dass man sie eindeutig vorherberechnen könnte. Aber man kann verschiedene realistische Szenarien durchspielen. Genau das macht eine große Gruppe von Experten im Weltklimarat, die den berühmten Sachstandsbericht des IPCC (Intergovernmental Panel on Climate Change) erstellen.[38] Bei seinem 3. Bericht im Jahr 2001 zeigt dieses Gremium eine inzwischen ikonische Grafik, welche die rapide Zunahme der Temperaturen auf der Nordhalbkugel in den letzten Jahrzehnten des 20. Jahrhunderts darstellt. Sie sieht aus wie ein waagerechter Hockeyschläger – eine lange gerade Linie über Jahrtausende mit einem steilen kurzen Anstieg am Ende. Die Welt ist alarmiert.[39]

2001 n. Chr.
3. IPCC-Report: Rapider Klimawandel wird sichtbar

Die für mich beim Schreiben dieses Buches überraschendste Entdeckung war, wie stark das Klima die gesamte Erdgeschichte, aber auch die Entwicklung der Menschheit beeinflusst hat. Die heute so viel diskutierten Treibhausgase spielten dabei eine zentrale Rolle – mal segensreich, mal zerstörerisch – und sie tun es heute immer noch.

Heute sehen wir einen dramatischen Anstieg der Kohlendioxidkonzentration, in einer Geschwindigkeit, wie sie die Welt wohl noch nie gesehen hat. Nach einer langen Periode des langsamen Absinkens der Treibhausgase über die letzten 50 Millionen Jahre sind wir in nur rund 150 Jahren wieder dort angekommen, wo wir vor etwa 2 Millionen Jahren schon einmal waren. Mehr als die Hälfte des neuen Kohlendioxids wurde dabei allein in den letzten dreißig Jahren freigesetzt.[40] Die globalen Temperaturen sind inzwischen über 1,3 Grad Celsius höher als in der zweiten Hälfte des 19. Jahrhunderts.[41] Es gibt keine natürlichen Quellen für eine so große Kohlendioxidzunahme in so kurzer Zeit – keine großflächigen Magma-Ausbrüche und kein Asteroideneinschlag. Das hätten wir wirklich alle mitbekommen. Weder die Sonnenintensität noch die Erdachse haben sich in dieser Zeit signifikant geändert. Grund für die Temperaturänderung ist allein das massenhafte Verbrennen von Kohle, Öl und Gas, an dem wir alle tagtäglich beteiligt sind.

Eine Konsequenz – neben den gestiegenen Temperaturen – sind auch mehr Extremwetterereignisse: mehr Hitzewellen, mehr Dürren, mehr Waldbrände, aber auch stärkere Monsunregenfälle und Überschwemmungen, weil warme Luft mehr Feuchtigkeit speichern kann und die Hitze mehr Wasser verdampfen lässt.[42]

Tiere und Pflanzen reagieren wie immer: Sie versuchen sich anzupassen,[43] was in der Kürze der Zeit eine riesige Herausforderung ist. Die Frühjahrsblüte setzt inzwischen einen Monat früher ein als noch vor einigen Jahrzehnten, und manche Tiere verändern sogar ihre Körperform. Bei einigen Salamandern oder Vögeln schrumpfen die Körper, dafür werden die Extremitäten in Relation zum Körper größer. Längere Beine, Flügel, Schnäbel funktionieren dann als Kühllamellen, über die Wärme besser abgegeben werden kann. Und Tiere wandern! Im globalen Mittel haben sie sich an Land schon rund 60 Kilometer weiter in Richtung der Pole bewegt, wo es kühler ist. Bergbewohner ziehen in höhere Lagen und Fische in tiefere Meeresschichten oder in Richtung der Pole. Tintenfische tauchen plötzlich in der Nordsee auf, und Fischer aus Island haben volle Netze, während südlichere Kollegen um ihre Existenz bangen. Klimaentwicklung und Biodiversität hängen eng miteinander zusammen, und so gibt es inzwischen auch einen Weltbiodiversitätsrat der Vereinten Nationen,[44] der gegenzusteuern versucht und erst jüngst in Rom – in Abwesenheit der USA – beschlossen hat, ab 2030 jährlich 200 Milliarden Dollar in den Artenschutz zu investieren.

Irgendwann hat die Adaption jedoch auch ihre Grenzen. Dann sind die Berge nicht mehr hoch genug, und Eisbären in der Arktis können nicht mehr weiter nach Norden ziehen – wenn überhaupt noch Eis da ist. Eine höhere CO_2-Konzentration im Meerwasser führt dazu, dass die Ozeane zunehmend übersäuern und dadurch die Kalkskelette der Schalentiere zersetzt werden. In Australien fallen bei Hitzewellen jetzt schon Tausende Flughunde tot vom Himmel und von den Bäumen, weil sie bei Temperaturen von über 42 Grad Celsius nicht mehr überleben können. Zwar hat der Körper Hitzeschutzproteine, die es ihm erlauben, bei höheren Temperaturen zu funktionieren, aber irgendwann reichen sämtliche Schutzmechanismen nicht mehr aus. Die Anpassung an den Klimawandel geht wie immer über Leichen. Die Klimakapriolen, die unsere Erde in der Vergangenheit über lange Zeiträume hinweg mitgemacht hat, erleben wir jetzt im Zeitraffer.

Auch der Mensch passt sich an. Der eine sucht sein Glück in der Migration, die andere baut zum ersten Mal ihr eigenes Bio-Gemüse an, und wieder andere reden das Problem einfach weg. Nach dem Motto: »Auch früher hat es schon mal warme Sommer gegeben!« Allerdings war es noch nie eine gute Idee geschlossenen Auges mit Riesentempo auf eine Wand zuzufahren und zu denken, sie wäre nicht mehr da. Wir haben bei uns zu Hause Solarzellen auf dem Dach und versuchen, etwas weniger Fleisch zu essen, öfter mit Rad und Bahn zu fahren und Ressourcen zu sparen. Ich fürchte allerdings, dass auch das alleine nicht reichen wird.

Wie es weitergeht, hängt physikalisch in erster Linie von der Menge des Kohlendioxids und anderer Treibhausgase in unserer Atmosphäre ab. Eine Prognose darüber, wie stark die Temperaturen zunehmen werden, ist zwar mit gewissen Unsicherheiten versehen, aber dass sie mit mehr Kohlendioxid zunehmen, ist gewiss.

Vor rund 51 Millionen Jahren lag die globale Temperatur fast 14 Grad Celsius über dem vorindustriellen Mittelwert, und die Erde glich in den Tropen einer Sauna. Zu dieser Zeit lag die Kohlendioxidkonzentration ungefähr bei 1600 ppm (ppm = parts per Mil-

2100 n. Chr.
Temperaturanstieg um rund 3 Grad Celsius

lion, Anteile Kohlendioxid pro Millionen Luftmoleküle).[45] Für den größten Teil unserer Zivilisationsgeschichte lag dieser Wert bei sehr niedrigen 270 ppm – bis zum Beginn der Industrialisierung im 18. Jahrhundert.[46] Seitdem ist er bis heute auf fast 430 ppm gestiegen, mit weiterhin steigender Tendenz.[47] In den letzten 800 000 Jahren lag dieser Wert immer unter 300 ppm.[48] In einem realistischen Klimaszenario des IPCC namens SSP2-4.5,[49] für das es immer noch gewaltige Klimaschutzmaßnahmen braucht, würde dieser Wert in den nächsten Jahrzehnten auf rund 600 ppm ansteigen, so hoch wie ungefähr vor 33 Millionen Jahren. Dies war die Zeit, als das Klima dafür sorgte, dass unsere heutigen Gräser und die meisten der Agrarpflanzen, von denen wir uns ernähren, die Welt eroberten.[50] Mit ihnen gediehen auch die Nutztiere, von denen wir in den letzten Jahrtausenden gelebt haben. Die globale Temperatur ist dann diesem Szenario zufolge rund 3 Grad Celsius höher als noch vor kurzer Zeit. Es kann aber auch mehr werden, denn die Schätzungen sind eher vorsichtig. Alles, was über diesen Wert hinausgeht, katapultiert uns also in eine Welt zurück, die ganz anders ist, als wir sie heute kennen, und für die unsere heutigen Lebensmittel nie gemacht waren.

Der Meeresspiegel wird auch weiter steigen: im Moment um 0,4 Zentimeter pro Jahr und in dem erwähnten mittleren Szenario um insgesamt knapp 75 Zentimeter bis 2100. Das klingt nach wenig, aber wenn die Deiche brechen, ist es viel.

Der Paläo-Klimaforscher Gerrit Lohmann, mit dem ich gesprochen habe, hält sogar einen Anstieg der CO_2-Konzentration auf bis zu 1000 ppm irgendwann für realistisch. Das könnte im Extremfall bis zu 15 Grad Celsius höhere Temperaturen und einen Anstieg des Meeresspiegels um 4 Meter oder mehr bis zum Jahr 2400 bedeuten. Die Zahlen hängen auch davon ab, wie schnell die Eisschilde auf Grönland und in der Westantarktis abschmelzen. Grönlands Eis schmilzt jedes Jahr um fast 200 Kubikkilometer. Der Eispanzer der Insel enthält genug Eis, um beim kompletten Abschmelzen den globalen Meeresspiegel um 7 Meter ansteigen zu lassen – das kann man leicht selber ausrechnen.[51] Man stelle sich eine beliebige Stadt bei Hochwasser vor und lege dann nochmals 7 Meter drauf! Da bleibt nicht mehr viel übrig. Irgendwann ist ein Kipppunkt erreicht, ab dem man unaufhaltsam in eine neue Welt abrutscht.[52]

Ein Schmelzen des gesamten Antarktischen Eises würde den Seespiegel sogar noch mal um rund 60 Meter steigen lassen,[53] was aber nicht kurzfristig zu erwarten ist. Die Türme des Kölner Doms würden dann zwar noch aus dem Wasser ragen, aber zum Gottesdienst der 1500-Jahrfeier müsste man wohl schnorcheln.[54] All das ist zwar insgesamt immer noch weniger als die große Flut am Ende der letzten Eiszeit vor knapp 15000 Jahren,[55] aber damals konnten wir unsere sieben Sachen packen und weiterziehen.

Viele Lebensräume werden sich massiv verändern. Menschen werden ihre angestammten Regionen verlassen, weil sie nicht mehr genug zum Leben bieten oder vielleicht sogar lebensgefährlich werden. Verstärkte Migration wird eine der Hauptfolgen sein. Das Klima hat uns von Nomaden zu sesshaften Bauern gemacht. Wird uns das Klima jetzt wieder zu Nomaden machen?

Früher war die Migration eine typische Schutzreaktion, in Zeiten von Nationalstaaten und Grenzen ist sie eine Herausforderung, die ganze Gesellschaften ins Wanken bringt. Wir leben in komplex vernetzten Wirtschaftssystemen, die man nicht so einfach transferieren kann. Die Wahrscheinlichkeit von Konflikten und Kriegen wird zunehmen. Interessanterweise sind in der Politik diejenigen, die vor Migration warnen, auch oft diejenigen, die den Klimawandel herunterspielen oder sogar leugnen und damit gerade das Problem verschärfen, das sie mit drastischen Mitteln zu lösen vorgeben.

Darauf angesprochen, wie glaubwürdig Klimamodelle sind, erzählt Lohmann, dass er schon von der Ölindustrie angesprochen worden sei, ob man seine Paläo-Klimamodelle nicht nutzen könnte, um herauszufinden, wo vor zig Millionen Jahren die Bedingungen für die Entstehung von Öl optimal waren. Das gäbe der

Ölindustrie nützliche Hinweise, wo man heute bohren könnte. »Offensichtlich hat die fossile Industrie ein größeres Vertrauen in meine Modelle als ich«, meinte er schmunzelnd. »Ich habe natürlich abgelehnt, obwohl sie viel Geld geboten haben.« Aber im Großen und Ganzen seien die Modelle schon sehr ausgereift, bestätigte er. Tatsächlich hat sich gezeigt, dass die Klimamodelle die tatsächliche Klimaentwicklung der letzten 35 Jahre recht gut vorhergesagt haben. Vor allem die Projektionen des IPCC seit dem Jahr 2000 haben die tatsächlichen Zahlen erstaunlich gut vorweggenommen.[56]

Unsicherheiten bleiben in jedem naturwissenschaftlichen Modell, aber es wäre sicher nicht vernünftig, die Hände in den Schoß zu legen, bis die Modelle absolut perfekt sind. Dann ist es zu spät. Wir wären wie jemand, der in einem kleinen Segelboot auf das offene Meer fährt, obwohl der Wetterdienst eine massive Sturmwarnung ausgegeben hat, nur weil er davon ausgeht, dass sich die Wettervorhersage auch mal irren könnte.

Die Chancen für eine vorausschauende Klimapolitik scheinen allerdings nicht besonders gut zu sein. Als ich diese Zeilen schreibe, haben die USA beschlossen, aus dem weltweiten Klimaabkommen auszusteigen und verstärkt nach Öl zu bohren. Frenetischer Jubel von Menschen mit roten Kappen, die einer Führerfigur zujubeln und hoffen, endlich wieder günstigen Sprit in ihre überdimensionierten Fahrzeuge tanken zu können, begleitet diese Ankündigung. Werden sie in fünf, zehn, dreißig Jahren noch jubeln, frage ich mich?

Der Klimawandel und seine Konsequenzen sind eine gigantische Herausforderung, doch haben wir im Prinzip alle Ressourcen und technischen Möglichkeiten, ihn zumindest einzudämmen und gut zu überstehen. Doch haben wir auch den Willen dazu? Zum ersten Mal in der Menschheitsgeschichte sind unsere Probleme wirklich global, und wir müssen sie miteinander lösen. Dazu gehören auch globale Kommunikation und Zusammenarbeit, was bei über 8 Milliarden Menschen auf der Welt wirklich nicht so einfach ist.

Rettung durch KI, Roboter und Marskolonien?

Als der Buchdruck im 15. Jahrhundert erfunden wurde, hat er unsere Welt verändert und viel Wissen, aber auch viel Agitation und Wut verbreitet. »Reformation und Bauernkrieg entstammen gleichermaßen der Druckerpresse«, schreibt der Kirchenhistoriker Thomas Kaufmann.[57] Heute ist die Umwälzung in der Medien- und Informationswelt noch dramatischer. Wir haben noch nicht einmal das Aufkommen des Internets und der angeblich sozialen Medien verdaut, da wartet schon die Künstliche Intelligenz (KI) auf uns. Können sich Gesellschaften schnell genug daran anpassen und lernen, mit ihr umzugehen?

Natürlich hat Künstliche Intelligenz auch sehr nützliche Seiten: Standardaufgaben können schneller erledigt werden, Autos können vielleicht bald alleine fahren und Übersetzungen gehen viel schneller von der Hand. Es könnte eine fantastische neue Welt werden. Prozesse werden effizienter und entlasten uns von stupider Bürokratie. Robotische, mit grünem Strom angetriebene Autos fahren uns per Fingerschnipsen überall hin, und in der Tasche haben wir einen sprechenden Übersetzer, der uns ohne Verzögerungen mit Menschen aus allen Ländern kommunizieren lässt. Der Thermomix ruft neue Rezepte ab und kocht automatisch leckere Gerichte auf pflanzlicher Basis, statt dass wir immer nur dieselben Burger und Döner essen. In der Medizin gibt es personalisierte Designer-Medikamente, die genau auf jeden Einzelnen zugeschnitten werden und dank Künstlicher Intelligenz auch seltene Krankheiten erfolgreich ausrotten. Ein langes, gesundes Leben ist möglich.

Das Problem der Künstlichen Intelligenz ist aber, dass sie Intelligenz nur vortäuscht und ohne rot zu werden lügen kann.[58] Wir können bald keinen Bildern oder Nachrichten mehr trauen, weil KI sie perfekt fälschen kann. Unsere Kommunikation wird gefiltert, sortiert und modifiziert. Ein Foto oder auch ein Video ist kein Beweis mehr, Fakten werden zunehmend mit Zweifeln behaftet sein. Meine Welt sieht anders aus als deine, weil meine KI mir das vorgaukelt, was ich gerne hören möchte.[59] Im Prinzip gehen wir zurück in eine Zeit, in der wir nur noch denjenigen trauen können, denen wir in die Augen schauen – von Angesicht zu Angesicht.

Die großen Social-Media-Plattformen sind inzwischen Monopole, ihre Besitzer: Milliardäre, die mit Algorithmen die Meinungsbildung manipulieren und nicht davor zurückschrecken, demokratische Systeme anzugreifen und zu unterminieren, weil sie ihrer Kontrollsucht und ihren Machtansprüchen im Wege stehen. Konzerne wie Meta, ehemals Facebook, wozu auch WhatsApp und Instagram gehören, hatten 2023 einen Jahresumsatz, der größer ist als das Bruttoinlandsprodukt von Ländern wie der Dominikanischen Republik oder Ecuador.[60] Apple übertraf Finnland, Portugal oder Griechenland. Ja, inzwischen bauen Firmen und sogar amerikanische Präsidenten eigene Krypto-Währungen auf, die parallel zu staatlichen Währungen gehandelt werden. Der Staat kommt immer mehr unter Beschuss einer neuen Klasse von Geldadeligen und Krisengewinnlern. Nationalstaaten sind für diese globalen Konzerne ein Relikt aus alten Zeiten.[61] Sie bauen sich längst ihre eigene schöne neue Welt auf, in der CEOs[62] die Welt regieren. Wer darin Platz hat und was die Menschen zu denken haben, das wollen die Tech-Konzerne und ihre Besitzer für uns entscheiden.

Hinzu kommt, dass wir am Beginn einer weiteren technischen Revolution stehen: die Geburt der Roboter. Die besten können sich heute so geschickt bewegen wie wir Menschen. Ausgestattet mit Künstlicher Intelligenz, führen sie scheinbar vernünftige Diskussionen mit Menschen. In Zukunft könnten Roboter tatsächlich, wie in Science-Fiction-Filmen, Aufgaben in der Pflege oder im Haushalt übernehmen. Sie können Partner für Menschen werden, die im Alter Unterstützung benötigen, weil es nicht mehr genug

Pflegekräfte gibt. Eine führende Bank schätzt, dass schon im Jahr 2035 1,5 Milliarden KI-Roboter unter uns sein könnten.[63] Das wäre eine Nation wie Indien von künstlichen Humanoiden.

Tatsächlich war ich schon bei einer Konferenz, auf der man diskutierte, ob es nicht eine eigene Verfassung für Roboter bräuchte.[64] All diese Roboter dürften allerdings wieder unter der Kontrolle derselben großen Tech-Konzerne sein, die schon das Internet beherrschen. Mein virtuelles, physisches und soziales Leben hängt dann irgendwann komplett von einigen wenigen Firmen ab, die auf alle meine Daten zugreifen und meine Lebensumwelt steuern können. Wer sich heute für eine gerechte Welt einsetzen möchte, muss sich also auch dringend mit neuen Technologien auseinandersetzen.

Für den uns bedrohenden Klimawandel hat einer dieser Firmenlenker ein ganz eigenes Rezept: Die Menschheit kann nur gerettet werden, wenn wir zum Mars auswandern – am besten mit den Raketen desselben Unternehmers[65] und wahrscheinlich unter seiner totalen Kontrolle: eine Firma mit ihrem eigenen Planeten!

Die Idee mit der Marskolonie ist allerdings gehöriger Unsinn. Meine Kollegin Katie Mack hat darauf die richtige Antwort: »Es gibt nichts, was wir der Erde antun könnten, das sie letztlich so lebensfeindlich machen würde wie den Mars.«[66] Wenn man wirklich dauerhaft durch das All wandern möchte, bräuchte man außerdem völlig neue Antriebs- und Treibstoffkonzepte, wie zum Beispiel Anti-Materie-Antriebe.[67] Treibstoffe wie Kerosin oder Wasserstoff sind einfach auf Dauer zu ineffizient. Jeder Start benötigt riesige Mengen an Treibstoff, Raketen bestehen hauptsächlich aus Tanks. Um dieselbe Energie zu erzeugen, wie sie für den Start des Space Shuttle nötig ist, bräuchte man nur rund 20 Milligramm Anti-Materie[68] – kaum vorzustellen, was man mit einem Kanister Anti-Materie anstellen könnte. Anti-Materie wird zwar heute in kleinsten Mengen an Teilchenbeschleunigern im CERN erzeugt und gespeichert[69] – allerdings haben wir noch keinerlei Idee, wie wir ein Milligramm erzeugen und speichern könnten. Bis dahin bleibt interstellares Reisen ein Wunschtraum.

Hinter den Marsplänen stecken wohl noch ganz andere Motive, und die haben mit Heilserwartungen und Religion zu tun. Der innovative und aggressive Unternehmer ist heute der neue Messias, der uns alle in das gelobte Land führen soll. Die Verehrung mancher Tech-Gurus und von Technik allgemein und die damit verbundenen Erlösungshoffnungen haben manchmal etwas Sektiererisches an sich. Der Mars ist dann der neue Himmel und die neue Erde der modernen Technosekten.

Zukunft und Glaube

Es braucht heute einen starken inneren Kompass, um zwischen Heilsversprechen und Untergangspropheten den richtigen Weg zu finden. Eine entscheidende Frage wird daher sein, was wir in Zukunft noch glauben und welche Werte unser Handeln bestimmen.

Als ich meine Laufbahn als Universitätsprofessor vor zwanzig Jahren begann, saß ich in einer Runde betagter Professoren, um dem Vortrag eines Historikers über die Rolle der Religion zu lauschen. Alle älteren Kollegen waren sich völlig einig, dass die Religion nun endgültig aus der Weltgeschichte verschwinden würde. Sie sei nicht mehr von dieser Zeit. Meine Bemerkung, dass dies eine gewagte Behauptung sei, denn ein Staat ohne Religion sei ein ziemlich einmaliges und gewagtes Experiment in der Weltgeschichte, wurde milde belächelt.

Zwar glaubte auch in der Antike sicher nicht jeder an die Götterwelt,[70] und in gewisser Weise kann man die Vielgötterei auch als eine Form von Toleranz sehen, die verschiedene regionale Gottesbilder nebeneinander zuließ. Dennoch war Religion in fast allen Gesellschaften und Epochen prägend. Dabei sollte sie oft den inneren Zusammenhalt stärken und nach außen abgrenzen. Der

Versuch, im 20. Jahrhundert mit der Religion radikal zu brechen und sprichwörtlich einen gottlosen Staat zu errichten, scheint mir ebenfalls gescheitert zu sein. Gerade die atheistischsten Staaten des 20. Jahrhunderts waren letztlich auf quasi-religiöse Dogmen und gottähnliche Führerverehrung angewiesen, um zu überleben. Man denke nur an die Sowjetunion unter Stalin, China unter Mao, Deutschland unter Hitler, Kambodscha unter Pol Pot oder Nordkorea unter der Kim-Dynastie. Die Zahl ihrer Opfer macht bis heute sprachlos.

Heute ist die Religion immer noch ein globaler Faktor. 7,3 Milliarden der 8,2 Milliarden Menschen weltweit gehören einer Religion an. Der Islam prägt Menschen und Politik in weiten Teilen Asiens und Afrikas, und auch das Christentum wächst weltweit stark,[71] vor allem in sich ökonomisch stark entwickelnden Regionen in Afrika, Lateinamerika und Asien. In Europa schrumpft das offizielle Christentum zwar, aber das Bedürfnis nach Spiritualität und Sinngebung bleibt auch hier ungebrochen. Die nach 2000 geborene Generation Z ist spiritueller, betet mehr und geht inzwischen auch wieder eher in die Kirchen, verglichen mit ihren Vorgängern.[72] 2025 stürmt sogar das Album der O'Bros, einer dediziert christlichen Band, an die Spitzen der deutschen Charts.[73]

Der Religionssoziologe Martin Riesebrodt hat diese Entwicklung folgendermaßen skizziert: »Als staatstragende Kraft hat die Religion ausgedient, aber als gesellschaftliche Kraft kommt den Religionen eine durchaus für Europa tragende Rolle zu.«[74] Die Frage ist nur, ob wir unsere eigenen Religionen noch verstehen und kennen. Inzwischen kommt es zu erstaunlichen Verbiegungen und Synkretismus. In den Vereinigten Staaten von Amerika wird ein Präsident zum neuen Heilsbringer angeblich christlicher Nationalisten, obwohl er so gut wie nichts mit dem biblischen Jesus gemein hat, der ein barmherziges, demütiges, von Hingabe und Nächstenliebe geprägtes Leben gepredigt hat.[75]

Diese Kräfte verbinden sich mit libertären Tech-Milliardären und deren Propheten einer neuen Tech-Religion. Aus der Hippie-Kultur der 60er-Jahre entstand im späteren Silicon Valley eine neue Bewegung, die Cyberspace und Computer als Instrumente zur Befreiung und Selbstverwirklichung sah. »Wir sind wie Götter und können genauso gut werden«, formulierte der kalifornische Aktivist und Autor Stewart Brand das neue Selbstbewusstsein. Er hatte unter anderem Apple-Gründer Steve Jobs inspiriert und propagiert, »neue Werkzeuge schaffen neues Verhalten«.[76] Wie recht er damit hat: Heute schauen wir alle permanent auf unsere Handys.

Aus den Hausbooten und Garagen der einstmals Antiautoritären ist inzwischen eine neue Generation autoritärer Unternehmer erwachsen, die eine schöne neue Welt predigen und von einer Verherrlichung der individuellen Freiheit und der Macht des Stärkeren geprägt sind – vor allem ihrer eigenen.[77]

Einige von ihnen hängen einer Philosophie des »Longtermismus« und des »Utilitarismus« an.[78] Diese Denkschule definiert moralisches Handeln so, dass es das Glück aller maximiert, wobei beim Longtermismus das Glück und Wohlergehen der zukünftigen Menschheit im Vordergrund steht.

Das klingt zunächst vernünftig, aber wer bestimmt eigentlich, welches Glück gut für alle ist? Der Longtermismus wird auch gerne die »KI-Religion der Tech-Barone« genannt,[79] und er hat so seine Nebenwirkungen. Manche ihrer Verfechter gehen davon aus, dass die Menschheit sich noch viel weiter ausbreitet und letztlich sogar das All erobert – vielleicht am Ende in Form einer digitalen Superintelligenz. Der Mars ist dabei der erste Stopp auf dem Weg zum großen Ziel. Der Tech-Milliardär und Raketenbauer Elon Musk wird nicht müde zu behaupten, der Mars sei entscheidend für das langfristige Überleben des Bewusstseins.[80]

Wer genau hinschaut, sieht, dass es dort aber nicht unbedingt um das Überleben der Menschheit geht, wie wir sie heute kennen, denn unser Bewusstsein könnte ja auch in der Super-KI überleben.

Schon der Kosmologe Frank Tipler hatte in den 1980er-Jahren von einer Zukunft geträumt, in der das Universum durch uns irgendwann zu einem einzigen gottähnlichen Computer wird.[81] Es sind technologische Allmachtsfantasien.

An dieser Superintelligenz wird zumindest von den großen Tech-Firmen mit gigantischen Investitionen und viel Tamtam gearbeitet. Was ist dann schon das Leid der Menschen heute, wenn ich das große Glück dieser Superintelligenz in der Zukunft im Blick habe? Der Mensch, die Natur und die Erde sind dann nur eine Übergangsphase hin zu einer schönen neuen Technowelt.

Die Gefahr besteht, dass der Mensch sich selber abschafft und das Heft des Handelns bewusst an anonyme, gefühllose oder gefühlsimitierende Algorithmen abgibt, die nie selber geliebt und nie selber gelitten haben. Zwar verbinden manche Menschen damit die Hoffnung, vielleicht irgendwann digital weiterleben zu können und durch digitale Welten zu wandeln. Allerdings macht die der Physik inhärente Unschärfe der Quantenphysik eine exakte Kopie unserer selbst unmöglich. Was digital von uns weiterlebt, sind nicht wir, sondern ist ein Abbild unserer selbst. Das Computermodell ist dann nicht mehr als eine etwas komplexere Version der Reiterstandbilder an der Hohenzollernbrücke in Köln. Dort leben die alten deutschen Kaiser als imposante Erinnerung an eine ferne Zeit weiter und bieten einen vorzüglichen Platz für Tauben, die dort ihre Notdurft erledigen.

Diese digitale Menschheitsvision ist für mich eher eine Horrorversion. Ich vermute, dass auch in Zukunft viele Menschen glücklicher wären, wenn sie mit Freunden aus Fleisch und Blut durch ein echtes Waldgebiet auf einer intakten Erde wandern könnten, anstatt als Avatare durch eine digitale Welt zu geistern.

Wenn wir also die Zukunft der Menschheit begreifen und gestalten wollen, wird es von entscheidender Bedeutung sein, dass wir auch verstehen und darüber reden, was wir im Innersten glauben und wo wir hinwollen. Was macht uns glücklich? Was erfüllt uns mit Sinn und Hoffnung? Was ist der Kern unseres Glaubens? Statt Glaube als gefährlich und altmodisch abzuschreiben, sollten wir wieder lernen, offen und konstruktiv darüber zu reden.

Glaube und Religionen werden sich weiterentwickeln, aber ich denke nicht, dass sie verschwinden werden – zu viele Generationen sind durch sie schon getragen worden. Die Kernfragen, die uns heute noch bewegen, sind die gleichen geblieben. Sie verbinden uns über Generationen. Meine Hoffnung fußt im Tiefsten auf meinem Vertrauen in einen guten Schöpfer und nicht auf meinem Vertrauen auf die Genialität von uns Menschen oder auf KI. Letzteres wäre mir am Ende zu klein gedacht.

Es gibt Grund zur Hoffnung

Heute sind wir mit einer dreifachen Revolution konfrontiert: Klima, Technologien und Glaubenswelten ändern sich so schnell wie nie in der Weltgeschichte, und alle drei ändern sich gleichzeitig. Das stresst unsere Gesellschaften und wird Folgen haben. Schon am Ende der Bronzezeit vor gut 3000 Jahren war ein hochkomplexes Geflecht von Imperien kollabiert, weil es den vielen neuen Umwälzungen und Stressfaktoren nicht gewachsen war.[82] Aber auch das war nicht das Ende der Welt. Einige Imperien haben überdauert, weil sie resilienter, flexibler und innovativer waren oder einfach nur Glück gehabt haben. Auch das Römische Imperium ist untergegangen, trotzdem lässt es sich in Italien immer noch gut leben, die ganze Welt isst Pizza und schaut bei der Wahl des Bischofs von Rom auf einen dünnen Schornstein im Herzen der ewigen Stadt.

Wie sich unsere Zivilisation weiterentwickelt, weiß niemand. Aus dem ursprünglichen Steinhaufen der planetesimalen Erde ist heute ein unfasslich komplexes System geworden, in dem Physik, Geologie, Biologie, Soziologie und selbst Religion alle miteinander wechselwirken. Kein Modell kann das mehr genau abbilden oder vorhersagen.

Auch wenn sich manche in Untergangsstimmung überbieten, bleibe ich hoffnungsvoll, wenn auch nicht notwendigerweise optimistisch. »Optimismus kann gefährlich sein, wenn man die Risiken kleinredet. Wer dahingegen hofft, schaut den Problemen ins Auge, bleibt aber zuversichtlich«, sagt Andreas Krafft, Leiter der Studie »Hoffnungsbarometer«. Hoffnung ist eine Grundhaltung, in Krisen nicht zu kapitulieren, sondern dagegen anzukämpfen.[83]

Die Herausforderungen sind zwar groß, aber der Mensch hat sich dadurch ausgezeichnet, dass er immer wieder gelernt hat, mit neuen Klimaszenarien, Technologien und Ideologien umzugehen. Schlimmstenfalls wird es selbstregulierende Zyklen geben: Sollte der Klimawandel zu extrem werden, Unruhen ausbrechen, Industriegebiete und Handelsrouten überschwemmt werden, dann werden auch Wirtschaftsleistung und CO_2-Ausstoß wieder sinken, so wie zu Zeiten der Corona-Pandemie.

Schon vorher werden ökonomische und strategische Gründe dafür sorgen, dass fossile Energien ins Hintertreffen geraten. Nachhaltig gewonnene Energie aus Wind und Sonne, gekoppelt mit dezentraler Speicherung, ist einfach robuster und krisenbeständiger. Sie liefert noch Strom, wenn die Öl- und Gastanker nicht mehr fahren oder das Kernkraftwerk abgeschaltet werden muss.

Die Kosten für Sonnen- und Windenergie sind in den letzten Jahren massiv gesunken.[84] Energie aus Photovoltaik war 2010 noch viermal so teuer wie fossile Energie, 2023 kostet sie nur doch die Hälfte im Vergleich zu Öl, Gas und Kohle. Strom aus Windrädern an Land war 2010 knapp ein Viertel teurer als fossiler Strom, heute kostet er nur noch ein Drittel.[85] Kernenergie ist dagegen teurer und im Preis sogar gestiegen.[86] Kosten für Batteriespeicher, die wir brauchen, um Dunkelflauten besser zu überstehen, sind von 2010 bis 2023 um 89 Prozent gefallen. Durch den Ausbau der Stromnetze kann man Fluktuationen des Wetters räumlich und durch

Speicheranlagen zeitlich ausgleichen. Kein Wunder, dass in Europa heute schon knapp die Hälfte des Stroms aus erneuerbaren Quellen kommt. Es ist einfach ökonomisch sinnvoll, selbst wenn die Produktion von Batterien und Solaranlagen auch Energie verschlingt und Müll produziert. Wir sind schon mitten in einer der größten Energie-Umwälzungen unserer Geschichte.[87]

Natürlich besteht immer noch die Möglichkeit, dass wir irgendwann auch funktionierende Kernfusionskraftwerke haben, in denen – ähnlich wie im Inneren der Sonne – ohne große radioaktive Abfälle Energie erzeugt werden kann. Doch der Durchbruch dieser Technologie liegt, seit ich begann, Physik zu studieren, immer irgendwie zwanzig Jahre in der Zukunft. Ich gebe dennoch die Hoffnung nicht auf, dass es vielleicht einmal klappt. Andererseits ist der beste Kernfusionsreaktor immer noch unsere Sonne, und die Kombination von Photovoltaik und Speichertechniken ist industriell schon weit fortgeschritten und der Kernfusion Jahrzehnte voraus.

Ein positiver Effekt für das Klima und den Ressourcenverbrauch ist, dass sich das Bevölkerungswachstum abschwächt. Zwar sind wir inzwischen über 8 Milliarden Menschen, aber die Vereinten Nationen rechnen damit, dass sich diese Zahl nur noch langsam bis 2080 auf etwa 10 bis 11 Milliarden Menschen steigern wird und danach sogar wieder sinkt.[88] Wachsender Wohlstand, die Möglichkeiten der Geburtenkontrolle, eine bessere Bildung und eine daraus folgende andere Lebensplanung von Frauen sind dabei wichtige Faktoren.

Hörte ich früher viele das Schreckensgespenst einer dramatischen Überbevölkerung beschwören, so hält der deutsche Bevölkerungsforscher Reiner Klingholz sogar ein Absinken der Weltbevölkerung auf drei Milliarden Menschen bis 2300 für denkbar.[89] Damit erreicht die Menschheit langsam einen weiteren historischen Wendepunkt in ihrer Entwicklung. Wir wachsen nicht deshalb nicht mehr, weil wir nicht mehr können, sondern weil wir nicht mehr wollen. Sind wir irgendwann zu wenige?

Mit dem menschengemachten Klimawandel wird die Welt nicht untergehen. Sie kann schlechter werden, aber mittelfristig auch wieder besser. Jeder Einzelne kann seinen Beitrag dazu leisten, dass wir den Schaden begrenzen.

Die größte Herausforderung für uns ist es nun, trotz aller Krisen einen kühlen Kopf zu bewahren und dabei das mitfühlende Herz nicht zu verlieren. »Die Zukunft gehört denen, die sie sich vorstellen«,[90] sagt die Zukunftsforscherin Florence Gaub. Insofern hat die heutige Generation viele Gestaltungsmöglichkeiten für die Zukunft, viel mehr, als die meisten denken. Zwar erleben wir gerade einen Aufschwung autokratischer Populisten, aber hoffentlich ist das nur ein letztes Gefecht einer alten Garde, die von den Herausforderungen der modernen Welt überfordert ist.

Die nächsten Jahrzehnte werden daher eine entscheidende Phase in der weiteren Entwicklung der Menschheit und des ganzen Planeten sein. Die Erde hat uns geboren und großgezogen, jetzt ist es langsam Zeit, erwachsen zu werden und für unsere Erde zu sorgen.

Die Kraft der Gemeinschaft

Was uns als Menschheit in all den Jahren stark gemacht hat, war unsere Fähigkeit zusammenzuarbeiten, zu kommunizieren und Probleme gemeinsam anzugehen. Was wir jetzt nötig haben, sind effektive Mechanismen für globale Konsultation und Zusammenarbeit und Regeln für einen fairen Wettbewerb. Wir brauchen eine Form von kompetitiver Kollaboration. Wettbewerb und Konkurrenz sind seit jeher Teil der Entwicklung des Lebens und Antrieb für Entwicklung, aber sie dürfen nicht blind und herzlos sein.

Als ich 2019 stellvertretend für eine weltweite Kollaboration, das Event Horizon Telescope, das erste Bild eines Schwarzen Lochs präsentieren durfte, war dies nicht nur eine eindrucksvolle Bestätigung von Grundvorhersagen der Einstein'schen Theorie und ein Beweis dafür, dass supermassereiche Schwarze Löcher in den Zentren von Galaxien wirklich bestehen, es war auch eine technische Meisterleistung einer weltumspannenden Zusammenarbeit. Wissenschaftler aus fast allen Kontinenten dieser Erde haben die gesamte Erde zu einem Superteleskop umgeformt und damit das Dunkel Schwarzer Löcher sichtbar gemacht.

Wissenschaftskollaborationen funktionieren oft so: Forschende und Gruppen schließen sich zusammen, um ein Problem zu lösen. Auch wenn – oder gerade weil – innerhalb der Kollaboration Gruppen oft im gegenseitigen Wettbewerb stehen und ihre jeweiligen Ergebnisse gegenseitig überprüfen, kommen sie zu gemeinsamen Ergebnissen. Diese Kollaborationen stehen dann wieder im Wettbewerb mit anderen Gruppen und lösen sich irgendwann auch wieder auf, wenn das Thema erschöpfend behandelt worden ist. Am Ende profitieren alle von den Ergebnissen – zugegebenermaßen nicht immer in gleichem Maße. Das ist ein mühsamer Prozess, aber er funktioniert und liefert gute Ergebnisse.

Allerdings darf es in unserem Leben nicht immer nur darum gehen, nur besser, weiter und höher zu kommen. Mensch zu sein kann auch mal bedeuten, nur in die Weite zu schauen und die Welt zu genießen. Mensch zu sein braucht auch das Gefühl der bedingungslosen Gemeinschaft, in der Familie, im Freundeskreis, im Verein oder bei mir auch in unserer Kirchengemeinde.

Wenn wir bei uns in der Gemeinde das christliche Abendmahl feiern, dann stehen wir gemeinsam im Kreis, jung und alt, intellektuell oder praktisch begabt, fröhlich oder leidgeplagt, lassen uns die Gegenwart Gottes zusagen und *sind* einfach nur, ohne etwas leisten zu müssen oder besser sein zu müssen als andere. Auch solche Orte muss es geben. Das Leben ist mehr als nur Leistung und Wettbewerb.

Ich denke, dass wir jetzt die große Chance haben, ein Rüstzeug zu entwickeln, das wir in den nächsten Jahrhunderten, Jahrtausenden oder sogar Millionen Jahren für das Überleben der Menschheit bitter nötig haben. Das Rüstzeug ist nicht nur technischer, sondern auch sozialer und ethischer Natur.

Weder die Erde noch das Universum stehen still, und sie werden neue Herausforderungen und existentielle Bedrohungen bringen, die größer sind als alles, was wir bis jetzt schon überstanden haben. Zum Glück haben wir schon Jahrmillionen Erfahrung darin, mit Krisen gemeinsam umzugehen.

Wandernde Kontinente und feurige Vulkane

+20 000 a
Die nächste Eiszeit fällt aus

Ein grundlegendes Verständnis kosmischer, geologischer, biologischer und soziologischer Prozesse ist existentiell für unsere Zukunft, genauso wie Klimaverständnis und irgendwann aktive Klimamanipulation, denn das Klima wird sich weiter verändern. Im Prinzip gehen wir in den nächsten 10 000 Jahren wieder in Richtung einer neuen Kaltzeit, denn die Neigung der Erdachse verringert sich wieder.[91]

Es ist aber gut möglich, dass wir die und vielleicht auch die übernächste kalte Eiszeit verpassen werden,[92] auch wegen der erhöhten Kohlendioxidkonzentrationen heute – ein schwacher Trost für jetzt, aber immerhin!

Richtig dramatisch wird es allerdings, wenn mal wieder magmatische Großprovinzen aufgrund großflächiger Vulkanausbrüche entstehen. Die Ausbrüche im Sibirischen Trapp haben vor 252 Millionen Jahren zum »großen Aussterben« an der Perm-Trias-Grenze geführt. Ein solcher Ausbruch mit seinen ökologischen Folgen könnte unsere ganzen Zivilisationen auslöschen. Auch schon einzelne Vulkanausbrüche werden weltweite Folgen haben und für Monate und Jahre das Sonnenlicht verdunkeln. Das Resultat werden Nahrungsmittelknappheit und fehlende Energie für Photovoltaikanlagen sein. So etwas kann und wird alle paar hundert Jahre passieren,[93] worauf wir uns langfristig einstellen müssen. Selbst Ausbrüche von Supervulkanen, wie etwa durch eine aufsteigende Magmablase unter dem Yellowstone Nationalpark, sind ein mögliches Schreckensszenario.[94]

Die letzte große Supereruption in Yellowstone ist 630 000 Jahre her und der letzte Ausbruch dort nur 35 000 Jahre.[95] Unsere Hominiden-Vorfahren haben die Klimafolgen eines solchen Ausbruchs bereits am eigenen Leib erfahren, und unsere Nachfahren werden es irgendwann auch. Zum Glück ist eine Supereruption in Yellowstone im Moment eher unwahrscheinlich, weil das Magma wohl in kleinere Gebiete aufgeteilt ist und keine komplette Blase bildet.[96]

In Europa rumoren hingegen zurzeit die Phlegräischen Felder im Golf von Neapel. Ihr Ausbruch in der dichtbesiedelten Region wäre an sich schon eine Katastrophe und könnte das Weltklima um ein oder mehr Grad erst abkühlen und dann wieder ansteigen lassen.[97]

Langfristig werden diese Katastrophen nicht zu vermeiden sein, denn die Kontinente verschieben sich weiter. Neue Gebirge, Meere und Vulkane entstehen. Am eindrucksvollsten sieht man das heute am Großen Grabenbruch in Afrika. Hier driftet der östliche Teil des Kontinents, die entstehende Somalia-Platte, um bis zu 0,7 Zentimeter pro Jahr weiter nach Osten. In einer Million Jahren kann, ähnlich wie bei der Geburt des Roten Meeres, ein neuer Kontinent und ein neues Meer entstanden sein.[98] Schon heute entstehen im Grabenbruch immer wieder plötzlich Risse, die sich über viele Kilometer hinziehen und zehn bis zwanzig Meter tief und breit sind.

+1 Ma
Afrika bricht auseinander

Auch die anderen Kontinente stehen nicht still. Australien bewegt sich mit einer Geschwindigkeit von über 6 Zentimetern pro Jahr[99] in Richtung Japan und Taiwan und wird mit ihnen in 100 Millionen Jahren kollidieren. Das wird dann für manche eine wahrlich erschütternde Überraschung sein.

Amerika entfernt sich weiter von Europa und könnte mit Asien kollidieren und so den Pazifik verschwinden lassen. Dem möglichen neuen Superkontinent hat man schon mal einen Namen gegeben: Amasien.[100] Ich frage mich allerdings, ob dieser Name nicht von einer langfristig denkenden Marketingagentur erdacht wurde, die sich insgeheim die Rechte am Slogan »Amazing Amasia« gesichert hat. Amerika könnte aber auch stehen bleiben, umkehren und den Atlantik schließen[101] – so ganz genau weiß man es nicht.

Afrika und Indien drücken derweil weiter gegen Eurasien, sodass Alpen und Himalaya immer weiter wachsen und der Erosion trotzen können. Das Mittelmeer wird wohl irgendwann verschwinden.[102] Wer sich heute an der Côte d'Azur ein Häuschen am Strand kauft, muss damit rechnen, seinen Nachfahren eine Berghütte zu hinterlassen.

+250 Ma
Pangaea Proxima – der nächste Superkontinent

In 250 Millionen Jahren könnte dann wieder ein gigantischer Superkontinent entstehen, bei dem fast alle Kontinente zusammenhängen. Er wird Pangaea Proxima[103] genannt – die nächste Pangaea, wie zuvor schon vor etwa 335 bis 200 Millionen Jahren. Natürlich können wir nicht sicher sein, wie lange die bisher so überlebenswichtige Plattentektonik überhaupt noch funktioniert. Kommt diese zum Erliegen, dann haben wir vielleicht keine Erdbeben mehr, dafür aber ein anderes großes Problem: Wir müssen die Erde künstlich mit CO_2 beatmen, und unsere Berge sind irgendwann wegerodiert. Es wäre nicht nur für den Skitourismus, sondern auch für die gesamte Biodiversität nicht förderlich, wenn die ganze Welt wie die Niederlande aussähe.

Eine Änderung der Tektonik kann sogar die ganze Erde ins Taumeln bringen. Das Zusammenspiel zwischen den Gezeitenkräften des Mondes und der sich mit der Zeit ändernden Zähflüssigkeit des heißen Erdmantels und der Reibung zwischen Erdmantel und Erdkern ändert nämlich auch die Orientierung unserer Erdachse. Simulationen zeigen, dass sich deren Neigung in 1,5 bis 5 Milliarden Jahren chaotisch verändern kann, sodass die Erdachse vielleicht auch

+1,5–5 Ga
Erdachse könnte kippen

mal ganz zur Seite kippt.[104] Die Jahreszeiten, wie wir sie kennen, gibt es dann nicht mehr. Andererseits kann auch das Herumeiern der Erdachse wiederum die Bewegung der Kontinente beeinflussen und hat es vielleicht in der Vergangenheit auch schon mal getan.[105]

Geoengineering und die heiße Sonne

+0,5–1,5 Ga
Sonne wird heißer – Biosphäre ist verschwunden

All das wird das Klima kontinuierlich und unvorhersehbar verändern. Auf lange Sicht wird die Entwicklung der Sonne aber der wichtigste Faktor: Sie wird heißer und heißer. Die Evolution von Sternen verstehen wir inzwischen relativ gut. In einer Milliarde Jahren wird die Sonne um 10 Prozent und in 4 Milliarden Jahre um die Hälfte heißer sein als jetzt. Das ist ein Todesstoß für das Klima. Die Exoplaneten-Atmosphärenforscherin Lisa Kaltenegger verriet mir in unserem spannenden Gespräch, dass schon in ungefähr 500 Millionen bis einer Milliarde Jahren die Sonne so heiß ist, dass die Ozonschicht und das Wasser der Erde verschwunden sind.[106] Spätestens in 1,5 Milliarden Jahren ist dann die gesamte Biosphäre verschwunden.[107]

»Das Vernünftigste«, so sagte mir Kaltenegger, »ist dann wohl, einen irgendwie gearteten semitransparenten Schutzschirm im All aufzubauen. Das hat zumindest den Vorteil, dass man ihn wieder entfernen kann, wenn es nicht funktioniert.« Die Atmosphäre mit irgendwelchen Stoffen zuzunebeln, hält sie für gefährlich.[108] »Man weiß ja nie, wie so ein komplexes System reagiert, und dann bekommt man das Zeug nicht mehr so schnell weg.«

Eigentlich bin ich sehr skeptisch gegenüber »Geo-Engineering«, bei dem man aktiv und bewusst das Klima eines Planeten manipuliert. Aber eigentlich machen wir das schon die ganze Zeit völlig ungesteuert, und ich muss einsehen, dass es spätestens dann notwendig sein wird, wenn die Sonne zu heiß auf uns herabbrennt.

Ich würde ja lieber der Natur ihren Lauf lassen und hätte gerne alles biologisch, aber unsere Überlebensstrategie war schon immer, dass wir, wie jedes andere Lebewesen auch, die Natur um uns herum ein Stück weit verändern. Als planetare Gesellschaft ist heute der gesamte Planet unsere Umwelt, den wir zwangsläufig beeinflussen.

Es kann also durchaus sein, dass wir schon in den nächsten Jahrtausenden aktiv auch die Treibhausgase kontrollieren: sie entfernen, wenn es zu heiß wird, und sie wieder ausstoßen, wenn es zu kalt wird. Vielleicht brauchen wir so etwas schon beim nächsten gigantischen Vulkanausbruch. Dazu bedarf es aber generationsübergreifender Projekte, und wir müssen lernen, solche langfristigen Projekte zu organisieren.

Generationenübergreifendes Handeln und die Zähmung des Planeten

Generationenübergreifendes Denken ist zum Glück nichts wirklich Neues in der Weltgeschichte. Um ihren Dom fertigzubauen, haben die Kölner über 600 Jahre gebraucht, und eigentlich sind sie immer noch dran. Wenn der Dom fertig ist, geht die Welt unter, sagen sie. Auf beides warten wir noch heute. Die ersten Baumeister wussten genau, dass sie seine Fertigstellung nicht erleben würden. Im Ruhrgebiet haben Minenarbeiter jahrhundertelang den Boden durchlöchert, um mit der geförderten Kohle unseren Energiehunger zu stillen. Heute kümmert sich eine aus den Gewinnen der Kohleförderung finanzierte Stiftung um die daraus entstandenen »Ewigkeitsaufgaben« – zum Beispiel das Abpumpen des Grundwassers. Ohne die Pumpen würden ganze Orte absaufen oder das Trinkwasser verschmutzen.[109] Auch alte Kernkraftwerke und deren fast ewig strahlender Atommüll erfordern jetzt schon solche Generationenverträge. Es gibt heute Regeln, die dafür sorgen, dass

Menschen in Zehntausenden Jahren vor der Strahlung geschützt sein sollen.

Zumindest die Techniken zum aktiven Umgang mit dem Klimawandel können wir jetzt schon lernen und testen – wobei Technik hier auch das richtige Anpflanzen von Bäumen bedeuten kann. Natürlich ist es sinnvoller, Treibhausgasemissionen dadurch zu verringern, dass man die Gase gar nicht erst ausstößt, als dass man sie mit verschiedenen Maßnahmen mühsam wieder aus der Atmosphäre entfernt.[110] Kohlendioxidentfernung und -speicherung wären daher nicht meine erste Maßnahme, um den Klimawandel in den Griff zu bekommen, aber Experten denken, dass wir das schon bald nötig haben werden, um die Klimafolgen zu begrenzen.

Irgendwann wird dies wegen natürlicher, großflächiger Vulkanausbrüche sowieso nötig sein. Der Gedanke macht mich zwar nervös, denn unser Eingreifen in die Natur war bisher nicht immer sehr durchdacht, aber eine zukünftige globale Zivilisation muss auch ihr globales Klima vernünftig kontrollieren.

Die Zähmung der Natur ist für den Menschen nichts Neues. In den dichtbesiedelten Niederlanden ist wahrscheinlich jede Parzelle Land schon von Menschen verändert und gestaltet worden, selbst die Naturgebiete, die renaturiert wurden, sind nach unseren Vorstellungen gestaltet. Wir bauen Deiche, um uns vor den Fluten zu schützen, und wir haben gelernt, Flüsse und Bächer auf behutsame Weise zu zähmen, statt sie in gerade Betonwannen zu pressen, die dann irgendwann überschwemmt werden, weil ihnen der Auslauf fehlt.

In meiner Jugendzeit war das durch Sprühdosen und Kühlmittel entstandene Ozonloch ein Riesenthema. Heute schließt es sich dank internationaler Zusammenarbeit langsam wieder – allerdings wegen des Klimawandels langsamer als erhofft.[111]

Menschen können aus Fehlern lernen, und beim Klima fangen wir gerade erst damit an. Klimaforschung und Klimakatastrophen legen vielleicht gerade jetzt die Grundlagen für ein längerfristiges

Überleben der Menschheit in einem Zeitalter, in dem sie sich nicht nur an das Klima anpassen muss wie in den letzten zwei Millionen Jahren, sondern es selber beeinflussen muss, um zu überleben.

Planetare Verteidigung gegen kosmische Einschläge

Natürlich drohen uns auch weiterhin kosmische Gefahren.[112] Am wahrscheinlichsten sind Einschläge von Meteoriten. Der Einschlag, der den Barringer-Krater in Arizona erzeugte, ist gerade mal 50 000 Jahre her und würde heute in besiedeltem Gebiet ungeheure Schäden anrichten. Einen Asteroiden von 10 Kilometern Durchmesser, so wie derjenige, der vor 66 Millionen Jahren den Dinosauriern den Todesstoß gegeben hat, könnte auch unsere heutige Zivilisation kaum überleben. Ein solches Ereignis ist zwar selten, aber extrem tödlich. Wenn alle 100 Millionen Jahre ein Großteil der Menschheit ausgerottet wird, sind das statistisch nur rund 80 Tote pro Jahr – rund achtmal mehr als Todesfälle durch Haie.[113] Trotzdem will man nicht dabei sein, wenn es dann wirklich mal passiert.

Aus diesem Grund haben Raumfahrtbehörden wie NASA oder ESA Programme zur planetaren Verteidigung und Asteroidenabwehr eingerichtet.[114] Wir kennen inzwischen über eine Million Asteroiden in unserem Sonnensystem, davon sind 36 000 erdnahe Objekte, international »Near Earth Objects« genannt (NEOs). 1700 davon stehen auf der Risikoliste der ESA, weil sie groß genug sind und der Erde nahekommen können.[115] Aufsehen erregte eine Zeit lang der Asteroid Apophis,[116] weil er am 13. April 2029 der Erde sehr nahe kommt. Aber er wird uns wohl in diesem Jahrhundert nicht direkt treffen. Kleinere Objekte sehen wir mit etwas Glück erst kurz vor dem Einschlag – bisher ist das ein Dutzend Mal gelungen. Im Jahr 2024 wurden gleich vier kleinere Gesteinsbrocken von der

Größenordnung 70 Zentimeter bis 1 Meter einige Stunden vor dem Eintauchen in die Erdatmosphäre entdeckt.[117] Sie verglühten und erzeugten sogenannte Feuerbälle, die Menschen mit ihren Handys dokumentieren konnten.

Nicht nur die Raumfahrtagenturen, auch Astronomen werden immer besser darin, große Teile des Himmels nach neuen Objekten abzusuchen. Die Astronomen sind eigentlich auf der Suche nach explodierenden Sternen in den Tiefen des Alls, um die Ausdehnung des Universums besser vermessen zu können, oder nach Schwarzen Löchern, die plötzlich Sterne verschlucken. Mein Kollege Paul Groot von der Radboud-Universität hat drei robotische Teleskope auf dem Gelände der Europäischen Südsternwarte (ESO) in *Star Trek*-würdigen Kuppeln aufgebaut, um die Verschmelzung von Neutronensternen zu Schwarzen Löchern zu beobachten. Dieses Projekt mit dem Namen »BlackGem« kartiert den ganzen Himmel, dabei werden aber auch permanent neue Asteroiden entdeckt. Das neue Vera C. Rubin Observatory kartiert ab 2025 den gesamten Himmel alle drei Tage mit einem 8,4 Meter großen Teleskop. Schon in den ersten paar Stunden seines Betriebes hat das Teleskop 2000 neue Asteroiden gefunden - am Ende sollen es Millionen sein.[118] Viele andere kleine Projekte von Universitäten und auch von Amateuren durchsuchen jeden Abend den Himmel. Im letzten Jahrzehnt hat es eine wahre Revolution in der Astronomie gegeben, und noch nie hatten wir einen so umfassenden Blick auf alles, was sich am Firmament bewegt und blinkt.

Und wenn wir etwas entdecken, haben wir auch die Möglichkeit, darauf zu reagieren. Die beste Abwehr von Killerasteroiden ist dabei nicht, blind mit Atomraketen auf sie zu schießen wie manch ballerwütiger General in Science-Fiction-Filmen, sondern sie nur rechtzeitig leicht anzustupsen.

Jeder Fußballer kennt die schmutzigen Tricks des Spiels. Droht der Gegner uneinholbar auf das eigene Tor zuzulaufen, reicht manchmal ein kleines Zupfen am Trikot, um den Stürmer aus dem Gleichgewicht zu bringen. Beim Fußball droht dafür die Rote Karte, im All kann das unser Leben retten. Je früher man eine Gefahr entdeckt, desto weniger Energie muss man aufbringen, um sie zu bannen. Im wahren Leben warten wir allerdings meistens viel zu lange, weil wir hoffen, die Gefahr gehe von alleine vorbei.

Um ein solches Ablenkmanöver zu testen, startete am 16. November 2021 die DART-Mission der NASA. Ihr Ziel war es, passend zur Feier meines Geburtstags am 26. September 2022, auf den Doppelasteroiden Dimorphos, der um seinen größeren Partner Didymos kreist, einzuschlagen. Die Bezeichnung DART – offiziell steht sie für »Double Asteroid Redirection Test« – war also gut gewählt.

Die Mission wurde ein voller Erfolg. Teleskope auf der ganzen Welt und im Weltraum beobachteten das Spektakel wie Paparazzi die englische Königsfamilie beim Sommerurlaub. Das Ziel der Mission, die Umlaufbahn des Felsbrockens zu verändern, wurde sogar deutlich übertroffen, weil der Einschlag nicht nur eine klaffende Wunde, sondern auch eine weithin sichtbare Staubfontäne produzierte, die wie ein Raketenantrieb wirkte.

Jetzt wird die ESA mit der im Oktober 2024 gestarteten Hera-Mission im Dezember 2026 die Folgen des Einschlags aus der Nähe studieren und vermessen, damit wir in Zukunft kosmische Projektile rechtzeitig und präzise an ihrem Ziel vorbeifliegen lassen können – zumindest wenn ihr Ziel die Erde ist.

Was den Dinosauriern nicht vergönnt war, nämlich ihrem Untergang durch das himmlische Höllenfeuer zu entgehen, ist uns jetzt möglich – wenn wir zusammenarbeiten und nicht die Nerven verlieren. Der unter Astronomen beliebte Film »Don't Look up«, der solch einen drohenden Einschlag eines Kometen thematisiert, ist eine wunderbar bissige Gesellschaftssatire. Statt das Problem des drohenden Einschlags anzugehen, raten dort gewiefte Politiker, nicht nach oben zu schauen. Das ist am bequemsten. In dem Film bleibt am Ende Wissenschaftlern wie Aktivisten nur noch, sich gemeinsam an den Händen zu fassen, ein letztes Gebet zu sprechen und sich dem eigentlich vermeidbaren Einschlag zu ergeben.

Wie viel schöner wäre es doch, wenn wir uns jetzt schon die Hände reichten, ein jeder in seiner Sprache ein Gebet der Hoffnung spräche und wir dann entschlossen handelten! Immerhin sind wir richtig gut darin, in einem echten Notfall gemeinsam alle Kräfte zu mobilisieren und die Folgen einer plötzlichen Katastrophe zu mildern. Als im Juli 2021 nahe meiner Heimat das Ahrtal überflutet wurde und 70 Prozent der Gebäude beschädigt wurden, war es beeindruckend zu sehen, wie viele Menschen angepackt und geholfen haben – darunter auch meiner Tochter, die dort nur knapp mit einer Jugendgruppe den tödlichen Fluten entkommen ist. Dafür bin ich dankbar, und es macht mir Mut in allem Leid.

Wir müssen nur noch etwa besser darin werden, mit Katastrophen umzugehen, die schleichend auf uns zukommen. Ich bleibe hoffnungsvoll, dass uns das irgendwann gelingt – es ist aber tragisch, dass wir dafür wahrscheinlich noch die eine oder andere vermeidbare Katastrophe erleben müssen.

Die kosmische Apokalypse

Trotz aller Hoffnung: Nicht alle kosmischen Katastrophen lassen sich vermeiden. Der Zusammenbruch unserer kosmischen Ordnung ist langfristig unvermeidlich. Auch davon erzählen schon die alten apokalyptischen Erzählungen der Bibel, mit denen ich aufgewachsen bin:

> *»Aber in jenen Tagen, nach jener Bedrängnis, wird die Sonne sich verfinstern und der Mond seinen Schein verlieren, und die Sterne werden vom Himmel fallen, und die Kräfte der Himmel werden ins Wanken kommen.«*[119]

Diese Verse stehen nicht in der Apokalypse des Johannes, sondern im Markusevangelium. Hier beschreibt der Wanderprediger Jesus den völligen Zusammenbruch der himmlischen Ordnung, Sterne spielen verrückt, und der Himmel wankt. Alles, was für Menschen seit Jahrtausenden unverrückbar und fest geordnet scheint, ist in diesen Visionen auf einmal im Fluss. Für den Propheten ist das Unvorstellbare vorstellbar, und heute können wir das Unvorstellbare sogar beobachten.

Wenn Astronomen mit empfindlichen Teleskopen, wie etwa dem der Euclid-Mission der ESA, den Sternenhimmel anschauen, entdecken sie immer öfter freilaufende Planeten[120] – kleine Himmelskörper, nur wenige Male größer als unser Jupiter, die nicht wie ein Stern selber strahlen, aber auch nicht im warmen Licht einer fernen Sonne baden. Es sind einsame kalte Welten, die nur noch von ihrer langsam erkaltenden inneren Hitze zehren. Wahrscheinlich sind diese Riesenplaneten bei der Kontraktion von Staubwolken entstanden und haben es nie geschafft, so weit zu wachsen, dass sie selber zu einem echten Stern werden konnten, oder sie sind irgendwann von Planetengeschwistern aus ihrem heimischen Sonnensystem geschleudert worden.[121]

So entstehen Welten, die nie wieder das Licht einer nahen Sonne sehen werden und in ewiger Dunkelheit ihre Bahnen durch das All ziehen. Auch der Erde könnte unter Umständen so ein Schicksal drohen: hinausgeschleudert zu werden und unseren Sternenhimmel ins Wanken zu bringen – kein Stern wäre dann mehr dort zu sehen, wo sie sich seit Generationen an unserem Himmel befanden.

Schon in den Anfangstagen unseres Sonnensystems herrschte unter den großen Planeten eine gewisse Unruhe. So wie ein Achtspänner, der aus unterschiedlichsten Pferden besteht, nur schwer zu kontrollieren ist, so hatte die Sonne ihre acht Planeten nicht vollständig im Griff. Sie zerrten und zurrten aneinander, tauschten wohl ihre Plätze, und es hatte sogar die Gefahr bestanden, dass einer von ihnen durch gefährliche Resonanzen aus unserem Sonnensystem hinaus ins All geschleudert wird. Diese Gefahr scheint zwar inzwischen gebannt, weil alle ihren Platz gefunden haben, aber es ist nur ein scheinbar stabiler Zustand.[122] Das alles könnte kippen, wenn ein weiterer Störenfried im Sonnensystem auftauchen würde – zum Beispiel ein anderer Stern.

Sterne gibt es genug in unserer Nähe. Wir kreisen mit Hunderten Milliarden Sternen um das Zentrum der Milchstraße. Da kann man sich schon mal etwas näherkommen. Dabei ist es gar nicht nötig, dass es zu einer direkten Kollision mit der Erde kommt. Die weitreichende Schwerkraft eines Sterns, der an unserem Sonnensystem vorbeizieht, kann schon genug Unheil anrichten und einen Planeten aus der Bahn werfen oder Gesteinsbrocken in unsere Richtung schleudern.

Vor nur rund 80 000 Jahren hat sich uns zum Beispiel »Scholz' Stern« auf einen Abstand von 7,5 Billionen Kilometern genähert,[123] das ist das 50 000-Fache des Abstands der Erde zur Sonne – Astronomen nennen diesen Abstand der Sonne von der Erde auch »Astronomische Einheit« (AE). Dadurch ist Scholz' Stern in unser Sonnensystem eingedrungen, genauer gesagt in die Oortsche Wolke,[124] die den Rand unseres Sonnensystems bildet und bis zu 100 000 AE groß ist.[125] Diese »Wolke« besteht aus noch übriggebliebenen Restbrocken aus der Geburtsphase unseres Sonnensystems.

Scholz' Stern ist zwar nur ein roter Zwerg, aber wie Kenner der deutschen Politik ahnen, kann auch der schon für erheblichen Wumms sorgen. Durch seinen Flug durch die Oortsche Wolke werden einige ihrer Teile in das innere Sonnensystem geschleudert. Tatsächlich konnten automatische Kameras im März 2017 einen himmlischen Feuerball an unserem Nachthimmel entdecken, der vielleicht auf ein Projektil zurückgeht, das durch den stellaren Kurzbesucher vor 80 000 Jahren in unsere Richtung geschickt wurde. In den äußeren Gebieten der Oortschen Wolke sind Gesteins- und Eisbrocken noch relativ dünn gesät, aber die Dichte nimmt nach innen zu. Käme ein fremder Stern uns noch näher als

Scholz' Stern, dann hätte dies einen dramatischen Effekt. Wie wenn man bei der Apfelernte Bäume schüttelt und Äpfel in die Fangnetze regnen lässt, so würde ein tiefes Eindringen eines Sterns unser Sonnensystem erschüttern und massenweise Asteroiden auf die Erde prasseln lassen.

+1,3 Ma
Stern dringt in Oortsche Wolke ein, Meteoritenregen

Zum Glück scheint diese Gefahr für die nähere Zukunft gebannt. Der nächste Vorbeiflug eines nahen Sterns in gut 600 000 Jahren wird die Oortsche Wolke wahrscheinlich knapp verpassen.[126] Basierend auf Daten der Gaia-Mission der ESA könnte aber der Stern Gliese 710 in 1,3 Millionen Jahre die Oortsche Wolke mitten ins Herz treffen und sich uns auf 4000 bis knapp 20 000 AE nähern.[127] Statistisch gesehen kann alle Milliarden Jahre auch ein kleinerer Stern in nur rund 100 Astronomischen Einheiten vorbeifliegen. Das ist zwar immer noch weit außerhalb der Bahn von Neptun, der die Sonne in 30 AE umkreist, aber nahe genug, um das ganze Sonnensystem in Aufruhr zu versetzen und alle Planetenbahnen langfristig zu verändern.[128]

Am schlimmsten trifft es bei so einem Durchschuss meistens die Kleinen. Der kleine Merkur hat dabei die größte Wahrscheinlichkeit, in die Sonne geschleudert zu werden. Die Erde könnte weiter hinauswandern, was bei einer heißer werdenden Sonne gar nicht so schlecht wäre. Aber auch eine Kollision der Erde mit Venus oder dem Mond steht zur Diskussion, was dann doch höchst unangenehme Folgen für uns hätte. Selbst ein komplettes Verlassen des Sonnensystems ist für die Erde nicht völlig ausgeschlossen. Wir würden dann aus dem warmen Nest unseres Sonnensystems geworfen werden und als »Rogue Planet« durch die Milchstraße vagabundieren. Zuerst würden wir auf immer verrückteren Bahnen um die Sonne kreisen, nur um uns dann endgültig von ihr zu entfernen. Ein solches Spektakel, bei dem zuerst ein Regen von Asteroiden als »fallende Sterne« auf die Erde prasselt und dann der gewohnte Sternenhimmel völlig durcheinandergewirbelt wird, würde den alten apokalyptischen Bildern alle Ehre machen.

Selbst eine solche dramatische Entwicklung muss aber nicht notwendigerweise das Ende allen Lebens bedeuten. Vielleicht gelingt es einem kleinen Teil unserer Zivilisation mithilfe von Geothermie, unterirdisch zu überleben. Das ist zwar nicht schön, aber vielleicht haben wir dann endlich Zeit, alle alten Serien unseres Lieblings-Streamingdienstes anzuschauen.

Auch das sonstige Leben muss nicht völlig aussterben. Angesprochen auf die Zukunft unserer Biosphäre, antwortete meine Kollegin, die Biochemikerin Caroline Slomp von der Radboud-Universität, dass sie nicht glaubt, dass das Leben so einfach ausstirbt. »Unsere Welt ist völlig von Leben infiziert, bis hinunter in die tiefsten Schichten der Erdkruste«, meinte sie. Extremophile Lebensformen haben sich an die unwirtlichsten Umgebungen angepasst, warum sollten sie wegen des Klimawandels oder sogar des Verlusts der Sonne klein beigeben? Selbst der Einschlag riesiger Gesteinsbrocken hat in vergangenen Zeiten dem Leben nicht völlig den Garaus gemacht – im Gegenteil, manche haben davon sogar profitiert.

Vielleicht wäre das Hinausgeschleudertwerden sogar die letzte Rettung, bevor die Sonne uns in ihrem letzten Aufbäumen verbrennen wird. Denn in einigen Milliarden Jahren kann uns auch die beste Klimapolitik nicht mehr davor bewahren, in den feurigen Sonnenpfuhl geworfen zu werden.

Von der Sonne verschlungen?

Computersimulationen, welche die Entwicklung von Sternen berechnen, geben uns ein ungefähres Bild der zukünftigen Sonne.[129] In 2,6 Milliarden Jahren hat sie ihre höchste Temperatur erreicht und ist dann 26 Prozent heller als heute. Danach wird sie zwar etwas kälter und röter, aber auch größer und heller. Photovoltaik-Anlagen werden dann zu wahren Goldgruben. In 5,4 Milliarden Jahren ist die Sonne wieder so heiß wie heute, ihre Strahlen werden dennoch 84 Prozent heller und intensiver, denn ihr Durchmesser ist dann um 37 Prozent gewachsen. Danach geht ihrem Fusionsreaktor langsam der Brennstoff aus, und die Entwicklung wird immer schneller. Im Kern kann die Sonne keinen Wasserstoff mehr fusionieren, sondern nur noch in einer Schale drumherum. Der Sonnenkern schrumpft, aber die Sonnenhülle expandiert. Die Sonne wächst endgültig zu einem Roten Riesen heran. In rund 7,6 Milliarden Jahren zündet sie dann noch ihren Nachbrenner und entflammt blitzartig auch noch das Helium in ihrem geschrumpften Kern – sie verbrennt damit die Asche, die aus der Wasserstofffusion übriggeblieben ist. Die Helligkeit der Sonne ist dann fast 3000-mal intensiver als heute.

+7,6 Ma
Sonne verschlingt die Erde

War sie vorher schon fast zehnmal größer als heute, so wächst ihr Durchmesser nun in nur 150 Millionen Jahren noch einmal auf das 30-Fache. Sie wird größer als die Erdumlaufbahn, und ihre heiße Hülle verschlingt unseren Planeten. Zwar wandert auch die Erde um rund die Hälfte ihres Abstandes zur Sonne weiter nach außen, weil die Sonne schon ein Drittel ihrer Masse durch starke Sonnenwinde verloren hat und leichter geworden ist, aber das reicht nicht, der feurigen Glut ganz zu entweichen.

Einen indirekten Blick darauf, was so einem terrestrischen Planeten droht, liefert uns das James-Webb-Weltraumteleskop. Der Exoplanet K2-22b kreist um einen fernen roten Riesenstern, so wie unsere Sonne es einst sein wird. Jedes Mal, wenn er bei seinen Umläufen vor diesem Stern vorbeizieht und ihn ein wenig verdeckt, sieht man im Licht des Sterns den Fingerabdruck von verdunstendem Material aus dem Mantel des Planeten – also daraus, was bei uns noch unter der Erdkruste liegt. Dieser Planet verbrennt gerade Schicht für Schicht[130] auf dem Scheiterhaufen seiner aufgedunsenen Muttersonne.

Um diesem Schicksal zu entgehen, müsste eine zukünftige Zivilisation die Erde weg von der Sonne manövrieren. Um in die kuschelige, bewohnbare Zone des Sonnensystems zu kommen, sollte die Erde dann mindestens 50-mal weiter weg sein von der Sonne als heute. Für das pure Überleben des Planeten reicht aber vielleicht schon das Dreifache des heutigen Sonnenabstandes, vielleicht sogar weniger.[131]

Das könnte laut einer Studie tatsächlich technologisch möglich werden, indem man ein Übel mit dem anderen bekämpft. Allerdings erfordert das sehr langfristiges und vorsichtiges Handeln. Man kann nämlich einen größeren Asteroiden in eine passende Umlaufbahn lenken, sodass er zum Beispiel alle 6000 Jahre der Erde nahekommt und sie ein wenig nach außen »zupft«.[132] Einen solchen »gravity assisted swing-by« machen unsere künstlichen Satelliten heute schon regelmäßig in viel kleinerem Maßstab:[133] Durch einen engen Vorbeiflug an einem Planeten bekommt der Satellit mehr Schwung und wird mit hoher Geschwindigkeit nach außen geschleudert. Der umflogene Planet wird hingegen durch die Begegnung etwas abgebremst und wandert unmerklich nach innen. Der Effekt ist aber so gering, dass wir keine Angst zu haben brauchen, dass einer der Planeten irgendwann in die Sonne fällt. Ein Asteroid mit sorgfältig austarierter Bahn könnte aber mit dieser Methode tatsächlich die Erde immer wieder genau in die richtige Richtung stupsen und nach außen wandern lassen. Dabei wird der Asteroid natürlich abgebremst und kommt uns näher.

Um unseren Planeten vor der heißer werdenden Sonne zu retten, müssen wir solche »Ablenkungsmanöver« mit einer verlässlichen Regelmäßigkeit ein paar Milliarden Jahre lang machen. Da das Sonnensystem auf lange Sicht chaotisch und unberechenbar ist, sind dabei regelmäßige Korrekturen an der Bahn des Asteroiden von entscheidender Bedeutung. Dabei sollte der Asteroid natürlich niemals auf der Erde einschlagen oder die Erde mit dem Mars kollidieren. Das könnte sonst für alle Beteiligten höchst peinlich werden.

Erkaltete Liebe – die Sonne verglimmt

Am Ende ihrer Rote-Riese-Phase hat die Sonne den größten Teil ihrer Hülle abgestoßen, sodass nur noch ihr heißer Kern übrigbleibt. Sie wird dann zu einem Weißen Zwerg, der noch einige Zeit vor sich hin glüht. Die Sonne ist dann nur noch gut halb so schwer wie jetzt, aber nicht viel größer als die Erde. Planeten jenseits der Bahn von Jupiter können das Ende der Sonne zwar im Prinzip überleben, müssen sich aber mit dem neuen, leichteren Stern arrangieren. Es ist gut möglich, dass bei diesem Prozess auch noch der eine oder andere Planet aus dem Sonnensystem gekickt wird.[134] Um die Erde jetzt noch warm zu halten, müsste man sie in relativ kurzer Zeit wieder ganz nach innen bringen – auf weniger als 2 Prozent des heutigen Abstandes. Immerhin hat man dann wieder ein paar Milliarden Jahre Ruhe, während der Weiße Zwerg langsam auskühlt. Irgendwann ist aber Schluss. Denn wird es zu kalt, würden die starken Gravitationskräfte des Weißen Zwerges unsere Erde, beim Versuch noch näher an den wärmenden Ofen heranzurücken, einfach zerreißen.[135] Danach bleibt wirklich nur noch der generationenüberschreitende Auszug mit Raumschiffen zu anderen Sternensystemen.

Allerdings wissen wir nicht, wie weit eine zweite Erde von uns entfernt ist. Es könnte eine lange Reise werden, und es bleibt dann die Frage, was es mit einer Zivilisation macht, wenn sie Jahrtausende in einem Käfig hockt.

+100 Ga
Die letzten Planeten werden aus dem Sonnensystem geschleudert

Nach der Zerstörung der Erde kreisen die großen äußeren Planeten noch bis zu 100 Milliarden Jahre um den kalten Rest der Sonne. Vielleicht kann noch einer ihrer Monde oder ihr harter Kern ein letzter Zufluchtsort für uns werden, bis auch sie nach und nach durch die Wechselwirkung mit anderen Sternen und Planeten in die Weiten des Alls geschleudert werden.[136]

Das Ende der Milchstraße und der Sterne

Das Schicksal der Sonne und der Erde ist natürlich kein Einzelschicksal, sondern droht früher oder später jedem einzelnen Stern und jedem Planeten. Nach und nach werden Sterne sterben und Planeten entweder von ihren Sternen verschluckt oder ins All geschleudert. Für eine Zeit lang entstehen aber noch weiterhin neue Sterne.

Das ist der ganz normale Prozess im Lebenslauf der kosmischen Natur. Doch der hat einen gewaltigen Haken: Selbst im riesigen All ist das Futter begrenzt, sodass die Geburtenrate der Sterne stetig abnimmt. 95 Prozent aller Sterne heute sind in den letzten 11 Milliarden Jahren entstanden, die Hälfte davon aber schon in den ersten 2 Milliarden Jahren dieses Zeitraums. Es kann aber auch noch ein paar Tage länger dauern.[137] Für die zweite Hälfte hat es dann also schon 9 Milliarden Jahre gebraucht.

+100 Ta Jahre Sternentstehung stoppt

Irgendwann werden die kosmischen Kreißsäle leer sein, weil es keine gebärenden Staubwolken mehr gibt. Aber keine Sorge, bis dahin werden noch rund 100 Billionen Jahre ins Land gehen.[138] Lange davor, in etwa 5–10 Milliarden Jahren, wird unsere Galaxie, die Milchstraße, mit der benachbarten Andromeda-Galaxie verschmelzen.[139] Die Sterne sind dabei so weit voneinander entfernt, dass sie nur selten direkt miteinander kollidieren. Die riesigen, ausgedehnten Gaswolken stoßen aber aneinander und lösen kurzfristig nochmals ein Sternentstehungsfeuerwerk aus. Das ist sozusagen der Nachbrenner der Sternengeburt. Unser Schwarzes Loch im Zentrum der Milchstraße wird mit dem der Andromeda-Galaxie verschmelzen und nochmals so richtig aufdrehen und aufleuchten.[140] Davon kann man dann sicher spektakuläre Bilder machen!

+ ca. 10 Ga Milchstraße und Andromeda verschmelzen

Die neue verschmolzene Galaxie sieht dann viel runder aus als Andromeda heute. Das schöne Band der Milchstraße am Nachthimmel ist dann sehr viel breiter und diffuser – falls die Erde dann noch Teil der Milchstraße ist und nicht als Hochgeschwindigkeitsgeschoss herausgeschleudert wird! Denn durch die Galaxienkarambolage werden Sterne durcheinandergewirbelt wie Blätter im Herbst durch die schrecklich lauten Laubbläser. Wer dann wo landet, ist völlig unvorhersehbar. Sicher ist nur, dass zumindest ein paar Sterne und Planeten im Schwarzen Loch landen und andere wiederum aus der Galaxie hinausgeschleudert werden.

Schaffen wir es, innerhalb unserer Milchstraße zu bleiben, ist es, bis alle neuen Sterne ausgebrannt sind, aber für die nächsten Jahrmilliarden durchaus gesellig – in etwa so gesellig wie eine jährliche Ü50-Party, die irgendwann zu einer Ü60-Party wird und dann zu einer Ü70-Party und so weiter. Es bleibt nett, alles verläuft immer ruhiger, und es kommen Jahr für Jahr immer weniger. Nach 17 Billionen Jahren ist der älteste und langlebigste Stern im Universum verglüht. Zwar werden dann noch einige wenige neue geboren, aber nach rund 100 Billionen Jahren ist dann auch der letzte Stern ausgebrannt.

+17 Ta
Ältester Stern verglüht

+100 Ta
Letzter Stern verglüht

Das Universum verblasst

Während die Sterne der Milchstraße ihr gewohntes Ding machen, passiert im Rest des Universums etwas immer schneller und schneller, was das Universum schon von Anfang an im Geheimen begleitet hat. Die Dunkle Energie treibt den Raum weiter auseinander, wie Hefe einen Teig. Während die Kraft der Backhefe irgendwann einmal aufgebraucht ist, könnte das Universum sich immer weiter und immer schneller

+100–200 Ga
Kosmische Expansion beschleunigt – nahe Galaxien verschwinden aus unserem Blick

ausdehnen. Es entspräche einem Teig, der beim Gehenlassen erst den Deckel von der Schüssel wirft, dann die Küche auseinanderdrückt und schließlich das ganze Haus sprengt. Dabei werden die einzelnen Teile der Küche, Löffel, Gabel, Tassen wie Rosinen im Teig immer weiter auseinandergetrieben. Im All sind Galaxien die Rosinen. Sie werden durch die geheimnisvolle Kraft der Dunklen Energie voneinander weggetrieben.

In rund 130 Milliarden Jahren wird die Riesengalaxie M87, die heute schlappe 55 Millionen Lichtjahre von uns entfernt ist, noch sehr viel weiter weg sein. Sie bewegt sich dann so geschwind von uns fort, dass ihr Licht nicht mehr schnell genug fliegen würde, um uns zu erreichen. Der sich ausdehnende Raum ist für das Licht dann wie eine Rolltreppe, die man gegen die Laufrichtung nach oben erklimmen möchte und die immer schneller und schneller wird. Irgendwann kann auch der schnellste Sprinter nicht mehr gegen ihre Laufrichtung anlaufen. Egal, wie schnell er auch laufen mag, er wird doch nur unweigerlich nach unten gezogen und erreicht niemals die obere Etage. Dem Licht von M87 ergeht es genauso. Dadurch verschwindet diese Galaxie einfach von der Bildfläche, kein noch so starkes Teleskop könnte sie sehen.

Diese Vorstellung finde ich persönlich besonders ernüchternd, denn von genau dieser Galaxie haben wir das historisch erste Foto eines Schwarzen Lochs gemacht. In dieser fernen Zukunft hat also selbst die beste Wissenschaftlerin mit dem besten Teleskop keine Chance, selber hinzusehen und unser Bild vom Kosmos zu überprüfen. Sie muss den alten Erzählungen glauben, dass vor 130 Milliarden Jahren mal eine Gruppe von affenähnlichen Wesen mit einem globalen Netzwerk riesiger Schüsseln in das Herz dieser Galaxie geschaut und dort ein riesiges Schwarzes Loch gesehen hat. Ja, sie muss sogar glauben, dass es überhaupt andere Galaxien gegeben hat. In rund 180 Milliarden Jahren sind sie alle aus unserem Blick verschwunden. Das für uns sichtbare Universum besteht dann nur noch aus unserer eigenen mit Andromeda verschmolzenen Milchstraße,[141] der Milkomeda-Galaxie. Obwohl das Universum eigentlich nun viel größer ist, ist das *sichtbare* Universum für uns viel kleiner geworden.

Und es kommt noch schlimmer! Selbst der Urmythos unseres Universums, die Geschichte vom Urknall, wird unaufhaltsam verblassen. In etwa einer Billion Jahre wird auch der letzte Lichtstrahl vom Feuerball des Urknalls, der kosmische Mikrowellenhintergrund, so weit auseinandergezogen sein, dass wir ihn nicht mehr sehen können.[142]

+1 Ta Urknall verblasst

Wer dann ein altes Astronomielehrbuch aufschlägt und liest: »Am Anfang war das Licht« oder »Am Anfang war der Urknall«, der wird es lesen wie eine schöne Legende einer großen Vergangenheit, die nur in der Fantasie der Alten bestanden hat. Alle Ergebnisse heutiger kosmologischer Forschung lesen sich dann wie Geschichten über die Traumpfade der Aborigines in Australien oder aus der Genesis der Bibel. Man wird es glauben müssen.

Die Vorhersage über die Entwicklung des Universums hat, wie fast jede Prophetie, aber einen großen Haken. In diesem Fall ist es die Natur der Dunklen Energie, die im wahrsten Sinn des Wortes im Dunkeln liegt. Wäre die Potenz der Dunklen Energie etwas größer, als man es im einfachsten Fall erwarten würde, könnte sie langfristig das ganze Universum und alle Materie auseinanderreißen. Dann werden nicht nur ferne Galaxien von uns weggerissen, sondern unsere eigene Galaxie wird als Nächstes auseinandergerupft, und selbst die ganze Erde würde irgendwann wie ein Luftballon platzen. Ein solches Szenario will wirklich niemand, und die meisten Kosmologen halten so einen »Big Rip« des Universums auch für eher unwahrscheinlich. Wenn er kommt, dann auch erst in über 100 Milliarden Jahren.

Alternativ wäre denkbar, dass der kosmischen Himmelshefe irgendwann die Puste ausgeht. Die Ausdehnung des Raumes würde dann nicht mehr so schnell erfolgen und sich abschwächen. Dass das Universum aber jemals wieder in sich zusammenkrachen und vielleicht sogar in einen »Big Bounce«, einem regelmäßig wiederkehrenden Kollaps mit neuem Urknall, übergehen könnte, wird von der heutigen Datenlage nicht wirklich unterstützt.[143]

Die Chance ist also groß, dass zumindest unsere Milchstraße noch eine ganze Zeit lang in die Leere des Kosmos hineinleuchten kann, bis in etwa hundert Billionen Jahren dem Kosmos mit dem letzten Stern die Lichter ausgehen.

Sternenzombies

Übrig bleiben im All nur ein paar ausgekühlte Planeten, Weiße Zwerge – die ausgebrannten Kerne normaler Sterne –, Neutronensterne oder Schwarze Löcher. Ab dann wird es relativ schwierig, noch Energie zu erzeugen. Das Universum ist stockdunkel, aber noch nicht ganz tot. Vielleicht könnte man noch hin und wieder auf geschickte Art und Weise zwei Weiße Zwerge miteinander kollidieren lassen. Eine die Galaxis umspannende Zivilisation müsste dann auf die Jagd nach geeigneten Sternenleichen gehen und deren Bahnen so exakt ablenken, dass sie einander streifen oder sich frontal treffen. Es wäre letztlich Gravitationsenergie, die man dann ernten und zum Heizen von Planeten benutzen könnte.

Das klingt nach extremer Science-Fiction, und das ist es auch, aber wer weiß, wozu wir irgendwann in der Lage sein werden. Heute verändern wir die Erde, morgen unser Sonnensystem und übermorgen vielleicht eine ganze Milchstraße. Andererseits ist natürlich auch klar, dass wir gar nicht erst über unfassbar intelligente galaktische Zivilisationen in ferner Zukunft nachzudenken brauchen, wenn wir uns als unfähig herausstellen, unsere kleine Erde in Schuss zu halten. Manche von uns haben ja schon Probleme damit, nur ihren Schreibtisch halbwegs in Ordnung zu halten, wie ich aus eigener Erfahrung weiß!

Mit den Weißen Zwergen könnten wir uns aber eine lange Zeit

über Wasser halten, denn diese praktischen erdballgroßen Kristallkugeln[144] sind nicht nur schön anzusehen, sie sind auch sehr robust, langlebig und ausgesprochen zahlreich.

Wenn man den Gedanken weiterspinnt und ausrechnet, wie viel Energie in der Milchstraße gespeichert ist, dann könnte eine Minimalbevölkerung von zwei Menschen davon maximal 10^{49} Jahre zehren.[145] Das ist eine 1 mit 49 Nullen dahinter! Allerdings ist dies eine absolute Obergrenze. Geht man davon aus, dass man eine Zivilisation von Milliarden Menschen braucht, die Effizienz der Energiegewinnung maximal 1 Prozent ist und wir mit dem heutigen Energieverbrauch auskämen, der pro Kopf 100-mal größer ist als die Kalorien, die wir durch das Essen zu uns nehmen, dann reduziert sich die maximal mögliche Lebensdauer einer Zivilisation auf 10^{36} Jahre, was immer noch sehr optimistisch eingeschätzt ist. Allerdings sind es schon noch eine Menge Jahre bis dahin – zehn Billionen mal zehn Billionen mal das Alter des heutigen Universums.

+10^{36} a
Ende einer Galaktischen Zivilisation

Irgendwann geht dann auch der Vorrat an toten Sternen in der Milchstraße zur Neige. Dann heißt es für uns so richtig Energie sparen. Vielleicht sind wir in der Lage, unseren ganzen Metabolismus und unseren technologischen Energiehunger nach und nach herunterzuschrauben.[146] Statt knappe hundert Jahre leben wir dann vielleicht ein paar tausend oder Millionen oder Milliarden Jahre mit demselben Betrag an Energie – aber dann sehr langsam.

Langsamer zu leben ist in einem solchen zukünftigen Universum in Ordnung, denn es passiert auch nicht mehr so viel auf einmal. Wenn ich in dieser Zukunft meiner Frau einen Witz erzähle, dauert es vielleicht ein paar Millionen Jahre, bis sie darüber lacht, weil unser Metabolismus so stark reduziert ist. Zum Glück kann ich warten! Ich vermute sogar, dass wir uns schon schrittweise hin zu dieser zukünftigen Langsamkeit bewegen. Bei manchen meiner Witze warte ich nämlich noch immer auf das schallende Gelächter.

Ewig werden wir in diesem Universum aber nicht leben können. Der Energievorrat ist einfach begrenzt.

Das Geheimnis der Quantenfelder – das Universum verdampft

Falls wir es selber nicht schaffen, Weiße Zwerge, Neutronensterne und Schwarze Löcher aufzubrauchen und verschwinden zu lassen, wird es wohl das Universum irgendwann für uns tun.

Vielleicht ist nämlich die scheinbar so robuste Materie, aus der wir bestehen, gar nicht so stabil. Es könnte sein, dass die Kernbausteine der Atome, aus denen Sternenleichen bestehen, einfach zerfallen, so wie die Ziegel eines alten Hauses irgendwann bröselig werden und die Ruine einstürzen lassen. Dieser Protonenzerfall ist bisher aber nur eine theoretische Möglichkeit, denn noch niemand hat bisher ein Proton spontan zerfallen sehen. Die Ziegel, aus denen unsere Materie besteht, die Protonen, scheinen absolut stabil zu sein. Protonen altern nicht – zumindest nicht sichtbar. Experimente, die mit riesigen unterirdischen Wassertanks nach Lichtblitzen von zerfallenden Protonen suchen, zeigen, dass unsere Materie uns noch mindestens für die nächsten 10^{34} Jahre erhalten bleibt.[147] Allerdings drohen noch andere Gefahren für das Überleben des Universums, und manche davon machen selbst vor Schwarzen Löchern nicht halt.

Erstaunlicherweise können auch Schwarze Löcher unter Umständen »zerbröseln«. Wenn die berüchtigte Hawking-Strahlung[148] existiert, würden sogar diese Massenmonster irgendwann verdampft sein. Zwar gilt eigentlich, dass alles, was in Schwarze Löcher fällt, nie wieder herauskommt und Schwarze Löcher nur wachsen können, aber die Quantentheorie hat diesem Dogma einen Strich durch die Rechnung gemacht.

Den sowieso schon völlig irrsinnig erscheinenden Erkenntnissen der modernen Physik setzt nämlich die Quantenfeldtheorie noch die Krone auf. Sie ist die Erweiterung der Quantenmechanik, welche die Eigenschaften der kleinsten Materie und der Lichtteilchen beschreibt, mit den Erkenntnissen der Relativitätstheorie. Laut dieser experimentell gut unterbauten Theorie[149] durchzieht eine Vielzahl von Quantenfeldern unser Universum – jede Teilchenart hat ihr ganz eigenes Feld, aus dem es hervorspringt.

Quantenfelder sind wie ein fast unendlich ausgedehntes Trampolin, an dem überall viele kleine virtuelle Sprungfedern oder Glöckchen hängen. Die Teilchen, aus denen wir bestehen, oder die Lichtquanten, die wir sehen, sind dann nur noch Schwingungen in diesem Quantenfeld, die sich von einem Ort zum anderen fortpflanzen können. Das klingt ausgesprochen esoterisch – und das ist es für mich auch –, aber meine etwas schlaueren Physikerkollegen schwören Stein und Bein, dass dies etablierte Physik sei.

Jedes Elektron entspricht in diesem Quantenfeld einem Ton, den wir hören, wenn irgendwo eines der vielen Glöckchen mit genügend Energie angeschlagen wird und laut schwingt. Die Theorie erklärt wunderbar, warum Elektronen überall im Universum die exakt gleichen Eigenschaften haben: Sie sind alle nur Anregungen ein und desselben Quantenfeldes, überall hören und sehen wir den gleichen Ton!

Allerdings sind diese Glöckchen niemals völlig still. Wie ein Windspiel in einer Brise zittert und leicht vor sich hin klingelt, so schwingen auch all die virtuellen Glöckchen der Quantenfelder permanent und unhörbar. Nur ganz gelegentlich können dabei zufällig zwei Glöckchen aneinanderstoßen[150] und gleichzeitig erklingen, wobei sie exakt gegensätzlich schwingen – man hat Schall und Anti-Schall, die sich schnell wieder gegenseitig auslöschen, weil die genau entgegengesetzten Schwingungen des einen Glöckchens das andere zum Schweigen bringen. Trotzdem entstehen dann auf diese Weise für einen kurzen Moment scheinbar ein Teilchen und ein Anti-Teilchen, die genauso schnell auch wieder verschwunden sind.

Passiert so eine Anregung aber in der Nähe eines Schwarzen

Loches, dann kann es geschehen, dass der Anti-Schall des einen Glöckchens zufällig im Schwarzen Loch verschwindet. Er kann dann das andere Glöckchen nicht mehr zum Schweigen bringen, und dieses klingelt für alle Ewigkeiten weiter. Aus einem kurzlebigen virtuellen Teilchen ist so mit etwas Glück ein reales Teilchen geworden, dass dann im Universum verschwinden kann. Die Energie des so neu erzeugten Teilchens fehlt aber dem Schwarzen Loch, und es schrumpft durch den Verlust ein wenig.

Für astrophysikalische Schwarze Löcher ist dieser Prozess, den wir Hawking-Strahlung nennen, unfassbar schwach, aber er würde dazu führen, dass ein kleines stellares Schwarzes Loch in 10^{67} Jahren verschwunden wäre.

Über Hawking hinaus?

Dieser quantenphysikalische Verdampfungsprozess hat mich persönlich schon immer fasziniert, und ich habe die letzten Jahre immer wieder die Gelegenheit genutzt, um einige der schlauesten Köpfe der theoretischen Physik in der Kaffeepause oder beim Abendessen mit meinen naiven Fragen zur Hawking-Strahlung zu nerven. Eine der Fragen war, ob es wirklich ein Schwarzes Loch braucht, um Hawking-Strahlung zu erzeugen, oder ob nicht Gravitationsfelder ganz allgemein strahlen und so auch ein Neutronenstern ohne Ereignishorizont verdampfen könnte. Zu meinem Erstaunen gab es da sehr unterschiedliche Antworten, wenn man tief genug nachbohrt. Die Auguren der Physik scheinen sich nicht einig zu sein, und tatsächlich gibt es bis heute sehr grundlegende Diskussionen über die Natur und die Interpretation der Hawking-Strahlung.

Als ich darüber mit meinem Kollegen, dem Mathematikprofessor Walter van Suijlekom, während einer Konferenzpause sprach, beschlossen wir, der Sache weiter auf den Grund zu gehen. Walter war zwar schon länger an unserer Fakultät, aber es brauchte offensichtlich eine Konferenz an einem anderen Ort, um uns zum gemeinsamen Reden zu bringen.

Mit etwas wissenschaftlichem Wagniskapital[151] gelang es uns, den jungen und brillanten Quantenphysiker Michael Wondrak zu uns zu holen, den ich bei Konferenzen in Rom und Frankfurt schon kennen- und schätzen gelernt hatte, um gemeinsam diese Frage zu untersuchen. So begann eine spannende Phase der Suche nach der Natur der Hawking-Strahlung. Während die beiden über die kompliziertesten mathematischen Themen diskutierten, schlackerte ich immer nur mit den Ohren und versuchte verzweifelt zu verstehen, was da passiert. Trotzdem gelang es mir immer wieder mal, mit meinen berüchtigten dummen Fragen und etwas physikalischem Bauchgefühl die Diskussion in andere Bahnen zu lenken. Am Ende vermochten wir die Hawking-Strahlung, in Analogie zu einem anderen Effekt, neu herzuleiten und dies in der renommiertesten physikalischen Fachzeitschrift, den *Physical Review Letters*, zu publizieren.[152]

Und siehe da, in unserer neuen Ableitung ist der Ereignishorizont der Schwarzen Löcher nur eine Nebensache. In unserem Formalismus ist es die Krümmung des Raums, die Quantenfelder strahlen lässt und zerfällt. Dadurch wäre die Hawking-Strahlung weitaus allgemeiner, als Hawking sie selber formuliert hat. Eine solche Hypothese hatte ich schon in meinem vorherigen Buch geäußert,[153] jetzt hatten wir es durchgerechnet. Natürlich gab es sofort Kritik an diesem Artikel, der wir aber bis jetzt begegnen konnten.[154] Bei Konferenzen bleiben die Meinungen noch geteilt. Immerhin führt es zu spannenden Diskussionen.

$+10^{67}$ a
Stellare Schwarze Löcher und Neutronensterne zerfallen

In einer zweiten Publikation[155] rechneten wir dann kühn aus, was das für unser Universum bedeuten würde: Neutronensterne wären tatsächlich fast genauso schnell verdampft wie Schwarze Löcher, also nach rund 10^{67} Jahren. Weiße Zwerge, die Kerne ehemaliger Sterne, würden immerhin noch 10^{78} Jahre

$+10^{90}$ a
Normale Materie zerfällt

existieren, der Mond wäre nach 3×10^{89} Jahren weg, normales Wasser oder wir selber wären spätestens nach 10^{90} Jahren zerfallen – schlechte Nachrichten also für Milliardäre, die glauben, mit viel Geld und allen Tricks ewig leben zu können. Natürlich sind wir dann schon durch andere Prozesse viel früher verschwunden, denn nichts ist ewig in diesem Universum. Das Schwarze Loch in M87 schafft es noch mindestens 10^{96} Jahre, aber wahrscheinlich noch viel länger, weil es ja erst einmal noch weiter wächst und in ferner Zukunft deutlich größer ist als heute.

$+10^{100}$ a
Supermassereiche Schwarze Löcher zerfallen, Hitzetod des Universums

Wenn wir mit unserer Arbeit recht haben, dann ist in 10^{100} Jahren der größte Teil des Universums verschwunden und zerstrahlt. Man nennt dies den Hitzetod des Universums – nicht, weil das Universum zu heiß geworden wäre, sondern, weil es bildlich gesprochen in Rauch und Flammen aufgegangen ist. Die sogenannte Entropie, also die Unordnung des Universums, wäre dann maximal groß geworden.

Das Higgs-Feld und die Welle der Zerstörung

Interessanterweise gibt es noch ein alternatives Untergangsszenario, bei dem eine Welle der Zerstörung durch das Universum läuft und die ganze uns bekannte Physik aus den Angeln hebt. Der Grund: Physiker trauen dem Higgs-Feld nicht! Auch dieses Quantenfeld durchzieht das ganze Universum, und es ist dieses Feld, das in Bruchteilen der ersten Sekunde des Universums aus lichtähnlichen Geisterteilchen unsere normale Materie gezaubert hat. Das Higgs-Feld verleiht uns und jedem einzelnen Teilchen in unserer Welt überhaupt erst die Masse, die uns träge, aber eben auch reaktionsfähig macht. Es ist heute nicht sicher, dass dieses Feld wirklich stabil ist. Das Higgs-Feld könnte in einem spontanen Phasenübergang in einen anderen Zustand übergehen, und dann wäre nichts mehr so, wie es ist.[156]

Ein solcher Phasenübergang könnte plötzlich in einer Ecke des Universums beginnen und sich dann mit Lichtgeschwindigkeit in alle Richtungen ausbreiten. Man kann es sich vorstellen wie das Abbrennen eines Ölfilms auf der Autobahn nach einem Unglück mit einem Tanklaster. Ein Funke genügt und die Flammen breiten sich rasend schnell aus und verzehren alles auf ihrem Weg. Eine Front der Vernichtung liefe durch das All, aber so schnell, dass man sie nicht einmal sähe, denn sie bewegte sich mit Lichtgeschwindigkeit auf uns zu. Jede Information über den Zerfall des Universums käme erst zusammen mit der Zerstörungsfront selber an. Wir wären von der einen auf die andere Sekunde weg, ohne es zu merken. Man kann es mit einem Überschalljet vergleichen, den wir erst hören, wenn er schon an uns vorbeigeflogen ist.

10^{100} a
Higgs-Feld könnte zerfallen – Ende des Universums

Theoretisch wäre es also möglich, dass in diesem Moment die ganze Andromeda-Galaxie in 2,5 Millionen Lichtjahren Entfernung schon weg ist, wir sie aber noch am Himmel sehen, weil das Licht uns eben den Zustand von vor 2,5 Millionen Jahren zeigt. Oder der Große Wagen am Nachthimmel ist gerade zerfallen, und wir sehen ihn erst in rund 80 Jahren mit allen anderen Sternen verschwinden, genau dann, wenn die Auslöschungswelle zusammen mit dem Sternenlicht auch uns erreicht. Gegen ein solches Ende ist kein Kraut gewachsen, aber immerhin wäre es ein recht schmerzloser und schneller Tod. Zum Glück deuten heutige Messungen darauf hin, dass ein Zerfall des Higgs-Feldes eher unwahrscheinlich ist und frühestens in 10^{100} Jahren zu erwarten ist.[157] Dann ist sowieso nicht mehr viel da, was zerfallen könnte.

Wie auch immer: Unsere Geschichte endet irgendwann in der endgültigen Apokalypse – zumindest aus heutiger Sicht.

Alles aus?

Ist dann wirklich Schluss? Wer weiß? Mein Kollege Arnold Benz von der ETH Zürich sagte einmal in einem Abendvortrag mit dem Titel »Die Zukunft des Universums – Zufall, Chaos, Gott?« bei der Astronomischen Gesellschaft[158] sinngemäß den für mich denkwürdigen Satz: »Unser Universum war in seiner Geschichte voller überraschender kreativer Momente – warum soll es uns nicht auch in Zukunft noch überraschen?«

Tatsächlich stellen sich manche vor, dass unser Universum mit einem anderen kollidieren und dann einen neuen Urknall erzeugen könnte.[159] Das ist zwar wildeste Spekulation und durch keine Daten gedeckt, aber es hält eine Tür offen für etwas Neues. Mit einer ähnlichen Hoffnung endet auch das Buch der Apokalypse:[160]

> *»Und ich sah einen neuen Himmel und eine neue Erde; denn der erste Himmel und die erste Erde sind vergangen, und das Meer ist nicht mehr. Und ich sah die heilige Stadt, das neue Jerusalem, von Gott aus dem Himmel herabkommen.«*

Tatsächlich ist die biblische Apokalypse ein Hoffnungsbuch. Am Ende steht das Bild einer neuen Welt, allerdings keiner, die immer wieder von vorne anfängt, sondern einer, die zu Ruhe und Erfüllung kommt. Ich finde das gar nicht so erschreckend. Warum sollte der Gedanke an eine Welt, die sich in einem kosmischen Hamsterrad ewig weiterdreht, so viel besser sein?

Wie genau die Welt enden wird, wissen wir also nicht mit Sicherheit. Es gibt gute Gründe zu hoffen, dass wir noch viele Äonen vor uns haben. Andererseits könnte auch morgen schon alles vorbei sein. Genau wie Lemaître über dem Anfang der Schöpfung einen Schleier liegen sah, so liegt auch über dem Ende des Universums ein dunkles Tuch.

Mir macht das keine Angst. Ich bin mit den Geschichten des Lebens zwischen Genesis und Apokalypse aufgewachsen. Es ist weise, sich seiner Herkunft und seiner Endlichkeit bewusst zu sein: *»Lehre uns bedenken, dass wir sterben müssen, auf dass wir klug werden«*, heißt es im Psalm 90.[161]

Ich bin geboren, und ich werde sterben, genauso ist der Kosmos geboren und wird wieder vergehen. Ich lebe daher nach dem Martin Luther zugeschriebenen Motto (auch wenn er das selber vielleicht nie so gesagt hat): »Wenn morgen die Welt untergeht, würde ich heute noch ein Apfelbäumchen pflanzen.«

Wie man mit seiner Endlichkeit und der Endlichkeit des Kosmos umgeht, ist dabei auch eine Frage des eigenen Weltbildes und der eigenen Haltung. Der Begriff »Kosmos« schließt im Griechischen die Götterwelt ein. Er entsteht mit den sechs Urgöttern Chaos, Gaia, Tartaros, Eros, Erebos und Nyx, wobei Letztere wahrscheinlich aus Chaos entstehen.[162] Einen prominenten altgriechischen Mythos vom Ende gibt es zwar nicht, aber ein Untergang des Kosmos wäre in einem solchen Bild gleichbedeutend mit einem Untergang der Götter. Auch ein animistisches oder atheistisches Weltbild geht mit dem Kosmos unter.

In der biblischen Genesis ist der Schöpfergott, als Urgrund allen Seins, der die Zeiten überdauert, wahrhaft transzendent. Gott überdauert Raum und Zeit. Genauso könnten auch die Naturgesetze als abstrakte Entitäten die Zeit überdauern. Die Welt ändert sich fortlaufend, aber die darunter liegenden Prinzipien bleiben gleich. Gott ist im biblischen Denken Alpha und Omega, Ziel und Ende der kosmischen Entwicklung, aber nicht an den Kosmos gebunden. Auch nach dem Untergang der Welt ist Gott derselbe, und ich persönlich glaube tatsächlich an einen neuen Himmel, den ich astronomisch nicht durchdringen kann.

Bei dem Gedanken fühle ich mich gut aufgehoben. In dieser Welt bin ich ein Kind des Kosmos, im Glauben aber bin ich ein Kind des Schöpfers und ein Teil der Ewigkeit – wie immer die aussehen mag.

Die Weiten des Himmels sind mir Heimat und Zukunft zugleich. Für mich ist dieser Schöpfer dabei nicht ewig weit weg, sondern immer wieder nah – in den unvermeidbaren Katastrophen, aber auch den vielen wunderschönen Momenten, die diese Welt zu bieten hat.

Jeder kann und muss in dieser Glaubensfrage seine eigene Position finden. Die Wissenschaft ist keine autoritäre Diktatorin, die mir vorschreibt, was ich angesichts der überwältigenden Entwicklung des Kosmos zu fühlen oder zu glauben habe – auch wenn manche einen das glauben lassen wollen. Die Wissenschaft malt eine Landkarte von Raum und Zeit, zeigt mögliche Wege darin auf, aber sie sagt mir nicht, welche ich beschreiten soll und warum. Sie sagt mir auch nicht, warum ich diesen und nicht jenen Weg beschritten habe. Selber entscheiden zu können, welchen Weg wir in dieser Welt gehen wollen, ist eine Freiheit, die uns Menschen einzigartig macht. Die Sterne, aus denen wir einst geboren wurden, hatten diese Freiheit noch nicht.

Zwischen Genesis und Apokalypse

Der Blick auf die schwindelerregende Reise, die wir als Menschen vom Urknall bis heute zurückgelegt haben, macht mich ehrfürchtig und lässt mich staunen. In uns steckt die gesamte Entwicklung des Universums. Jeder einzelne Schritt, wie verworren und großartig er auch war, hat uns bis hierhin geführt. Es brauchte ein unscheinbares Wort am Anfang und die unendlichen Weiten des Raums und die Äonen der Zeit, damit wir irgendwann auf einem klitzekleinen Planeten aufatmen und zum Himmel aufschauen konnten. Unsere Erde ist einer von Billionen Planeten in unserer Milchstraße, die wiederum nur eine von vielen Hunderten Milliarden Galaxien im sichtbaren Universum ist. Es gibt so viele Planeten wie Sand am Meer.[163] Gleichzeitig hat jedes Glas Wasser mehr

Moleküle als unser Universum Sternensysteme und jeder Mensch mehr Zellen als Hunderte Galaxien Sterne haben.[164] Die Größe und Komplexität der Welt sind atemberaubend. Jeder Planet, jeder einzelne Mensch, jede einzelne Zelle ist ein Wunder an sich.

Wir sind der bisherige Endpunkt einer 13,8 Milliarden Jahre dauernden Entwicklung. So lange hat das riesige All gebraucht, um uns kunstvoll so zu schaffen, wie wir jetzt sind und uns dessen bewusst sein zu können. Das gibt uns auch eine ganze besondere Verantwortung. Dürfen wir das einfach wegwerfen? In unserer Art sind wir einzigartig. Natürlich kann es auch woanders Leben im All geben, aber zum einen wissen wir das nicht sicher, und zum anderen nimmt uns das nichts von der Einzigartigkeit der Geschichte dieses Planeten. So wie jeder Mensch seine ganz eigene Geschichte hat, so haben auch die Erde und das Leben auf ihr eine unverwechselbare Identität. Als suchende und denkende Menschen sind wir es, die diese Geschichte in uns tragen, sie begreifen und weitererzählen können.

Fast jedes Proton in uns entstand in den ersten drei Minuten nach dem Urknall. Die Atome in uns wurden im Feuer der Sterne geschmiedet, der Boden, auf dem wir stehen, und das Material, aus dem wir gemacht sind, sind Sternenstaub aus der protoplanetaren Scheibe. Unsere Zellen erhoben sich aus dem Schlamm des Urmeeres, in ihrer Struktur und Erbinformation spiegeln sich Milliarden Jahre von Klimakapriolen, tanzenden Kontinenten und kosmischen Einschlägen wider. Die immer weiter fortschreitende Entwicklung des Lebens hat uns von toter Materie zu einer einfachen Zelle und schließlich zu einer komplexen, den Planeten umspannenden Zivilisation gebracht.

Die ganze Entwicklung des Kosmos, angefangen mit den Naturkräften, die in uns wirken, der Materie, die uns ausmacht, und der Geschichte, die uns geformt hat, sitzt heute noch in uns. Wir sind im wörtlichen und im übertragenen Sinne das Gedächtnis des Universums.

Darüber hinaus sind wir auch Überlebende einer Geschichte von Katastrophen, die das Universum, unseren Planeten und das Leben immer wieder völlig umgewälzt haben. Immer wieder hat das Kleine das Große beeinflusst und umgekehrt. Die einzige Konstante dabei war die Veränderung. Darin liegt ein besonderer Schatz an Erinnerungen und Erfahrungen, die uns ein Rüstzeug bieten, um auch die unvermeidlichen Katastrophen, die vor uns liegen, zu überstehen.

Der Anthropologe Eske Willerslev versucht, diesen Schatz sehr konkret zu heben. Er sagt, dass die Erinnerung an die Klimageschichte der Erde in der Erbinformation heutiger Pflanzen und Tiere immer noch anwesend ist. Durch die Untersuchung alter DNA glaubt er verborgene Lösungsmöglichkeiten für die Herausforderungen der Zukunft finden zu können. Welche Urerinnerung in der DNA können wir benutzen, damit bestimmte Pflanzen in Zukunft überleben? Willerslev ist jemand, der das Wissen aus der Vergangenheit mit der Hoffnung für die Zukunft verbindet, wie viele andere Menschen auf dieser Erde auch. Das Ökosystem hat sich immer wieder an neue klimatische Bedingungen angepasst und jedes Mal eine eigene neue Lösung gefunden. Das wird die Natur auch in Zukunft tun, und sie wird dann nicht genauso aussehen wie heute.

Ich mag daher das oft verbreitete Negativnarrativ nicht, dass wir unaufhaltsam in den direkt bevorstehenden Untergang gehen und dass Menschen die größte Plage dieses Planeten seien.

Ich höre öfters den Slogan »Der Mensch ist das Virus«, das unseren Planeten befallen habe. Unsere Ausrottung wäre letztlich gut für den Planeten. Ich würde diesem Denken zunächst erwidern, dass auch Viren ein Recht auf Existenz haben und sie für uns gute wie schlechte Eigenschaften haben.[165] Genau wie die Viren haben auch wir ein Recht, vielleicht sogar eine Pflicht, hier zu sein, und zwar mit all unserer Technologie, mit unseren Zivilisationen und mit all unserer Kraft, Leidenschaft und Weisheit, die uns auszeichnen, aber eben auch mit und trotz unserer Verdorbenheit und Zerrissenheit.

Natürlich kann ich nicht völlig ausschließen, dass die Menschheit sich in einigen Generationen selber auslöscht, aber ich teile nicht die in manchen intellektuellen Zirkeln grassierende defätistische Haltung, dass dies quasi unvermeidlich ist. Für mich ist das eine zu einfache Art, sich aus der Verantwortung für die Zukunft zu stehlen. Wer davon ausgeht, dass er verliert, hat schon verloren. Im Gegenteil, wir dürfen uns darüber freuen, was für besondere Möglichkeiten wir bekommen haben, die Welt zu gestalten.

Zwar gibt es Genforscher, die behaupten, dass in Wahrheit – aufgrund seiner Gen-Entwicklung – der Schimpanse die am meisten entwickelte Spezies auf dem Planeten ist,[166] aber der reduktionistische Blick auf die Gene verrät nicht alles. Schimpansen schreiben nun mal keine Bücher, komponieren keine Symphonien, machen keine Gensequenzierung, bauen keine Atombomben und kontrollieren auch nicht das Klima dieses Planeten. Wir sind die dominante Spezies dieses Planeten und sollten diese Rolle deshalb auch verantwortungsvoll annehmen, statt sie zu leugnen. Im Gegensatz zu vielen anderen Spezies können wir unser Handeln reflektieren und langfristig geradezu prophetisch in die Zukunft schauen. Wir können unser Handeln bewusst ändern.

Dabei sollten wir uns hüten, uns als Krone der Schöpfung aufzuspielen, als Könige auf die Welt herabzuschauen und tyrannisch über die ganze Natur herrschen zu wollen. Damit würden wir nur an dem Ast sägen, auf dem wir sitzen. Vielmehr sind die Natur und ihre Entwicklung wie ein Baum, der, von starken Wurzeln getragen, fest im Boden verankert ist, seine Blätter zum Himmel ausstreckt und besondere Früchte trägt. Wir dürfen uns freuen, Teil einer über Milliarden Jahre gewachsenen Baumkrone der Schöpfung zu sein. Stamm, Wurzel und Boden dieser Baumkrone sind es, aus denen heraus wir gereift sind. Die ganze Geschichte des Universums, der Erde und des Lebens, aus der heraus wir geboren sind, und das kosmische Ökosystem, aus dem wir unsere Kraft ziehen – all das war nötig, damit wir uns heute entfalten können.

Der Mensch und seine weltumspannende und weltverändernde Zivilisation sind wohl das komplizierteste Gebilde, das der Kosmos bis heute auf dieser Erde hervorgebracht hat. Ja, unsere Gene sind nur zu 1,7 Prozent anders als die von Schimpansen,[167] aber diese knapp zwei Prozent machen den Unterschied. Physikalisch gesehen ist die Erde mit ihrem Fressen-und-Gefressen-Werden, mit ihrem Werden und Vergehen eine riesige Maschine, die kosmische Energie, nämlich Sonnenenergie und Geothermie, prozessiert und in Informationsverarbeitung und zielgerichtetes Handeln umsetzt. Dieses Ziel ist Leben und dieses Leben ist inzwischen so viel mehr als nur Energieverarbeitung. Wir Menschen sind in dieser Maschine inzwischen das Gedächtnis und vielleicht auch das Gewissen dieser Welt – kein perfektes, aber immerhin. Jede Minute, die wir leben, ist daher ein Fest.

Die wundersame Komplexitätsvermehrung

Dass eine solche Komplexität des Lebens überhaupt entstehen konnte, ist ein Wunder und ein Rätsel an sich. Wenn wir die Geschichte unserer Welt, vom Urknall bis heute, betrachten, dann sehen wir, dass nicht nur, wie in der Physik allgemein akzeptiert, die Entropie zunimmt, sondern in vielen Nischen auch die Komplexität der Systeme – ganz von alleine. Es fühlt sich fast so an, als gäbe es eine geheimnisvolle Kraft, die unser Universum immer spannender und vielfältiger machen möchte.

Warum ist das so? In den normalen Gesetzen der Physik ist das so nicht vorgesehen. Es gibt ein physikalisches Gesetz der zunehmenden Entropie, aber keines der zunehmenden Komplexität. Wie kann aus zielloser Physik zielgerichtetes Leben und Denken entstehen?[168] Die Frage hat es in sich, denn dahinter verbirgt sich auch die Frage, ob das Universum vielleicht selber ein Ziel hat. Scheinbar entwickelt es sich ja hin zu mehr Sinn und Verstand. Ein immer kleinerer Teil des Universum ist immer schlauer geworden.

Mein Kollege Jonathan Lunine von der Cornell University erzählte mir bei meinem Besuch dort, dass er zusammen mit Astrobiologen, Planetologen und Philosophen tatsächlich schon ein neues Naturgesetz der zunehmenden Komplexität publiziert habe[169] – fokussiert auf die biologische Evolution. Ist unsere Sammlung der Naturgesetze also unvollständig? Was treibt den Kosmos im Innersten an?

In der Physik hat die Natur per Definition weder Sinn noch Ziel, und viele Physiker reagieren schon bei der Frage, ob die Natur zielgerichtet sei, allergisch. Dabei kennt die Physik durchaus Kräfte, die nur eine Richtung haben: Die Schwerkraft zum Beispiel zieht immer nur an, und die Zeit läuft im Universum immer nur vorwärts, auch die Unordnung nimmt immer weiter zu. Warum nicht auch die Komplexität? Immerhin sorgt diese dafür, dass das Universum in uns beginnt, über seinen eigenen Ursprung nachzudenken.

Zwar kann man trefflich über die Definition von Komplexität streiten, aber ich brauche kein Studium, um einzusehen, dass unsere menschliche globale Zivilisation komplexer ist als eine Affenbande, die wiederum komplexer ist als eine Urzelle, die komplexer ist als ein Sternenhaufen, der komplexer ist als der erste Feuerball des Urknalls.

Die Entstehung dieser Komplexität ist letztlich unbegreiflich. Wenn wir die Erdgeschichte Revue passieren lassen, scheint zwar jeder Schritt zwangsläufig auf den nächsten zu folgen, aber in der Gesamtschau ist unser Weg vom Urknall bis heute ein irrwitziger Hürdenlauf durch die Physik, Chemie, Geologie, Biologie und letztlich die Soziologie. Wir kennen die einzelnen Naturgesetze und Regeln, die unserer Evolution zugrunde liegen, aber warum deren Zusammenspiel am Ende uns geboren hat, bleibt das große Mysterium dieser Welt. Der ziellose Zufall, der unsere Evolution vorantreibt, wird von diesen Regeln wunderbarerweise in die richtigen Bahnen gelenkt. Unsere Evolution ist eben nicht nur reiner Zufall, sondern reiner Zufall innerhalb der genau richtigen Regeln mit den genau richtigen Randbedingungen. Das komplexes Leben wie das unsere im Rahmen dieser Regeln und Bedingungen überhaupt möglich ist, bleibt das große Wunder unserer Welt.

Hat das Universum also doch ein Ziel? Nämlich das Ziel, Komplexität und sogar Bewusstsein entstehen zu lassen? Naturwissenschaftlich haben wir darauf keine zufriedenstellende Antwort.

Meine persönliche Glaubensüberzeugung, dass wir in diesem Kosmos sozusagen gottgewollt sind, ist genau das: eine bewusste Glaubensüberzeugung. Ich kann es nicht beweisen, ich habe keine physikalischen Gesetze dafür, aber es scheint mir absolut vernünftig zu sein.

Unsere kosmische Sekunde

Die Erde hat uns geboren und großgezogen. In kürzester Zeit sind wir von einer kleinen Gruppe vagabundierender Affen zur einflussreichsten Spezies auf diesem Planeten geworden. Packt man die ganze Entwicklung der Erde in ein Jahr, dann ist der *Homo sapiens* erst in der letzten halben Stunde der Silvesternacht entstanden, die Entwicklung der Zivilisation seit der neolithischen Revolution passierte in der letzten Minute des Jahres und die industrielle Revolution inklusive Klimawandel in den letzten anderthalb Sekunden des Jahres.

Als Menschheit verhalten wir uns leider immer noch wie eine pubertierende Horde auf ihrem Affenfelsen. Es ist daher jetzt langsam Zeit, erwachsen zu werden und für unsere Erde zu sorgen. Der bekannte Klimaforscher Michael Mann spricht von unserem zerbrechlichen Moment der Entscheidung,[170] in dem wir gerade leben, weil wir jetzt die Weichen für die Zukunft stellen und aus der Vergangenheit lernen können. Ich würde sagen, unsere kosmische Sekunde ist angebrochen.

Den berühmten Auftrag an den Menschen aus der Genesis: *»Seid fruchtbar und mehret euch und füllet die Erde und machet sie euch untertan«,*[171] haben wir in den zweieinhalbtausend Jahren nach seiner Niederschrift eindrucksvoll erfüllt, ihn aber nicht ganz verstanden. Nicht egoistisches Herrschen, sondern gute Haushalter sein und Verantwortung für das Wohlergehen der Welt zu übernehmen ist hiermit gemeint.[172]

Nach der aufregenden Arbeit an diesem Buch habe ich unsere Welt ein Stück besser verstanden und die Genesis ein Stück mehr lieben gelernt. Der Wagemut unserer Vorfahren, das Undenkbare zu denken und in wenigen prophetisch-poetischen Worten aufzuschreiben, ist beeindruckend. Mit dem alten und dem neuen Wissen schaue ich voller Staunen, Demut und Ehrfurcht zurück auf unsere Reise vom Urknall zur Apokalypse und blicke hoffnungs- und erwartungsvoll in die Zukunft.

Schon unsere Vorfahren hatten mit riesigen Herausforderungen zu kämpfen und haben große Schrecken überlebt. Dennoch haben sie Glaube, Liebe, Hoffnung nicht verloren. Bei den vielen Gefahren, die noch vor uns liegen, gibt es immer wieder Wege, die auch durch schlimmste Katastrophen hindurchführen – bis fast in die Ewigkeit. Bis dahin haben wir noch viel zu lernen und viel zu gestalten. Wir sind Kinder des Kosmos und haben ein erstaunlich reiches Erbe mitbekommen, das es lohnt, zu bewahren und weiterzugeben. Ja, die Apokalypse wird kommen, das ist sicher, aber wann und wie ist noch völlig offen. Bis dahin will ich mich jeden Tag weiter für diese, unsere Erde einsetzen.

Am Ende der biblischen Apokalypse steht aber auch die Vision eines neuen Himmels und einer neuen Erde. Dahinter steckt eine gigantische kosmische Hoffnung. Wissenschaftlich lässt sie sich nicht beweisen, aber die Kraft des Glaubens ist eben eine »Trotzkraft«, wie es die Theologin und Autorin Christina Brudereck wunderbar formuliert. Sie ist das große, dem Mensch innewohnende »Dennoch«, das sich auch in tiefster Verzweiflung immer wieder für die Zukunft entscheidet. »Wir haben die heilige Aufgabe der Zuversicht«, sagt sie.[173]

Diese Zuversicht ist eine Gemeinschaftsaufgabe. Was uns jetzt aber schon alle miteinander verbindet, ist eine großartige gemeinsame Geschichte, zwischen Urknall und Apokalypse, die noch lange nicht zu Ende ist. Jeder von uns hat einen kleinen, aber doch einzigartigen Moment in dieser Geschichte geschenkt bekommen. Wir können die Geschichte dieses Planeten gemeinsam weiterschreiben. Dazu brauchen wir ein neues kosmisches Bewusstsein und ein Denken über Generationen hinweg.

Zusammen mit denjenigen, die sich eine Welt jenseits der Apokalypse vorstellen können, hoffe ich, dass wir uns am Ende der Zeiten in einem guten Himmel wiedersehen und dann sagen können: Es war doch nicht alles so schlecht, was wir getan haben – es hatte alles irgendwie einen Sinn.

DANK

Wie alles im Leben ist auch ein solches Buch nie die Arbeit eines Einzelnen. Ein herzlicher Dank geht an meinen Ko-Autor Jörg Römer, der mir wieder nicht nur mit seiner Erfahrung und vielen guten Gesprächen zur Verfügung stand, sondern auch für die Kapitel 7, 8 und 9 die Hauptverantwortung trug.

Meinen Kindern und meiner Frau danke ich für die Geduld, jahrelang Terra X mit mir geschaut haben zu müssen, bevor ich mich an ein solches Buch gewagt habe. Ich habe darüber hinaus Podcasts gehört, Bücher studiert, Fachartikel gelesen und mit vielen Kollegen und Kolleginnen bei Konferenzen, aber auch in Videokonferenzen gesprochen. Besonders bedanke ich mich für den Gedankenaustausch mit vielen Kollegen, die zum Teil auch Teile des Manuskripts angeschaut und Feedback gegeben haben: Prof. Dr. Lisa Kaltenegger, Prof. Dr. Gerrit Lohmann, Prof. Dr. Tim Johnson, Prof. Dr. Caroline Slomp, Prof. Dr. Cees Dekker, Prof. Dr. Rens Waters, Prof. Dr. Jean-Jacques Hublin, Prof. Dr. Eske Willerslev, Prof. Dr. Jan Smit, Prof. Dr. Martin Joachim Kümmel, Prof. Dr. Hakan Kayall, Prof. Dr. Tim Lichtenberg und viele mehr. Dr. Roland Werner und Dr. Birger Falcke danke ich für einige Informationen zu theologischen Fragen. Dagmar Klug hat mir mit ihren Lateinkenntnissen geholfen. Viele andere Gesprächspartner bleiben leider unerwähnt.

Ein besonderer Dank geht auch an all die freiwilligen Mitarbeiter und Mitarbeiterinnen von Wikipedia. Ihr zeigt, dass man ohne kommerzielle Absichten gemeinsam eine beeindruckende Bibliothek des Wissens erstellen kann, die ich gerne bei manchen Recherchen als Einstieg benutzt habe. Dinge, die ich neu entdeckt zu haben glaubte, hattet ihr oft schon längst eingearbeitet.

Dr. Marc Theodor, im Hauptberuf Faktenchecker beim *Spiegel*, hat mit seinem unfassbaren Wissen und Spürsinn einige Ungenauigkeiten und Klöpse gefunden. Auch Prof. Dr. Frank Verbunt und Dr. Markus Pössel haben noch einige Ungenauigkeiten gefunden. Die verbliebenen Fehler gehen allein auf meine Kappe. Entsprechende Leserhinweise werde ich auf meiner Webseite publizieren, um die Fehler in zukünftigen Auflagen zu korrigieren.

Die Idee zu diesem Buch wuchs in Gesprächen mit meinem Herausgeber Tom Kraushaar und meiner Agentin Annette Brüggemann. Meine Lektorin Dr. Marion Preuß, meine Lektoren Eckard Schuster und Julian Hermann sowie viele andere Mitarbeiter des Verlages haben mich wunderbar unterstützt.

Dieses Buch habe ich zu großen Teilen während eines Sabbaticals und in der Freizeit geschrieben, und ich danke meinen Kollegen und Kolleginnen sowie meiner Universität, der Radboud Universiteit Nijmegen, dafür, mir diese Unterstützung und Freiheit gewährt zu haben.

Der Text ist nach alter Tradition noch vollständig handgemacht und wurde ohne Zuhilfenahme von künstlicher Intelligenz erstellt. Allerdings habe ich einige Interviews automatisch transkribieren lassen. Die KI-generierten Zusammenfassungen derselben waren dabei immer eine Quelle großer Heiterkeit, aber keine wirkliche Hilfe. Mein Ko-Autor hat gelegentlich den Dienst Perplexity.ai verwendet, der das Web durchsuchen und Fragen mit Verweis auf die Originalarbeiten beantworten kann. Solche Dienste scheinen mir eine sinnvolle Verwendung von KI zum Einstieg in eine Recherche zu sein.

Für Social-Media-Kommentare, Updates und Diskussionen bin ich vor allem im »Fediverse« auf der offenen Plattform Mastodon zu erreichen: https://mastodon.social/@hfalcke

Mehr Infos zum Buch, Veranstaltungen sowie die Möglichkeit, Fehler und Fragen zum Buch zu diskutieren, gibt es auf meiner Homepage:

https://heinofalcke.org/zwischen-urknall-und-apokalypse/

CHRONOLOGIE UNSERER WELT

		Seite
vor 4,569 Ga	CAIs entstehen, die Erde beginnt zu keimen	97
vor 4,57–4 Ga, 0–570 Ma n. CAI	Hadaikum	115
100 ka n. CAI	100 Kilometer große Planetoiden sind entstanden	103
10 Ma n. CAI	Die äußeren Eis- und Gasriesen entstehen: Jupiter, Saturn, Uranus, Neptun	106
100 Ma n. CAI	Die inneren Planeten mit der Erde sind gebildet, Mond entsteht	108
2 Ma n. Theia	Erdkruste bildet sich	120
200 Ma n. CAI	Globaler Ozean regnet aus	123
ca. 200 Ma n. CAI	Erste Inseln erheben sich aus dem Ozean	127
200–300 Ma n. CAI	Kohlendioxid-Atmosphäre pendelt sich ein	121
500 Ma n. CAI	Asteroideneinschläge werden weniger	112
500 Ma n. CAI, vor 4–2,5 Ga	Archaikum	127
vor 4,1–3,5 Ga	Erste lebende Zelle entsteht	136
vor 3,5–2,5 Ga	Cyanobakterien nutzen die Photosynthese	152
vor 3,2–2,3 Ga	Plattentektonik entsteht	158
vor 3,26 Ga	Einschlag eines großen Asteroiden	150
vor ~3,1 Ga	Manche Zellen atmen Sauerstoff	154
vor 2,7–1,8 Ga	Eukaryoten – »moderne« Zellen	165
vor 2,5 Ga–539 Ma	Proterozoikum – Äon des frühen Lebens	154
vor 2,5–1,5 Ga	Superkontinent Columbia	160
vor 2,45–2,2 Ga	Huronische Eiszeit	155

		Seite
vor 42 000 a	Umkehr des Erdmagnetfeldes, Mensch wird einziger Überlebender der Gattung Homo	237
vor 40 000 a	Erste Kunstwerke	254
vor 15 000 a	Das Eis taut	254
9500 v. Chr.	Neolithische Revolution im Fruchtbaren Halbmond	256
ca. 5500 v. Chr.	Töpferhandwerk – Linienbandkeramik-Kultur	266
4000–3000 v. Chr.	Uruk: Älteste Großstadt entsteht in Mesopotamien	294
4. Jahrtausend v. Chr.	Erfindung der Schrift in Uruk	294
3300–2600 v. Chr.	Jamnaja-Kultur	269
3300 v. Chr.	Bronzezeit Mittlerer Osten	274
3000 v. Chr.	Erstes Großreich aus Ober- und Unterägypten	311
2600 v. Chr.	Minoische Kultur	291
2000 v. Chr.	Bronzezeit in Mitteleuropa	275
1800 v. Chr	Rechtscodex des König Hammurapi in Babylon	307
1600 v. Chr.	Himmelsscheibe von Nebra	283
12.–8. Jhd. v. Chr.	Dunkle Jahrhunderte	287
5. Jhd. v. Chr.	Demokratie in Griechenland	320
356–323 v. Chr.	Alexander der Große	316
3. Jhd v. Chr.	Aufstieg Roms	325
ca. 29–33 n. Chr.	Jesus Christus predigt und wird gekreuzigt	330
313 n. Chr.	Konstantinische Wende: Christentum wird anerkannt und später Staatsreligion	331

BILDNACHWEIS

Haupttext

1 akg-images
2 Archives de l'Université catholique de Louvain | Archives Georges Lemaître, BE A4006 FG LEM-836
3 IMAGO/Pond5 Images
4 JAXA, University of Tokyo, Kochi University, Rikkyo University, Nagoya University, Chiba Institute of Technology, Meiji University, University of Aizu, AIST
5 MASCOT/DLR/JAXA
6 Illustration nach Raymond & Morbidelli 2023
7 Illustration nach Lichtenberg et al. 2023
8 Illustration nach Heller et al. und Baraffe et al. 2015
9 Illustration nach Farhat et al. 2022
10 mauritius images/Pavel Dudek/Alamy/Alamy Stock Photos
11 mauritius images/Dorling Kindersley ltd./Alamy Stock Photo
12 akg-images/MIKKEL JUUL JENSEN/SCIENCE PHOTO LIBRARY
13 Glen Fergus/Wikimedia Commons
14 mauritius images/Universal Images Group North America LLC/Alamy/Alamy Stock Photos
15 mauritius images/Cro Magnon/Alamy/Alamy Stock Photos
16 akg-images /Science Photo Library/ JAVIER TRUEBA/MSF/SCIENCE PHOTO LIBRARY
17 Peter Palm, Berlin

Bildtafel

1 NASA
2 M. Blanton and the SDSS
3 ESA – C. Carreau
4 NASA, ESA, and the Hubble Heritage Team (STScI/AURA)
5 NASA, ESA, CSA, STScI, Klaus Pontoppidan (STScI)
6 Dmitry A. Semenov/Thomas Henning
7 ALMA, ESO, NAOJ, NRAO, S. Andrews, Nicolas Lira
8 Tim Johnson
9 Jacob Kegerreis, NASA Ames
10 NASA's Goddard Space Flight Center
11 mauritius images/Ingo Schulz/imageBROKER
12 Wikimedia Commons
13 akg-images/Balage Balogh/archaeologyillustrated.com
14 NASA/JPL-Caltech

PERSONENREGISTER

SACHREGISTER

A

L

M